教育部职业教育与成人教育司推荐教材
中等职业学校数控技术应用专业教学用书

数控机床电气控制技术基础
（第2版）

赵俊生　主编

電子工業出版社
Publishing House of Electronics Industry
北京 • BEIJING

内 容 简 介

本书是教育部职业教育与成人教育司推荐教材，根据教育部《中等职业学校数控技术应用专业领域技能型紧缺人才培养培训指导方案》中主干课程《数控电气控制技术》的教学基本意见与要求，并参照有关行业技能鉴定规范及中级技术工人等级标准而编写。

全书共分 6 章，包括电工技术基础常识，模拟电子技术常识，数字电子技术常识，数控机床常用电机的控制与调速简介，数控机床常见电气故障诊断与分析常识，PLC 与接口技术。全书还安排了 21 个专业技能训练，4 个操作性较强的综合技能训练。

本书既可作为中等职业学校数控专业教材，也可作为相关行业岗位培训教材或自学用书。

本书还配有电子教学参考资料包（包括电子教案、教学指南及习题答案），详见前言。

图书在版编目(CIP)数据

数控机床电气控制技术基础 / 赵俊生主编. —2 版. —北京：电子工业出版社，2009.1（2025.7 重印）
教育部职业教育与成人教育司推荐教材. 中等职业学校数控技术应用专业教学用书
ISBN 978-7-121-07097-6

Ⅰ. 数…　Ⅱ. 赵…　Ⅲ. 数控机床—电气控制—专业学校—教材　Ⅳ. TG659

中国版本图书馆 CIP 数据核字（2008）第 104048 号

策划编辑：白　楠
责任编辑：白　楠
印　　刷：河北虎彩印刷有限公司
装　　订：河北虎彩印刷有限公司
出版发行：电子工业出版社
　　　　　北京市海淀区万寿路 173 信箱　邮编　100036
开　　本：787×1 092　1/16　印张：20　字数：512 千字
版　　次：2005 年 7 月第 1 版
　　　　　2009 年 1 月第 2 版
印　　次：2025 年 7 月第 13 次印刷
定　　价：29.80 元

凡所购买电子工业出版社图书有缺损问题，请向购买书店调换。若书店售缺，请与本社发行部联系，联系及邮购电话：（010）88254888，88258888。

质量投诉请发邮件至 zlts@phei.com.cn，盗版侵权举报请发邮件至 dbqq@phei.com.cn。

本书咨询联系方式：（010）88254583，zling@phei.com.cn。

前 言

本书是21世纪中等职业学校数控技术应用专业技能型紧缺人才培训系列教材之一。全书根据教育部中等职业教育培养目标和对本课程的基本要求，结合全国中等职业技术教育数控专业紧缺人才研讨会精神编写而成，并经系列教材专家组编委会审定通过。

本课程面向制造业，旨在培养学生具有与本专业相适应的文化水平，使其掌握电气控制的基础知识、基本技能，了解数控加工设备的工作原理，熟悉基本结构，具有数控加工技术的基本知识，从而能在相关企业从事数控设备的操作与维护（以数控车床、数控铣床为主）及电气维修工作。

本书涵盖的课程有电工基础、电子线路（模电、数电、电力电子）、电工仪表与测量、电机与电气控制等，属于专业基础课。它包含了各课程的基本原理、实验和实践。通过本课程知识的学习，学生能够掌握电路、电气控制的有关基础常识；通过本课程的项目训练，学生可以达到初级电工所具备的基本知识和基本技能的水平，并在数控技术应用专业的调试、维修专门化方面打下一定的基础。本课程强调理论实践一体化，对原相关课程作了如下改革：（1）围绕相关技术在数控机床上的应用设置课程内容，去除无关的知识点，以够用为度；（2）删除已有理论的验证和繁冗的计算；（3）强调元件的认识、检测、输入/输出的技术，简化原理的阐述；（4）在电机与电气控制技术中增加步进电动机、伺服电动机，以及变频等相关知识。同时，在全书中增加综合训练的内容，提高学生对电气控制技术的全面认识和动手能力。

本书由江苏省财经职业技术学院（原江苏省淮海工业贸易学校）高级讲师赵俊生担任主编。参加编写工作的人员分别是：广东东莞理工学校吴立群编写第1章，邵伯进编写第2章，江苏省盐城市第一职业高中树建凯编写第3章，赵俊生编写第4章，唐义锋编写第5章。在本书编写、审定的过程中，曾得到江苏省财经职业技术学院的领导及同志们的多方面帮助，在此一并致谢。

本书由葛金印老师、王猛老师和耿淬老师主审，并提出了许多宝贵意见和建议。编者对此表示衷心的感谢。本书经过教育部审批，列为教育部职业教育与成人教育司推荐教材。

由于编写时间仓促，编者水平有限，书中难免有欠妥之处，敬请读者指正。

为了方便教师教学，本书还配有教学指南、电子教案和习题答案（电子版）。请有此需要的教师登录华信教育资源网（http://www.huaxin.edu.cn 或 http://www.hxedu.com.cn）免费注册后再进行下载，有问题时请在网站留言板留言或与电子工业出版社联系（E-mail:hxedu@phei.com.cn）。

编 者

2008年11月

目　录

第1章　电工技术基础常识

1.1　直流电路基础常识

数控机床上的各种电气设备，都是通过电流的作用来完成其相应功能的。为了电流的流通，需要构成电流的通路——电路。我们将大小和方向不随时间的改变而改变的电流和电压称为直流电。由直流电源供电的电路称为直流电路，直流电路是电路中最基本的一种形式。我们可以通过对电路的构成、电路中主要物理量的了解，运用欧姆定律、基尔霍夫定律，掌握对电路进行分析与计算的基本方法。

1. 电路和电路模型

（1）电路

电流经过的路径，称为电路。最简单的电路，如图 1.1 所示。电路通常由 4 个主要部分组成，分别介绍如下。

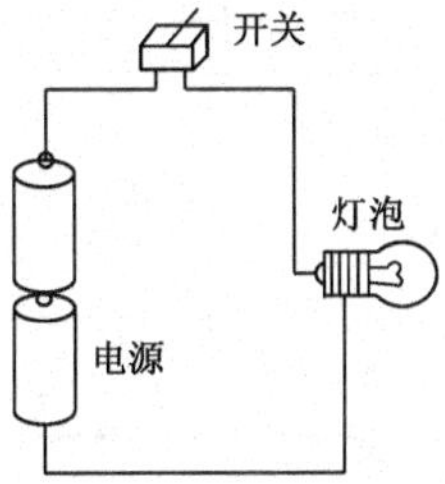

图 1.1　最简单的电路

① 电源：将其他形式的能量转化为电能，为电路提供电能的设备，如蓄电池、干电池、发电机等。

② 负载：将电能转化为其他形式能量的设备，是电路中的用电设备，如电灯是把电能转化为光能和热能的装置，电动机是把电能转化为机械能的设备。

③ 导线：连接电源和负载的导电体，起着输送和分配电能的作用。最常用的导线有铜线和铝线。

④ 辅助装置：为了让电路按照人们的要求安全地运行，电路还需要一些辅助装置，如开关可以用来控制电路，使电路按照人们的需要来运行；熔断器可以保证电路安全地运行。

（2）电路的作用

电路最基本的作用有以下两个方面。

① 供应、输送、分配和转换电能，如将电源提供的电能输送到用电设备供设备使用。

② 进行信息的测量、处理、传递、转换和存储，如电视机将接收到的电磁信号处理后，转换成声音和图像信号，分别通过喇叭和显示器播放出来。

（3）电路模型

电路的表示方法多种多样，常用的有实物图、电路图、实物电路模型等。实物图是为了工程施工的方便，按设备的大小取一定的比例绘制而成，供工程施工使用的。为了方便对实际电路进行分析计算，说明电路的工作原理，我们给每种电路元件都规定了固定的符号，突出元件的主要参数，将元件理想化，把一个实际电路理想化为电路模型。用规定符号绘制出来的电路图形称为电路图。常用的电路元件符号，参考表 1.1。

表 1.1　常用的电路元件符号

电路元件符号	名　称	电路元件符号	名　称
	直流电		电灯
	交流电		信号灯
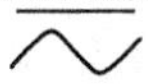	交、直流电		日光灯启辉器
	导线相交不相接		电流表
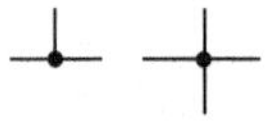	导线连接		电压表
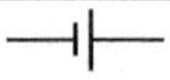	电池		电阻
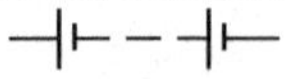	电池组	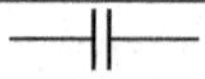	电容器
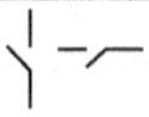	开关		电感线圈
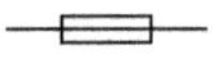	熔断器	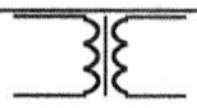	变压器
	接地点	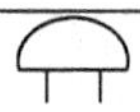	插头
	天线		日光灯
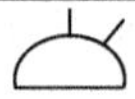	单相三眼插座	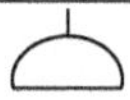	单相两眼插座

图 1.1 属于实物图，用规定符号可以表示成电路图，如图 1.2 所示。其中，电源的电动势和内阻分别为 E 和 r_0；负载小灯泡为 R；开关为 S；它们之间用导线连接。由于导线的电阻很小，可以忽略不计，所以理想化为无电阻值的理想导线。

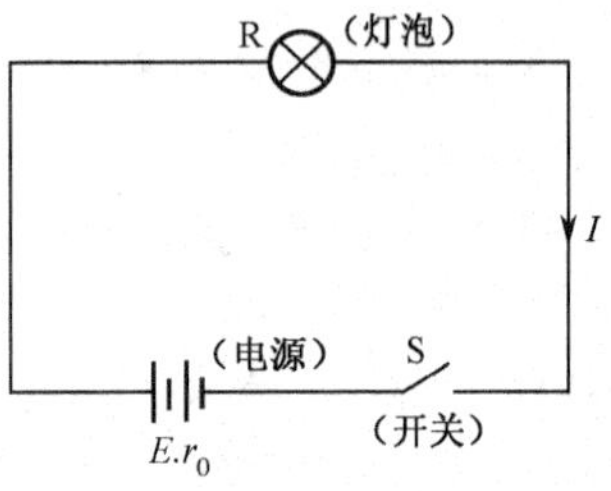

图 1.2　电路图

2. 电路中的主要物理量

（1）电荷、电荷量

电荷：物质是由分子组成的，分子则由更小的微粒——原子组成，而原子又由带正电的原子核和带一定数量负电的电子组成。通常，原子核所带的正电荷，与其外面电子所带的负电荷总量相等。因而，自然界存在两种不同性质的电荷：正电荷和负电荷。

电荷量：表示带电物体所带电荷多少的物理量，简称电量，用符号 Q 或 q 表示，单位是库仑（C）。

（2）电动势、电位、电压（电位差）

电动势：在电源内部，电源力把单位正电荷从电源的负极移动到正极所做的功，称为电动势。其定义表达式为

$$E = \frac{W}{q}$$

电动势的单位是伏特（V）。电动势只存在于电源内部，其方向是从电源负极指向正极。在它的作用下，电源内部形成由负极到正极的电流。

电位：为了描述电场中各点电能的性质和强弱程度，我们引入电位这一新的物理量。试验电荷在电场中某一点的电位能与它所带电量的比值，称为电场中该点的电位。其定义表达式为

$$V = \frac{W}{q}$$

式中　V——该电荷在电场中某一点的电位（V）；

W——该电荷在电场中某一点的电位能（J）；

q——该电荷所带的电量（C）。

通常，a 点的电位用 V_a 表示，b 点的电位用 V_b 表示，电位的单位也是伏特（V）。

分析电位时要注意，电位是相对于某一参考点而言的。为了方便分析，参考点也作为零电位点。参考点不同，即使在电路中的同一点，其电位值也不相同。如果一个电路只有一个参考点，那么，电路中各点的电位就只有一个数值。

电压（电位差）：若电场中两点的电位相同，则称这两点之间等电位。若这两点电位不同，其电位的差值称为这两点之间的电位差，也称为这两点之间的电压。电压用符号 U 表示，单位是伏特（V）。

若 a 点电位为 V_a，b 点电位为 V_b，则两点之间的电压为

$$U_{ab} = V_a - V_b$$

根据 V_a 和 V_b 的大小，可以有以下 3 种不同情况：

① $V_a > V_b$，表示 a 点电位高于 b 点电位；

② $V_a < V_b$，表示 a 点电位低于 b 点电位；

③ $V_a = V_b$，表示 a、b 两点电位相等。

引入电位的概念后，电压的方向可以定义为电位降低的方向。通常用箭头、双下标量 U_{ab} 或者参考极性“+”、“−”3 种方法表示电压的方向。

（3）电流、电流强度

电流：电荷做的有规则的定向流动称为电流。电流也是个矢量，我们规定正电荷流动的方向为电流的方向。电流的方向通常用箭头来表示。

在分析电路时，既要选择电流的参考方向，又要选择电压的参考方向，这两种参考方向原则上都可以任意假定。但是为了方便计算，对于负载（也称为外电路），习惯上把这两者的参考方向选为一致，并称为关联参考方向。

电流强度：为了描述电流的大小，我们引入电流强度这一物理量。电流强度是指单位时间内通过导体某一横截面的电量。电流强度简称电流，其单位是安培（A），简称安，表达式为

$$I = \frac{Q}{t}$$

式中　I——电流强度（A）；

Q——流过导体某一横截面的电量（C）；

t——导体某一横截面流过电量为 Q 时所用的时间（s）。

大小和方向不随时间的变化而变化的电流称为稳恒直流电流；大小和方向随时间的变化而变化的电流称为交流电流。

（4）电功率

功率是指转换能量的速率。电功率是指转换电能的速率，即单位时间内把电能转换成其他形式能量的多少，用字母 P 表示。电功率为

$$P=\frac{W}{t}=UI$$

在国际单位制中，功率的基本单位是瓦，符号为 W；工程中常用千瓦（kW）作为单位。

3. 电阻、电容、电感元件

（1）电阻元件

① 电阻。导体中的自由电子在做定向移动的过程中，电子之间不断地相互碰撞。并且，自由电子还要和组成导体的原子相碰撞，这样，就对自由电子的运动起到了阻碍作用，即表现为对电流的阻碍作用。导体对电流起阻碍作用的能力称为电阻。

电阻用 R 来表示，单位为欧姆（Ω），简称欧。在实际应用中，常觉得欧姆这个单位太小，经常会用千欧（kΩ）、兆欧（MΩ）作为单位。它们之间的关系如下所示：

$$1\ \text{k}\Omega=10^3\ \Omega$$

$$1\ \text{M}\Omega=10^6\ \Omega$$

导体电阻的大小是由导体本身的性质决定的。实验证明，对于一段长直金属导体，在一定温度下，导体电阻 R 的大小与它的长度成正比，与它的横截面积成反比，还与导体金属材料的性质有关。这就是电阻定律，用公式表示为

$$R=\rho\frac{L}{S}$$

式中 ρ——导体的电阻率（Ω・m）；

L——导体的长度（m）；

S——导体的横截面积（m^2）；

R——导体的电阻（Ω）。

必须指出，不同的材料因温度的变化而引起的电阻变化是不同的，同一导体在不同的温度下有不同的电阻，也就有不同的电阻率。表 1.2 列出的电阻率是 20℃时的值。

温度每升高 1℃时电阻所变化的数值与原来电阻值的比，称为电阻的温度系数，用字母 α 表示，单位为 1/℃（$℃^{-1}$）。

表 1.2 常用材料的电阻率（20℃时）和电阻温度系数

材料	电阻率（Ω・m）	电阻温度系数（$℃^{-1}$）	材料	电阻率（Ω・m）	电阻温度系数（$℃^{-1}$）
银	1.6×10^{-8}	0.00361	铜	1.72×10^{-8}	0.0041
金	2.2×10^{-8}	0.00365	铝	2.9×10^{-8}	0.00423
钼	4.77×10^{-8}	0.00479	钨	5.3×10^{-8}	0.005
锌	5.9×10^{-8}	0.0039	镍	7.3×10^{-8}	0.00621
铁	9.78×10^{-8}	0.00625	锗	10.5×10^{-8}	0.00398
锡	11.4×10^{-8}	0.00438	铅	20.6×10^{-8}	0.0041

续表

材料	电阻率（Ω·m）	电阻温度系数（℃$^{-1}$）	材料	电阻率（Ω·m）	电阻温度系数（℃$^{-1}$）
汞	95.8×10^{-8}	0.0009	康铜	50×10^{-8}	0.00004
锰铜	40×10^{-8}	0.00002	镍铬	111×10^{-8}	0.00007
镍铬铁	110×10^{-8}	0.00012	碳	3.5×10^{-5}	−0.00005
陶瓷	$10^{12}\sim10^{13}$		橡胶	$10^{13}\sim10^{16}$	

同一种材料的导体，在不同的温度下，它们的电阻率也不同。当温度升高时，金属内部的分子热运动加剧，对电流起的阻碍作用加大，电阻率就大。温度对电阻率影响的表达式为

$$\rho=\rho_0\left[1+\alpha\left(T-T_0\right)\right]$$

式中　ρ——温度为 T 时的电阻率（Ω·m）；

ρ_0——温度为 T_0 时的电阻率（Ω·m）；

α——导体的电阻温度系数（1/℃）；

T——导体的材料温度（℃）；

T_0——参考温度（常取 20℃）。

不同材料制作的导体，它们的温度系数也不同。

电阻器是利用导体材料具有电阻的特性制作而成的专用电子元件，人们习惯把电阻器简称为电阻。它和上述导体电阻在含义上有所不同。

常用的电阻器在形式上分为固定电阻、半可调电阻和可调电阻；在构造上又可分为线绕和非线绕（薄膜、碳质）电阻。电阻器在电路中常作为电路的负载，起着限制电流、降低电压或调节、分配电路电流、电压的作用。

在常用的电阻器上，除标明阻值外，还标明其额定功率。如果实际消耗功率大于额定功率，电阻器会因温度过高而烧毁。因此，选用电阻器时，不仅要正确选用其阻值，还要选取合适的功率。

实验证明，电阻的端电压与通过电阻的电流成正比，在二者参考方向关联的情况下可表示为

$$I=\frac{U}{R}\quad 或\quad U=IR$$

式中　R——元件的电阻。在国际单位制中，电阻的基本单位是欧姆（Ω）。

以上这一结论是由德国物理学家欧姆提出来的，称为欧姆定律。它表明，电流通过电阻时沿着电流的方向产生压降，其值为电流与电阻的乘积。

由式 $P=UI$ 和式 $U=IR$ 可知，在关联参考方向下，电阻元件吸收的功率为

$$P=UI=I^2R=\frac{U^2}{R}$$

由于 I^2、U^2 总为正值，R 为常数，因此 P 总大于零。这说明电阻元件总是在消耗能量，是一个耗能元件。

综上所述，电阻这一名词具有双重含义，既可以表示器件、元件，又可以表示元件的参数。

② 电阻的连接及其等效变换。

➢ 电阻连接的概念。

把电阻一个接一个地依次连接起来，就构成了串联电阻电路；把几个电阻并列地连接起来，就构成了并联电阻电路。

如果一个电路中，既有电阻串联，又有电阻并联，这个电路就称为混联电阻电路。

➢ 电阻串、并联的特点。

电阻串、并联的特点如表 1.3 所示。

表 1.3 电阻串、并联的特点

	电阻串联电路	电阻并联电路
电路图	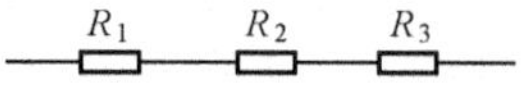	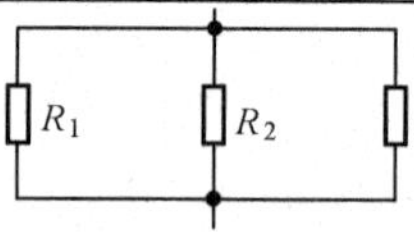
判断	电阻一个一个依次连接	几个电阻并列连接
电阻关系	总电阻等于各电阻之和，即 $R=R_1+R_2+R_3$	总电阻的倒数等于各个电阻倒数之和，即 $\frac{1}{R}=\frac{1}{R_1}+\frac{1}{R_2}+\frac{1}{R_3}$
电压关系	电路两端总电压等于各电阻分电压之和，即 $U=U_1+U_2+U_3$ 电压分配 $RI=R_1I+R_2I+\cdots+R_NI$	电路两端总电压及各支路两端电压均相等，即 $U=U_1=U_2=U_3$
电流关系	电路中各处的电流相等，即 $I=I_1=I_2=I_3$	电路中总电流等于各支路电流之和，即 $I=I_1+I_2+I_3$
功率关系	各个电阻上消耗的功率与它的阻值成正比，即 $\frac{P_1}{R_1}=\frac{P_2}{R_2}=\cdots=\frac{P_n}{R_n}=I^2$	各个电阻上消耗的功率与它的阻值成反比，即 $P_1R_1=P_2R_2=\cdots=P_nR_n=U^2$
特点	① 电路中各处的电流相等 ② 电路两端的总电压等于各部分电阻两端的电压之和 ③ 各个电阻两端的电压与它的阻值成正比，可起分压作用	① 各支路两端的电压相等 ② 电路中总电流等于各支路的电流之和 ③ 通过各个电阻的电流与它的阻值成反比，可起分流作用

➢ 电阻的混联及等效变换。

在实际的电子电路中，可以既有电阻的串联，又有电阻的并联，这种电路叫做电阻的混联电路。对于简单的混联电路，可以分别通过电阻串、并联的规律，一步一步加以等效简化，最终求出总电阻。

对电阻混联电路进行等效变换，通常采用两种方法：利用电流的流向画出等效电路图；②利用电路中各个等电位点画出等效电路图。

【例 1.1】 如图 1.3 所示的电路中，已知 $R_1=R_2=8\Omega$，$R_3=R_4=6\Omega$，$R_5=R_6=4\Omega$，$R_7=R_8=24\Omega$，$R_9=16\Omega$，电路端电压 $U=224\text{V}$，求流过电阻 R_9 的电流和 R_9 两端的电压是多少。

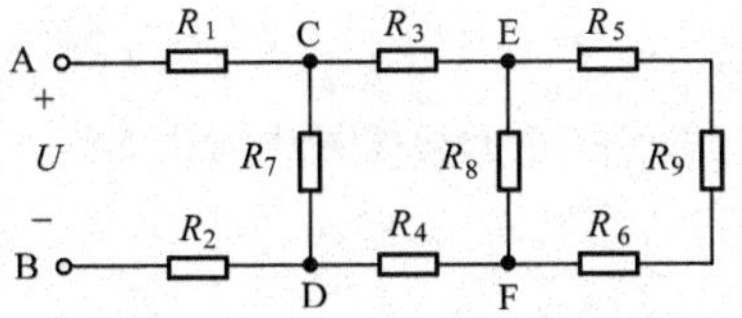

图 1.3　例 1.1 图

解：假设电流从 A 端流入，从 B 端流出。根据电流的流向，对电路进行整理，得出原电路的等效电路图如图 1.4 所示。

根据图 1.4 中电阻的串、并联关系，计算出电路总的等效电阻。可得总电阻值为

$$R = 28\Omega$$

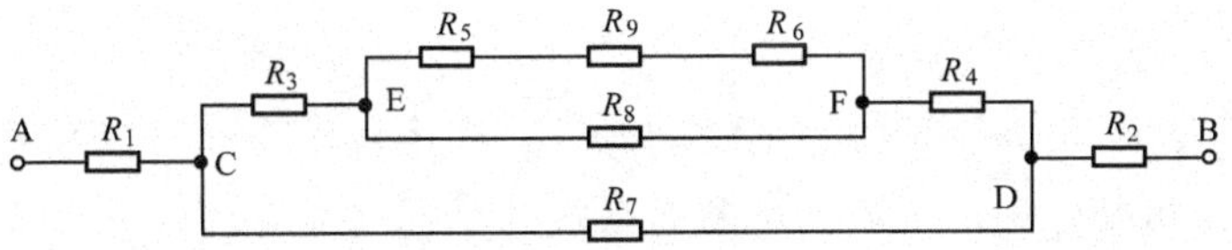

图 1.4　例 1.1 图的等效电路图

再计算电路的总电流 I

$$I = \frac{U}{R} = \frac{224}{28} = 8\text{A}$$

根据电阻并联的分流关系可算出，流过 R_9 的电流为

$$I_9 = 2\text{A}$$

R_9 两端的电压为

$$U_9 = I_9 R_9 = 2 \times 16 = 32\text{V}$$

➢ 封闭电路（全电路）欧姆定律。

在有源封闭电路中，不仅外电路有电阻，电源内部的内电路也有电阻 r，内电路的电阻就叫做内电阻，简称内阻。

如图 1.5 所示，电源和它的内阻与外电路电阻的关系，相当于理想电源串联一个电阻后再与外电路电阻（负载）相连接。因此，电源电动势等于内阻上的压降 U_1 和负载上的压降 U_2 之和，即

$$E = U_1 + U_2$$

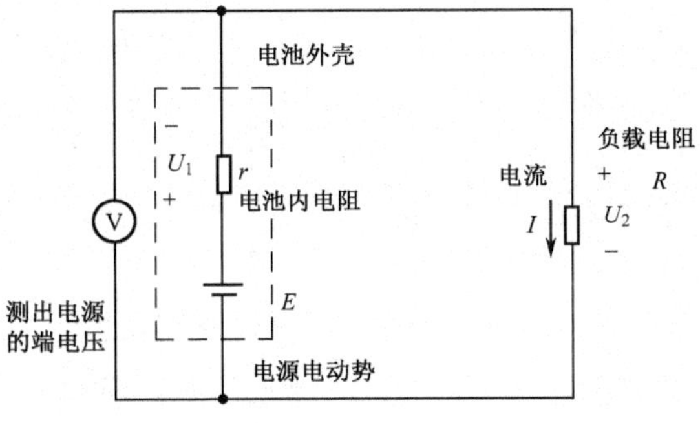

图 1.5　电源内阻与端电压

习惯上，电源的端电压用 U 来表示，电源内阻的压降用 Ir 来表示。因此，上式可表示为

$$E = U + Ir$$

即

$$E = IR + Ir$$

所以

$$I = \frac{E}{R + r}$$

式中 I——流过电路的电流（A）；

E——电源电动势（V）；

R——外电路电阻（负载）（Ω）；

r——电源内阻（Ω）。

这就是封闭电路（也称为全电路）的欧姆定律。

（2）电容元件

① 电容器。电容器是储存电荷和电能的元件，在电工和电子设备中被广泛应用。

任何两块接近的金属导体，被不导电的绝缘物质（如空气、纸质、云母、涤纶薄膜、陶瓷等）在中间隔开，就构成了电容器。这两块金属导体称为电容器的极板，中间的绝缘物质称为介质。

给电容器的两极板接上直流电源，两极板之间就有电压产生。对任何一个电容器来说，两极板带的电荷量越多，两极板之间的电压就越高。而且，所带电荷量与两极板间的电压成正比。我们称这个比值为电容量，简称电容，其单位为法拉（F），简称法。它们之间的关系如下所示

$$C = \frac{Q}{U}$$

式中 C—— 电容器的电容量（F）；

Q—— 一个极板上所带的电荷（C）；

U—— 两极板之间的电压（V）。

由于法拉这个单位太大，因此在对电路进行分析及实际应用时，我们常使用微法（μF）和皮法（pF）这两个单位，它们之间的关系为

$$1\text{F} = 10^6\mu\text{F} = 10^{12}\text{ pF}$$

电容量是一个衡量电容器带电荷能力的物理量。对同一个电容器而言，所带电荷量与两极板间的电压比值是一个恒量；而对不同的电容器，这个比值一般不相同。

常用的电容器根据结构的不同可分为固定电容器、半可变电容器和可变电容器。根据所使用的介质不同，可分为纸质电容器、云母电容器、涤纶薄膜电容器、陶瓷电容器等。

在每个电容器上，除标明电容量外，还标有额定电压值。在使用时，除注意正确选取电容量外，还要注意选取合适的工作电压值。否则，电压过高，会使极板之间的绝缘介质被击穿而损坏。

② 电容器的连接。在实际应用中，有时一个电容器不能满足使用的要求，例如，耐压够而电容量不合适，或电容量够而耐压不合适。为此，我们需要把几个电容器串联或并联起来使用。电容器串、并联的性质和作用如表1.4所列。

表 1.4　电容器连接的性质和作用

	电容器串联	电容器并联
电路图	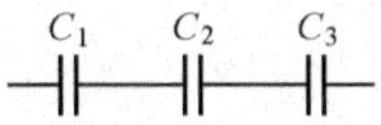	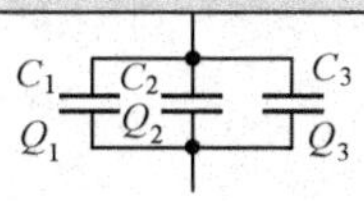
判断	异极性板相连	同极性板相连
电量关系	各电容器的电量相等，即 $Q=Q_1=Q_2=Q_3$	电容器的总电量等于各电容器电量之和，即 $Q=Q_1+Q_2+Q_3$ 电量分配 $\frac{Q_1}{Q_2}=\frac{C_1}{C_2}$
电压关系	电路两端总电压等于各电容器电压之和，即 $U=U_1+U_2+U_3$ 电压分配 $\frac{U_1}{U_2}=\frac{C_2}{C_1}$	各电容器两端电压相等，即 $U=U_1=U_2=U_3$
电容关系	总电容的倒数等于各电容倒数之和，即 $\frac{1}{C}=\frac{1}{C_1}+\frac{1}{C_2}+\frac{1}{C_3}$	总电容量等于各电容量之和，即 $C=C_1+C_2+C_3$
作用	增大了耐压能力；总电容量变小	不能提高耐压值；但增大了电容量

（3）电感元件

1918 年，丹麦物理学家奥斯特通过实验证明：带电导体的周围存在着磁场，磁场的强弱不仅取决于电流的大小，还与导体的形状、尺寸等因素有关。如果把导线绕成线圈，电流通过线圈时，电能就变成磁场能存储在线圈中。由此，我们把像线圈这样的能够存储磁场能的元件称为电感元件。

在物理学中已经知道，当电流通过线圈时，就会有磁通穿过线圈，磁通的方向和电流的方向有关并由右手螺旋定则确定。当磁通的参考方向和电流的参考方向符合右手螺旋定则时，磁通和电流成正比，可表示为

$$\Phi_{总}=LI$$

式中　$\Phi_{总}$——穿过线圈的总磁通。总磁通也称为磁通链，它等于每一匝的磁通 Φ 和匝数 N 的乘积，即 $\Phi_{总}=N\Phi$。

L——线圈的电感，它是一个线圈通过单位电流所产生的磁通链。

在国际单位制中，磁通和磁通链的单位都是韦（Wb），电流的单位为安（A），电感的单位为亨（H）。

与电阻或电容一样，电感这一名词也具有双重含义，它可以指元器件的名称，也可以指其参数。

通电线圈的磁场强弱，与线圈的绕线匝数及通入电流的大小成正比。如果把线圈套在铁心上，电流流过线圈时所产生的磁场会把铁心磁化，铁心被磁化后产生的磁场强度会比电流的磁场强度增加成千上万倍。

电流能够产生磁场，磁场对电流也有力的作用。这种力叫做电磁力，可用左手定则判别电流在磁场中受到电磁力作用的方向。

导体处在变化的磁场中，或导体做切割磁力线运动时，都会产生电动势，这种现象称

为电磁感应现象。这个电动势称为感应电动势，导体回路中产生的电流称为感应电流。

当电流流过线圈时，线圈周围会产生磁场，即有磁通穿过线圈。当流过线圈的电流发生变化时，穿过线圈的磁通量也随着发生变化。这时，线圈中就会产生感应电动势。这种由于线圈自身电流的变化，在线圈自身所产生的感应电动势称为自感应电动势，用符号 e_L 表示。其表达式为

$$e_L = -L\frac{\Delta I}{\Delta t}$$

式中 e_L——自感应电动势（V）；

L——电感量（H）；

$\frac{\Delta I}{\Delta t}$——电流变化率。

根据上式，还可以规定自感系数的单位：当通过线圈中的电流变化 1A 时，若引起的自感应电动势为 1V，则这个线圈的自感系数为 1H（亨利）。

值得注意的是，自感电动势的大小除与电感量有关外，还与电流的变化率成正比。如果通过线圈的电流没有变化，即使通入再大的直流电流，也不能产生自感电动势。

4．基尔霍夫定律

对于简单电路的分析和计算，运用欧姆定律就能解决问题。在实际应用中，经常会接触到有两个或两个以上的有电源的支路组成的回路电路，运用电阻串、并联的方法不能将它简化成一个简单的电路，这种电路称为复杂电路，如图 1.6 所示。为此，需要用到基尔霍夫的两个定律。基尔霍夫定律是电路的基本定律，它反映了电路中电流、电压遵循的客观规律。

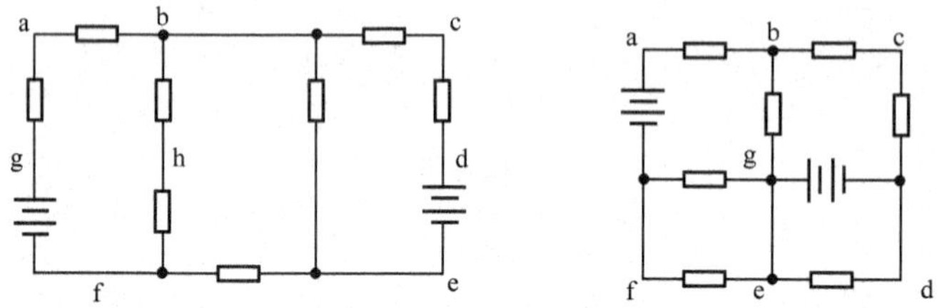

图 1.6 复杂电路

（1）电路分析技术（术语）用语

- 支路：由一个或几个元件首尾依次相连构成的无分支电路。一条支路流过同样大小的电流，称为支路电流。
- 节点：三条或三条以上支路的连接点。
- 回路：电路中任意的闭合通路。
- 网孔：已确定的回路中不能再分的最简单回路。

（2）基尔霍夫电流定律

基尔霍夫电流定律又称为节点电流定律，它描述了节点电流之间的关系。定律指出：对于电路中的任意节点，在任一时刻，流入节点的电流之和，等于流出节点的电流之和。

例如，对于图 1.7 中的节点 a，有

$$I_1 + I_3 = I_2 + I_4 + I_5$$

或

$$I_1 - I_2 + I_3 - I_4 - I_5 = 0$$

亦即

$$\sum I = 0$$

说明

对于任意节点，如果我们规定，流入节点的电流为正，流出节点的电流为负，则电流的代数和永远等于零。

基尔霍夫电流定律还可以推广运用于任意假定的封闭面。如图 1.8 所示，假定用虚线把三个元件围成一个封闭面 *S*，则流进封闭面 *S* 的电流应等于流出封闭面 *S* 的电流，即

$$I_1 + I_2 + I_3 = 0$$

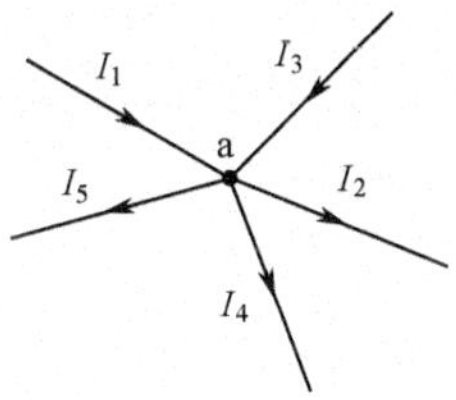

图 1.7　节点电流定律应用

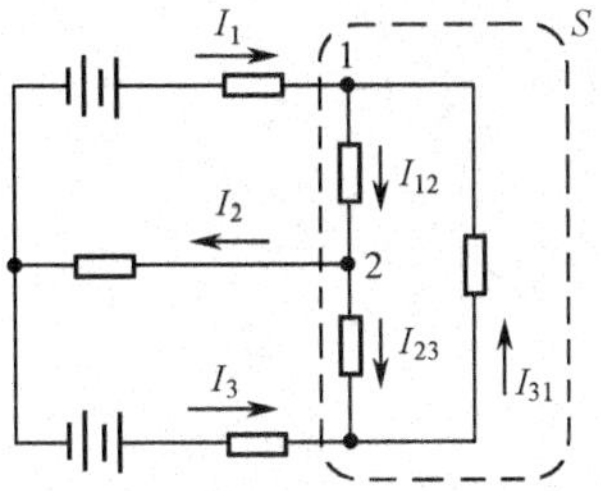

图 1.8　节点电流定律推广应用

说明

在复杂电路的分析和计算中，通常事先不知道每一条支路电流的实际方向。这时，可以对已知电流按已知方向标定，对未知电流先任意标定其参考方向，若最后计算得出某支路的电流为负值，则表明实际电流的方向与标定的方向相反；若计算得出的结果为正值，则表明实际的电流方向与标定的方向一致。

【例 1.2】　参见图 1.9，已知：$I_1 = 25\text{mA}$，$I_3 = 16\text{mA}$，$I_4 = 12\text{mA}$，求流过其余各电阻的电流。

解： 如图 1.9 所示，先任意标定未知电流 I_2、I_5、I_6 的方向。

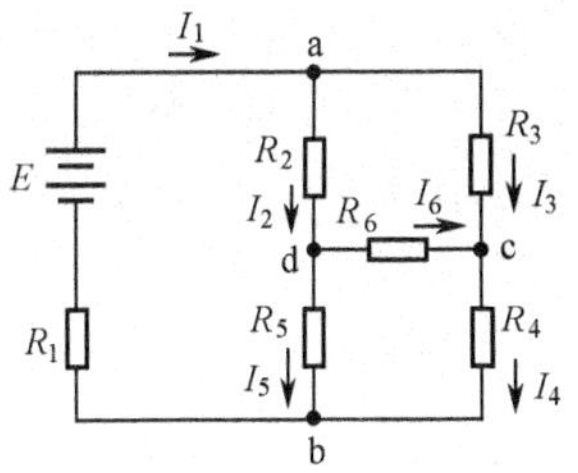

图 1.9　例 1.2 图

应用基尔霍夫电流定律，对节点 a 列出节点电流方程

$$I_1 = I_2 + I_3$$

求出

$$I_2 = I_1 - I_3 = 25 - 16 = 9\text{mA}$$

同理，对 c 和 d 两点，可以列出

$$I_4 = I_3 + I_6$$

$$I_2 = I_5 + I_6$$

所以，可以求出

$$I_6 = I_4 - I_3 = 12 - 16 = -4\text{mA}$$

$$I_5 = I_2 - I_6 = 9 - (-4) = 13\text{mA}$$

其中，I_6为负值，表示电流的实际方向与标定的方向相反。

（3）基尔霍夫电压定律

基尔霍夫电压定律又称为回路电压定律，它反映了在一个封闭回路中各段电压升降之间的关系。定律指出：电路中任一回路内各段电压的代数和为零，即

$$\sum U = 0$$

在运用基尔霍夫电压定律时，往往需要规定一个回路的绕行方向，若电压的参考方向与回路绕行方向相一致，则此电压取正号；若电压的参考方向与回路绕行方向相反，则电压取负号。

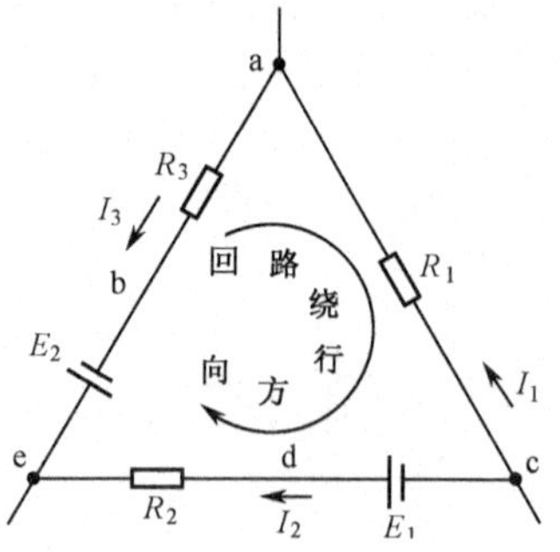

图 1.10　基尔霍夫电压定律应用

如图 1.10 所示，整个闭合回路的电压为

$$U_{ac} + U_{ce} + U_{ea} = 0$$

即　$$-I_1R_1 + I_2R_2 - E_1 + E_2 - I_3R_3 = 0$$

移项得　$$-I_1R_1 + I_2R_2 - I_3R_3 = E_1 - E_2$$

表明：在任意一个闭合回路中，各段电阻上电压降的代数和等于电动势的代数和。

亦即　$$\sum(IR) = \sum E$$

其中，电流参考方向与回路绕行方向一致则取正号；相反则取负号；电动势的方向与回路绕行方向一致则取正号，相反则取负号。这是因为，式$\sum U = 0$中电动势是作为电压来处理的，式$\sum(IR) = \sum E$中则是作为电动势来处理的，而电压方向与电动势正方向刚好相反。

【例 1.3】　参见如图 1.11 所示的电路，应用基尔霍夫电压定律列出回路方程。

解： 如图 1.11 所示，按顺时针绕行方向和各支路电流参考方向进行分析。

根据$\sum(IR) = \sum E$，以及各项正、负号的规定，得出这两个回路方程为

$$I_1R_1 + I_3R_3 = E_1$$

$$-I_2R_2 - I_3R_3 = -E_2$$

由于左边回路中I_1、I_3的参考方向与回路绕行方向相同，所以电压I_1R_1、I_3R_3前面取正号；而右边回路中I_2、I_3的参考方向与回路绕行方向相反，所以电压I_2R_2、I_3R_3前面取负号。

同理，电动势E_1的方向与回路绕行方向相同，前面取正号；而电动势E_2的方向与回路绕行方向相反，前面取负号。

【例 1.4】　参见如图 1.12 所示的电路。其中电阻：$R_1 = 12\Omega$，$R_2 = 3\Omega$，$R_3 = 6\Omega$；电动势：$E_1 = 42\text{V}$，$E_2 = 21\text{V}$。求流过各电阻的电流。

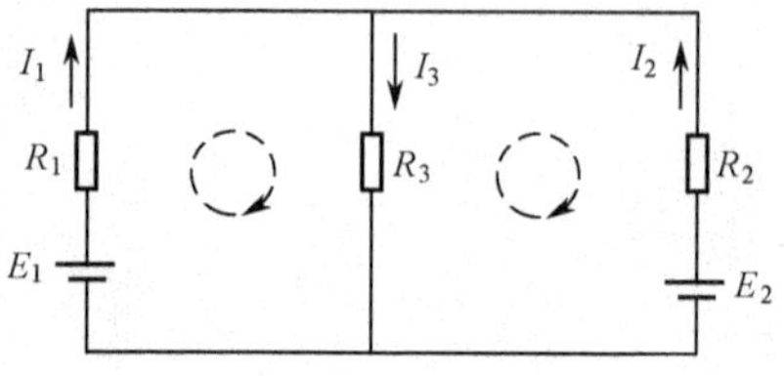

图 1.11　例 1.3 图

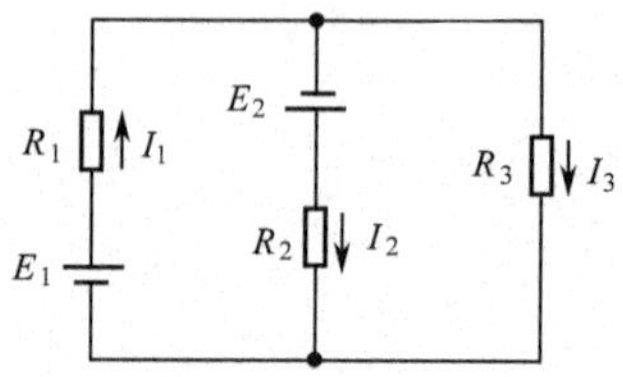

图 1.12　例 1.4 图

解：设各支路电流 I_1、I_2、I_3 的方向如图中所示，回路采用顺时针方向绕行，则可得

$$I_1 = I_2 + I_3$$
$$-E_2 + I_2R_2 - E_1 + I_1R_1 = 0$$
$$I_3R_3 - I_2R_2 + E_2 = 0$$

代入已知数值，可得

$$I_1 = I_2 + I_3$$
$$-21 + 3I_2 - 42 + 12I_1 = 0$$
$$6I_3 - 3I_2 + 21 = 0$$

整理后得

$$I_1 = I_2 + I_3 \quad ①$$
$$I_2 + 4I_1 - 21 = 0 \quad ②$$
$$2I_3 - I_2 + 7 = 0 \quad ③$$

化简后得

$$I_1 = \frac{21 - I_2}{4} \quad ④$$
$$I_3 = \frac{I_2 - 7}{2} \quad ⑤$$

代入①式

$$21 - I_2 = 4I_2 + 2I_2 - 14$$

求出

$$I_2 = 5\text{A}$$

代入④、⑤式，求出

$$I_1 = 4\text{A}$$
$$I_3 = -1\text{A}$$

其中，I_3 为负号，表示 I_3 的实际方向与参考方向相反。

5. 电工仪表及测量

在实际工作中，电流、电压、电功率、电能、电阻等物理量，除了可以通过计算和分析方法求得外，还可以用电工测量仪表来测量得出。凡是测量各种电学、磁学物理量数值的仪表统称为电工测量仪表。

电工测量仪表的种类很多，常用的有磁电式、电磁式和电动式仪表。

（1）磁电式仪表

磁电式仪表主要用来测量直流电流，有时也可测电压等参数。它是利用载流线圈在磁场中受力而转动的原理来工作的。

① 磁电式仪表的结构与原理如下所述。

➢ 结构：磁电式仪表的结构由磁路系统和活动线圈两部分组成，如图 1.13 所示。磁路系统由马蹄形磁铁的两个半圆形极掌和固定于支架上的圆柱形铁心组成。磁力线从一个极掌出来，经过铁心到另一个极掌，再经过永久磁铁内部回到前一个极掌。活动线圈的整体在铁心与极掌的气隙之间。线圈的轴分成两组，分别在线圈的两端，

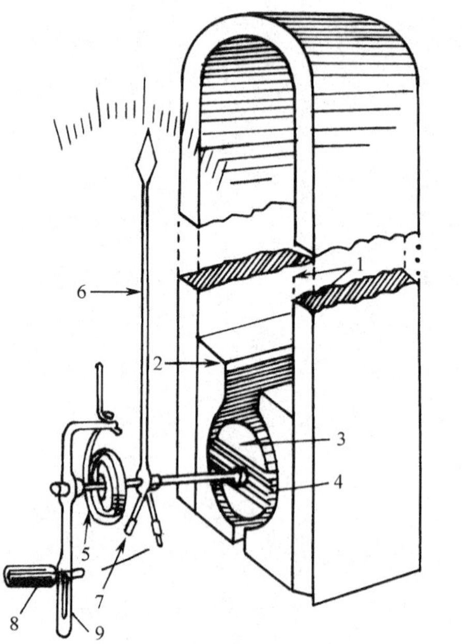

1—蹄形磁铁；2—极掌；3—铁心；4—线圈；5—游丝；6—指针；7—平衡锤；8—调节螺钉；9—滑槽

图 1.13　磁电式仪表的结构

线圈转轴的两端分别焊有两个游丝。前游丝与调零装置相连，后游丝固定在支架上。

➢ 原理：当被测电流进入线圈时，由于载流导体受到磁场电磁力的作用，导致线圈带动指针克服游丝的阻力产生偏转，当转矩与游丝所产生的反抗力矩平衡时，指针就停止在一定的位置上。因为一定的电流对应着一定的偏转角度，所以，我们可以通过偏转角度的大小来显示被测电流的大小。当被测电流消失后，指针受游丝的作用，回到零位。

② 磁电式仪表的特点。磁电式仪表具有灵敏度高、准确度高、阻尼性好、刻度均匀、消耗功率小的优点，但由于通入线圈的电流方向不同，指针的偏转方向也不同，所以在使用时，要注意表的正、负极不能接错。且磁电式仪表只能测直流电，不能直接测交流电。同时，由于线圈绕线和游丝的截面积比较小，不能直接通入大电流。

（2）电磁式仪表

电磁式仪表主要用来显示交流电流、电压的有效值，也可作为交、直流两用电流表、电压表使用。它是利用载流线圈的磁场使铁片磁化而动作的。

① 电磁式仪表的结构与原理如下所述。

➢ 结构：电磁式仪表由圆柱形线圈和圆弧状的不动铁片（静铁片）组成，如图 1.14 所示。靠近不动铁片，有一个圆弧状的可动铁片，它与转轴相连，转轴上固定有指针和游丝，指针的尾部有一个在空气盒中的铝片，它对指针的偏转起阻尼作用，使指针在偏转时不会来回摆动。

➢ 原理：当被测电流通入线圈时，在线圈内部会产生磁场，静铁片和动铁片同时被磁化。相对应端为同一极性，由于同极性磁极相斥，因此产生偏转转矩，使得动铁片带动转轴和指针产生偏转。当转矩与游丝所产生的反抗力矩平衡时，指针就停止在一定的位置上。因为被测电流与指针的偏转角度之间存在对应关系，所以，指针偏转角度的大小，也就

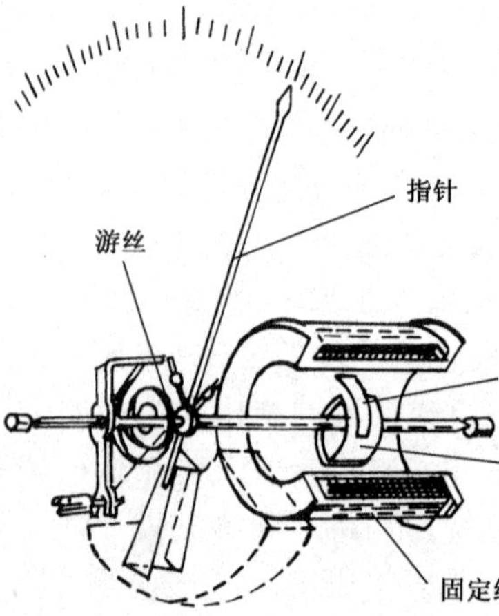

图 1.14　电磁式仪表结构

反映出电流的大小。

② 电磁式仪表的特点。电磁式仪表具有交、直流都可用，过载能力强的优点。但由于铁片中有磁损耗，因此存在准确度低的缺点。同时，由于偏转角与被测电流的非线性关系，所以，表盘是非均匀刻度的。

（3）电动式仪表

电动式仪表可进行交流、直流的测量，尤其是进行精确度高的交流测量。它是利用两载流导体之间具有相互作用力进行工作的。

① 电动式仪表的结构与原理如下所述。

➢ 结构：电动式仪表由用较粗导线绕成的固定线圈、用细导线绕成的活动线圈、空气阻尼器及游丝等部件组成。转轴穿入并固定在活动线圈上，以便带动指针偏转。空气阻尼器在指针摆动时，利用空气阻力所产生的阻尼转矩使摆动迅速停止。

➢ 原理：当固定线圈中通入被测电流时，线圈内部产生与电流成正比的磁场，由于活动线圈与固定线圈串联，所以，活动线圈也有电流通过，产生磁场。两个线圈所产生的磁场相互作用，就出现转动力矩，导致活动线圈带动指针偏转。当转矩与游丝所产生的反抗力矩平衡时，指针就停止在一定的位置上。

② 电动式仪表的特点。电动式仪表具有准确度高，交流、直流两用的优点。也存在受外界磁场影响大、本身耗能多、过载能力弱、价格高的缺点。同时，表盘刻度不均匀。

技能训练1 电工测量及仪表

1. 常用电工工具的使用与操作

常用的电工工具有验电器、组合螺丝刀、电工刀、电工钢丝钳、剥线钳、尖嘴钳、活动扳手、电烙铁、冲击电钻等。

（1）验电器

验电器又称为试电笔（简称电笔），是电工在检修、安装用电设备时，经常用到的一种低压辅助工具。验电器的样式、结构及使用方法如图1.15所示。

用途：验电器通常用来测试500V以下电线、用电器和电气设备是否带电。

结构：常用的验电器，根据外形分有像钢笔的钢笔式和与螺丝刀组合的螺丝刀式两种。它由氖管、电阻、弹簧、笔身、笔尖金属体（或螺丝刀）等组成。

使用方法：用手拿住验电器，其中一个手指要接触验电器尾部的金属。用笔尖接触被测物体，如果氖管发光，说明被测物体带电；如果氖管发光很微弱，则可能被测物体表面不洁；如果氖管不发光，说明被测物体不带电。

注意事项：

① 普通验电器只能测500V以下的电压，测试超过500V的电压可能不安全。

② 在使用前，最好在已知带电物体上，先试一下验电器的氖管能否发亮，确保验电器能正常使用。

③ 在光线明亮的场合使用验电器，要用另一只手给验电器遮光，以便观察验电器氖管是否发亮。

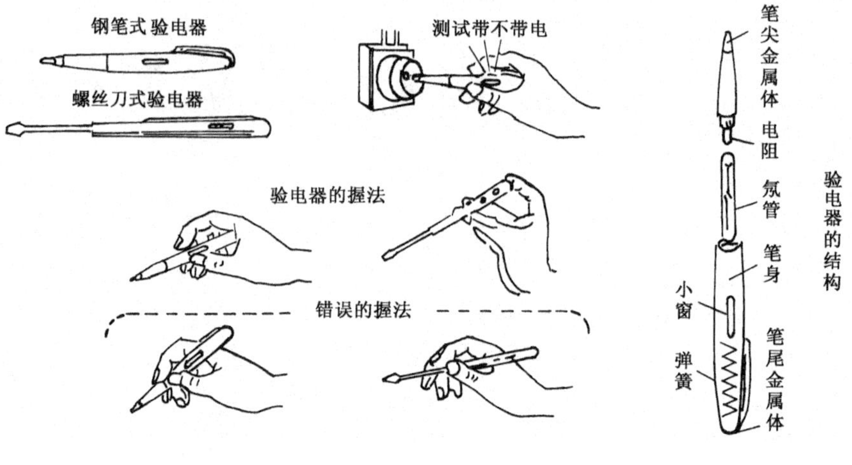

图 1.15　验电器的样式、结构及使用方法

现在，随着电子技术的发展，一种新型的、液晶显示数字验电器已经越来越普及，正被广大电气维修人员广泛使用。与上述两种验电器相比，它的特点是：不仅能测试 220V 以下电线、用电器和电气设备是否带电，而且能测出大概带多少伏的电。

（2）螺丝刀

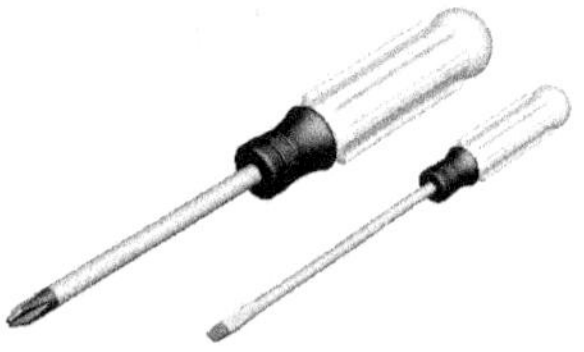
图 1.16　螺丝刀

螺丝刀俗称起子、改锥。常用的有木柄螺丝刀、塑料柄螺丝刀、金属柄螺丝刀（钟表螺丝刀）及组合螺丝刀，如图 1.16 所示。

用途：螺丝刀主要用来旋紧或拧松头部有一字槽（平口）或十字槽（梅花）的螺栓及木螺钉。

结构：螺丝刀由把、杆、头三部分组成。电工用的螺丝刀，常在杆上套一截塑料套管，防止在拧带电螺丝时，手触及螺丝刀杆而触电。

螺丝刀的头部分为“一”字形和“梅花”形两种。在使用时，须根据螺栓和螺丝尺寸的大小不同，选用不同规格的螺丝刀。

电工常备的螺丝刀规格有：2 寸、4 寸、6 寸、12 寸。

使用方法：

① 需用大力拧螺丝时，应一手扶住螺丝刀杆，另一手用掌心顶住螺丝刀尾部，五指握住螺丝刀把，这样既便于使劲，又可以防止螺丝刀打滑。

② 使用钟表螺丝刀时，应用食指顶住螺丝刀尾部，采用拇指和中指旋动螺丝刀。

注意事项：

① 应根据螺栓或螺钉的大小，选用大小合适的螺丝刀。否则，螺丝刀容易打滑。

② 螺丝刀要垂直于螺栓或螺钉顶部旋拧。否则，容易拧坏螺栓或螺钉的槽口。

③ 钟表螺丝刀只能旋拧不带电的螺栓或螺钉。

（3）电工刀

电工刀也是电工常用的工具之一。一般的电工刀如图 1.17 所示。

用途：电工刀主要用来剖削导线的绝缘层、割锯塑料底盒缺口、削制木桩等。

结构：电工刀分为普通、两用及三用三种。普通电工刀由刀片和刀柄两部分组成，刀柄中有槽口，不用时，刀片能折进刀柄。三用电工刀由刀柄、刀片、锯片和钻子等组成，平时不用时，刀片、锯片和钻子都能折进刀柄。刀片用于切削导线绝缘层，锯片用于切割线槽或底盒，钻子可用于锥钻木螺钉的底孔。

使用方法：使用电工刀时，右手握住电工刀的刀柄，刀口向外，左手握住导线（或木柄），由里向外切削。

注意事项：

① 切削导线绝缘层时，注意不要损伤导线的金属芯线。

② 不能用电工刀切削带电物体。

③ 不能用电工刀刀尖撬坚硬物体，以防止刀刃损坏。

④ 电工刀不用时要将刀片收进刀柄，以免伤人。

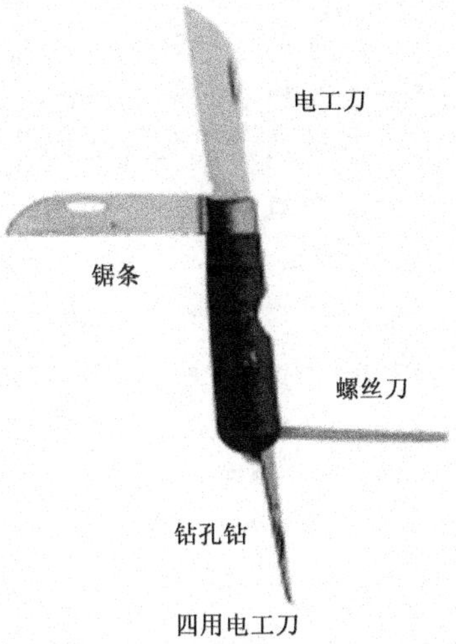

图 1.17　电工刀

（4）电工钢丝钳

电工钢丝钳又称为老虎钳，是电工常用的一种钳夹和剪切工具。带塑料套柄的电工钢丝钳一般可耐压 500V。

常用的规格：以全长表示，有 150mm、175mm、200mm 三种。

用途：电工钢丝钳有很多功能，可用来剪切铁丝、细钢丝、导线等线材；绞剥导线绝缘层；旋紧或拧松螺母；拔出铁钉等。

结构：如图 1.18 所示，电工钢丝钳由钳头、钳柄两部分组成。钳头由钳口、齿口、刀口和铡口组成。为安全起见，以便必要时钳夹带电物体，通常在钳柄上套有绝缘塑料套，防止触电。

使用方法：使用电工钢丝钳时右手握钳，钳柄的一边夹在虎口处，食指、中指、无名指与小指夹住钳柄的另一边（见图 1.18），以便钳头张合方便。

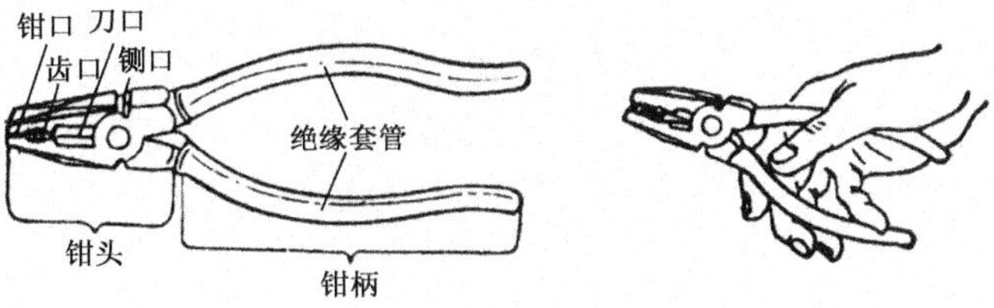

图 1.18　电工钢丝钳

钳头的不同部位，其功能也不一样：

- 钳口用来弯绞或钳夹导线线头。
- 齿口用来固紧或拧松螺母。
- 刀口用来剪切导线、铁丝，剖削软导线绝缘层，拔除铁钉。
- 铡口用来铡切钢丝、导线线芯。

注意事项：

① 要注意保护钳柄的绝缘套，以免破损后在钳夹带电物体时，产生触电现象。

② 不要用刀口剪切过粗、过硬的物体，以免损坏刀口。

③ 不可用电工钢丝钳代替手锤做敲打工具。

（5）剥线钳

剥线钳是用来剥削导线绝缘层的一种专用工具，也是电工常用的一种工具。它使用方便，绝缘层切口整齐，而且不会损伤导线金属芯线。

用途：剥线钳可用来剥削横截面积在 $6mm^2$ 以下导线头部的橡胶或塑料绝缘层。

结构：如图 1.19 所示，剥线钳由钳头和钳柄两部分组成。钳头部分由压线口和刀口组成，刀口分有 0.5～3mm 的多个切口。钳柄部分套有绝缘套，使剥线钳可以剥削带电导线的绝缘层。

使用方法：使用剥线钳时，如同电工钢丝钳的握法一样，右手握住剥线钳，根据导线的粗细，左手将导线放入刀口中相应的切口，右手均匀用力，直到绝缘层剥离导线。

注意事项：

① 根据导线的粗细，正确选用切口。

② 强行将剥线钳用于过粗的导线，易使剥线钳损坏。

③ 剥削带电导线时，应先检查剥线钳钳柄的绝缘套，以免发生危险。

（6）尖嘴钳

尖嘴钳因其有细长的头部而得名。一般的尖嘴钳如图 1.20 所示。

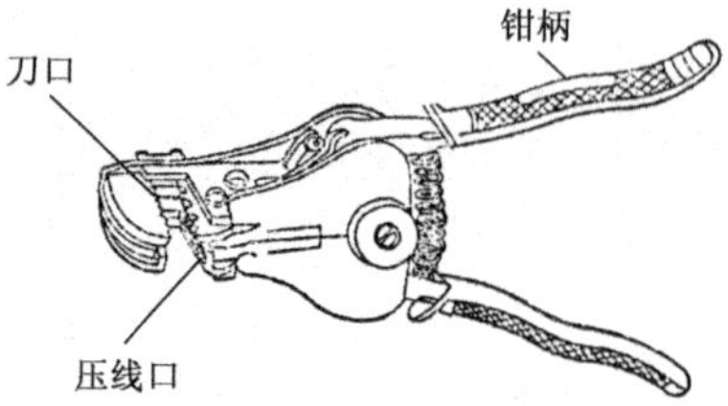

图 1.19　剥线钳

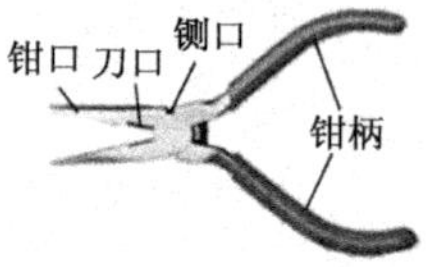

图 1.20　尖嘴钳

用途：由于尖嘴钳的头部尖细，适用于狭小的空间，方便灵活，能代替人的手指来完成安装或维修工作，因此可用来夹持细小的零件或剪断细小的金属丝。

- 钳口：夹持小零件，将电线弯成圆圈，以便接线。
- 刀口：剪切细小零件或电线。

结构：尖嘴钳和钢丝钳一样，分为钳头和钳柄两部分。钳头细而长，通常带有刀口。为安全起见，钳柄上也套有耐压在 500V 以下的绝缘橡胶套。常用的规格有长 130mm、160mm 和 80mm 三种。

注意事项：

① 不能剪切太粗的电线或铁丝。

② 注意钳柄绝缘套管的保护，防止破损漏电。

③ 钳夹物不可过大，用力切勿太猛，防止损伤钳头。

（7）电烙铁

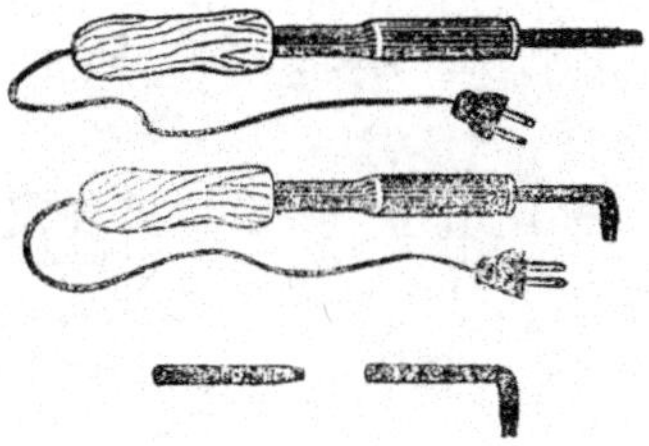
图 1.21　电烙铁

电烙铁是电工必不可少的焊接工具。电烙铁有内热式、外热式、感应式三种类型，其铜头又有直头与弯头之分，如图 1.21 所示。

用途：使用电烙铁可进行导线与导线、导线与元件、元件与元件、元件与线路板之间的焊接。

结构：虽然电烙铁的类型、规格、形状不同，但其结构大致相同，都由铜头、发热体、手柄、导线、插头五部分组成。

➢ 铜头：即烙铁头，是电烙铁的工作部位，分直头和弯头两种。

➢ 发热体：是电烙铁的发热元件，因电烙铁种类的不同其发热材料也不同。

➢ 手柄：一般用木头或硬塑料制成，具有良好的绝缘性和隔热性。

➢ 导线：电烙铁的电源引线，线的粗细由电烙铁的功率大小来确定。一般由两股电源线和一股接地线组成。

➢ 插头：现在通常使用两扁或三扁插头。

电工使用的电烙铁按功率不同有 15W、20W、25W、45W、75W、100W、150W、200W、300W、500W 等多种规格。

使用方法：

① 被焊表面处理：用砂纸或其他工具将被焊表面打磨干净，不能留有锈斑或氧化层。

② 涂抹焊剂：在被焊表面涂上焊剂。

③ 搪上焊锡：焊接前，先在被焊表面搪上一层薄薄的焊锡，可以减少虚焊的发生。

④ 焊接：对合好要焊接的部件，将衔上焊锡的电烙铁头靠近被焊部件，让熔化的焊锡流入接头的缝隙且均匀分布。然后移开电烙铁头，让焊件保持不动，直到焊接部位焊锡温度降低而凝固。

注意事项：

① 使用电烙铁焊接前要先预热，否则会因烙铁头温度过低而产生虚焊。

② 电烙铁一次使用时间不宜过长，否则易使烙铁头过热而氧化。

③ 电烙铁不用时要放在烙铁架上，不能随手乱放而引发火灾。

④ 根据焊件的不同，正确选用合适功率与形状的电烙铁。功率选取过大，易烧坏元件；选取过小，易产生虚焊。

⑤ 第一次使用的电烙铁，应先将铜头的氧化层打磨后搪上一层焊锡。

2．直流电流的测量与操作

（1）选择电流表

直流电流表的种类很多，在进行测量之前，要根据精度的要求，选择适当的一种电流表。并且，检查电流表指针是否归零，若不在零位，要旋转调零螺钉使指针归零。同时，要估算电路中被测电流的大小，以选择合适的电流表量程。量程选得过大，会影响测量的精度；量程选得比被测电流小，则极易烧坏电流表。一般，电流表的量程是被测电流的 1.5～

1.8 倍为好。若测量前不能估算被测电流的大小时，应先使用大量程的电流表，初步测量后，再调整电流表的量程。

（2）接线

如图 1.22 所示，用直流电流表测量流过某一负载元件（或电源）的直流电流。先将直流电流表接入电路，接线时要注意以下几点。

① 电流表应与被测负载元件（或电源）串联连接。

② 被测电流应从电流表的正（+）接线柱流入，从电流表的负（-）接线柱流出。

③ 若被测电流超过电流表的量程，则要配外附分流器，再用定值导线（两根导线的总电阻为 0.035Ω）接入电路，否则会烧坏电流表。外附分流器的两侧接线柱串联接入电路，中间两个接线柱接电流表。

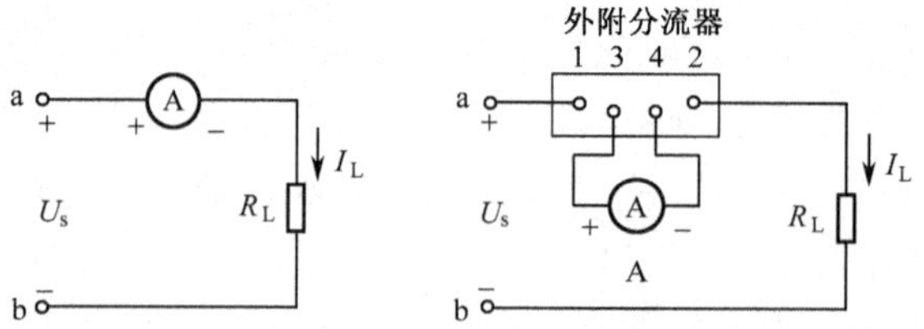

图 1.22　直流电流的测量

（3）测量电流大小

将电流表水平放好，接通电路电源，根据指针所指的刻度，在电流表中读出电流值，并做好记录，这个电流值就是流过负载元件（或电源）的电流。

（4）电流表内阻对测量结果的影响

由于电流表在使用时串接在被测负载中，如果内阻过大，相当于被测负载串联了一个电阻，因此，将直接影响到测量结果的精确度。内阻越大，测量结果的误差就越大。所以，希望电流表的内阻越小越好。一般，当内阻小于负载电阻的百分之一就可以忽略不计。

3. 直流电压的测量与操作

（1）选择电压表

与直流电流表一样，用于测量直流电压的直流电压表也有很多种类型。因此，在测量直流电压之前，像直流电流表的选择一样，要根据测量的要求，对直流电压表的精度、量程的适用范围及其他必要的问题进行考虑，选择合适的直流电压表。

（2）接线

如图 1.23 所示，用直流电压表测量某一负载（或电源）两端的电压。先将直流电压表接入电路，在接线时应注意以下几点。

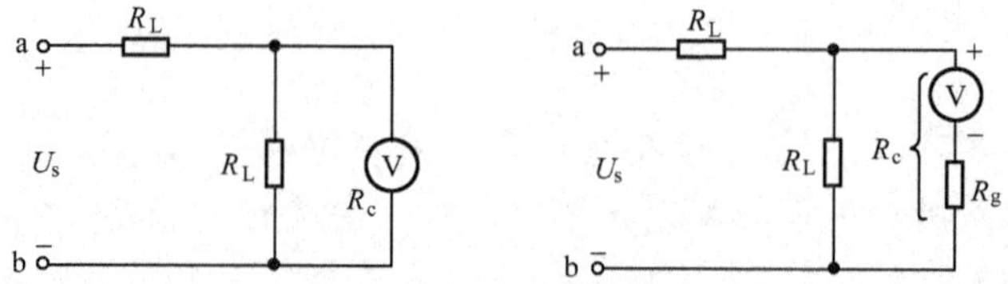

图 1.23　直流电压的测量

① 电压表应与被测负载元件（或电源）的两端并联。

② 被测负载元件（或电源）的高电位端与直流电压表的正（+）接线柱相接，低电位端与直流电压表的负（-）接线柱相接。

③ 若被测电压超过电压表的量程，则要配外附分压器后再并联接入电路。

（3）测量电压大小

将电压表水平放好，接通电路电源，根据指针所指的刻度，在电压表中读出电压值，并做好记录，这个电压值就是负载元件（或电源）两端的电压。

（4）电压表内阻对测量结果的影响

由于电压表在使用时与被测负载元件（或电源）两端并联，这样，电压表支路就会存在分流的作用，从而导致测量结果出现误差。为了使测量结果尽可能准确，要求电压表的内阻尽可能大。最理想的情况是电压表的内阻为无穷大（∞），这不可能做到。通常，当电压表的内阻大于被测负载元件总电阻的 100 倍，就可以忽略电压表内阻对测量准确度的影响。

4．万用表的使用与操作

万用表是一种多用途、多量程的电工测量仪表，通常可以测量电阻、交/直流电压、直流电流及判断电解电容好坏等，有的万用表还可以测量交流电流、电功率、电感等，是电工在机电、电子设备维修中必不可少的工具。常用的万用表有机械式万用表、数字式万用表，分别如图 1.24、图 1.25 所示。

图 1.24　机械式万用表

图 1.25　数字式万用表

（1）万用表的结构

如图 1.26 所示，万用表主要由以下几部分组成。

- 表头：表头是一块灵敏度很高的磁电式电流表。表头本身的量程从几微安到几百微安，是万用表中的测量指示结构。
- 刻度盘：刻度盘上有多种刻度尺，刻度尺上标有数字。表头指针与刻度盘配合以指示被测电量的数值。
- 转换开关：转换开关是万用表选择测量的类别和选择测量量程的转换机构。
- 测量电路：万用表的测量电路由各种物理量的测量电路组合而成，另外加上一些保护电路。测量电路的作用是把各种被测物理量转换成适合表头测量的直流电流。
- 机械及调零旋钮：万用表有表头调零和测量电阻调零两个调零旋钮。另外还有表笔、表笔插孔、电池、外壳等。

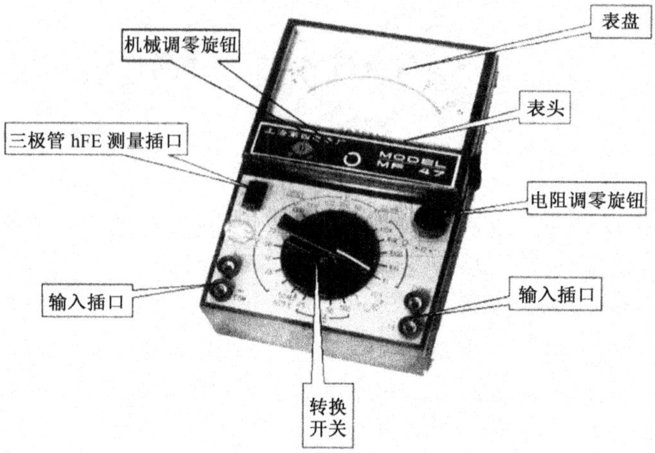

图 1.26　万用表的面板示意图

（2）使用与操作

❖ 使用前准备

① 机械调零。将万用表水平放置，检查指针是否在刻度盘“0”位，若不在，可调节表头下方的机械调零螺丝调零。

② 将红表笔插在“+”插孔，黑表笔插在“–”插孔。

③ 根据被测物理量的类别和大小，将转换开关旋转到相应的“挡位”和“量程”。

④ 熟悉表盘刻度尺，能正确读数。

❖ 直流电压的测量

① 将转换开关旋到“DCV”挡，并选好合适的量程。

② 将表笔并联在被测负载元件（或电源）的两端。注意，红表笔接高电位，黑表笔接低电位。

③ 根据所选的量程、刻度尺及指针所指的刻度，确定电压的读数:

电压读数=指针所指刻度×量程/标尺最大刻度

❖ 直流电流的测量

① 将转换开关旋到“DCA”挡，并选好合适的量程。

② 将表笔串联在被测负载元件（或电源）的一端。注意，红表笔接电流流入端，黑表笔接电流流出端。

③ 根据所选的量程、刻度尺及指针所指的刻度，确定电流的读数:

电流读数=指针所指刻度×量程/标尺最大刻度

技能训练 2　电阻的测量

（1）测量电阻前的准备工作

测量电阻前，先将红表笔插在“+”插孔，黑表笔插在“–”插孔。将转换开关旋到“Ω”挡，并选择合适的倍率挡位，试测电阻，看指针是否在欧姆刻度盘的中间区域，指针越靠近刻度盘的中心点，读数就越准确。

再进行欧姆调零。将红、黑表笔短接，看指针是否在欧姆刻度盘的零位，若不在零位，调节欧姆调零旋钮，使指针指在零位。

（2）电阻测量

测量电阻时，左手拿在被测电阻的中间位置（手不可以碰到电阻引脚），右手拿住红、黑两表笔的绝缘部分，将两表笔的金属头分别碰接在电阻的两端。

（3）读数和计算

读出欧姆刻度盘上指针所指的数值，计算出被测电阻的阻值：

被测电阻的阻值=欧姆刻度盘上指针所指的数值×倍率挡的倍数

（4）测量电阻的注意事项

在测量电阻时，要注意以下几点。

① 在测量电路中的某一电阻时，被测电阻不能有并联支路，若不能确定有无并联支路，应把被测电阻的一端焊下来再测。

② 测量电阻时，严禁在被测电阻带电的情况下进行测量；也不可以测量充电后的电解电容。否则，极易烧坏万用表的表头。

③ 使用万用表电阻挡测量晶体管和电解电容等有极性元件的电阻时，要注意表笔的极性。

1.2　正弦交流电常识

1.2.1　正弦交流电的基本概念

上一节，我们所研究和讨论的内容，都是大小和方向不随时间的改变而改变的直流电。但是，在日常生活和生产中，大多使用交流电。我们将大小和方向随时间作周期性交替变化的电流、电压、电动势称为交流电，如果它们的变化符合正弦函数的规律，则称为正弦交流电。由于正弦交流电在产生、输配电及用电设备的制造和运行方面都比直流电经济、方便，因此，它获得了广泛的应用。

1．交流发电机的结构

利用交流发电机可以产生正弦交流电。如图 1.27 所示是一个简单交流发电机的结构图。

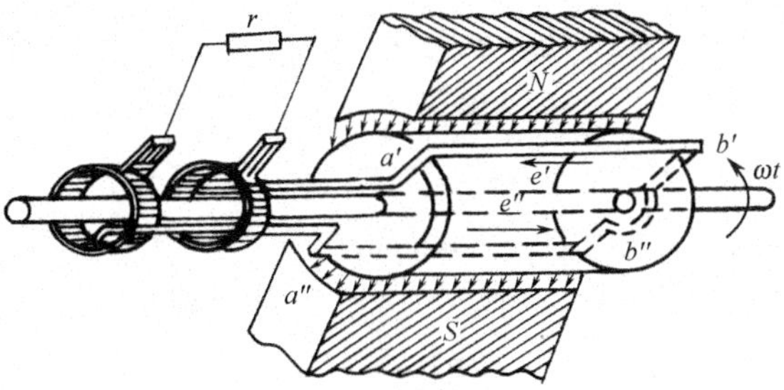

图 1.27　交流发电机的结构图

在一对磁极 N、S 之间，放着一个能转动的圆柱形铁心，在铁心上绕有线圈，线圈的两端分别接到两个铜制的、与转轴绝缘的圆形滑环上，滑环固定在转轴上，滑环又通过电刷与外电路接通，把线圈中感应出来的正弦交流电传送到外电路。

铁心、滑环、线圈等组成的转动部分称为电枢。电枢在磁极之间转动时，线圈中就会产生感应电动势。

2．正弦交流电动势的产生

如图 1.28 所示是交流发电机的原理图，我们只画了线圈 AX 的截面图。

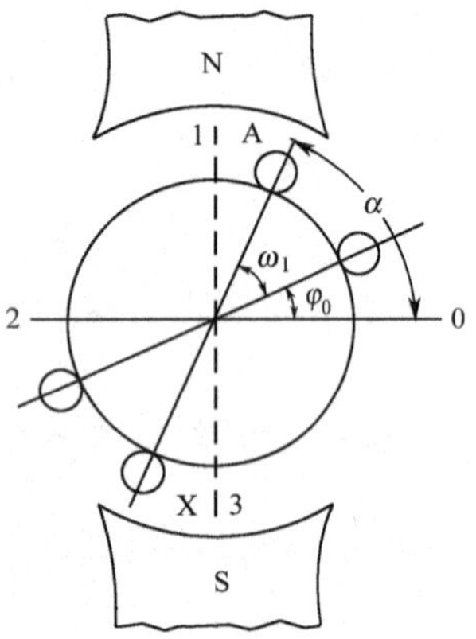

图 1.28　交流发电机的原理图

磁极的布置要合适，目的是使沿铁心表面圆周上的磁感应强度 B 按正弦规律分布，即

$$B = B_m \sin\alpha$$

在圆周的 0、2 两处，α 分别是 0、π，这两处的磁感应强度 B 等于零。我们常把通过水平中心线的水平面称为中性面，把 α 称做线圈平面相对于中性面的夹角。在圆周 1、3 两处，α 分别是 $\frac{\pi}{2}$、$\frac{3\pi}{2}$，这两处的磁感应强度 B 最大。

当线圈在外力的作用下，沿逆时针方向以恒定的角速度 ω 匀速旋转时，线圈侧面上的两段导线做切割磁力线运动，因而会产生电动势。若每段导线的长度为 l，则线圈中产生的电动势为

$$e = 2vlB$$

式中，v 是导线做匀速圆周运动的线速度。

将 $B = B_m \sin\alpha$ 代入上式，得

$$e = 2vlB_m \sin\alpha$$

设 $E_m = 2vlB_m$，则上式变为

$$e = E_m \sin\alpha$$

若规定线圈平面相对于中性面夹角为零时作为初始时刻（t=0），因为 $\alpha = \omega t$，所以有

$$e = E_m \sin\omega t$$

上式说明：交流发电机所产生电动势的大小和方向都随时间变化，其变化的规律符合正弦函数的特征。

正弦交流电是指按正弦规律变化的电流、电压和电动势。正弦交流电可以用波形图表示，也可以用三角函数式表示。以正弦交流电流为例，其波形图如图 1.29 所示。三角函数式是：

$$i = I_m \sin\left(\omega t + \frac{\pi}{2}\right)$$

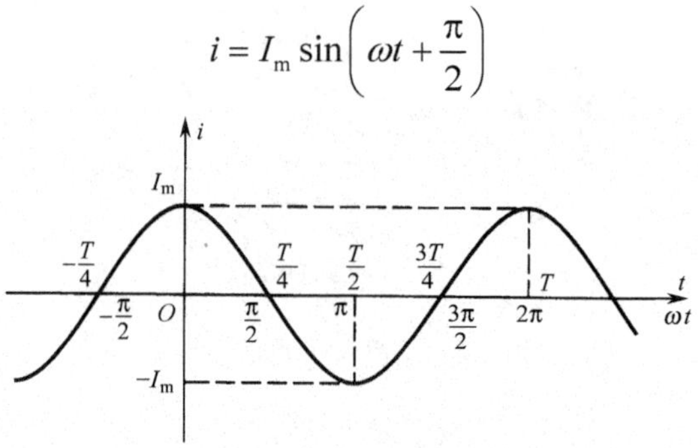

图 1.29　正弦交流电流波形图

1.2.2　正弦交流电的三要素

通常把频率、最大值（或有效值）和初相位称为正弦交流电的三要素。

1．瞬时值、最大值、有效值

（1）瞬时值

正弦交流电在某一瞬间的大小称为瞬时值。电动势、电压和电流的瞬时值分别用小写字母 e、u、i 表示，并且有

$$e = E_{\mathrm{m}} \sin\alpha$$
$$u = U_{\mathrm{m}} \sin\alpha$$
$$i = I_{\mathrm{m}} \sin\alpha$$

（2）最大值

正弦交流电变化时出现的最大瞬时值称为最大值。电动势、电压和电流的最大值分别用 E_{m}、U_{m}、I_{m} 表示。

（3）有效值

有效值是根据交流电的热效应定义的。一交流电和一直流电分别通过同一电阻 R，如果在相同的时间内产生的热量相等，则此直流电的数值称为该交流电的有效值。交流电动势、电压和电流的有效值分别用大写字母 E、U、I 表示。

根据理论计算，正弦量的有效值是最大值的 0.707 倍，即

$$E = \frac{E_{\mathrm{m}}}{\sqrt{2}} = 0.707E_{\mathrm{m}}$$
$$U = \frac{U_{\mathrm{m}}}{\sqrt{2}} = 0.707U_{\mathrm{m}}$$
$$I = \frac{I_{\mathrm{m}}}{\sqrt{2}} = 0.707I_{\mathrm{m}}$$

有效值在电气工程中应用非常广泛。例如：照明电路的电源电压为 220V，动力线路的电源电压为 380V，都是指有效值；用交流电工仪表测量出来的电流、电压也是指有效值；大多数电器产品铭牌上标注的额定电压、额定电流都是指有效值。

2．周期、频率、角频率

（1）周期

正弦交流电按正弦规律变化，每完成一个循环所需要的时间称为周期，用符号 T 表示，单位为秒（s）。

（2）频率

正弦交流电在 1s 内完成的周期数称为频率，用符号 f 表示，单位为赫（Hz）。由周期和频率的定义可知，二者互为倒数，即

$$T = \frac{1}{f} \quad \text{或} \quad f = \frac{1}{T}$$

在我国的电力系统中，国家规定动力和照明用电的标准频率为 50Hz，习惯上称为工频，其周期是 0.02s。在其他领域中，则采用各种不同的频率。

（3）角频率

正弦交流电在单位时间内变化的弧度（或角度）数称为角频率。在一个周期内，正弦交流电变化了 2π弧度，角频率为

$$\omega = \frac{2\pi}{T} = 2\pi f$$

角频率的单位为弧度/秒（rad/s）。

3．相位、初相位、相位差

（1）相位

在式 $i = I_m \sin(\omega t + \varphi_0)$ 中，$\omega t + \varphi_0$ 是随时间变化的角度，可以反映出不同瞬间正弦交流电流的值，能够确定正弦量的状态。把 $\omega t + \varphi_0$ 称为正弦交流电的相位角，简称相位。

（2）初相位

t=0 时的相位称为初相位，即 $i = I_m \sin(\omega t + \varphi_0)$ 中的 φ_0。初相位反映了正弦量在计时起点的状态。初相位可以为正、为负，也可以为零，但规定其绝对值不能大于 180°。如图 1.30 中所示，i_1、i_2、i_3 的初相位分别为正、负和零。

（3）相位差

两个同频率正弦量的相位之差称为相位差。例如，设 i_1 的相位为 $\omega t + \varphi_1$、i_2 的相位为 $\omega t + \varphi_2$，则其相位差为

$$\varphi = (\omega t + \varphi_1) - (\omega t + \varphi_2) = \varphi_1 - \varphi_2$$

上式表明，频率相同的交流电的相位差等于它们的初相位之差。因此，相位差在任何瞬间都是一个常数，如图 1.31 所示。

相位差是两个频率相同的正弦量进行比较的重要参数，通过上式可以比较两个频率相同的正弦量之间的关系。

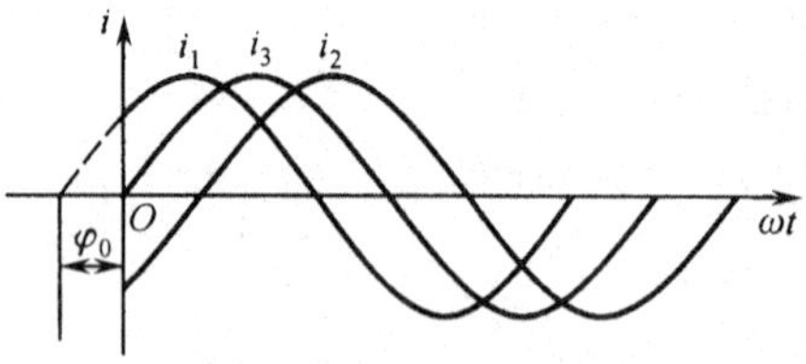

图 1.30 初相位示意图

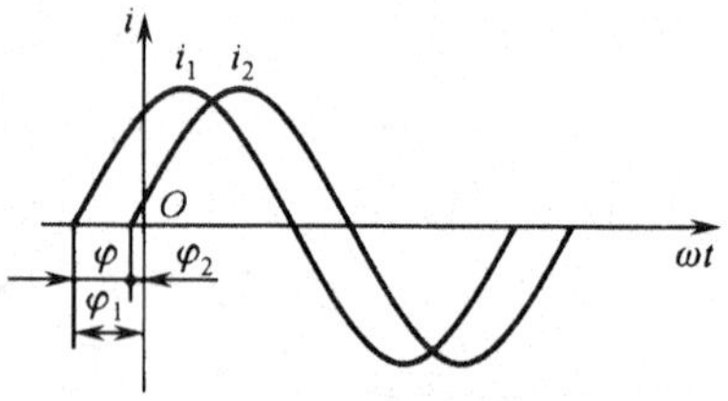

图 1.31 相位差示意图

当 $\varphi_1 = \varphi_2$，即 $\varphi = 0$ 时，两个正弦量同时达到零值或最大值，此时称为同相，如图 1.32（a）所示。

当 $\varphi = \varphi_1 - \varphi_2 = \pm\pi$ 时，两个正弦量一个到达正的最大值，一个到达负的最大值，此时称为反相，如图 1.32（b）所示。

当 $\varphi = \varphi_1 - \varphi_2 = \pm\frac{\pi}{2}$ 时，称两个正弦量正交，如图 1.32（c）所示。

当 $\varphi_1 > \varphi_2$，即 $\varphi > 0$ 时，表示 i_1 在 i_2 之前到达正的最大值，称 i_1 超前 i_2，也可以说 i_2 滞后 i_1；反之，$\varphi < 0$ 则表示 i_1 滞后 i_2，或 i_2 超前 i_1。

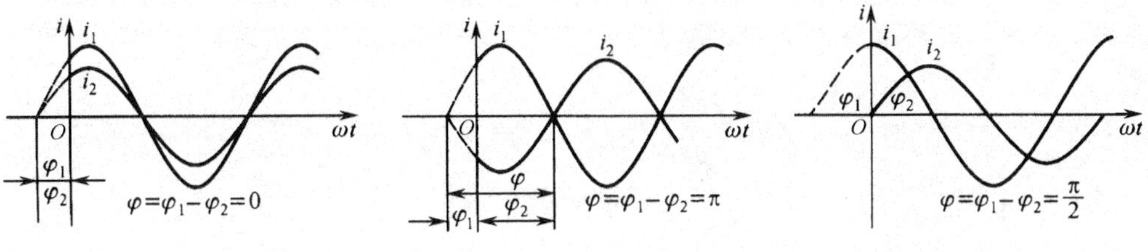

（a）同相　（b）反相　（c）正交

图 1.32　相位关系示意图

4．正弦量的相量表示法

前面已经介绍了正弦量的两种表示法，即波形图和三角函数式。在直角坐标系中，正弦量还可以用一个称为相量的有方向的线段表示。该线段的长度等于正弦量的有效值或最大值，该线段与横轴正方向的夹角等于正弦量的初相位。

之所以称这个有方向的线段为相量，是为了与力、加速度等向量区别。因为前者无空间含义，仅仅是时间的函数。

相量的符号为有效值或最大值符号上加一圆点，例如，用 $\dot{I}$ 表示正弦交流电流的有效值相量，用 $\dot{U}$ 表示正弦交流电压的有效值相量等。

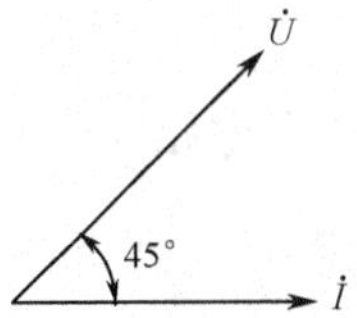

图 1.33　正弦交流量的相量表示法

图 1.33 画出的是正弦交流电流和正弦交流电压的有效值相量，通常把图 1.33 称为相量图。

几个同频率的正弦量可以画在同一个相量图中，这些相量之间的小于 180° 的夹角则为它们的相位差。例如，图 1.33 中电流的初相位为 0°，电压的初相位为 45°，二者的相位差为 45°。判断其相位关系时，可把几个正弦量一起逆时针旋转，在前者为超前，例如图 1.33 中，电压超前于电流 45°。

正弦量用相量表示后，同频率正弦量的运算可以转化为相量的运算。例如，$u=u_1+u_2$ 可以转化为 $\dot{U}=\dot{U}_1+\dot{U}_2$；$i=i_1-i_2$ 可以转化为 $\dot{I}=\dot{I}_1-\dot{I}_2$。同样，基尔霍夫定律也可以写成相应的相量形式，即 $\sum\dot{I}=0$ 和 $\sum\dot{U}=0$。

和向量的加法一样，同频率的正弦量的相量相加也可以采用平行四边形法则。

1.2.3　正弦交流电路

1．纯电阻电路

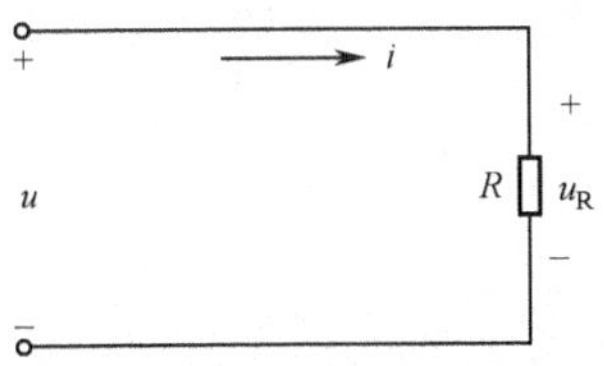

图 1.34　纯电阻电路

交流电路中如果只有电阻，这种电路就称为纯电阻电路。负载为白炽灯、电炉、电烙铁等的电路都是纯电阻电路。

（1）电流与电压的数值关系

在纯电阻电路中，如图 1.34 所示，设加在电阻 R 上的交流电压是 $u_R=U_m\sin\omega t=\sqrt{2}U_R\sin\omega t$，则通过这个电阻的电流瞬时值为

$$i = \frac{u_R}{R} = \frac{\sqrt{2}U_R \sin \omega t}{R} = \sqrt{2}I \sin \omega t$$

式中

$$I = \frac{U_R}{R}，\sqrt{2}I = \frac{U_{R_m}}{R} = I_m$$

可见，电流、电压的最大值、有效值也都符合欧姆定律。

（2）电流与电压的相位关系

由上面 i 的表达式可以看出，流经电阻中的电流与端电压同相，其波形图和相量图如图 1.35 所示。

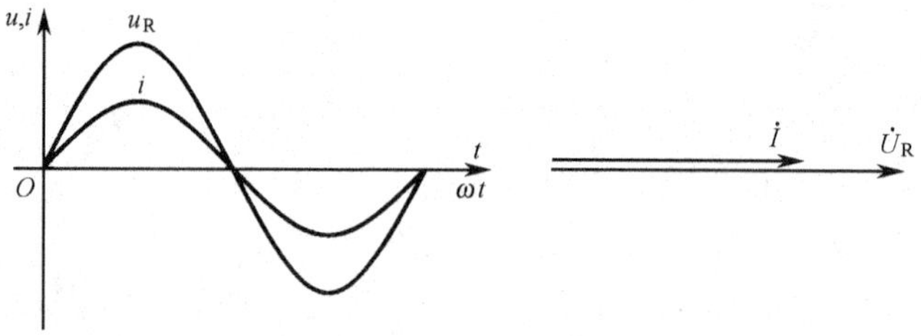

图 1.35　纯电阻电路中电流与电压的相位关系

2．纯电容电路

在交流电路中，如果只用电容器作为负载，且可以忽略介质的损耗，那么这个电路称为纯电容电路，如图 1.36 所示。

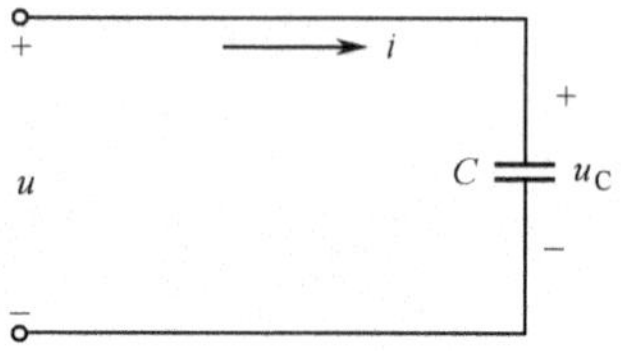

图 1.36　纯电容电路

（1）电流与电压的数值关系

在交流电路中，电容对交流电有阻碍作用，这种阻碍作用在电工技术中通常用容抗表征，记为 X_C，单位是欧（Ω）。

实验证明，电容器的容抗 X_C 与电容器的电容量 C 及交流电的频率成反比，用公式表示为

$$X_C = \frac{1}{\omega C} = \frac{1}{2\pi f C}$$

从式中可以看出，对于交流电，频率越高，X_C 就越小；反之，频率越低，X_C 就越大。对于直流电来说，$f=0$，$X_C=\infty$，可视为开路。可见，电容器有“通交流、隔直流，通高频、阻低频”的特性。

在纯电容电路中，电压的最大值、有效值和电流的最大值、有效值之间也符合欧姆定律，即

$$I_m = \frac{U_{C_m}}{X_C}，\quad I = \frac{U_C}{X_C}$$

（2）电流与电压的相位关系

通过实验和计算证明，在纯电容电路中，电流超前电压 90°，或者说电压滞后电流 90°。若设电容端电压为

$$u = \sqrt{2}U_C \sin\omega t$$

则
$$i = \sqrt{2}I \sin\left(\omega t + \frac{\pi}{2}\right)$$

电流 i 和电压 u_C 的波形图和相量图如图 1.37 所示。

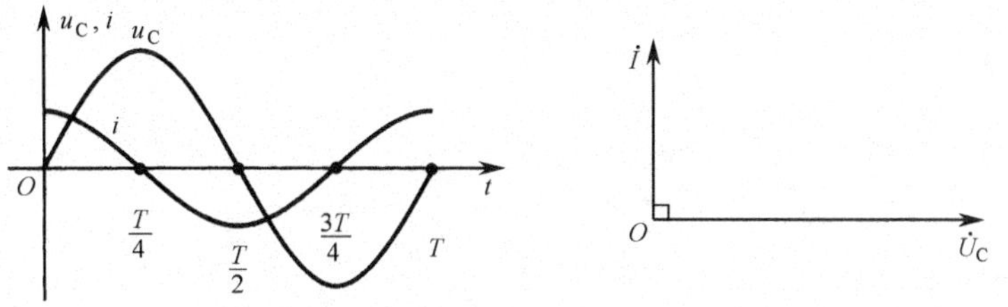

（a）波形图　　（b）相量图

图 1.37　纯电容电路中电流与电压的相位关系

3. 纯电感电路

在交流电路中，如果用电感线圈作为负载，且这些线圈的内阻可以忽略不计，那么这个电路称为纯电感电路，如图 1.38 所示。

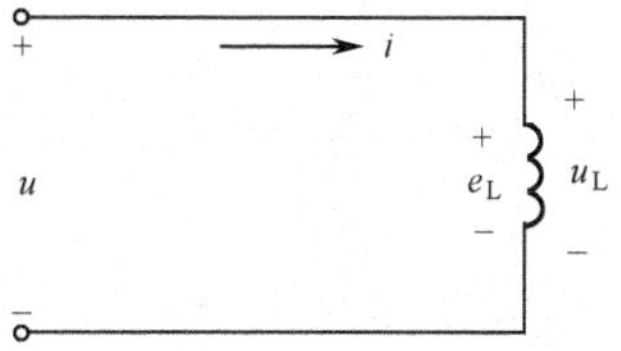

图 1.38　纯电感电路

（1）电流与电压的数值关系

在交流电路中，当电感线圈中的电流发生变化时，线圈中将产生感应电动势阻碍电流的变化。在电工技术中，通常用感抗表征电感线圈对电流的阻力，记为 X_L，单位是欧（Ω）。实验表明，感抗与电感 L 以及电源频率成正比，用公式表示为

$$X_L = \omega L = 2\pi f L$$

从式中可以看出，频率越高，X_L 越大；频率越低，X_L 越小。对直流电而言，由于 $f = 0$，则 X_L =0，电感相当于短路。可见，电感有“通直流、阻交流”或“通低频、阻高频”的特性。感抗与频率成正比的特性在电工电子技术中有着广泛的应用。

可以证明，在纯电感电路中，通过线圈的电流的最大值、有效值和线圈端电压的最大值、有效值之间的关系也符合欧姆定律，即

$$I_m = \frac{U_{Lm}}{X_L}, \quad I = \frac{U_L}{X_L}$$

（2）电流与电压的相位关系

通过实验和计算可以证明，在纯电感电路中，电压超前电流 90°，或者说电流滞后电压 90°。若设电感线圈中通过的电流为

$$i = \sqrt{2}I \sin\omega t$$

则
$$u_L = \sqrt{2}U_L \sin\left(\omega t + \frac{\pi}{2}\right)$$

电流 i 和电压 u_L 的波形图和相量图如图 1.39 所示。

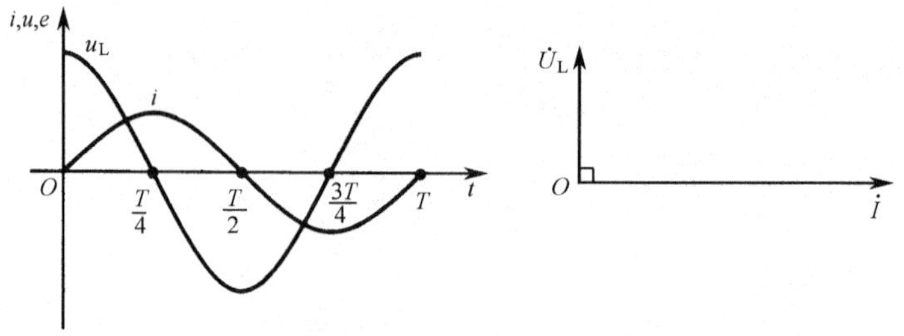

（a）波形图　　（b）相量图

图 1.39　纯电感电路中电流与电压的相位关系

4．R-L-C 串联电路

在电工技术中，一个电路中往往同时具有两种或两种以上的元件，它们以各种方式连接起来。下面介绍一个典型电路，即 R-L-C 串联电路，电路图如图 1.40 所示。

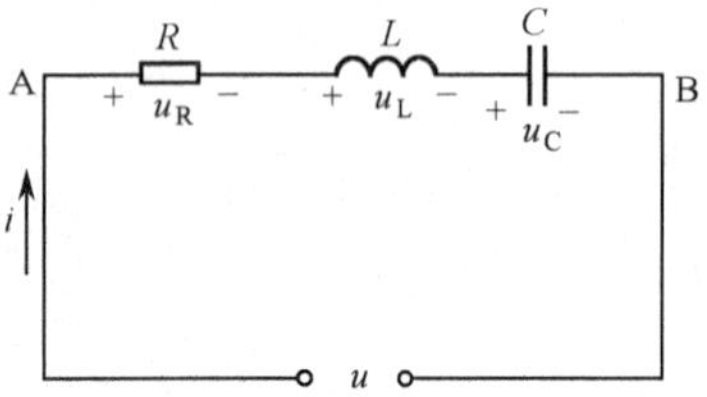

图 1.40　R-L-C 串联电路

（1）端电流与电压的相位关系

设通过此电路的正弦交流电为

$$i = \sqrt{2}I\sin\omega t$$

按图示参考方向，各元件两端的电压分别为

$$u_R = RI_m\sin\omega t = \sqrt{2}RI\sin\omega t = \sqrt{2}U_R\sin\omega t$$

$$u_L = X_L I_m\sin\left(\omega t + \frac{\pi}{2}\right) = \sqrt{2}X_L I\sin\left(\omega t + \frac{\pi}{2}\right) = \sqrt{2}U_L\sin\left(\omega t + \frac{\pi}{2}\right)$$

$$u_C = X_C I_m\sin\left(\omega t - \frac{\pi}{2}\right) = \sqrt{2}X_C I\sin\left(\omega t - \frac{\pi}{2}\right) = \sqrt{2}U_C\sin\left(\omega t - \frac{\pi}{2}\right)$$

由基尔霍夫定律可知电路 A、B 两端的电压为

$$u = u_R + u_L + u_C$$

由上述可知，电阻两端电压与电流同相，电感两端电压较电流超前 90°，电容两端电压较电流滞后 90°。由于电感上的电压 u_L 与电容上的电压 u_C 是反相的，故 R-L-C 串联电路的性质要由这两个电压分量的大小来决定。由于串联电路中电流相等，而 $U_L = X_L I$，$U_C = X_C I$，所以，电路的性质实际上是由 X_L 和 X_C 的大小来决定的。

① 当 $X_L > X_C$，则 $U_L > U_C$。端电压应为三个电压 $\dot{U}_R$、$\dot{U}_L$、$\dot{U}_C$ 的相量和，如图 1.41（a）所示。

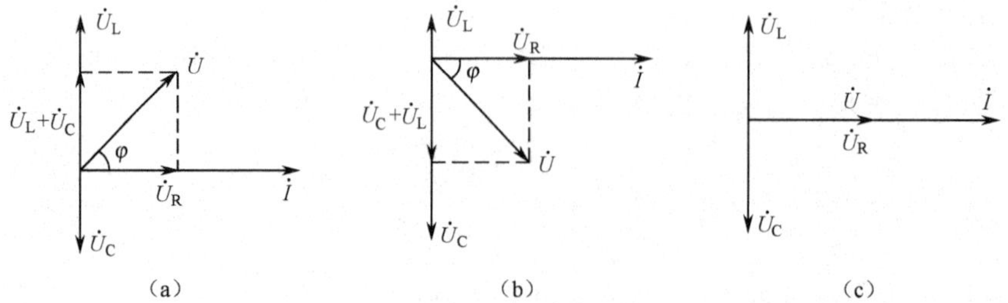

（a）　（b）　（c）

图 1.41　R-L-C 串联电路的三种情况

由图可知，端电压较电流超前一个小于 90° 的角 φ，电路呈电感性，称为电感性电路。端电压 u 与电流 i 的相位差为

$$\varphi=\varphi_{u0}-\varphi_{i0}=\arctan\frac{U_{\mathrm{L}}-U_{\mathrm{C}}}{U_{\mathrm{R}}}>0$$

② 当 $X_{\mathrm{L}}<X_{\mathrm{C}}$，则 $U_{\mathrm{L}}<U_{\mathrm{C}}$。它们的相量关系如图 1.41（b）所示，端电压较电流落后一个小于 90° 的角 φ，电路呈电容性，称为电容性电路。端电压 u 与电流 i 的相位差为

$$\varphi=\varphi_{u0}-\varphi_{i0}=\arctan\frac{U_{\mathrm{L}}-U_{\mathrm{C}}}{U_{\mathrm{R}}}<0$$

③ 当 $X_{\mathrm{L}}=X_{\mathrm{C}}$，则 $U_{\mathrm{L}}=U_{\mathrm{C}}$。电感两端的电压和电容两端的电压大小相等，相位相反，故端电压等于电阻两端的电压，即 $U=U_{\mathrm{R}}$。端电压 u 与电流 i 的相位差为

$$\varphi=\varphi_{u0}-\varphi_{i0}=0$$

电路呈电阻性。电路的这种状态称为串联谐振，相量关系如图 1.41（c）所示。

（2）端电流与电压的大小关系

从图 1.41 中可以看到，电路的端电压与各分电压构成一个直角三角形，称为电压三角形。端电压为直角三角形的斜边。直角边由两个分量组成，一个分量是与电流相位相同的分量，也就是电阻两端的电压 U_{R}；另一个分量是与电流相位差 90° 的分量，也就是电感与电容两端电压之差 $|U_{\mathrm{L}}-U_{\mathrm{C}}|$。

由三角形可得到，端电流有效值与各分电压有效值的关系是相量和，而不是代数和。根据勾股定理

$$U=\sqrt{U_{\mathrm{R}}^2+(U_{\mathrm{L}}-U_{\mathrm{C}})^2}$$

将 $U_{\mathrm{R}}=RI$，$U_{\mathrm{L}}=X_{\mathrm{L}}I$，$U_{\mathrm{C}}=X_{\mathrm{C}}I$ 代入上式，得

$$U=\sqrt{R^2+(X_{\mathrm{L}}-X_{\mathrm{C}})^2}\,I=|Z|I \text{ 或 } I=U/|Z|$$

这就是 R-L-C 串联电路中的欧姆定律表达式。式中

$$|Z|=\sqrt{R^2+(X_{\mathrm{L}}-X_{\mathrm{C}})^2}$$

称为电路的阻抗，它的单位是欧（Ω）。

感抗和容抗统称为电抗，两者之差用 X 表示，即 $X=X_{\mathrm{L}}-X_{\mathrm{C}}$，单位为欧（Ω），故得

$$|Z|=\sqrt{R^2+X^2}$$

将电压三角形各边同除以电流 I 可得到阻抗三角形。斜边为阻抗 $|Z|$，直角边为电阻 R 和电抗 X，如图 1.42 所示。$|Z|$ 和 R 两边的夹角 φ 也称为阻抗角，它就是端电压和电流的相位差，即

$$\varphi=\arctan\frac{X_{\mathrm{L}}-X_{\mathrm{C}}}{R}=\arctan\frac{X}{R}$$

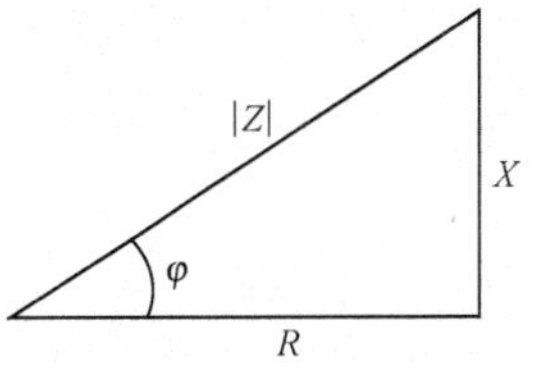

图 1.42　R-L-C 串联电路阻抗三角形

【例 1.5】 在 R-L-C 串联电路中，已知电路端电压 U=220V，电源频率为 50Hz，R=30Ω，L=445mH，C=32μF。求：①电路中的电流大小；②端电压和电流之间的相位差；③电阻和电容两端的电压。

解： ①先计算感抗、容抗和阻抗

$$X_{\mathrm{L}}=2\pi fL=2\times3.14\times50\times0.445\Omega\approx140\Omega$$

$$X_C = \frac{1}{2\pi fC} = \frac{1}{2 \times 3.14 \times 50 \times 32 \times 10^{-6}} \Omega \approx 100\ \Omega$$

$$|Z| = \sqrt{R^2 + (X_L - X_C)^2} = \sqrt{30^2 + (140-100)^2} \Omega = 50\ \Omega$$

所以 $I = \frac{U}{|Z|} = \frac{220}{50} = 4.4\,\text{A}$

② 端电压和电流之间的相位差是

$$\varphi = \arctan\frac{X_L - X_C}{R} = \arctan\frac{140-100}{30} = 53.1°$$

因为 $X_L > X_C$，所以 $\varphi > 0$，电路呈电感性。

③ 电阻、电感和电容两端的电压分别是

$$U_R = RI = 30 \times 4.4\text{V} = 132\text{V}$$
$$U_L = X_L I = 140 \times 4.4\text{V} = 616\text{V}$$
$$U_C = X_C I = 100 \times 4.4\text{V} = 440\text{V}$$

（3）R-L-C 串联电路的两个特例

① 当电路中 X_C=0，即 U_C=0，这时电路就是 R-L 串联电路，其相量图如图 1.43（a）所示。端电压与电流的数值关系为

$$U = \sqrt{U_R{}^2 + U_L{}^2} = \sqrt{R^2 + X_L{}^2}\, I = |Z|\, I \quad 或 \quad I = \frac{U}{|Z|}$$

这就是 R-L 串联电路中的欧姆定律表达式，式中

$$|Z| = \sqrt{R^2 + X_L{}^2}$$

阻抗 |Z|、电阻 R 和感抗 X_L 也构成一个阻抗三角形，如图 1.43（b）所示。

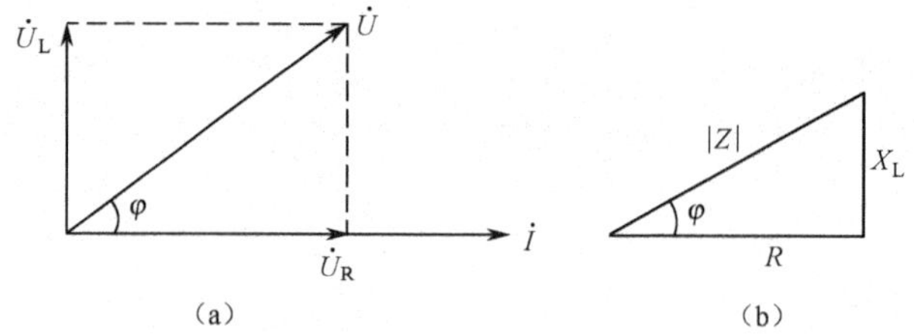

图 1.43 R-L 串联电路相量图与阻抗三角形

② 当电路中 X_L=0，即 U_L=0，这时电路就是 R-C 串联电路，其相量图如图 1.44（a）所示。端电压与电流的数值关系为

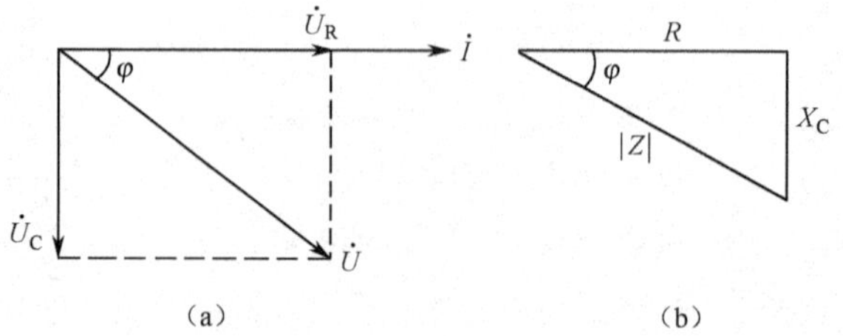

图 1.44 R-C 串联电路相量图与阻抗三角形

$$U=\sqrt{{U_R}^2+{U_C}^2}=\sqrt{R^2+{X_C}^2}I=|Z|I \quad 或 \quad I=\frac{U}{|Z|}$$

这就是 R-C 串联电路中的欧姆定律表达式，式中

$$|Z|=\sqrt{R^2+{X_C}^2}$$

阻抗 $|Z|$、电阻 R 和容抗 X_C 也构成一个阻抗三角形，如图 1.44（b）所示。

【例 1.6】 为了降低小功率单相交流电动机的转速，可以用降低电动机端电压的办法来解决。为此，在电路中串联一个电感线圈，称为电抗器，如图 1.45 所示。若电动机电阻 R=190Ω，感抗 $X_L'=260\,\Omega$，电源端电压 U=220V，电源频率 $f=50\text{ Hz}$。要求串联电抗器后电动机两端的电压为 $U'=180\text{V}$，求电抗器的电感为多大？

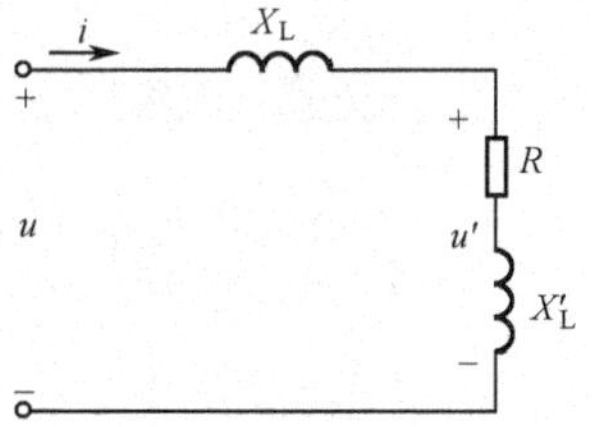

图 1.45　例 1.6 图

解：电动机的阻抗为

$$|Z'|=\sqrt{R^2+X_L'^2}=\sqrt{190^2+260^2}\approx 322\Omega$$

根据降压要求，电路中电流应该为

$$I=\frac{U'}{|Z'|}=\frac{180}{322}\approx 0.56\text{A}$$

电路中总阻抗是

$$|Z|=\frac{U}{I}=\frac{220}{0.56}\approx 393\ \Omega$$

此阻抗包括电阻 R、电动机感抗 X_L' 和电抗器感抗 X_L，所以，可求出总感抗

$$X_L+X_L'=\sqrt{Z^2-R^2}=\sqrt{393^2-190^2}\approx 344\ \Omega$$

因此，电抗器的电感为

$$L=\frac{X_L}{2\pi f}=\frac{344-260}{2\times 3.14\times 50}\approx 0.27\text{H}$$

【例 1.7】 在如图 1.46（a）所示的 R-C 串联电路中，已知电压的频率是 800Hz，电容是 0.046μF，需要输出电压 u_2 较输入电压 u 滞后 30° 的相位差。求电阻的数值是多少？

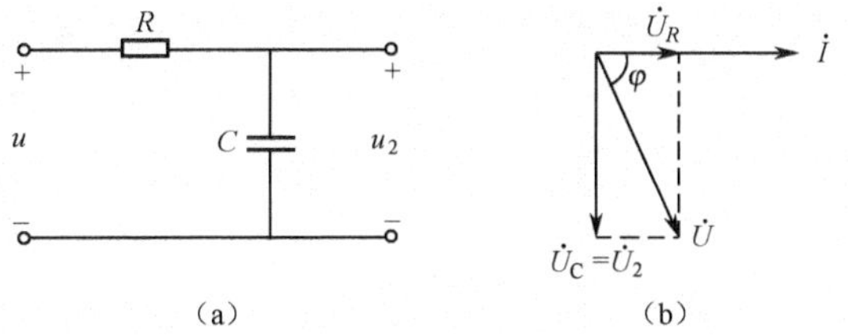

（a）　（b）

图 1.46　例 1.7 图

解：先画出电流和各元件两端电压的相量图，如图 1.46（b）所示。u_2 较 u 滞后 30°，于是端电压和电流的相位差为

$$\varphi=90°-30°=60°$$

由阻抗三角形可得

$$\tan\varphi=\frac{X_C}{R}$$

所以

$$R=\frac{X_C}{\tan\varphi}=\frac{1}{2\pi fC\tan\varphi}=\frac{1}{2\times3.14\times800\times0.046\times10^{-6}\times\tan60^\circ}\Omega\approx2498\ \Omega$$

即电路应选择 2 498Ω的电阻，就能使输出电压滞后输入电压 30°。

1.3 三相交流电路常识

1.3.1 三相交流电概述

上一节所讨论的是，假设交流发电机产生的只有一个交变电动势的单相交流电路。但在实际应用中，所采用的几乎都是三相交流电。由三个同幅值、同周期变化，三者之间相位相差 120°的正弦交流电动势构成的电源称为三相对称正弦交流电源。由三相交流电源、三相用电设备、连接导线、控制设备组成的电路称为三相交流电路，或称为“三相制”。

“三相制”之所以被广泛使用，是因为其远距离输送电能损失小，在输电功率、电压、距离和线损等条件相同的情况下，三相输电用铝量仅为单相输电的 75%；同时，三相电器结构和制造比较简单，性能稳定，使用可靠，维护方便。

1. 三相对称电动势的产生

（1）三相交流发电机的结构

三相交流发电机的结构如图 1.47 所示，它与单相交流发电机的结构基本相同，只不过在转子上有三组夹角相互相差 120°的线圈（AX、BY、CZ），分别称为 A 绕组、B 绕组、C 绕组。三个绕组的起始端分别以 A、B、C 表示，末端以 X、Y、Z 表示，每个绕组的形状、尺寸、匝数都相同，转子上下有磁极 N、S。

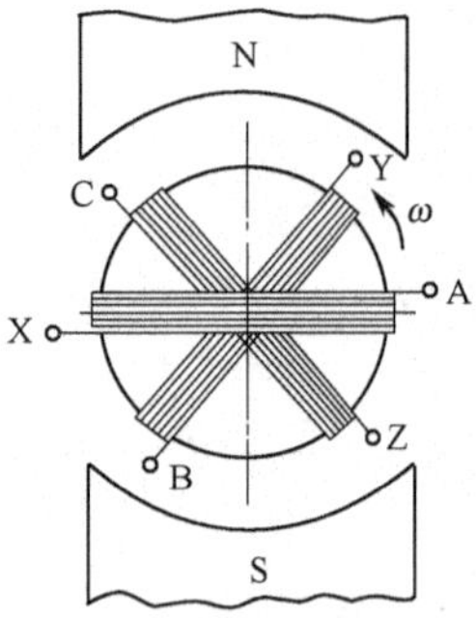

图 1.47 三相交流发电机的结构

磁感应强度 B 沿转子表面按正弦规律分布。

（2）三相对称电动势的产生

当三相发电机的转子在外力的作用下，以等角速度 ω 按逆时针方向旋转时，三个绕组中会分别产生正弦交流电动势。这三个电动势有如下的特点。

① 由于三相绕组以相同的角速度切割磁力线，因此所产生电动势的频率相同。

② 由于各绕组的几何形状、尺寸、匝数都相同，绕组角速度也相同，因此所产生电动势的最大值都相等。

③ 由于三相绕组的起端和末端互差 120°，因此所产生三个电动势的初相角之间也互差 120°。

由此可见，三相发电机所产生的电动势是三相对称电动势。三相对称电动势到达最大值或零的先后顺序称为相序。

2. 三相对称电动势的表示法

为了以正弦量的形式表示三个绕组所产生的正弦电动势，我们把绕组的末端（X、Y、Z）到起始端（A、B、C）的方向规定为电动势的正参考方向；把 A—B—C—A 规定为正相

序。那么，三个绕组所产生的正弦电动势的瞬时值可表示为

$$e_{AX} = E_m \sin\omega t$$
$$e_{BY} = E_m \sin(\omega t - 120°)$$
$$e_{CZ} = E_m \sin(\omega t + 120°)$$

三相对称电动势的曲线图和相量图如图 1.48 所示。

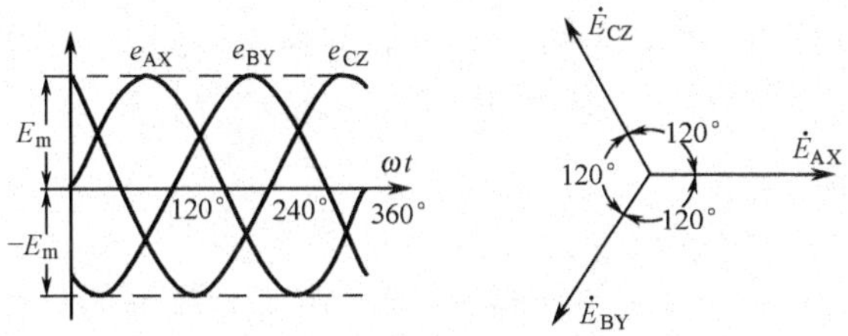

图 1.48　三相对称电动势的波形图和相量图

如果把三个对称正弦电动势的相量加在一起，它们就构成一个闭合的等边三角形，即

$$\dot{E}_{AX} + \dot{E}_{BY} + \dot{E}_{CZ} = 0$$

说明

三相对称电动势的相量和等于零，如图 1.49 所示。

如果把三个对称的正弦电动势的瞬时值加起来，经过计算，可以得到

$$e_{AX} + e_{BY} + e_{CZ} = 0$$

无论是表达式还是波形图都证明：在任一瞬间，三相对称正弦电动势的代数和等于零。

3．三相电源的 Y 形连接

三相发电机每一个绕组所产生的电动势都相当于一个独立电源，可以单独与负载连接使用。但这种连接方式在输送电能时需要 6 根导线。为此，我们把发电机三个绕组的末端 X、Y、Z 连在一起，接成一个公共点 O，引出一根连接线称为中线（零线）；由 A、B、C 三个起始端分别引出三根连接线，称为端线（火线），这种连接方式称为三相电源的星形（Y 形）连接，如图 1.50 所示。三相电源 Y 形连接向负载供电的方式称为三相四线制。

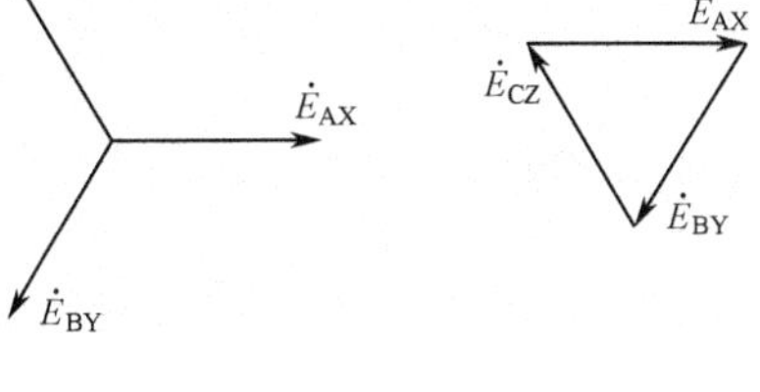

图 1.49　三相对称电动势的相量和

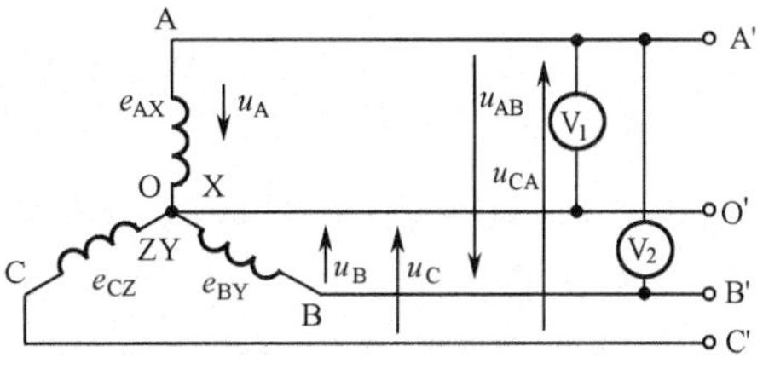

图 1.50　三相电源的 Y 形连接

绕组连接成星形时，可以得到两种电压：相电压和线电压。

（1）相电压

星形连接时，起始端与末端（端线与中线）之间的电压称为相电压。相电压的有效值

用U_A、U_B、U_C表示，若忽略各相绕组的阻抗和内部压降，则有

$$U_A = E_A \qquad U_B = E_B \qquad U_C = E_C$$

三个相电压的有效值大小相等，它们之间在相位上互差 120°。相电压的方向由端线指向中线。伏特表 V_1 上所测得的就是相电压。

（2）线电压

端线与端线之间的电压称为线电压，线电压的有效值用U_{AB}、U_{BC}、U_{CA}表示。线电压的正方向由下标文字的先后顺序来表示，书写时下标不能颠倒，否则在相位上相差 180°。三个线电压的有效值大小也相等。伏特表 V_2 上所测得的就是线电压。

（3）相电压与线电压的关系

任意两根端线之间有电压存在，是因为两个相关绕组的感应电动势共同作用造成的。因此，线电压与相电压之间有一定的关联。经电压定义和相量的推导我们得出：线电压在数值上等于相电压的$\sqrt{3}$倍；相位上比它所对应的相电压超前 30°。三个线电压之间的相位互差 120°，因而线电压依然是对称的。

在日常生产和生活中，常用的电压为 380/220V，是指电源在星形连接时的相电压为 220V，线电压为 380V（$\sqrt{3}$×220V）。

1.3.2 三相负载的连接

在日常生产和生活中，用电电器和设备分为两类，一类是使用单相电源的单相负载，如电视机、电风扇、单相电机等；另一类如三相电机等使用三相电源的设备称为三相负载。把三相电源与三相用电负载按一定的方式连接起来所组成的电路称为三相电路。三相负载的连接方式有两种：星形（Y 形）连接和三角形（△形）连接。

1. 三相负载的 Y 形连接

当三相电源以三相四线制的方式向三相负载供电时，把三组负载分别接在电路三个端线与中线之间，就构成了三相负载的星形（Y 形）连接，如图 1.51 所示。

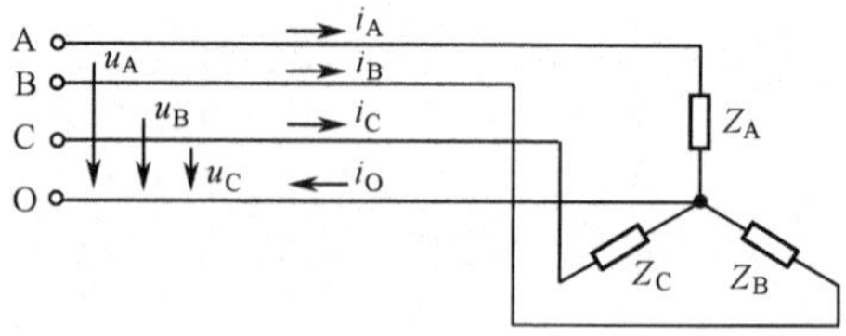

图 1.51 三相负载的 Y 形连接

图中 Z_A、Z_B、Z_C 为各相负载的阻抗值，O 为负载的中线。若忽略输电线路上的电压降，则各相负载上的电压等于电源的相电压。

通常把通过每相负载的电流称为相电流，分别用i_{AO}、i_{BO}、i_{CO}表示，其有效值用符号I_P表示；通过端线的电流称为线电流，三相线电流分别用i_A、i_B、i_C表示，其有效值用符号I_L表示，即

$$I_P = I_L$$

中线上电流为三个相电流的代数和，按如图 1.51 中所示的参考方向有

$$i_O = i_{AO} + i_{BO} + i_{CO}$$

如果三相负载为对称三相负载，即 $I_A=I_B=I_C$，那么流过每相负载的相电流也是对称的，即大小相等，相位彼此相差 120°，其相量和为零，即

$$\dot{I}_O=\dot{I}_{AO}+\dot{I}_{BO}+\dot{I}_{CO}=0$$

由于中线中没有电流通过，因此中线可以省去，并不影响三相电路工作，各相负载的相电压仍为电源的相电压，电路成为星形连接的三线三相制供电线路。

三相负载不对称时，各相电流不构成对称量，中线电流不为零，此时中线不能断开。因为当有中线时，即使星形连接的各相负载不对称，也能使各相负载电压等于电源相电压，从而保证各相负载能正常工作；如果中线断开，各相负载电压就不再等于电源相电压，有的负载电压可能低于其额定电压，有的负载电压可能高于其额定电压，导致负载不能正常工作。所以在三相四线制中，中线不允许安装开关和保险丝，以免断开。另一方面，各相应尽量平衡，以减小中线电流。

2. 三相负载的△形连接

对于类似于三相电机这样的三相负载，如果电源采用三相三线制的方式供电（即电源输出没有中线），可以把三相负载每一相的起始端和末端依次连接起来，再由三个顶点引出三根连接导线，与电源的三根端线连接，这种连接方式就称为三相负载的三角形（△形）连接，如图 1.52 所示，此时负载的相电压就是线电压。三相负载的三角形连接有以下特点。

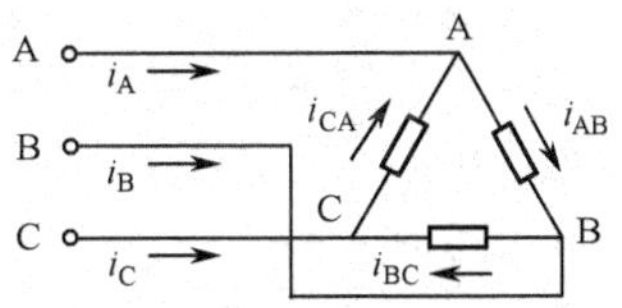

图 1.52　三相负载的△形连接

（1）相电流的计算

由于电源的电压是对称的，如果三相负载也对称（即各相阻抗相等），则各相电流也对称，有

$$I_{AB}=I_{BC}=I_{CA}=\frac{U_{相}}{Z_{相}}$$

各相电流的正方向由加在该相负载电压的正方向来确定。

（2）线电流与相电流的关系

在三相负载的三角形连接中，三个顶点有三条分支电路，线电流不等于相电流。若三相负载对称，则三个线电流也必然对称，大小为

$$I_{\Delta线}=\sqrt{3}I_{\Delta相}$$

三个线电流在相位上互差 120°。

必须说明的是，若三相负载不对称，则线电流不一定等于 $\sqrt{3}$ 倍的相电流。

1.4 安全用电

1.4.1 触电的原因和危害

电对人类造福不浅，但是处理不当也会造成灾祸，小则损坏机器，大则引起人身伤亡事故。根据触电事故的统计分析，可以将触电事故的发生原因归纳为 4 个方面，即电气设备安装不合规；电气设备维修不及时；违章作业，不遵守安全工作制度；不懂安全用电常识。由此可见，对于用电的安全知识人人都应掌握。

电流流过人体就会导致触电。一般地，对于 50Hz 的工频交流电而言，当流过人体的电流大于 0.05A 时，就可能导致触电死亡，这与电流流过人体的途径、部位有关。通过人体电流的大小决定于人体电阻及所触及的电压高低。人体的电阻不是固定的，是可以改变的，一般为 600～100 000Ω。使人体电阻变化的因素很多，如健康状况、神经系统、心理状态、衣服、鞋子、皮肤的干燥程度等。但是由于最小电阻约在 600Ω左右，那么如果接触到的电压为 60V 时，通过人体的电流就可能达到 0.1A。这就说明只要碰到 60V 电压的线路上，就可能发生触电伤亡事故。所以，一般规定 36V 以下为安全电压。

1.4.2 触电的种类和形式

1. 触电的种类

触电事故是因电流流过人体所造成的。人体被电流伤害的情况，按其性质的不同可分为两类。

（1）电伤

电伤是指电流通过人体外部表皮造成局部伤害。例如电弧的灼伤，与带电体接触后皮肤的红肿，金属在大电流下熔化，飞溅而使皮肤遭受伤害等。

（2）电击

电击是指电流流过人体内部器官，对人体心脏及神经系统造成破坏直至死亡，它是最危险的触电事故。因触电而造成伤亡事故多数是由电击所致。但在触电事故中，电击和电伤常会同时发生。

电击伤人的程度，要根据流过人体电流的大小，通电时间的长短，电流的途径和频率，以及触电者本身的情况而决定。

2. 触电的形式

人体触及带电体有三种不同情况，分别为单相触电、两相触电和跨步电压触电。

（1）单相触电

人站在地上或其他接地体上，而人的某一部位触及带电体，称为单相触电。在我国低压三相四线制中性点接地的系统中，单相触电的电压为 220V。

（2）两相触电

两相触电指人体两处同时触及三相 380/220V 系统的两相带电体，此时加于人体的电压达 380V。

（3）跨步电压触电

带电体着地时，电流流过周围土壤，产生电压降，人接近着地点时，两脚之间形成跨步电压，其大小决定于离着地点的远近及两脚正对着地点的跨步距离。跨步电压在一定程度上也会引起触电事故。

1.4.3 安全措施

为防止人体偶然触电，在一切电气设备中都应该加有保护装置，工作人员要严格遵守安全规则。此外，还应该注意带好一切保护用具。

电气设备的安全保护装置主要有接地和接零两种。

1. 保护接地

把电动机、变压器等电气设备的金属外壳用电阻很小的导线与埋在地中的接地装置可靠地连接起来，称为保护接地。

将电气设备不带电的金属部分接地的目的，是防止工作人员发生间接触电事故。

2. 保护接零

把电气设备的金属外壳接到线路系统的中性点上称为保护接零（或称为保护接中线）。接中线（即接零）时，应满足以下要求。

① 在同一电网中，不得把一部分电气设备接零，而另一部分电气设备接地。这是因为，如果某一接地保护设备的绝缘损坏，并与外壳相连时，会使中线上出现对地电压，于是所有接零的设备上都会出现危险电压。

② 中线上不得装有熔断器和断路设备，仅允许采用在切断中线时，必须同时切断相线的开关。

③ 接零的干线（中线）不得小于相线截面的 1/2，支线应不小于相线截面的 1/3。电气设备接中线应以并联方式连接。

④ 在变电室线路的起点、架空线路的分支处及支线的末端应将零线重复接地，重复接地的接地电阻不大于 10Ω。

3. 安全用电

虽然我们采取上述几种措施来防止触电，但由于工作疏忽或不重视安全用电，有时还可能发生触电事故。因此，在工作中还必须注意以下几点。

① 无论何时何地，不能用手来判断接线端或裸导体是否带电。

② 换接熔丝时，首先要切断电源，切勿带电操作。如果确实有必要带电操作，则应采取安全措施。

③ 常用电气设备的金属外壳必须接有专用的接零导线。

④ 在特殊情况下，使用安全电压。

⑤ 处理好导线带电接头的绝缘。

⑥ 操作电器开关、按钮等，手应保持干燥。

⑦ 若遇有人触电时，应立即切断电源。不可用手直接拉触电者使之脱离电源。

⑧ 严格遵守电气设备的安全操作规程。

1.4.4 触电的急救

一旦发生触电事故，抢救者要保持冷静，首先应使触电者脱离电源，然后进行急救。急救的要点是镇静、迅速、得法。

1. 脱离电源

使触电者脱离电源是极其重要的一环，触电时间越长，对触电者的伤害就越大。具体做法及应注意的问题如下。

① 就近断开电源开关或拔去电源插头。但应注意在切断开关时，是否会因带负荷拉闸

而造成更大的事故。

② 如果触电事故点离电源开关太远，或立即拉开就近电源开关将导致更大的故障，救护人员可用干燥的衣服、绝缘手套、木棒等绝缘物作工具拉开触电者或挑开电线，使之脱离电源。

③ 如果触电者抽筋而紧握电线，可用干燥的木柄斧、电工绝缘钳等将电线一根一根地切断，并把触电者手握点两头的线均切断。要防止电线断落到别人和自己身上。

④ 若触电者处于较高的位置，在使触电者脱离电源的同时，还要采取防摔伤措施。

⑤ 触电事故发生在高压设备上时，应通知动力部门停电，或由从事高压的电工人员，采用相应电压等级的绝缘工具，使触电者脱离电源。

2．现场急救

触电者脱离电源后，应尽快进行现场抢救。若发现触电者停止呼吸或心脏停止跳动，绝不可认为触电者已死亡而不去抢救，应立即在现场进行人工呼吸和人工胸外心脏挤压，并派人通知医院。具体情况如下。

① 触电者神志清醒，只是感到心慌，四肢发麻无力，此时应使触电者在空气流动的地方静卧休息1～2小时，让其自己慢慢恢复正常，并注意观察。

② 触电者已失去知觉，但心脏跳动和呼吸还在进行，此时应使触电者舒适、安静地平卧，周围不要围挤人群，解开衣扣以利呼吸。可让触电者闻闻氨气，摩擦全身使之发热。如果天气寒冷，应注意保暖。同时迅速通知医院诊治。

③ 触电者已停止呼吸，但心脏还在跳动，应立即进行人工呼吸（见图1.53）；如停止心跳，但有呼吸，应立即进行胸外挤压（见图1.54）；如心跳与呼吸均停止，应立即同时进行人工呼吸和胸外心脏挤压。以上抢救人员必须认真坚持进行，直到医生到达之后。

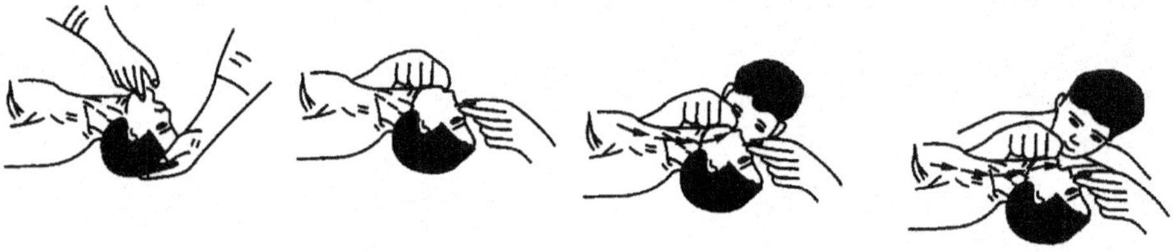

图1.53 人工呼吸法

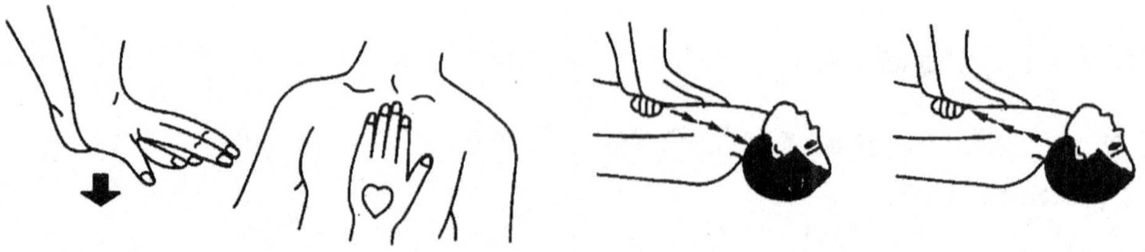

图1.54 胸外心脏挤压法

在实施人工呼吸和胸外心脏挤压之前，必须迅速地将触电者身上妨碍呼吸的衣领、上衣扣、裤带等解开，同时取出口中的假牙、血块、黏液等异物，使呼吸道畅通。

1.5 电动机常识

1.5.1 直流电动机

1. 直流电动机的工作原理

直流电动机是根据通电导体在磁场中受力而运动的原理制成的。电磁力定律告诉我们，通电导体在磁场中要受到电磁力的作用。

电磁力的方向用左手定则来判定。左手定则：将左手伸平，使拇指与其余四指垂直，并使磁力线的方向指向掌心，四指指向电流的方向，则拇指所指的方向就是电磁力的方向。

如图 1.55（a）所示，导体 ab 在 N 极下，电流由 a 到 b，根据左手定则可知导体 ab 受力方向向左；导体 cd 在 S 极下，电流方向由 c 到 d，因此导体 cd 的受力方向向右，两个电磁力所产生的电磁转矩使电枢逆时针方向旋转。当转子旋转 180°，转到如图 1.55（b）所示的位置时，导体 ab 转到 S 极下，电流由 b 到 a，导体的受力方向向右；而导体 cd 在 N 极下，电流方向由 d 到 c，导体的受力方向向左，故电枢仍按逆时针方向旋转。

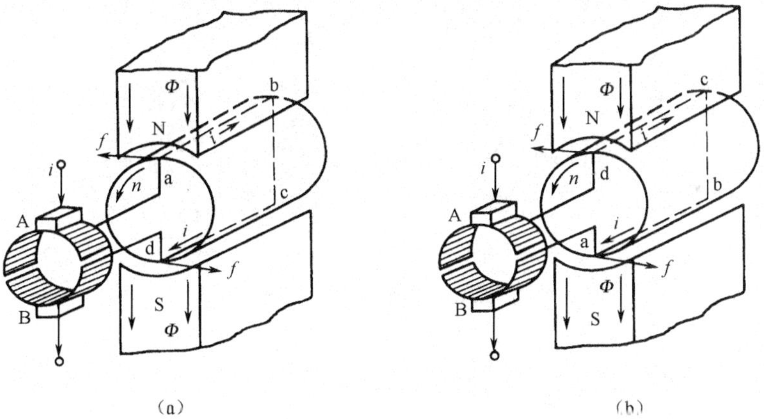

图 1.55 直流电动机的工作原理

由此可知，通过换向器的作用，与电源负极相连的电刷 B 始终和 S 极下导体相连，故 S 极下导体中电流方向恒为流出；而与电源正极相连的电刷 A 始终和 N 极下导体相连，故 N 极下导体中电流方向恒为流入。如此，当导体 ab 和 cd 不断交替出现在 N 极和 S 极下时，两导体所受电磁力矩始终为逆时针方向，因而使电枢按一定方向旋转。

2. 直流电动机的优点和分类

直流电动机是把直流电能转变为机械能的设备。它有以下几方面的优点：

① 调速范围广，且易于平滑调节；

② 过载能力强，启动/制动转矩大；

③ 易于控制，可靠性高；

④ 调速时的能量损耗较小。因此，在调速要求高的场所，如轧钢机、电车、电气铁道

牵引、高炉送料、造纸、纺织拖动、吊车、挖掘机械、卷扬机拖动等方面，直流电动机均得到了广泛的应用。

直流电动机的分类方式很多，按励磁方式分，可分为以下几类：

① 他励电动机，包括永磁电动机；

② 并励电动机；

③ 串励电动机；

④ 复励电动机。

3．直流电动机的结构和额定值

（1）直流电动机的结构

由直流电动机的工作原理可知，直流电动机主要由静止的定子和旋转的转子两大部分组成。其结构如图 1.56 所示。

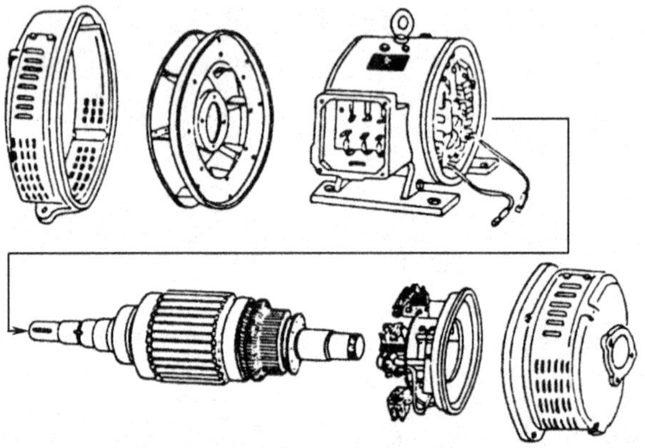

图 1.56 直流电动机的结构

① 定子部分：主要由下列部件组成。

a. 机座：作用有二，一是作为电动机的骨架，用以固定定子各部件和支撑转子旋转；二是作为磁路的一部分，起导磁作用。

b. 主磁极：简称主极，其作用是产生主磁通。主磁极包括极身和极掌（又称为极靴）两部分，其具体结构参见图 1.57。

c. 换向极：在相邻的两个主磁极之间有一个小的磁极称为换向极，它由换向铁心和换向绕组组成。换向极的作用是消除电机带负载时换向器产生的有害火花，以改善换向。

d. 电刷装置：直流电动机中电枢绕组和外电路相连的重要装置，具体结构参见图 1.58。

e. 前、后端盖：用以安放轴承和支撑电枢，一般均为铸钢件。

② 转子部分：如图 1.59 所示，转子又称电枢，是电动机的旋转部分，主要由下列部件组成。

a. 电枢铁心：作用有二，一是作为磁路的一部分；二是安放电枢绕组。

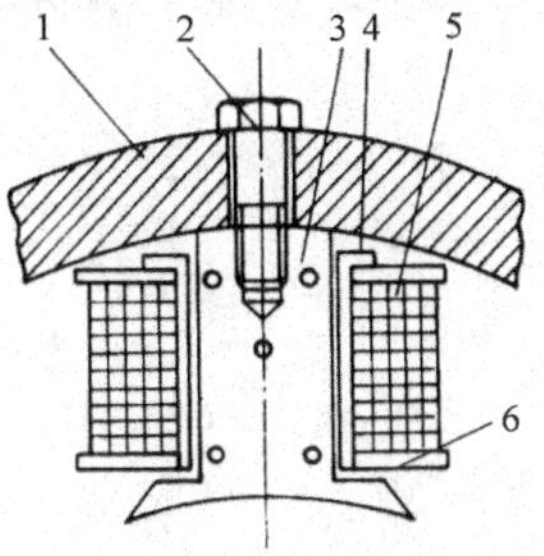

1—机座；2—主极螺钉；
3—主极铁心；4—框架；
5—主磁极绕组；
6—绝缘衬垫

图 1.57　主磁极

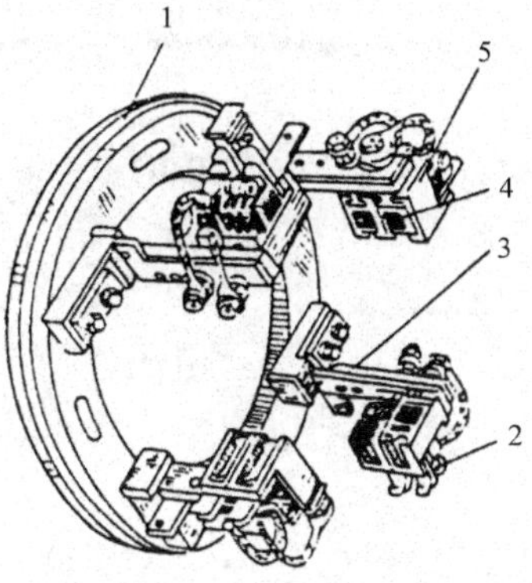

1—刷杆座；2—弹簧；3—刷杆；4—电刷；5—刷握

图 1.58　电刷装置

b. 电枢绕组：是实现能量转换的主要部分，其结构如图 1.60 所示。

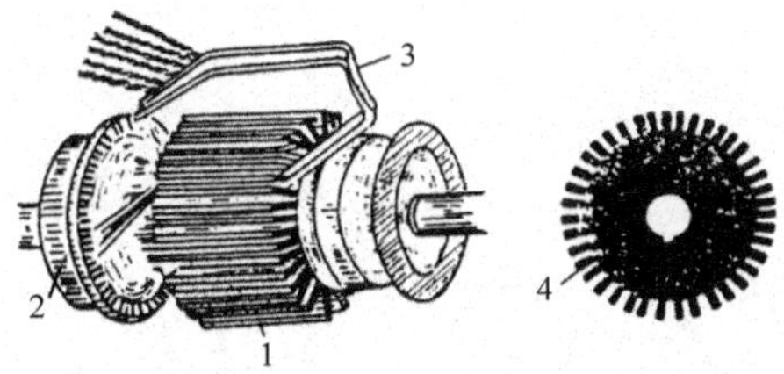

1—电枢铁心；2—换向器；3—绕组元件；4—铁心冲片

图 1.59　电枢

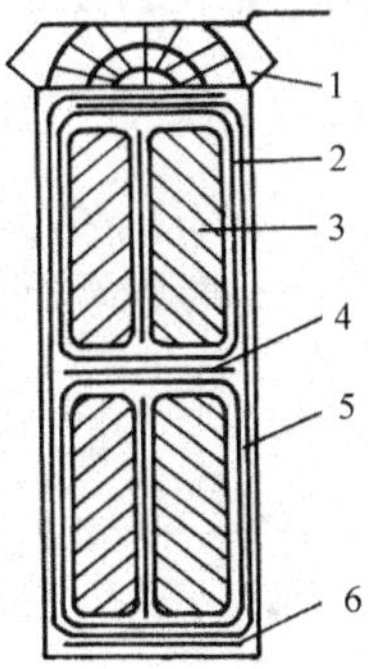

1—槽契；2—线圈绝缘；3—导体；
4—层间绝缘；5—槽绝缘；6—槽底绝缘

图 1.60　电枢绕组

c. 换向器：在直流电动机中，换向器的作用是将输入的直流电流转换为电枢绕组内的交变电流，以保证产生恒定方向的电磁转矩。如图 1.61 所示，换向器是由许多梯形截面的铜片（即换向片）叠成的圆筒形装置，铜片与铜片之间用 0.4～1.2mm 厚的云母片绝缘，是一种机械整流装置。换向器的工作是否良好很大程度上决定了电动机运行的可靠性，同时换向器的维修也是比较困难的。

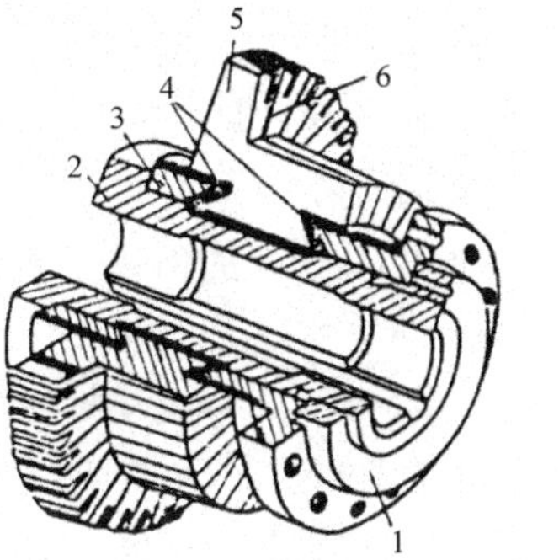

1—螺旋压圈；2—换向器；3—V 形压圈；
4—V 形云母片；5—换向铜片；6—云母片

图 1.61　换向器

（2）直流电动机的额定值

直流电动机在额定运行状态下工作时，应能保证电动机工作的可靠性和良好性。额定值是电动机在运行过程中各物理量的保证值，根据国家标准，直流电动机的额定值有以下几个方面。

① 额定功率 P_N：表示电动机在额定状态下工作时输出的功率，单位为 kW。

② 额定电压 U_N：指在正常工作时电动机出线端的电压值，单位为 V。一般中、小型直

流电动机的额定电压为 110V、220V、440V 等级；大型直流电动机的额定电压为 800V 左右。

③ 额定电流 I_N：对应额定功率、额定电压时的电流值，单位为 A。额定电流是直流电动机运行过程中的一个重要物理量，直流电动机在运行过程中，若电压为额定值，则根据实际电流值和额定电流值之比，可以确定电动机是处于轻载、满载还是过载运行。

④ 额定转速 n_N：指电流、电压、功率都为额定值时的转速，单位为 r/min。

⑤ 励磁方式：指电动机的励磁绕组和电枢绕组之间的连接方式，有他励、并励、串励和复励等。

⑥ 额定励磁电流 I_{fN}：指电动机转速、电流、电压都为额定值时的励磁电流，单位为 A。

以上额定数据都在电动机的铭牌上标出。此外，铭牌上还标有型号、使用条件及其他数据。

4．直流电动机的机械特性

（1）他励直流电动机的机械特性

他励直流电动机的机械特性是指当电动机加上一定的电压 U 和一定的励磁电流 I_f 时，转速 n 与电动机电磁转矩 T 的关系，即 $n=f(T)$。它是电动机的一个重要特性，机械特性方程式为

$$n=\frac{U}{C_e\Phi}-\frac{R_a}{C_eC_t\Phi^2}T=n_0'-\alpha T$$

式中，n_0' 是理想空载转速，α 是机械特性的斜率。以转速 n 为纵坐标，电磁转矩 T 为横坐标，机械特性是一条略向下倾斜的直线，如图 1.62 所示。

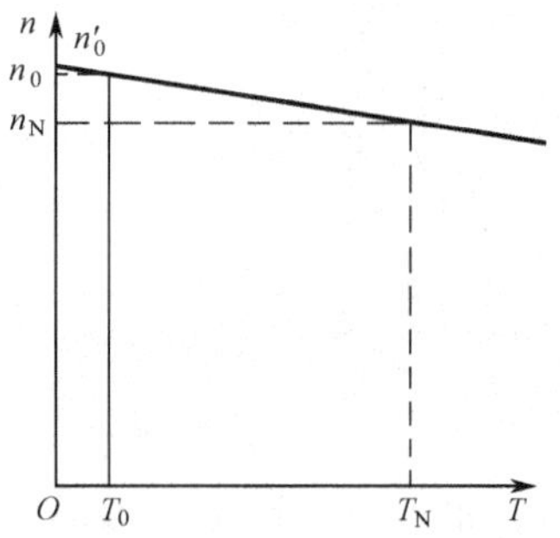

图 1.62　他励直流电动机的机械特性

转速变化的大小用转速调整率Δn 来表示

$$\Delta n=\frac{n_0-n_N}{n_N}\times 100\%$$

式中，n_0、n_N 分别是电动机空载和额定的转速，一般他励直流电动机的Δn 约为 2%～8%左右。

图 1.62 中的机械特性与纵坐标的交点就是理想空载转速 n_0'，实际运行时电动机的空载转速 n_0 要比 n_0' 小一点，见图中机械特性与空载损耗转矩 T_0 线的交点。

α 是机械特性的斜率，通常把α 小的机械特性称为硬特性；α 大的机械特性称为软特性。

从上面转速 n 与电动机电磁转矩 T 的关系式中可以看出，对应于不同的端电压 U，不同的磁通 Φ及不同的电枢电阻 R_a，直流电动机有许多条机械特性曲线。我们把在额定电压 U_N、额定励磁电流 I_{fN} 下，并且电枢回路里没有串接任何电阻时的机械特性称为他励直流电动机的固有机械特性。他励直流电动机的固有机械特性是硬特性。

（2）并励直流电动机的机械特性

并励直流电动机属于他励直流电动机的一个特例，即在连接方法上使励磁绕组与电枢回路并联，它的机械特性与他励直流电动机的机械特性相同，这里不再赘述。

（3）串励直流电动机的机械特性

串励直流电动机的接线图如图 1.63 所示。

串励直流电动机的机械特性如图 1.64 所示，它的机械特性是软特性。随着电磁转矩 T 的增大，转速下降得很快；当电磁转矩 T 较小时，由于气隙磁通的减小，转速迅速增大；T 为零时，理想空载转速为无穷大。由此可见，串励直流电动机不允许空载运行，也不允许以皮带传动方式带动负载，因为皮带不慎脱落时，可能引起电动机过速。此外，串励直流电动机在工作时总是稳定的。

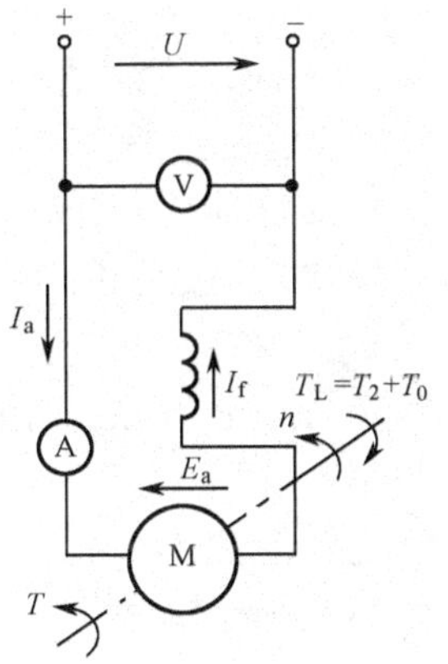

图 1.63　串励直流电动机接线图

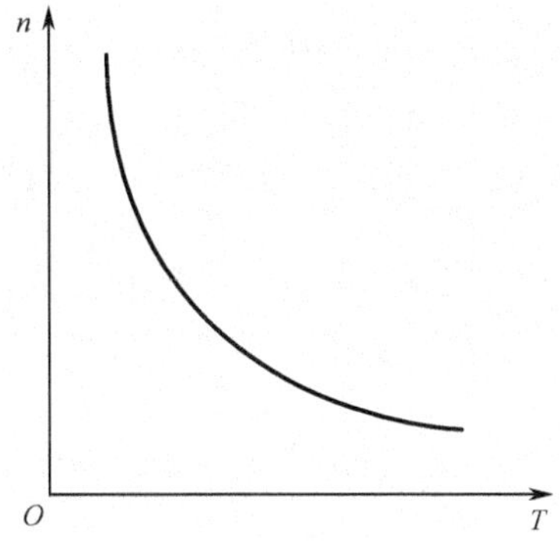

图 1.64　串励直流电动机的机械特性

（4）复励直流电动机的机械特性

并励直流电动机的机械特性较硬，串励直流电动机的机械特性很软，且不能空载运行。复励直流电动机则可折中二者的特性，其线路如图 1.65（a）所示。如果串励绕组的磁动势与并励绕组的磁动势方向相同，称为积复励直流电动机；如果方向相反，称为差复励直流电动机。后者使用时易发生不稳定现象，通常不用。

图 1.65（b）中，曲线 1 是并励直流电动机的机械特性；曲线 2 是以串励为主、并励为辅的机械特性；曲线 3 是纯串励时的机械特性。

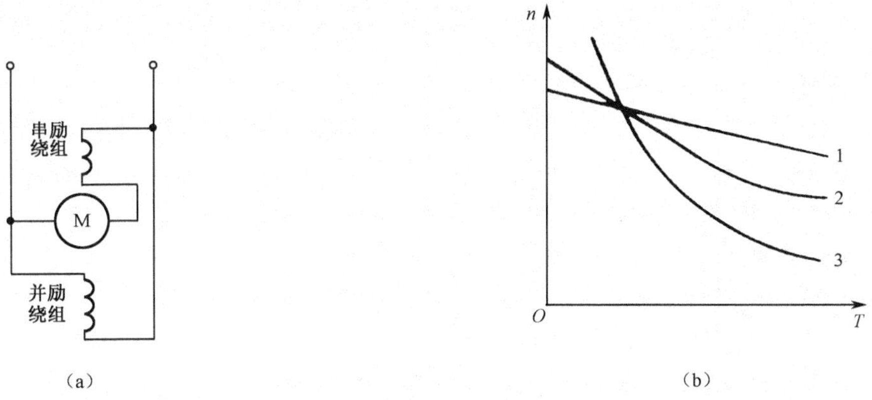

图 1.65　复励直流电动机接线图与机械特性

5．直流电动机的启动、反转、调速和制动

（1）直流电动机的启动

直流电动机由原始静止的状态接通电源，加速到稳定的工作转速，称为启动。

对于启动过程，一般有以下几点要求：启动转矩大，启动快，以提高生产率；启动时的电流冲击不要太大，以免对电源及电动机本身产生有害的影响；启动过程中消耗的能量要小；启动设备简单，便于控制。直流电动机很容易满足这些要求，它的启动性能比交流电动机要好。

直流电动机的启动可采用三种方法：直接启动；电枢串电阻启动；降压启动。

① 直接启动。把电动机接到额定电压的电源上进行启动称为直接启动。

这种启动方法启动电流很大，可达到额定电流 I_N 的几十倍。对电动机的换向、温升以及机械方面都很不利，一般不采用，只有容量很小的直流电动机才直接启动。

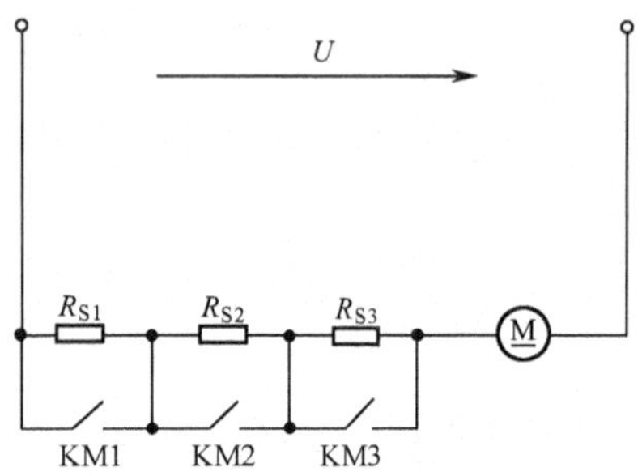

图 1.66 电枢串电阻启动

② 电枢串电阻启动。如图 1.66 所示，在他励电动机的电枢回路里串入启动电阻 R_s，就能限制启动电流的大小，即：$I_a=U/R_a+R_s$。

一般的直流电动机，最初的启动电流 I_s 限制在两倍或两倍半额定电流的范围内。

当电动机转起来以后，随着转子转速 n 的上升，电枢电流 I_a 要减小，产生的电磁转矩也减小，转子加速缓慢下来，这样势必延长了启动时间。如果要求启动过程短，可以分几级切除启动电阻。当电动机的转速上升到某一转速时，利用接触器使 KM1 触头闭合，切除电阻 R_{S1}。于是电枢电流又增大，启动加速。之后，陆续闭合 KM2、KM3 触头，使电动机的转速 n 最终达到预定的稳定数值。

③ 降压启动。当电动机的容量较大而启动又较频繁时，电枢串电阻启动所消耗的能量就显得不经济了，这时可以采用降低电源电压的办法启动。

（2）直流电动机的反转

由于电磁转矩是主磁极磁通和电枢电流的相互作用而产生的，所以，改变两者中任意之一时，根据左手定则，作用力的方向就会改变。因此，改变直流他励电动机转向的方法有两种：①电枢绕组两端极性不变，将励磁绕组反接，即改变磁场极性；②励磁绕组极性不变，将电枢绕组反接。

运行中的电动机不采用改变磁场来改变转向的方法。

一般地，我们都采用改变电枢电流的方法来改变电动机的转向。如图 1.67 所示，当正向接触器触点 KM1 闭合（反向接触器触点 KM2 同时断开）时，电枢绕组 S_1 接到电源正极，S_2 接到电源负极。反之，若将 KM1 断开，KM2 闭合，则 S_2 接到电源正极，S_1 接到电源负极，电枢电流的方向就改变了。

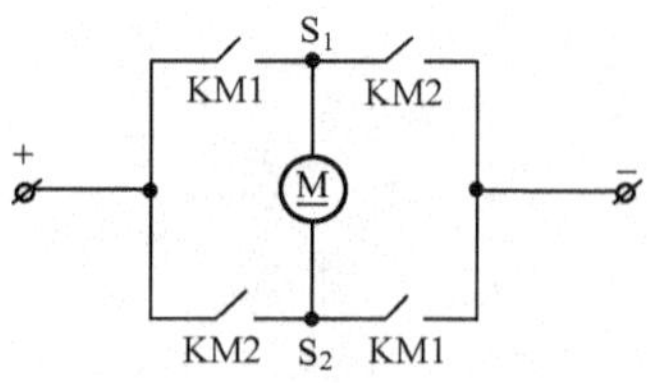

图 1.67 直流电动机的反转

（3）直流电动机的调速

很多生产机械为适应其工艺过程的要求，在不同的情况下，必须具有不同的转速。因此，要求电动机的转速必须能够调节。所谓调速是指在负载转矩不变的情况下，人为地改变电动机的机械特性来改变系统的转速。分析直流电动机的调速性能，实际上是较深入地研究其机械特性。当掌握了各种情况下电动机的机械特性后，就能运用它们去满足生产机械的需要，达到调速的目的。

① 并励直流电动机的调速。根据机械特性方程：

$$n = \frac{U}{C_e \Phi} - \frac{R_a}{C_e C_t \Phi^2} T = n_0' - \alpha T$$

可知，由于改变电枢回路的电阻 R_a、励磁磁通 Φ或电源电压 U 的大小，均可以改变直流电动机的转速 n。因此，直流电动机的调速方法有三种：串电枢电阻调速；降压调速；弱磁调速。

② 串励直流电动机的调速。

为了调速，在串励直流电动机里，让励磁电流 I_f 与电枢电流 I_a 不相等，它们之间的关系为：$I_f = \beta I_a$（β 是常数）。这样，串励直流电动机的机械特性方程为

$$n = \frac{U}{\sqrt{T}} = -\frac{R_a}{C_e k \beta}$$

可见，串励直流电动机的调速方法也有三种：电枢回路串联电阻 R_s；改变端电压 U；改变 I_f 与 I_a 的比值β。

（4）直流电动机的制动

电动机在脱离电源以后，靠空载摩擦损耗转矩来消耗拖动系统原有的动能，使它逐渐停下来，这种方法称为自由停车。自由停车需要较长的时间，为提高生产率和保障人身及设备的安全，有时要求电动机在很短的时间内减速或停车，或限制电动机的转速不超过允许的安全值，这就要对电动机实行制动。

直流电动机的制动方式分为机械制动和电气制动。电气制动的方式有三种：能耗制动；电源反接制动；回馈制动（再生制动），如图 1.68 所示。

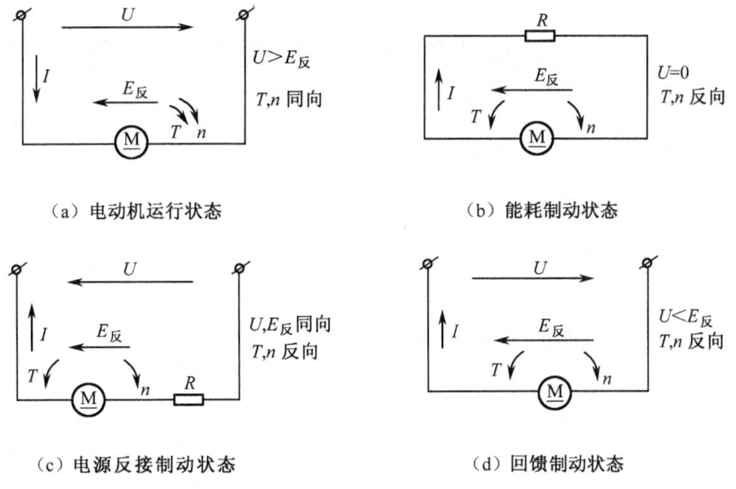

图 1.68　直流电动机的制动方式

① 能耗制动。假定切断电源后的电动机接一个电阻负载，此时这个电动机就好像一个发电机。这样，一部分动能将变为电能在电阻负载中消耗掉。电动机所产生的电流将使电枢绕组上受到一个电磁力矩的作用，这个电磁力矩方向与电动机旋转方向相反，因此产生制动作用。这种制动的方法称为能耗制动，其电路图如图 1.68（b）所示。

② 电源反接制动。电源反接制动就是将电动机电枢绕组两端的电压或励磁绕组两端的电压反接，使电动机强制减速而起到制动作用，这种制动方法称为电源反接制动，其电路图如图 1.68（c）所示。电源反接制动效果显著，但需防止反转。

③ 回馈制动。由系统的机械能拖动电动机加速，或者在运行中将电动机降压调速，使电动机的转速超过理想空载转速，当$n > n_0$时$E > U$，电动机处于发电运行状态，将电能反馈回电网，同时产生制动转矩，限制电动机继续加速运转或加快转速，这种制动方法称为回馈（再生）制动，其电路图如图 1.68（d）所示。

6. 直流电动机的使用、维护及故障处理

（1）直流电动机的使用

直流电动机是一种把直流电能转换为机械能的设备。它具有以下几方面的优点：①调速范围广，而且易于平滑调速；②过载、启动、制动转矩大；③易于控制，工作可靠性高；④调速时的能量损耗小。在调速频繁、调速要求高的场所，直流电动机得到了广泛的应用。

但是，由于直流电动机有换向困难的缺点，使得直流电动机的容量不能做得很大。而且由于有换向器，使它比交流电动机费工、费料，造价昂贵，并且运行时换向器需要经常维修，寿命也很短，所以在一定程度上限制了直流电动机的普及使用。

直流电动机在使用时，要注意以下两点。

首先，要选取合适的直流电动机。选择直流电动机的主要依据是负载对拖动的要求，其中主要是选择直流电动机的功率和转速。此外，还要根据负载的性质，选择合适的机械特性。选择原则有以下几方面。

- 直流电动机工作特性的选择。主要是选择电动机的机型，除因调速频繁、调速要求高而选择直流电动机外，还应考虑机械特性的硬度、各种控制特性、经济性、使用时的安全性、方便性等其他因素。
- 直流电动机容量的选择。必须根据电动机所拖动负载的大小来选取电动机的容量。
- 直流电动机转速的选择。根据负载对转速的要求来选配直流电动机。

其次，在直流电动机的日常使用中，要注意维护和保养。对于电动机绕组的绝缘，应注意防潮、防热、防尘、防腐蚀、防机械损伤；对于换向器、滑环、电刷等部件，应经常保持清洁和接触良好，防止电火花灼伤。

（2）直流电动机的维护

① 直流电动机使用前的准备和检查工作。

a. 用压缩空气吹净电动机内部的灰尘、电刷粉末等杂质，清除污垢。

b. 拆除电动机上所有的连接导线，用 500V 兆欧表（摇表）测量绕组对机壳的绝缘电阻，若小于 0.5MΩ时，就要做干燥处理。

c. 检查电刷的磨损情况、刷握的压力是否合适、刷架的位置是否符合规定。

d. 检查换向器表面是否光洁，若不光洁，要按规定处理。

e. 电动机在额定的负载下，换向器上不得有大于 1.5 级的火花出现。

f. 电动机运行时，要注意测量轴承的温度，并监听电动机转动的声音。若有异声，要停机检查、维护或维修。

② 直流电动机的维护保养工作。

a. 换向器的保养。换向器表面应很光洁，若有轻微灼痕，可用 0 号砂布在旋转着的换向器上细细打磨；若灼痕严重或粗糙不平，则应拆下电枢重车。

换向器经过长期运转后，表面会产生一层坚硬薄膜，这层薄膜对换向器有保护作用，不能磨掉。

b. 电刷的研磨。电刷与换向器工作面应有良好的接触。电刷如有磨损或碎裂，需以相同规格的电刷更换，新电刷装配好后应研磨光滑，以得到与换向器相吻合的接触面。

研磨方法：取 0 号砂布，砂布宽度为换向器的长度，砂布的长度为换向器的周长。再找一块橡皮胶，橡皮胶的一半贴住砂布的一端，另一半按转子旋转方向贴在换向器上，然后转动转子即可。

c. 绕组的干燥处理。电动机的绝缘电阻若小于 0.5MΩ时，就要做干燥处理。电流干燥的方法是：打开机盖上所有的通风口，拆开并引出励磁绕组接线头，将电枢、串励、换向极绕组接成串联形式，通入直流电，所加电压约为额定电压的 3%～6%，加热温度小于 70℃。

若要对他励直流电动机采用这种方法干燥绕组，虽然励磁电源已经切断，但由于它还有剩磁，容易造成高速运转，因此，应先用外力阻止轴的转动。

d. 直流电动机的启动与停车。

- 启动。检查导线的连接情况，检查启动器的弹簧是否灵活，转动臂是否在断开位置。若是变速电动机，则将调速器调节到最低转速位置。合上电源开关，在电动机负载下，调节启动器，在每个挡位上停留 2s，直到最后挡位，转动臂被低压释放器吸住为止。若为变速电动机，可调节调速器，直到转速达到需要的位置为止。
- 停车。若为变速电动机，先将转速降到最低，卸去负载（串励电动机除外）。切断电源开关，此时启动器的转动臂会立即被弹回到断开位置。

（3）直流电动机的故障处理方法

直流电动机的常见故障及处理方法如表 1.5 所示。

表 1.5　直流电动机的常见故障及处理方法

故障现象	产生原因	处理方法
不能启动	无电源	检查线路、电源电压和开关、熔丝的工作情况，排除故障
	过载	减小负载
	启动电流太小	检查启动器是否合适
	电刷接触不良	检查刷握弹簧是否松弛或改善接触面
	磁场回路断路	检查变阻器及磁场绕组是否断路，更换绕组
电动机转速不正常	电动机转速过高，有剧烈火花	检查励磁绕组与启动器（或调速器）的连接情况，检查励磁绕组或调速器内部是否断路
	磁场绕组及电枢短路	测量每极磁场绕组电阻，检查是否短路
	串励磁场绕组接反	重新连接绕组，按正确的接线方法改正接线错误
	电刷不在正常位置	按记号调整刷杆座位置
	串励电动机轻载或空载运转	增加负载
	励磁回路中电阻过大	检查磁场变阻器和励磁绕组电阻阻值，检查接触是否良好

续表

故障现象	产生原因	处理方法
电动机电枢冒烟	电动机长时间过载	降低负载或更换容量较大的电动机
	负载短路	检查线路是否短路
	换向器或电枢短路	用毫伏表检查是否短路；拆开电动机检查有无异物落入换向器或电枢绕组
	电动机端电压过低	升高电压至正常值
	转子、定子铁心之间有摩擦	检查电动机气隙是否均匀；检查轴承的磨损程度
	电动机直接启动或反向运转过于频繁	选用合适的启动器，避免频繁的反复运转
电刷火花过大	电刷的牌号或尺寸不符，或磨损过度	按电动机制造厂商的规定更换电刷
	电刷压力不足或过大	调整电刷压力为 15～25kPa（调整刷握弹簧压力或调换刷握）
	电刷与换向器接触不良	仔细研磨电刷，并在轻载下运转 0.5～1h
	换向器表面不平、不圆或不清洁	修理或清洁换向器表面
	刷握松动或装配不正	紧固刷握或校正刷握位置
	电刷与刷握配合太紧	略微磨小电刷尺寸
	换向片间云母凸出	换向器刻槽、倒角再研磨
	电刷位置不在中性线	调整刷杆座位置或按感应法校得中性线位置
	过载	减小负载至正常值
	电动机底座松动，发生振动	紧固底座螺栓
	换向极绕组短路	检查并修理换向极绕组
	电枢绕组与换向器脱焊	用毫伏表检查换向片间电压是否呈周期性变化，若某两片之间电压特别大，则该处有脱焊
	检修时将换向极绕组接反	用指南针检验换向极极性
电动机有不正常的振动和响声	电动机的地基不平，电动机安装得不符合要求	检查电动机及电动机安装情况，并加以纠正
	转子风叶碰壳	校正风叶，旋紧螺钉
	轴承严重缺油	清洗轴承并加新油，注意润滑脂的量不宜超过轴承室容积的70%
	电动机转子或轴上附有的皮带轮、飞轮、齿轮等不平衡	做静平衡或动平衡试验
	转子铁心变形或轴弯曲	将转子在车床上用千分表校正
轴承过热	轴承损坏	更换轴承
	轴承与轴配合过松或过紧	过松时在旋轴上镶套；过紧时重新加工到标准尺寸
	轴承与端盖配合过松或过紧	过松时在端盖上镶套；过紧时重新加工到标准尺寸
	滑动轴承油环磨损或转动缓慢	查明磨损处，修好或更换油环；油质太稠时，应换较稀的润滑油
	润滑油过多、过少或油太脏，或混有铁屑沙尘	加油或换油，润滑脂的量不宜超过轴承室容积的 70%
	皮带过紧或联轴器装得不好	调整皮带张力，校正联轴器传动装置
	电动机两侧端盖或轴承盖未装平	将端盖或轴承盖止口装平，旋紧螺钉

续表

故 障 现 象	产 生 原 因	处 理 方 法
磁场绕组过热	电动机转速太低	调整转速至额定值
	电动机端电压长期超过额定值	调整端电压至额定值
	并励磁场绕组部分短路	分别测量每一绕组电阻值，修理或更换电阻值特别低的绕组
电机外壳带电	接地不良	查找原因，接好地线
	绕组受潮，绝缘损坏，引出线磨破或接线有污垢	绕组进行干燥处理；修复损坏的绝缘或引出线；清理接线板

1.5.2　三相异步电动机

三相异步电动机因其结构简单、制造方便、运行可靠、价格低廉等一系列优点，而广泛应用于工业、农业、交通运输、国防工业以及其他各行各业中，是实现电气化不可缺少的动力设备。

1．三相异步电动机的结构与工作原理

（1）三相异步电动机的结构

三相异步电动机的结构如图 1.69 所示，它主要由两大部分组成：定子和转子。定子即电动机中固定不动的部分；转子即电动机中可以自由转动的部分。定子与转子之间有气隙。此外，还有端盖、轴承、风扇等部件。

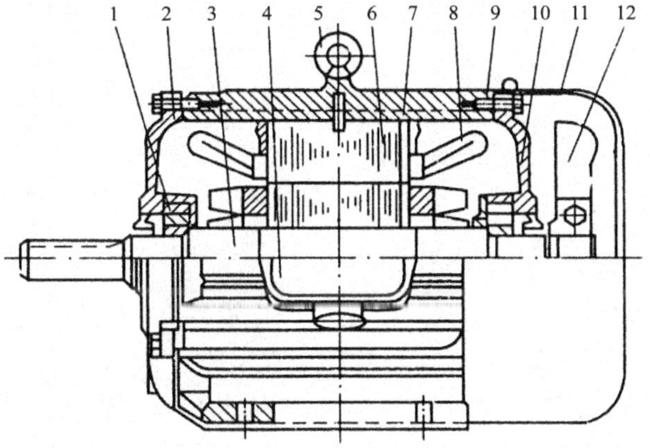

1—轴承；2—后端盖；3—转轴；4—出线盒；5—吊攀；6—定子铁心；
7—转子；8—定子绕组；9—机座；10—前端盖；11—风罩；12—风扇

图 1.69　三相异步电动机的结构

① 定子：一般由定子铁心、定子绕组和机座三部分组成。

a. 定子铁心：如图 1.70 所示，定子铁心用 0.5mm 厚的环形硅钢片叠压而成，压装在机座的内腔中。铁心的内圆开有分布均匀的槽，用以安置定子绕组。它还是主磁通的磁路。

b. 定子绕组：定子绕组是电动机的电路部分，它由嵌在铁心槽内的线圈按一定规律绕制而成。三相异步电动机的三相绕组是对称的，即每相绕组的材料匝数和尺寸完全一样，且在空间上相差 120° 电角度。许多异步电动机的三相绕组的始端和末端都引出到电动机的接线盒内，以根据需要接成 Y 形或△形方式。

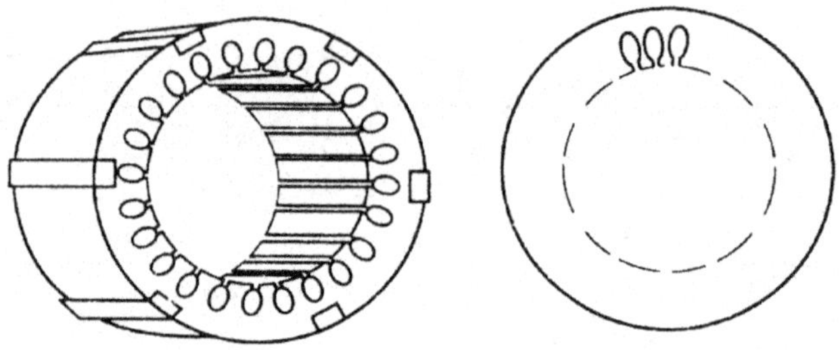

图 1.70 定子铁心

c. 机座：机座的主要作用是固定、支撑定子铁心，转子也通过轴承、端盖固定在机座上，所以它是电动机机械结构的重要组成部分。

② 转子：主要部分为转子铁心和转子绕组。

a. 转子铁心：如图 1.71 所示，转子铁心是电动机磁路的一部分。它由 0.5mm 厚的薄硅钢片叠压而成，硅钢片的外圆冲有分布均匀的槽口，用来安放转子绕组。

b. 转子绕组：三相异步电动机的转子绕组又可分为绕线式和笼型两大类。

➢ 绕线转子（滑环转子）：绕线式三相异步电动机的结构如图 1.72 所示。和定子绕组一样，绕线转子绕组是三相对称绕组。转子绕组一般接成 Y 形，三个末端连接在一起，三个首端分别与装在转轴上的三个相互绝缘的滑环相连接，滑环又通过电刷与外面附加的变阻器相连接，变阻器用以改善电动机的启动与调速性能。

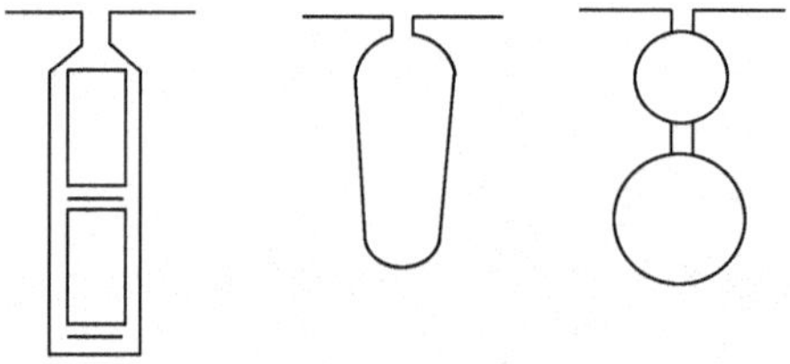

图 1.71 转子铁心槽形

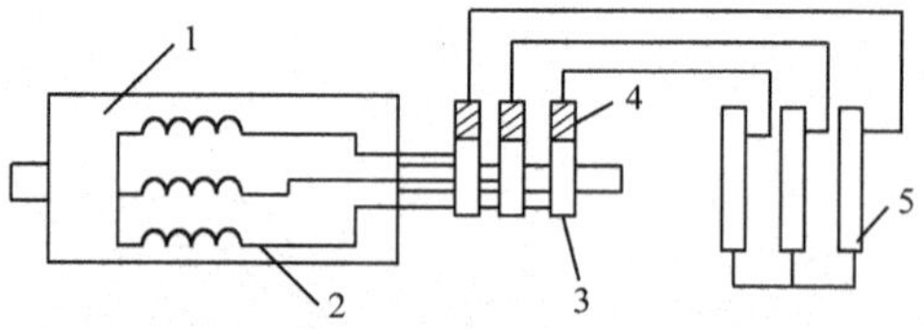

1—转子铁心；2—转子绕组；3—滑环；4—电刷；5—变阻器

图 1.72 绕线式三相异步电动机

➢ 笼型转子（短路转子）：如图 1.73 所示，笼型转子一般采用闭口槽或半闭口槽，每一槽中都可插入一根铜条，在这些铜条的两端，各用一铜环焊接起来。若去掉铁心，绕组呈笼型。转子上具有笼式绕组的电动机称为笼型异步电动机，这种电动机结构简单、安装牢固、造价低廉、运行可靠，因而被广泛使用。

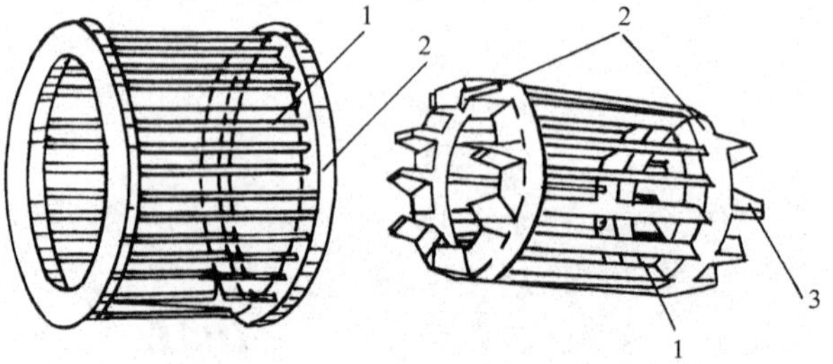

（a）铜条转子 （b）铸铝转子

1—导条；2—端环；3—风叶

图 1.73 笼型转子

（2）三相异步电动机的工作原理

把异步电动机的定子绕组接到三相电源上时，定子中会有三相电流流过，三相合成磁动势在气隙中产生旋转磁场，在图 1.74 上用旋转的 N、S 磁极表示。设定子旋转磁场逆时针旋转并切割转子导体，根据电磁感应定律，转子导体中将有感应电动势产生，感应电动势的方向按右手定则确定，N 极下的导体电动势指向图面，用⊗表示；S 极下的导体电动势由图面向外指，用⊙表示。在感应电动势的作用下，闭合的转子绕组中有电流流通。设电流与电动势同方向。根据电磁力定律，电流与合成磁场作用产生电磁力，转子导体的受力方向用左手定则确定，所有转子导体受到的电磁力形成电磁转矩 T，使转子按旋转磁场的方向旋转，如图 1.74 所示。电动机对轴上的机械负载做功，将电能转换成机械能。

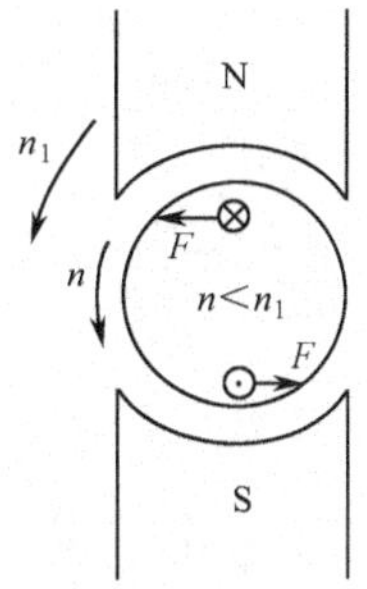

图 1.74 三相异步电动机的工作原理

异步电动机不可能依靠自身的电磁转矩达到旋转磁场的同步转速，因为如果两者相等，转子导体与旋转磁场之间便没有相对运动，转子导体中便没有感应电动势和感应电流，电动机便没有电磁转矩。由于转子转速与定子旋转磁场的转速必须有差异才能产生电磁转矩，所以称为异步电动机。又由于转子导体中的电动势和电流是由电磁感应产生的，所以异步电动机又称为感应电动机。

综上所述，三相电流通入三相绕组产生旋转磁场，旋转磁场在转子导体中感应出电流，通过电流的转子导体又与旋转磁场作用产生电磁转矩使转子转动，这就是异步电动机旋转的基本原理。

旋转磁场的转速称为同步转速，它与电源频率成正比，与磁极对数成反比，即 $n_1=b_0 f/\text{p}$。异步电动机的转子转速总是略小于旋转磁场的同步转速。通常把同步转速 n_1 和电动机转子转速 n 二者之差与同步转速 n_1 的比值称为转差率，用 S 表示，即

$$S=\frac{n_1-n}{n_1}\times 100\%$$

转差率是决定异步电动机运行情况的基本参数。当 $n<n_1$ 时，S 为正值；当 $n>n_1$ 时，S 为负值；当电动机的转向与旋转磁场的方向相反时，$S>1$。根据转差率的大小和符号，可以判断异步电动机是运行在电动状态、发电状态，还是电磁制动状态。

2．三相异步电动机的运行特性

（1）三相异步电动机的工作特性

三相异步电动机的工作特性是指在额定电压和额定频率下，转速、定子电流、功率因数、转矩和效率随输出功率变化而变化的关系。

① 转速特性 $n=f(P_2)$。三相异步电动机空载时，转子转速 n 接近于同步转速 n_1，随着负载的增加，转速 n 要略微降低。用物理概念解释，负载增大势必引起转速下降，主磁场切割转子的速度增加，转子感应电动势和电流增大，电磁转矩增大，直到与负载相平衡。所以，转速特性 $n=f(P_2)$ 是一条稍微下斜的直线，如图 1.75 所示。

② 定子电流特性 $I_1=f(P_2)$。当电动机空载时，转子电流 I_2 差不多为零，定子电流基本上等于励磁电流。随着负载的增加，转子电流增大，与它平衡的定子电流也增加，以维持

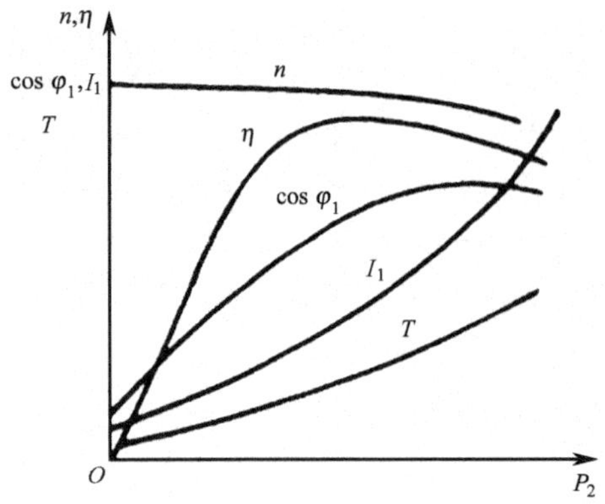

图 1.75 转速特性 $n=f(P_2)$

励磁磁动势近似不变，也就是说，定子电流 I_1 几乎随负载成正比增加，如图 1.75 所示。

③ 定子功率因数 $\cos\varphi_1 = f(P_2)$。三相异步电动机运行时，必须从电网中吸取滞后性无功功率，它的功率因数永远小于 1。空载时，定子功率因数很低，约为 0.1～0.2。加上负载后电动机输出机械功率增加，转子电流增加，定子电流中有功分量增加，功率因数逐渐升高。在额定负载时，功率因数最高。如果负载进一步增加，转速下降较多，转差率 S 增大，转子功率因数角增加，转子电流的无功分量增加较快，定子无功电流也随之增大，定子功率因数趋于减小，其曲线呈现如图 1.75 所示形状。一般的电动机，额定负载时的功率因数大约在 0.75～0.90 之间。

④ 电磁转矩特性 $T = f(P_2)$。根据电磁转矩平衡式，稳态运行时异步电动机的电磁转矩 T 为空载转矩 T_0 和输出转矩 T_2 的和，即 $T= T_0+T_2$，因为输出功率 $P_2=T\times\Omega$，所以有

$$T = T_0 + \frac{P_2}{\Omega}$$

当电动机空载时，电磁转矩 $T=T_0$，随着负载的增大，P_2 增大，由于机械角速度Ω变化不大，电磁转矩 T 随 P_2 的变化近似为一条直线，如图 1.75 所示。

⑤ 效率特性$\eta=f(P_2)$。异步电动机的效率为

$$\eta = \frac{P_2}{P_1} = \frac{P_2}{P_2 + \sum P} = \frac{P_2}{P_2 + P_{cu1} + P_{cu2} + P_{F_e} + P_\Omega + P_\Delta}$$

式中，$\sum P$ 是电动机的总损耗，包括定子铜耗、转子铜耗、铁损耗、机械损耗、附加损耗。电动机空载时，无功率输出，$\eta = 0$。随着输出功率 P_2 的增加，效率 η 也增加。在正常运行范围内，因气隙每极磁通和转速变化较小，所以铁损耗、机械损耗变化很小，称为不变损耗。定、转子铜损耗与电流平方成正比，变化较大，称为可变损耗。

当不变损耗等于可变损耗时，电动机的效率达到最大；如果负载继续增加，使不变损耗大于可变损耗，则效率降低。效率曲线如图 1.75 所示，其形状与直流电动机、变压器的效率曲线近似。一般来说，异步电动机最大效率出现在负载为 0.7～1.0 额定负载时，最大效率约为 75%～94%。电动机容量越大，运行效率越高。

电动机的工作特性曲线表明，额定负载附近的效率和功率因数都可达到最大值，因此选用电动机时，应使电动机的容量与负载相匹配，不宜过大或过小。容量过大，不仅增加了购买电动机的费用，而且效率、功率因数都低；反之，如果容量过小，经常超载运行，电动机过热，影响其寿命甚至造成损坏。

（2）三相异步电动机的机械特性

三相异步电动机的机械特性是指定子电压和频率为常数时，转速 n 与电磁转矩 T 之间的关系。

① 机械特性曲线。由于三相异步电动机的电磁转矩是由转子电流与旋转磁场作用而产

生的，因此，电磁转矩的大小与转子电流的有功分量成正比，即

$$T = C_T \Phi_m I_2 \cos\varphi_2$$

式中，I_2 和 $\cos\varphi_2$ 都随转差率 S 而变化，所以电磁转矩也随转差率 S 而变化，电磁转矩 T 与转差率 S 之间的关系可用 T–S 曲线来表示，如图 1.76 所示。

由于转速 n 与转差率 S 之间存在一一对应的关系，因此若把 T–S 曲线顺时针旋转 90°，把坐标轴转差率 S 换成转速 n，则得如图 1.77 所示的机械特性曲线 $n = f(T)$。

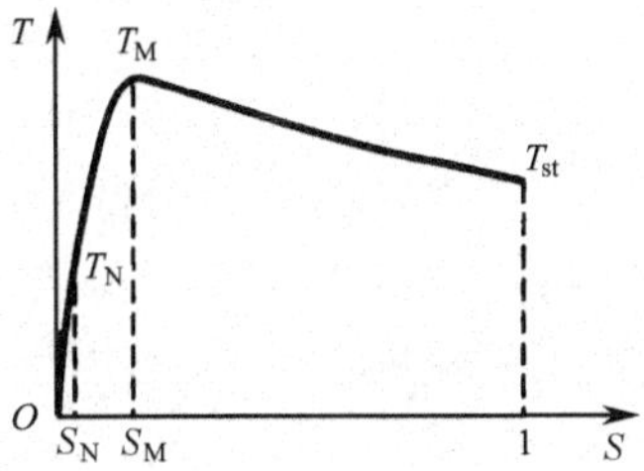

图 1.76　三相异步电动机的 T–S 曲线

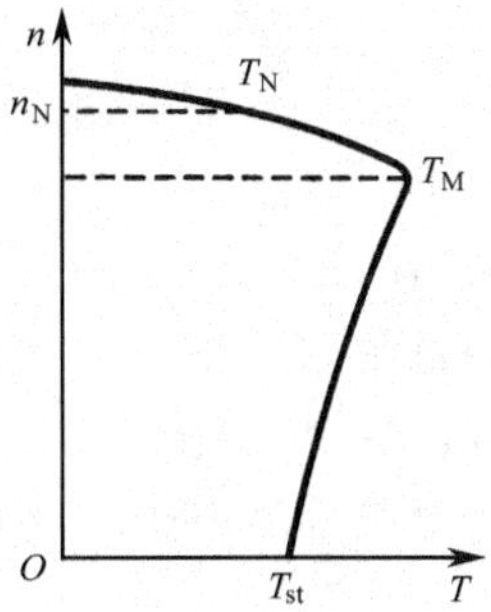

图 1.77　三相异步电动机的机械特性曲线

机械特性曲线中，最大转矩 T_M 与额定转矩 T_N 的比值称为过载能力，用 λ 表示，即

$$\lambda = \frac{T_M}{T_N}$$

一般三相异步电动机的 λ 为 1.8～2.5 左右。

② 固有机械特性与人为机械特性。如图 1.77 所示的曲线是在额定电压、额定频率、转子绕组短接情况下的机械特性，称为固有机械特性。如果降低电压，改变频率或在转子电路中串入附加电阻，就会使机械特性曲线的形状发生变化。这种改变了电动机参数后的机械特性称为人为机械特性。不同的人为机械特性提供了多种启动方法和调速方法，为灵活使用电动机提供了方便。

3. 三相异步电动机的启动、反转、调速

（1）三相异步电动机的启动

将电动机接入电网，从静止状态加速到稳定转速的过程，称为启动过程，或简称启动。

三相异步电动机的启动方式分全压启动和降压启动两种。全压启动方式简单，不需附属启动设备，但启动电流大，致使电网电压瞬时显著下降，影响其他电气设备的正常运行；降压启动方式可以降低启动电流，减小对电网电压的影响，但启动力矩也相应减小，需附属启动设备。启动方式的选择，应综合考虑下面三个因素。

① 电动机启动时引起的电网电压降，一般不应大于 10%～15%。

② 电动机启动时容量不应超过供电设备（如变压器）的负荷能力。

③ 电动机的启动力矩应大于负载转矩，以保证电动机能顺利启动。

（2）笼型电动机的启动方式

① 直接启动（称为全压启动）。直接启动是指利用某种开关设备，将电动机直接接到

电网上进行启动。直接启动的优点是结构简单，操作方便，缺点是启动电流大。

在工程实践中，直接启动可用下面的经验公式来校验

$$\frac{\text{电动机的启动电流 A}}{\text{电动机的额定电流 A}} \leqslant \frac{3}{4} + \frac{\text{供电网的容量 kVA}}{4\times\text{电动机的容量 kW}}$$

如果不满足上式要求，则必须采取限制启动电流的方法进行启动。

② 降压启动。当电动机容量较大，而供电电网容量不大，不允许直接启动时，就需要采用降低电源电压的方法启动（称降压启动）。笼型电动机常用的降压启动方法有以下三种。

a. 定子电路串电阻（或电抗器降压）启动法。电阻降压启动常用于高压电动机，如图 1.78 所示，电动机启动时在定子绕组电路中串接电阻（或电抗器）以降低启动电压，待转速接近额定转速时，将电阻切除，电动机接至电网，在额定电压下运行。在这种启动方法中，电动机的启动电流按其端电压成比例下降，启动转矩按其端电压平方的比例下降，其优点是启动功率因数高（电阻降压），没有电流冲击，但启动时要消耗大量电能，不宜用在频繁启动的机械设备上。

b. 星—三角（Y-△）启动法。凡定子绕组具有 6 个出线端子，并以△形接法为正常运行的笼型电动机，均可以采用星—三角（Y-△）启动法。启动时，定子绕组先做 Y 形连接，待转速增加到接近额定转速时，再改为△形连接，启动原理图如图 1.79 所示。

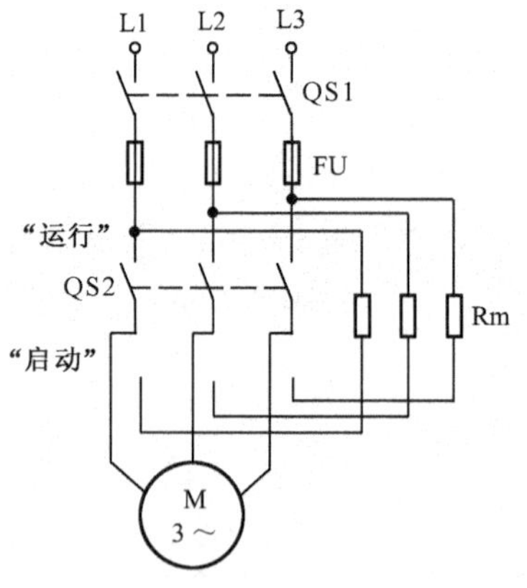

图 1.78 定子绕组电路串电阻启动法

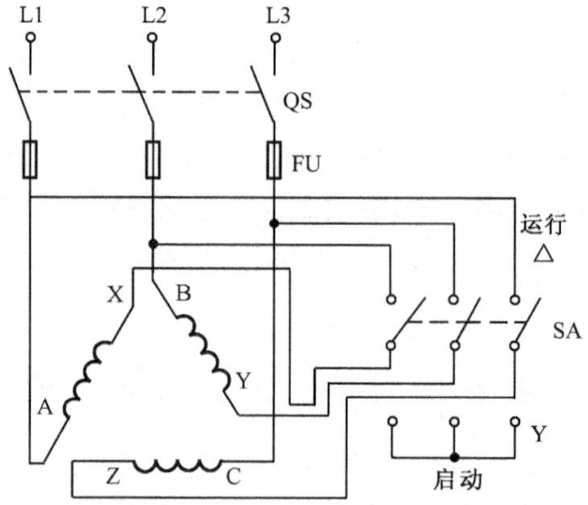

图 1.79 Y-△启动法原理图

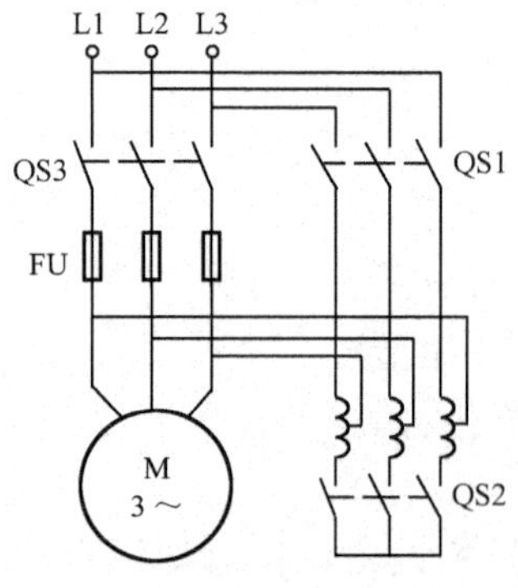

图 1.80 自耦变压器降压启动法

显然，Y-△启动法可使每相定子绕组上的电压与直接启动相比降低到 $1/\sqrt{3}$，启动电流为直接启动电流的 1/3，但启动转矩也减小到直接启动时的 1/3，所以这种启动方法只适用于空载或轻载启动的机械设备。

c. 自耦变压器降压启动法。自耦变压器降压启动法（又称补偿启动法）如图 1.80 所示，它适用于大、中型电动机的启动。启动时，利用自耦变压器降低定子绕组的端电压，电动机在低电压下启动，待转速接近额定值时，将自耦变压器切除，电动机直接接到电网上，

在额定电压下运行。自耦变压器有三个抽头，分别为 60%、65%、80%额定电压，使用时选用不同的抽头，可得到不同的启动特性。

自耦变压器容量的选择通常可以考虑与电动机容量相同，但启动用的自耦变压器一般是按短时工作制设计的，每小时内允许启动的次数和每次启动的时间在产品说明书上都有明确的规定，使用时不允许超过其规定限制，选配时应充分注意。

采用自耦变压器降压启动的优点是可以自由选择降压比，缺点是线路比较复杂，使用电气设备较多，变压器体积大、价格高，不允许频繁启动。

（3）绕线型电动机的启动方式

绕线型电动机的启动，适用于大、中容量电动机的重载启动或频繁启动。一般绕线型电动机的启动，大多数在其转子电路中接入变阻器以减小启动电流，同时电流的有功分量增加，提高了启动转矩。启动过程中随着转速的上升要逐渐减小变阻器的阻值，启动完毕后变阻器完全切除。这比在定子电路中接入启动设备的方式具有更好的启动特性，即在较小的启动电流下，有较大的启动转矩。

绕线型电动机常用的启动方式有启动变阻器法和频敏变阻器法两种。

① 启动变阻器法。启动变阻器法适用于中、小功率的绕线型电动机。启动时，变阻器的全部电阻接入转子电路中，减小了启动电流，但启动转矩在一定范围内相对增加，随着转速的升高电阻一级一级地切除，启动完毕电阻全部切除，因此启动过程平稳，启动特性较好。其线路图如图 1.81 所示。

② 频敏变阻器法。绕线型电动机的转子串接电阻能改善启动性能，启动电阻又可兼做调速电阻，但对容量较大的电动机，启动级数也较大，显然投资也大，维修工作量也相应增大，因此对于单纯为了限制启动电流，增大启动转矩，而不要求调速的场合，采取频敏变阻器法比较有利，其线路图如图 1.82 所示。频敏变阻器不分级，启动平滑，启动性能好，启动完毕一次切除，控制系统大大简化。频敏变阻器是一种无触点电磁元件，它的阻抗随转子电流频率的减小而减小，而转子电流的频率与转差率成正比。电动机刚启动时转差率较大，频敏变阻器的阻抗也较大，因此能限制启动电流。随着转速的不断升高，频敏变阻器的阻抗相应减小，不需分级切除电阻，电动机即可平稳地启动起来。

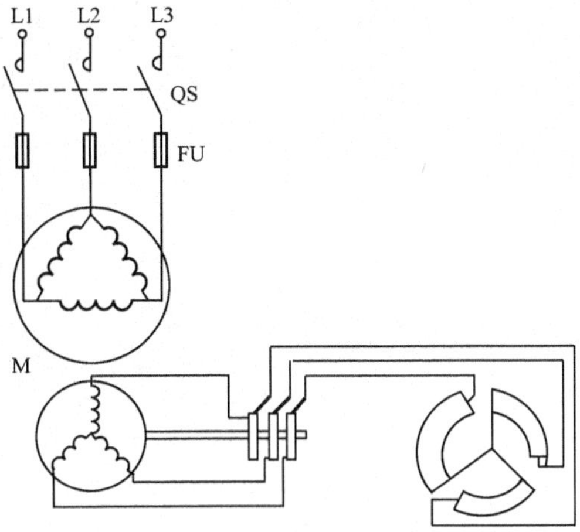

图 1.81 启动变阻器法线路图

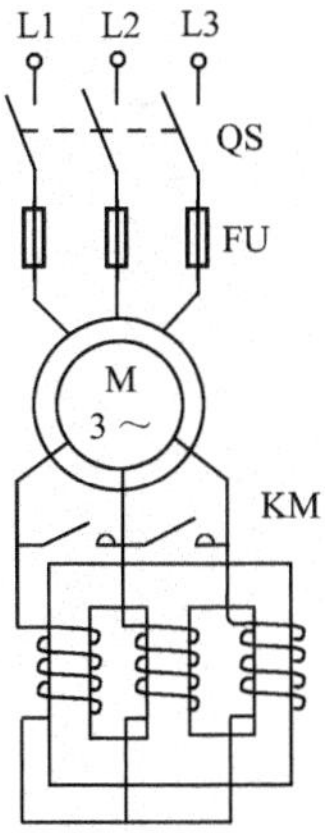

图 1.82 频敏变阻器法线路图

由于能实现无级启动，具有接近于恒力矩的启动特性，而且设备简单，使用维护方便，因此除有要求低速运行或启动转矩很大的机械设备外，绕线型电动机应尽量采用这种启动方法。

（4）三相异步电动机的反转

在生产实际中常需要使电动机反转。三相异步电动机转子的旋转方向是同旋转磁场的方向一致的。只要把接到电动机上的三根电源线中的任意两根对调一下，电动机便反向旋转，从而达到反转的目的。

（5）三相异步电动机的调速

根据交流异步电动机的转速公式

$$n = n_1(1-S) = \frac{60 f_1}{p}(1-S)$$

可知，异步电动机的调速可以通过改变极对数、转差率、频率三种方式来实现。而改变转差率的方法又有调节定子电压、转子串电阻及采用电磁转差离合器等方法。现归纳如下：

三相异步电动机调速方法
- 变极对数调速——仅适用于笼型电动机
- 变转差率调速
  - 调节定子电压
  - 转子串电阻——仅适用于绕线式电动机
  - 串级调速——仅适用于绕线式电动机
  - 电磁转差离合器调速
- 变频调速
  - 交—直—交变频
  - 交—交变频

① 改变极对数调速。图 1.83 所示为改变绕组连接方式变极的实例。图中一相绕组有 4 个元件组，每组两个绕组元件。图 1.83（a）为串联，$2p = 4$（x' 点不用）；图 1.83（b）为并联，$2p = 8$。可见改成并联后，绕组里有一半元件中的电流改变了方向，即所谓的电流反向法变极。

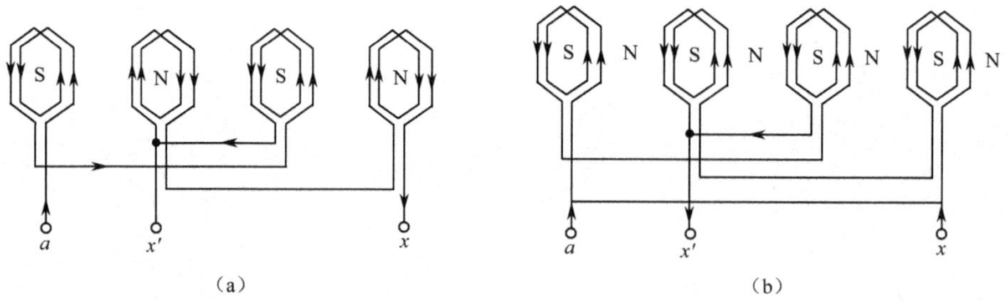

图 1.83 改变绕组连接方式变极

极对数成倍数变化，同步转速也成倍变化，如果电动机拖动恒转矩负载，则电动机转速差不多也是成倍变化，从而实现调速目的。

如图 1.84 所示为四极电动机 A 相绕组的接线及其磁势。AX 绕组由两个元件 a_1x_1 和 a_2x_2 串联而成，$2p = 4$。将图 1.84（a）中绕组的接线方向改成如图 1.85（a）所示的 a_1x_1 和 a_2x_2 的反向串联，或将 a_1x_1 和 a_2x_2 反向并联，如图 1.85（b）所示，$2p = 2$，转速 n 相应提高一倍。

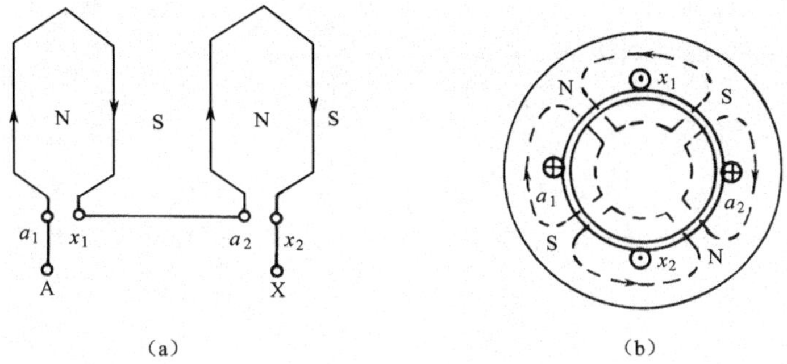

图 1.84　四极电动机 A 相绕组接线及其磁势

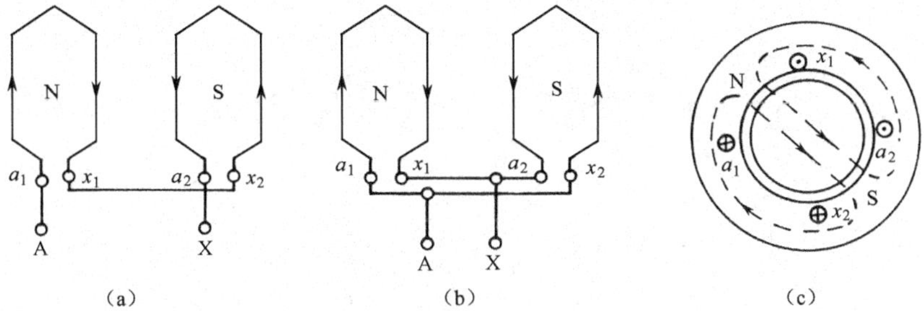

图 1.85　改变接线方向的 A 相绕组接线及其磁势

在换接定子三相绕组时必须同相进行串联或并联连接，以保证三相绕组对称，根据需要可有多种换接方法，只要使每相定子绕组中一半绕组内的电流改变方向即可。

变极调速的范围，对双速电动机其调速范围约等于 2，多速电动机的调速范围约等于 3，因此调速范围有限，并且属于有级调速，机械特性硬度较高。为了改善变极调速的平滑性，可以综合应用变极和变压的方法，或采用齿轮变速和变极调速相配合的方法，这样不仅可以提高平滑性，还可以扩大调整范围。

② 绕线式电动机转子串电阻调速。当某电动机带负载运行时，$T=T_L$。转子电路串接附加调速电阻 R_S 后，转子电流 I_2' 减小，电磁转矩 $T=C_T'\Phi_m I_2'\cos\varphi_2$ 也相应地减小，使 $T<T_L$，则电动机将减速，转差率由原来的 S 增大到 S_1，转子电动势增大，又使 I_2' 增大，T 增大，直到 $T=T_L$，电动机达到新的平衡状态，并在以与 S_1 相应且低于原来的转速下稳定运行。

当电动机拖动恒转矩负载时，对应不同的调速电阻值 R_{S1}、R_{S2}、R_{S3}、…，可以在不同的转速下运行，机械特性如图 1.86 所示。同步转速 n_1 及最大转矩 T_m 与 R_S 值的大小无关，临界转差率 $S_m \propto r_2+R_S$。负载转矩一定时，转速 n 随 R_S 的增大而降低，因此串接不同的 R_S 值，即可进行调速。转子串接的电阻值越大，人为机械特性变得越软。

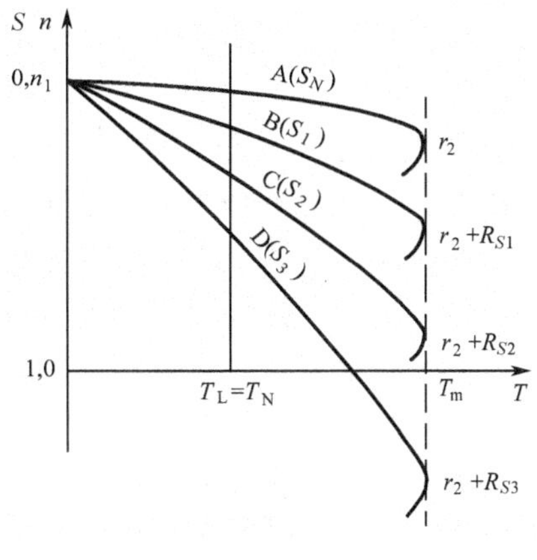

图 1.86　机械特性

调速范围的大小与机械特性的转速变化率有

关，调速的上限为额定转速，下限受允许静差率限制，一般调速范围能达到2～3。

这种调速的缺点是调速范围受负载转矩大小的影响，轻载时调速范围很小，另外，因转子电路的损耗大，低速时效率低，经济性差；优点是方法简单，初投资低，在调速性能要求不高、连续周期性工作方式的桥式起重机上得到广泛的应用。

③ 异步电动机降低定子电压调速。降低定子电压时，三相异步电动机的人为机械特性曲线如图 1.87 所示。电压从额定值向下调节时，n_1 不变，电磁转矩 $T \propto U_1^2$，$T_m \propto U_1^2$，临界转差率 S_m 不变。图 1.87（a）中曲线 1 和曲线 2 分别为恒转矩负载和风机负载特性，降低电压后的运行点分别为 B、C、D、E 点，降低电压可以降低转速。为了扩大调速范围，需要采用转子电阻较大、机械特性较软的电动机，改变电源电压可以得到较宽的调速范围，如图 1.87（b）所示。一般笼型电动机，恒转矩负载时降压调速的调速范围很小，实用价值不大。

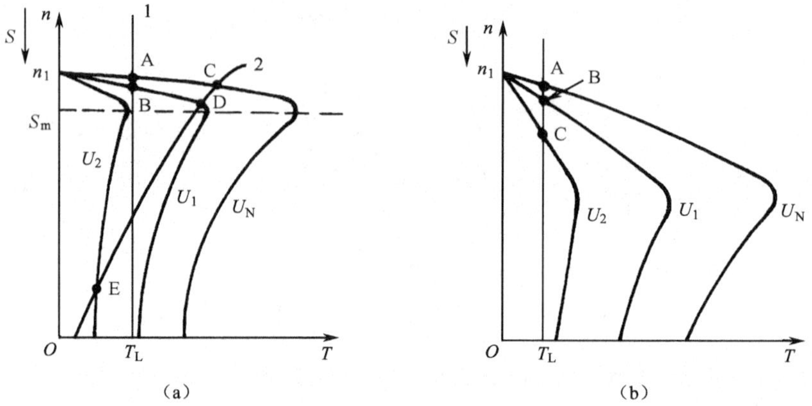

图 1.87 人为机械特性曲线

降压调速的方法比较简单，对小功率电动机有较好的调速效果，如电风扇单相电容电动机的调速。

具体的调压方法有：电动机定子串接饱和电抗器调压、晶闸管调压器调压、改变定子绕组接线法（△-Y）调压等。

④ 电磁转差离合器调速。电磁转差离合器调速系统由驱动电动机、电磁转差离合器、测速发电机及调速控制器组成。它具有结构简单、控制方便、易维护、造价低、运行可靠、启动转矩大且无转矩脉动，对供电系统无谐波干扰、电机无高频附加损耗及功率因数高等优点。

驱动电动机的功率和转矩通过电磁离合器传递到负载机械，通过改变电磁离合器的直流励磁电流来改变离合器从动轴输出转速，即改变离合器的转差率实现调速。

如图 1.88 所示的是电磁转差离合器的结构图，其组件包括直流电源、电磁转差离合器和异步电动机。电磁转差离合器由电枢和磁极两部分组成，它们之间没有机械联锁，可自由转动。异步电动机拖着电枢转动，称为主动部分；磁极则与生产机械连接，称为从动部分。

当电动机 M 拖着电枢顺时针旋转时，电枢笼式绕组切割磁力线感应电动势，如图 1.89 所示。由于绕组是短路的，因而形成电流，电流方向由右手定则确定。该电流与磁极作用产生电磁力，根据左手定则，此电磁力产生的转矩将使磁极跟随电枢同方向旋转，从而拖动产生机械运动。

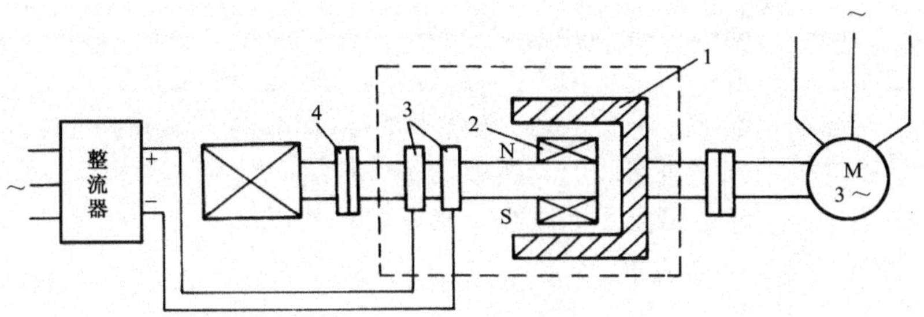

1—电枢；2—磁极；3—滑环；4—联轴器

图 1.88　电磁转差离合器结构图

由于磁极与电枢之间必须有转差 $\Delta n=n_1-n_2$，才能产生电流和转矩，因此称为电磁转差离合器。又由于其作用原理和异步电动机相似，所以又常将它和拖动的异步电动机一起称为滑差电动机或电磁调速异步电动机。

滑差电动机的机械特性曲线如图 1.90 所示。需要注意的是，其理想转速不是同步转速 n_1，而是驱动电动机的转速 n。由曲线可以看出，其机械特性较软，速度太低时，Δn 过大，从动部分跟不上，有可能失控。

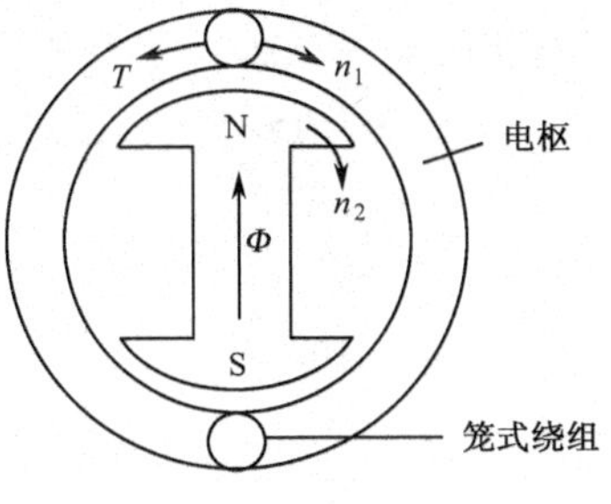

图 1.89　电磁转差离合器

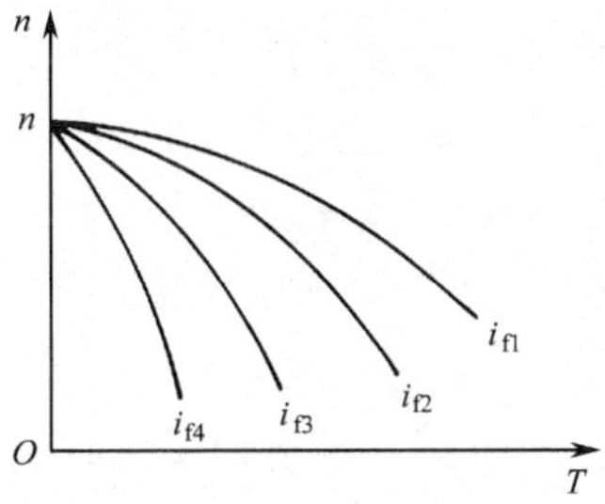

图 1.90　滑差电动机的机械特性曲线

⑤ 绕线式电动机串级调速。绕线式电动机转子串电阻调速的方法，其实质是使输入电动机功率的一部分变成转差功率，并消耗在转子电阻上，输出机械功率减小。这样，在一定负载转矩下，迫使电动机转速降低。这种调速方法效率低，属有级调速，低速时机械特性软，调速范围小。为克服这些缺点，绕线式电动机常采用串级调速方法。

串级调速实质就是在绕线式电动机的转子回路中外加一个附加电势，控制转差功率来实现调速。目前，基于串级调速的基本原理已经设计出了各种串级调速系统。

4. 三相异步电动机的使用、维护及故障处理

（1）三相异步电动机的使用

三相异步电动机，特别是笼型电动机，因其具有结构简单，制造、使用和维护方便，运行可靠及重量轻、成本低、工作性能好、效率高等优点，再加上当前交流调速技术发展迅速，特别是变频调速技术的发展使交流调速性能完全能达到直流调速的水平。因此，三相异步电动机在各行各业生产、生活中，正被广泛应用着。

三相异步电动机同任何设备一样，使用的寿命是有限的，例如在运行中，电动机的轴承将逐渐被磨损等。在正常情况下，电动机有足够长的寿命，但在使用过程中，由于它受到

周围环境中灰尘、油污、酸气、潮气的侵蚀影响，电动机的部件将受到不同程度的磨损和腐蚀，导致其寿命缩短。再如，由于电动机的过载，或外部电源电压的波动等原因，电动机会过热，导致绕组绝缘加速老化，严重的还可能烧坏绕组，都大大缩短了电动机的寿命。这些损失，均是由于电动机外部因素造成的。所以，正确选用和使用电动机，在运行中监视、维护及定期检查维修，是消除故障隐患和减少不必要损失的重要手段。

三相异步电动机的选用原则如下。

- 根据负载大小选择电动机的功率。
- 根据负载转速选择电动机的转速。
- 电动机防护形式的选择。

电动机的防护形式有很多种，分别如下所述。

- 开启式：电动机除必要的支承结构外，转动及带电部分设有专门的保护。
- 防护式：电动机机壳内部的转动部分及带电部分有必要的机械保护，防止意外的接触，但不妨碍通风。
- 封闭式：电动机机壳的结构能阻止机壳内、外空气的交换，但不完全密封。
- 防水式：电动机机壳的结构能阻止具有一定压力的水进入电动机内部。
- 潜水式：电动机在规定的水压下，能长期在水中运行。
- 水密式：电动机浸没在水中时，电动机的机壳结构能阻止水进入电动机内部。
- 隔爆式：电动机机壳的结构足以阻止电动机内部的气体爆炸传递到电动机外部而引起燃烧性气体爆炸。

（2）三相异步电动机的维护

为了保证电动机的正常工作，必须做好电动机的维护保养工作。

① 启动前的检查。有以下几个方面。

a. 检查电动机铭牌上所标的电压、频率是否与使用的电源电压、频率相符，接法与铭牌所标是否相同。

b. 新的或长期不用的电动机，使用前应检查各相绕组间及绕组对地的绝缘电阻。对绕线型电动机，除检查定子绝缘外，还应检查转子绕组和滑环对地及滑环之间的绝缘电阻。绝缘电阻每千伏工作电压不得小于 1MΩ，380V 的三相电动机绝缘电阻应大于 0.5MΩ方可使用，否则应进行干燥处理。

c. 用压缩空气或“皮老虎”吹净电动机内部的灰尘及杂物。

d. 检查电动机轴承是否有润滑油，油色应正常无杂物，油量应达到规定的油位。

e. 对于新安装或检修后的电动机，还应检查地脚螺栓、轴承盖是否紧固，接地及保护装置是否可靠等。

f. 对绕线型电动机，还应检查电刷表面是否全部贴紧滑环，导线是否相碰，电刷提升机构是否灵活等。

② 运行中的维护。有以下几个方面。

a. 监测电动机运行时，电源电压、频率的变化和三相电压的不平衡度，其变化范围不应超过有关规定，即电源电压偏差不大于其额定值的±5%，三相电压偏差不大于 5%，频率偏差不大于其额定值的±1%，电动机可按额定功率运行。若电压和频率超过上述范围，就可能引起电动机过热或其他不正常现象。

b. 电动机的负载电流，其值不能超过电动机的额定值，否则会使电动机使用寿命缩短或烧毁。

c. 注意电动机运行时各部分的温升，同时注意电动机的气味，如果有焦味时，说明绕组因温度过高烧焦了绝缘，应立即停电检查处理。

d. 观察电动机的振动和噪声。

e. 检查轴承发热及漏油情况，定期更换润滑油。

f. 绕线型电动机，应经常检查电刷与滑环的接触情况和电刷的磨损情况。

g. 经常保持清洁，尤其是电动机的进风口和出风口要保持清洁和畅通无阻。

（3）三相异步电动机的故障处理

① 定子绕组的故障处理。定子绕组的常见故障有：绕组断路、绕组接地（碰壳或漏电）和绕组短路。

a. 断路故障的处理。断路多发生在电动机绕组的两端，各绕组元件的接线头，或电动机引出线端等处附近。故障原因为：绕组受外力的作用而断裂；接线头焊接不良而松脱；绕组短路或电流过大，绕组过热而烧断。查出绕组断路之处后需进行修理。如果绕组断路处在铁心槽的外部，可理清导线端头，将断裂的导线连接焊牢，并包好绝缘；如果系引出线断裂则更换引出线即可；如果绕组断路处在铁心槽内的个别线圈，可用穿绕修补的方法更换个别线圈。

b. 接地和绝缘不良的处理。电动机绕组接地，俗称“碰壳”。引起绕组接地的原因有：电动机长期不使用，周围环境潮湿，或电动机受日晒雨淋，或长期过载运行，或受到有害气体的侵蚀等，使绕组绝缘性能下降，绝缘电阻下降；金属异物掉进绕组内部，损坏绝缘；有时电动机在重绕定子绕组时，损伤了绝缘，使导线与铁心相碰。

绕组接地后，会造成绕组过流发热，从而造成绕组匝间短路。绕组接地后，电动机外壳带电，容易造成人身触电事故。可见，绕组接地故障，必须及时检查处理。

如果绕组受潮，可将电动机两边端盖拆除，放在烘箱内烘焙，烘到绝缘电阻达到要求后，再加浇一层绝缘漆，然后再烘干防止回潮。也可采用红外线灯泡干燥，或在定子绕组中通以 0.6 倍的额定电流的单相电来加热，低压交流电源可用降压变压器或电焊机来提供。

如果测定是绕组接地或相碰，则要分情况进行处理。新嵌线电动机接地点，往往发生在线圈伸出铁心末端处（即槽口），可用绝缘纸或竹片垫入线圈与铁心槽口之间；如果接地点发生在导线端部，可用绝缘带包扎，再涂上自干绝缘漆；如果发现槽内导线绝缘损坏而接地，须更换绕组，或采用线圈穿绕修补的方法更换接地线圈。

c. 短路故障的处理。绕组短路故障的原因，主要有电动机电流过大，电源电压过高，机械损伤，重新嵌绕时碰伤绝缘，绝缘老化脆裂等。绕组短路的情况有：绕组匝间短路，极相组间短路，相间短路。最容易短路的地方是同极同相的两相邻线圈之间，上、下层的线圈之间，以及线圈的槽外部分。

如果能明显看出短路点，可用竹楔插入两线圈间，把这两线圈的槽外部分分开，垫上绝缘。如果短路点发生在槽内，要将该槽绕组加热软化后，翻出受损绕组，换上新的槽绝缘，将导线绝缘损伤的部位用薄的绝缘带包好，重新嵌入槽内，再进行绝缘处理。如果短路情况严重，就必须拆下重绕。

② 转子绕组的故障处理。

a. 笼式转子故障的处理。笼式转子的常见故障是断条（即笼条断裂），断条后，电动机虽然能空载运行，但一旦加载，转速就会降低。

如果铜条在槽外明显处脱焊，可用锉刀清理后用磷铜焊料焊接。如果槽内铜条断裂，若数量不多，可以在断条两端的短路环（端环）上开一个缺口，然后用凿子把断裂的铜条凿去，换上新铜条。

如果铸铝转子有断条故障，要将转子槽内的铸铝全部取出更换。

b. 绕线式转子故障的处理。绕线式转子绕组的结构与定子绕组相同。修理时，对于一般中、小型电动机，转子绕组导线多采用圆铜线（漆包线，或单纱、双纱漆包线）。对于大容量的绕线式转子电动机，其转子绕组导线多采用扁铜线或裸铜条。

三相异步电动机的常见故障及处理方法如表1.6所示。

表1.6　三相异步电动机的常见故障及处理方法

故障现象	产生原因	处理方法
不能启动或带负载运行时转速低于额定值	熔丝烧断；开关有一相在分开状态；电源电压过低	检查电源电压和开关、熔丝的工作情况，排除故障
不能启动或带负载运行时转速低于额定值	定子绕组中或外部电路中有一相断线	检查定子绕组中有无断线，再检查电源电压
不能启动或带负载运行时转速低于额定值	绕线式异步电动机转子绕组及其外部电路（滑环、电刷、变阻器等）有断路、接触不良或焊接点脱焊等现象	用兆欧表检查转子绕组及其外部电路中有无断路；检查各连接点是否接触紧密、可靠，电刷的压力及与滑环的接触面是否良好
不能启动或带负载运行时转速低于额定值	笼型电动机转子断条或脱焊，电动机能空载启动，但不能加负载启动运转	将电动机接到电压较低（约为额定电压的15%～30%）的三相交流电源上，同时测量定子的电流。如果转子绕组有断条或脱焊，随着转子位置的不同，定子电流会产生变化
不能启动或带负载运行时转速低于额定值	将△形接线接成Y形，电动机能空载启动，但不能满载启动	按正确接法改正接线
不能启动或带负载运行时转速低于额定值	电动机的负载过大或传动机构被卡住	选择较大容量的电动机或减小负载；如果传动机构被卡住，应排除故障
不能启动或带负载运行时转速低于额定值	过流继电器整定值调得太小	适当提高整定值
电动机三相电流不平衡	三相电源电压不平衡	用电压表测量电源电压
电动机三相电流不平衡	定子绕组中有部分线圈短路	用电流表测量三相电流或拆开电动机用手检查过热线圈
电动机三相电流不平衡	更换定子绕组后，部分线圈匝数有错误	用双臂电桥测量各相绕组的直流电阻，如果阻值相差过大，说明线圈有接线错误，应按正确方法改接
电动机三相电流不平衡	更换定子绕组后，部分线圈之间有接线错误	按正确的接线法改正接线错误
电动机温升过高或冒烟	电动机过载	降低负载或更换容量较大的电动机
电动机温升过高或冒烟	电源电压过高或过低	调整电源电压
电动机温升过高或冒烟	定子铁心部分硅钢片之间绝缘不良或有毛刺	拆开电动机检查定子铁心
电动机温升过高或冒烟	转子运转时和定子相擦，致使定子局部过热	检查转子铁心是否变形，轴是否弯曲，端盖的止口是否过松，轴承是否磨损
电动机温升过高或冒烟	电动机的通风不好	检查风扇是否脱落，旋转方向是否正确，通风孔道是否堵塞

续表

故障现象	产生原因	处理方法
电动机温升过高或冒烟	环境温度过高	换绝缘等级较高的 B 级、F 级电动机或采取降温措施
	定子绕组有短路或接地故障	用电桥测量各相线圈或各元件的直流电阻，用兆欧表测量对机壳的绝缘电阻，局部或全部更换线圈
	更换线圈的电动机，由于接线错误或绕制线圈时有匝数错误	按正确图纸检查并修改
	单相运行	检查电源和绕组，排除故障
	电动机受潮或浸漆后未烘干	彻底烘干
	接点接触不良或脱焊	仔细检查各焊点，将脱焊点重焊
电刷冒火，滑环过热或烧坏	电刷的牌号或尺寸不符	按电动机制造厂的规定更换电刷
	电刷压力不足或过大	调整电刷压力
	电刷和滑环接触面不够	仔细研磨电刷
	滑环表面不平、不圆或不清洁	修理滑环
	电刷在刷握内卡住	磨小电刷
电动机有不正常的振动和响声	电动机的地基不平，电动机安装得不符合要求	检查电动机及电动机安装情况，并加以纠正
	滑动轴承的电动机轴颈与轴承的间隙过小或过大	检查滑动轴承情况
	滚动轴承在轴上装配不良或轴承损坏	检查轴承的装配情况或更换轴承
	电动机转子或轴上附有的皮带轮、飞轮、齿轮等不平衡	做静平衡或动平衡试验
	转子铁心变形或轴弯曲	将转子在车床上用千分表找正
	电动机单相运转，有嗡嗡声	检查熔丝及开关接触点，排除故障
	转子风叶碰壳	校正风叶，旋紧螺钉
	轴承严重缺油	清洗轴承加新油，注意润滑脂的量不宜超过轴承室容积的 70%
轴承过热	轴承损坏	更换轴承
	轴承与轴配合过松或过紧	过松时在旋轴上嵌套；过紧时重新加工到标准尺寸
	轴承与端盖配合过松或过紧	过松时在端盖上嵌套；过紧时重新加工到标准尺寸
	滑动轴承油环磨损或转动缓慢	查明磨损处，修好或更换油环。油质太稠时，应换较稀的润滑油
	润滑油过多、过少或油太脏，混有铁屑沙尘	加油或换油，润滑脂的量不宜超过轴承室容积的 70%
	皮带过紧或联轴器装得不好	调整皮带张力，校正联轴器传动装置
	电动机两侧端盖或轴承盖未装平	将端盖或轴承盖止口装平，旋紧螺钉
运行时电流表指针来回摆动	绕线型电动机一相电刷接触不良	调整电刷压力，使其与滑环接触良好
	绕线型电动机滑环短路装置接触不良	修理或更换短路装置
	绕线型转子一相断路或笼型转子断条	查出绕线型转子断路处，进行修复；对笼型转子补焊或更换铜条
电动机外壳带电	接地不良	查找原因，接好地线
	绕组受潮，绝缘损坏，引出线磨破或接线有污垢	绕组进行干燥处理；修复损坏的绝缘或引出线；清理接线板

1.5.3 单相异步电动机

单相异步电动机是由单相交流电源供电的一种小容量交流电动机，它具有结构简单、成本低廉、运行可靠、维护方便等优点。与三相异步电动机比较，单相异步电动机运行性能较差，效率较低，主要用于小功率的电扇、鼓风机、医疗器械、家用电器中。它的功率较小，一般为几瓦至几百瓦。

1. 单相单绕组异步电动机

三相异步电动机定子绕组通过三相电流后，会产生旋转磁场，在旋转磁场的作用下，转子获得启动转矩而自行启动。单相异步电动机的定子绕组通以单相电流以后，只会产生脉动磁场，磁场的强度和方向按正弦规律变化。当电流在正半周时，磁场方向垂直向上；当电流在负半周时，磁场方向垂直向下。所以说它是一个脉动磁场。

这个脉动磁场可以认为是由两个大小相等、转速相同、转向相反的旋转磁场所合成的。当转子静止时，两个旋转磁场分别在转子上产生两个转矩，其大小相等、方向相反，合转矩为零。所以转子不能自行启动。

如果用外力使转子顺时针转动一下，这时顺时针方向转矩大于逆时针方向转矩，转子就会按顺时针方向不停地旋转。当然，反方向旋转也是如此。通过上述分析可知，单相异步电动机转动的关键是产生一个启动转矩。各种不同类型的单相异步电动机产生启动转矩的方法也是不同的。

2. 单相异步电动机的启动

单相单绕组异步电动机由于启动转矩为零，不能自行启动，所以没有实用价值。为了解决电动机的启动问题，可在电动机中增加一相启动绕组。如果工作绕组与启动绕组对称，即匝数相等，空间互差 90°，通入相位差 90° 的两相交流电，则可产生旋转磁场，转子便能自行启动，如图 1.91 所示。转动后的单相异步电动机，切除启动绕组后仍可以继续运行。

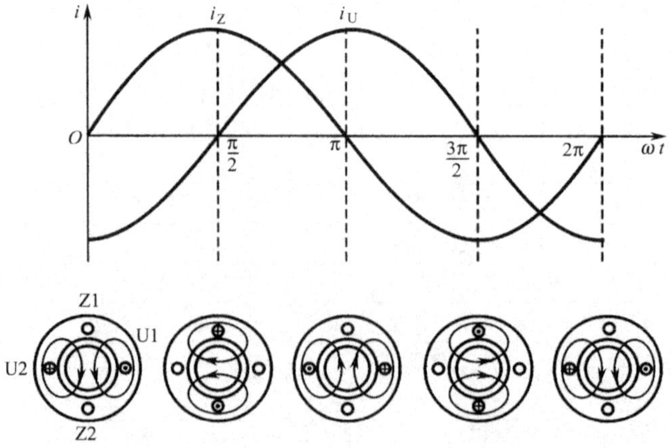

图 1.91　两相绕组产生的旋转磁场

以上启动方法称为单相异步电动机的分相启动，即把单相交流电变为两相交流电，从而在单相异步电动机内部建立一个旋转磁场。

3．单相异步电动机的分类

单相异步电动机根据其启动的方法不同主要分为两大类：分相式单相异步电动机和罩极式单相异步电动机。

分相式单相异步电动机的定子上有两个绕组：工作绕组和启动绕组，为了使两个绕组中的电流在时间上有一定的相位差（即分相），可在启动绕组中串入电容器或电阻器，也可使启动绕组本身的电阻远远大于工作绕组的电阻。这样，分相式单相异步电动机又分为电阻分相电动机和电容分相电动机。

罩极式单相异步电动机的结构较简单，其定子大多做成凸极式的，由硅钢片叠压而成。凸极式按励磁绕组布置的位置不同又可分为集中励磁和分别励磁两种，一般有二极和四极两种，在每个极面的 1/3～1/4 处开有小槽，在较小部分的极面上套有铜短路环，就好像把这部分的磁极罩起来一样，所以称为罩极式电动机。

4．单相异步电动机的故障处理

单相异步电动机的常见故障及处理方法如表 1.7 所示。

表 1.7　单相异步电动机的常见故障及处理方法

故障现象	产生原因	处理方法
电源电压正常，通电后电动机不能启动	引线开路	检查电源插头、接线板上端是否松动，使其接触良好
	主绕组或副绕组开路	检查主、副绕组回路是否有断路或接线端子松动，处理好故障点
	电容器损坏或开路	更换电容器，接好引线
	轴承质量不好或装配不良	更换轴承或重新装配，使其退转灵活
	润滑脂固结，转子运转受阻	清洗轴承，加新润滑脂
	定子和转子相碰	一般是机械故障引起
	过载	减小负载或选功率大的电动机
空载能启动，或借助外力能启动，但启动迟缓且转向不定	副绕组回路不通	查出断路点，进行处理
	离心开关触头合不上	修理开关和触头，使其动作灵活、接触良好
	电容器损坏或开路	更换电容器，接好引线
电动机转速低于正常转速	主绕组短路	检查绕组是否短路，更换损坏的绕组
	启动后离心开关触头断不开，使副绕组无法脱离电源	修理离心开关和触头，使其动作灵活
	主绕组内有几极反接或绕组接线错误	找出接线错误处并更正
	轴承损坏或润滑不便	更换轴承，加新润滑脂

续表

故障现象	产生原因	处理方法
启动后电动机很快发热，甚至烧毁绕组	部分绕组短路或接地	参见相关章节检查和处理
	主、副绕组间短路	更换损坏的绕组
	主、副绕组相互接错	判别好主、副绕组，正确接线
	启动后离心开关触头断不开，导致副绕组长期运行而发热、烧毁	修理离心开关和触头，使其动作灵活
	定子与转子相擦	参见相关章节检查和处理
	轴承损坏	更换轴承
	电机过载	查出过载原因，采取相应措施
通电后熔丝立即熔断	绕组严重短路或接地	更换绕组
	引出线接地	处理引出线，使其绝缘良好
	电容器短路	更换电容器
电动机转动时噪声太大	有杂物侵入电动机内部	清除杂物
	部分绕组短路或接地	参见相关章节检查和处理
	轴承损坏	更换轴承
	轴向窜动太大	修复磨损的轴颈，使其与轴承配合严紧
	离心开关损坏或松动	更换离心开关或重新装配

1.5.4 伺服电机

伺服电机在自动控制系统中用做执行元件来驱动控制对象，也称为执行电动机。它的任务是将接到的控制电压信号转换为转轴上的角位移或角速度输出，改变控制电压，就可以改变伺服电机的旋转方向和转速。在自动控制系统中，伺服电机有着广泛的应用。

1．交流伺服电机的结构与工作原理

（1）交流伺服电机的结构

交流伺服电机实际上就是两相异步电动机，它的定子结构与普通的异步电动机相似，定子上装有两个绕组，一个是励磁绕组，一个是控制绕组，它们在空间相差 90°。

转子的结构有两种：笼型转子和空心杯型转子。

空心杯型转子交流伺服电机的基本结构如图 1.92 所示，它的定子分内定子和外定子，外定子与普通异步电动机的定子结构相同，在定子槽中嵌有两相绕组。内定子由环形硅钢片叠压在一个端盖上，一般不放绕组，只是代替鼠笼转子的铁心，作为磁路的一部分，以减小磁路的磁阻。杯型转子是用铝合金制成的空心薄壁圆筒，一般只有 0.2～0.8mm，转动惯量小并具有较大的转子电阻。杯型转子套在内定子铁心外，与转轴相连，可在内、外定子之间的气隙中自由转动。

笼型转子交流伺服电机与普通笼型异步电动机的结构相似，不过为了增大转子电阻，采用了高电阻率的导电材料，另外为了减小转动惯量，使其反应迅速灵敏，转子做得细而长。

空心杯型转子交流伺服电机气隙较大，励磁电流约占 80%左右，因而功率因数和效率都低，体积和重量也比较大，但它的转动惯量小，反应灵敏，调速范围大。笼型转子结构简单、制造方便，除转动惯量较空心杯型转子大以外，其他性能指标都比较好，所以应用很广泛。

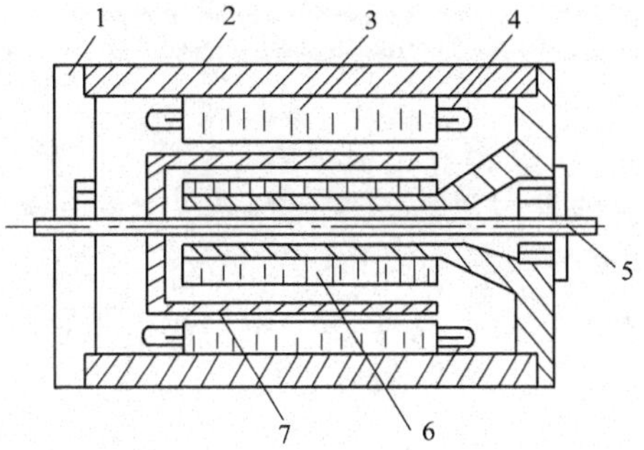

1—端盖；2—机壳；3—外定子；4—定子绕组；5—转轴；6—内定子；7—杯型转子

图 1.92　空心杯型转子交流伺服电机的基本结构

（2）交流伺服电机的工作原理

图 1.93 是交流伺服电机的工作示意图。图中 F 为励磁绕组，它由恒定电压的交流电源励磁。K 为控制绕组，一般由伺服放大器供电。两个绕组的轴线在空间相差 90° 电角度。控制绕组上所加的控制电压 $\dot{U}_k$ 与励磁电压 $\dot{U}_f$ 有一定的相位差，在理想的情况下，相位差为 90° 电角度。两个绕组中的电流共同在气隙中建立一个旋转磁场，从而在笼型转子的导条中或者在杯型转子的杯壁上感生转子电流，转子电流与旋转磁场相互作用产生电磁转矩。

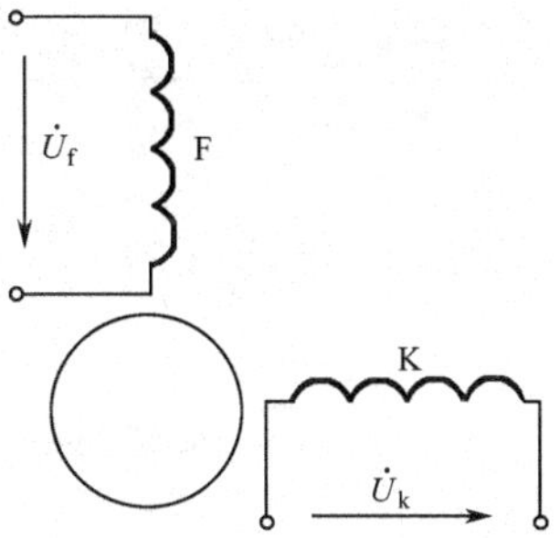

图 1.93　交流伺服电机工作示意图

对单相异步电动机来说，转子转起来以后，再断开启动绕组，转子仍旧可以继续转动，这是正常工作状态。对伺服电动机来说，如果控制绕组的控制电压信号消失，转子就必须立即停转，决不允许伺服电动机有“自转”现象存在。

2. 直流伺服电机的结构

直流伺服电机是指使用直流电源的伺服电机。它的结构与一般直流电机基本相同，只是体积较小，也是由装有磁极的定子、可以旋转的电枢和换向器等组成。按励磁方式通常分为他励式（电枢和磁极分别由独立的直流电源供电）和永磁式（磁极由永久磁铁制成，不需要励磁绕组和励磁电源）两种。

1.5.5　步进电机

步进电机，顾名思义是“一步一步”地转动的一种电机，其功能是将输入的脉冲信号变换为阶跃式的角位移或直线位移，即每输入一个脉冲信号，电动机就相应转过一个角度，或向前进一步。

步进电机能够快速启动、制动和反转，在数字控制系统中，步进电机被广泛用做执行元件。

步进电机按其转矩产生的原理分为：反应式步进电机（转子上面没有绕组，依靠反应转矩工作）和励磁式步进电机（转子上面有励磁绕组，依靠电磁转矩工作）。反应式步进电机的应用最广泛，且具有一定的代表性。下面主要介绍反应式步进电机的结构和工作原理。

1．步进电机的结构

如图 1.94 所示是反应式步进电机的结构原理图，其定子铁心由硅钢片叠成，装有 6 个均匀分布的磁极，每两个相对的磁极上装有一相绕组，共三相绕组（称控制绕组或励磁绕组），每个磁极的极靴上有许多小齿。转子是一个带齿的铁心，由硅钢片或软磁材料叠成，有 4 个极（或称为 4 个齿），转子上没有绕组。

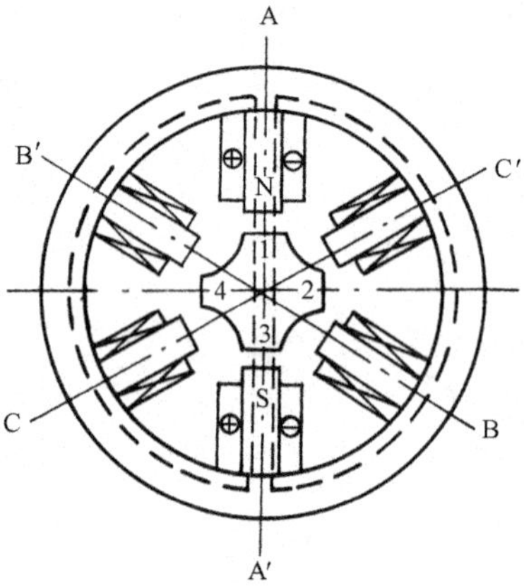

（a）A 相绕组通电时

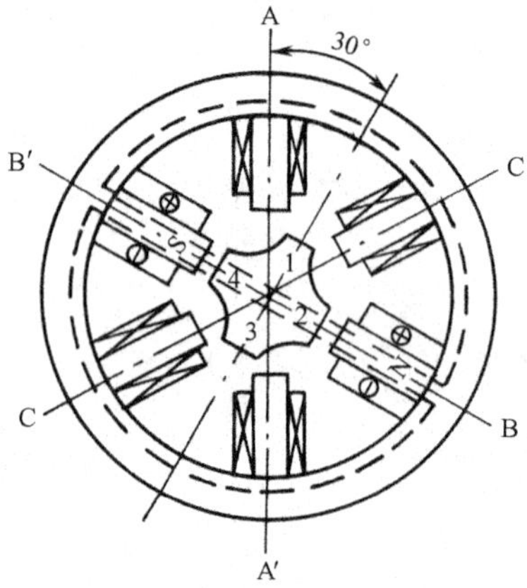

（b）B 相绕组通电时

图 1.94　反应式步进电机的结构原理图

2．步进电机的工作原理

如图 1.94 所示，当 A 相绕组通电时，气隙中就产生一个沿轴线 A-A'方向的磁场，由于磁极 A-A'的电磁吸力，转子转到使 1、3 两齿与磁极 A-A'对齐的位置上，如图 1.94（a）所示。如果通电状态不变，转子的位置也不变，也就是说，在这个位置上转子有自锁能力。当 A 相绕组断电，B 相绕组通电时，同理，转子铁心齿 2、4 将被吸引过去，与磁极 B-B'对齐，如图 1.94（b）所示，即转子顺时针转了 30°。当 B 相绕组断电，C 相绕组通电时，转子齿 1、3 又转到了与磁极 C-C'对齐的位置，转子又顺时针转了 30°。如此按 A→B→C→A→……的顺序通电，则转子就沿顺时针方向一步一步转动，每一步转 30°。这每一步转过的角度称为步距角θ；从一相通电换到另一相通电称为一拍，每一拍转子转过一个步距角。如果通电顺序改为 A→C→B→A→……，则转子将反方向一步一步转动。

上述通电方式的特点是，每次只有一相控制绕组通电，切换三次为一个循环，称为三相单三拍控制方式。在实际应用中，三相单三拍通电方式由于切换时在一相控制绕组断电而另一相控制绕组开始通电时容易造成失步，而且，由单一控制绕组通电吸引转子，也容易造成在平衡位置附近产生振荡，故运行稳定性差，所以较少采用。通常将它改为三相双三拍通电方式。

三相双三拍的通电顺序是 AB→BC→CA→AB……，每次有两相绕组同时通电，如图 1.95 所示，当 A、B 两相同时通电时，A、B 两相的磁极对转子齿都有吸引力，转子齿

1、3 受到磁极 A-A'的吸力，转子齿 2、4 受到磁极 B-B'的吸力，转子停留在两个吸力相平衡的位置，如图 1.95（a）所示的位置，即转子齿 3、4 的槽线与轴线 C-C'对齐。同理，当 B、C 两相同时通电时，转子转到如图 1.95（b）所示的位置，即转子齿 4、1 的槽线与轴线 A-A'对齐。可见，双三拍运行与单三拍运行的原理相同，步距角仍为 30°。如果要改变转子的旋转方向，可将通电顺序改为 AC→CB→BA→AC……。

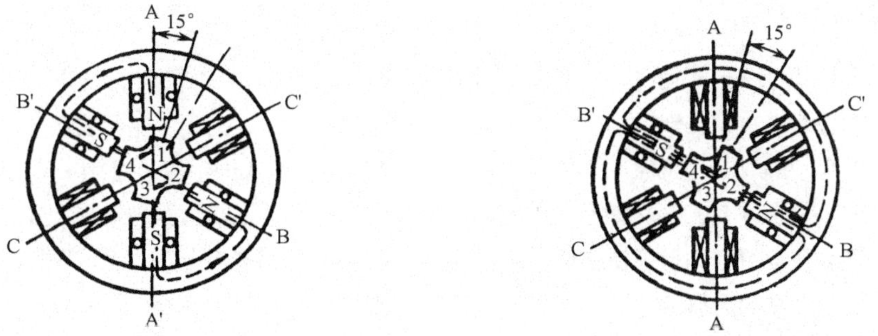

（a）A、B 两相同时通电时　　（b）B、C 两相同时通电时

图 1.95　三相双三拍反应式步进电动机

如果步进电机按 A→AB→B→BC→C→CA→A→……的顺序通电，则称为三相六拍运行方式，即一相通电和两相通电交替进行，每一循环共 6 拍，每改变一次通电状态，转子旋转的角度只有双三拍通电方式的一半，即每拍转过 15°。

无论采用何种通电方式，步距角 θ 与转子齿数 Z 和拍数 N 之间都存在下列关系

$$\theta = \frac{360^\circ}{NZ}$$

若定子脉冲电压的频率为 f，则转子每秒将转过 $\theta = (360^\circ/NZ)f$，即步进电机的转速为

$$n = \frac{360^\circ f}{NZ}$$

由上式可知，要想降低步进电机的转速，一是增加转子的齿数，二是增加相数（拍数）。

1.6　电工技术综合技能训练

1.6.1　示波器的认识与使用

训练目的

- 认识示波器的调节面板；
- 正确掌握示波器的使用方法；
- 学会利用示波器测量直流电压、交流电压等参数。

训练器材

示波器　　一台

低压电源　一台

知识铺垫

1．示波器工作原理

当信号电压输入示波器时，示波器的荧光屏上能反映出这个电压随时间变化的波形。示波器主要由电子枪、垂直偏转电极和水平偏转电极组成，两电极都不加偏转电压时，由电子枪产生的高速电子做直线运动，打在荧光屏中心，形成一个亮点。如果在水平偏转电极上加一个随时间均匀变化的电压，则电子受偏转磁场的作用，打在荧光屏上的亮点就沿水平方向均匀移动。如果再在垂直偏转电极上加一个随时间变化的信号电压，则亮点在垂直方向上也发生偏移，偏移的大小与所加信号电压的大小成正比。这样，亮点既随时间的推移在水平方向匀速移动，又正比于信号电压在垂直方向上产生偏移，于是就在荧光屏上形成一条波形曲线。

2．认识示波器（以 ST16A 型示波器为例）

下面来熟悉 ST16A 型示波器面板上各旋钮的作用。

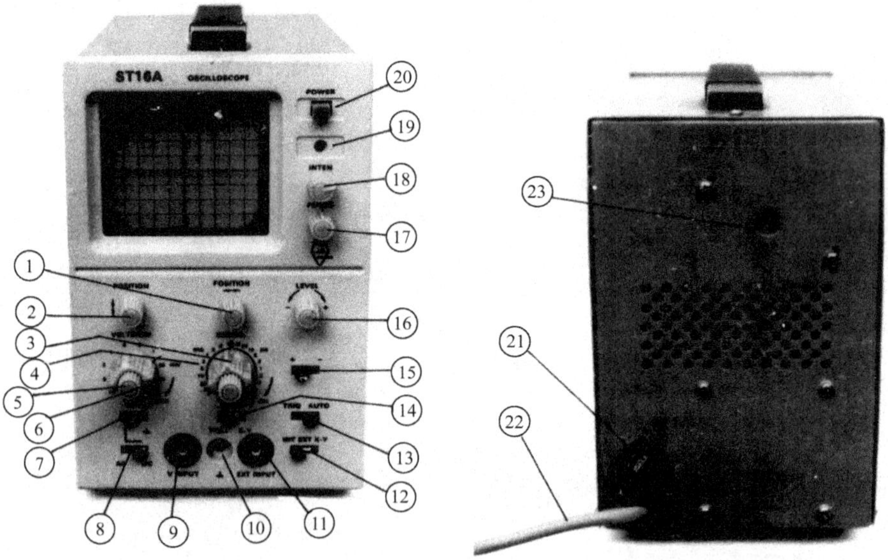

前面板分布图　　后面板分布图

图 1.96　ST16A 型示波器面板

① *X* 位移：控制光迹在荧光屏上 *X* 轴方向的位置。顺时针旋转时，光迹向右移，反之向左移。

② *Y* 位移：控制光迹在荧光屏上 *Y* 轴方向的位置。顺时针旋转时，光迹向上移，反之向下移。

③ *X* 微调：用以连续调节时基速度，当旋钮顺时针方向旋满刻度，亦即处于校准状态，此时扫描位于快端。

④ t/div 开关：扫描时间因数开关，从 0.1μS/div～50mS/div 按 1－2－5 进制分为十八挡。

⑤ 微调：用以连续改变垂直放大器的增益，当旋钮顺时针方向旋转，亦即处于校准状态，此时增益

最大。

⑥ Y 偏转因数开关：改变输入偏转因数从 10mV/div～10V/div，按 1－2－5 进制分为十挡。

⑦、⑧DC、⊥、AC：Y 放大器的输入选择开关，可使输入端为交流耦合、接地、直流耦合。

⑨ 输入插座：Y 放大系统的输入插座，作为被测信号的输入端。

⑩ ⊥：作为仪器的测量接地装置。

⑪ X 外触发：水平信号或外触发信号的输入插座。

⑫ “内”、“外”、“X－Y” 触发信号源开关：当开关位于“内”时，为内触发，触发信号取自垂直放大器；当开关处于“外”时，为外触发，触发信号来自外加信号，它与垂直被测信号应具有相应的时间关系；当开关位于“X－Y”时，为 X－Y 工作方式。

⑬、⑭ 水平方式选择开关：选择扫描工作方式，置于“自动”，扫描处于自激状态；置于“触发”，则中路处于触发状态；置于“X－Y”，配合 ⑫ 为 X－Y 工作方式。

⑮ 触发方式选择开关：当开关位于“＋”时，测量正脉冲前沿或负脉冲后沿；当开关位于“－”时，测量负脉冲前沿或正脉冲后沿。

⑯ 电平：用以调节触发信号波形上触发点的相应电平值，使在这一电平上启动扫描。顺时针方向转动，趋向信号波形的正向部分，反之趋向信号波形的负向部分。

⑰ 聚焦：调节聚焦可使亮点圆而小，使波形更清晰。

⑱ 辉度：控制荧光屏光迹的明暗程度，顺时针方向旋转为增加亮度，反之为减弱亮度。

⑲ 指示灯：当电源接通时指示灯发红光。

⑳ 电源开关：仪器电源总开关，揿入为接通。

㉑ 保险丝座：放入 1A 保险丝。

㉒ 三相电源线：输入 220V 交流电源。

㉓ 光迹旋转控制：用于调节光迹与示波管坐标的水平刻度线平行。

3. 示波器使用前的自检

示波器在久置复用前，应对仪器进行自身的检查，校准方法如下：

① 用 BNC 线接到示波器 Y 输入端，并加入 1kHz 方波校准信号显示 5div，调节仪器各控制部件如表 1.8 所示。

表 1.8　示波器自检标准

面板控制件	作用位置	面板控制件	作用位置
垂直方式	Y	扫描方式	自动
DC、⊥、AC	AC 或 DC	触发源	Y
V/div	10mV/div	极性	＋
X、Y 微调	校准	t/div	1mS/div
X、Y 位移	居中		

② 按下电源开关，指示灯亮，表示电源接通。

③ 经预热后，调节“辉度”、“聚焦”旋钮，使亮度适中，聚焦最佳，再调节触发“电平”使波形同步，出现如图 1.97 所示的波形。

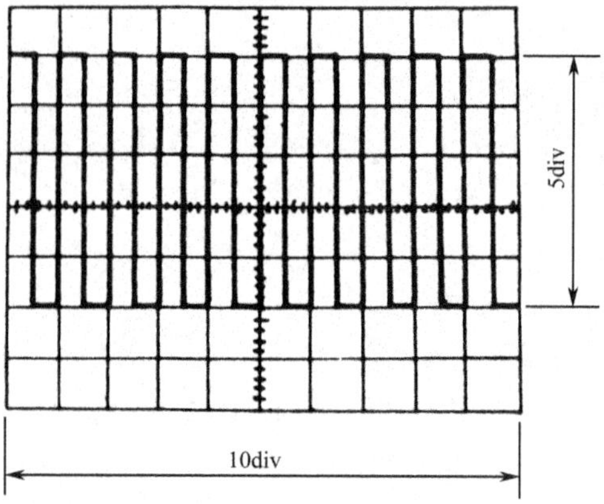

图 1.97 方波校准信号显示

训练内容

1. 电压测量

（1）直流电压的测量

在被测信号中，如果含有直流电平，且该直流电平也需要进行测量时，首先应确定一个相对的参考基准电位，一般情况下的基准电位直接采用仪器的地电位。其测量步骤如下：

① 垂直系统的输入耦合选择开关置于“⊥”，触发“电平”旋钮位于“自动”，使屏幕上出现一条扫描基线；并按被测信号的幅度和频率，将 V/div 挡级开关和 t/div 扫描速度开关置于适当位置；然后调节“↑↓”垂直移位旋钮，使扫描基线位于坐标的某一特定基准位置（0V）。

② 将输入耦合选择开关置于“DC”位置；并将被测信号直接经 10:1 衰减探极接入示波器 Y 轴输入插座；然后调节触发电平使信号波形稳定。

③ 如图 1.98 所示，根据屏幕坐标刻度，分别读出显示信号波形的交流分量（峰－峰）为 Adiv，直流分量为 Bdiv，以及被测信号某特定 R 点与参考基线间的瞬时电压值为 Cdiv。若示波器挡级的标称值为 0.2V/div，同时 Y 轴输入端使用了 10:1 衰减探极，则被测信号的各电压值分别为：

被测信号的交流分量：$V_{P-P}=0.2\times A\times 10=2A$（V）

被测信号的直流分量：$V_{P-P}=0.2\times B\times 10=2B$（V）

被测信号 R 点瞬时值：$V_R=0.2\times C\times 10=2C$（V）

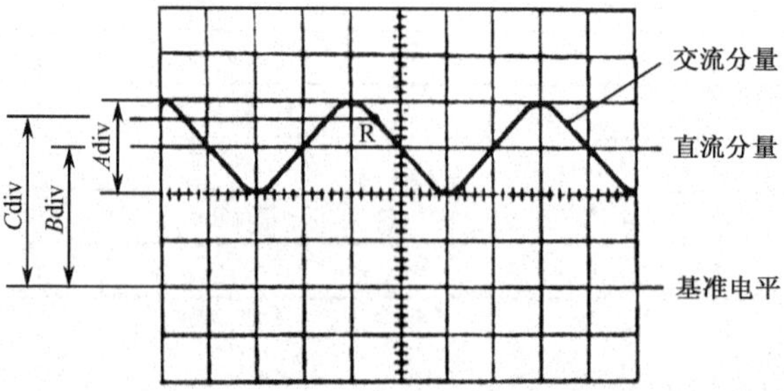

图 1.98 直流电压的测量

(2) 交流电压的测量

一般情况下我们直接测量交流分量的峰－峰值，测量时通常将被测信号通过输入端的隔离电容，使信号中所含的交流予以分离。否则被测信号的交流与直流分量叠加后往往会超过放大器的有效范围，使得测量时不得不采用较低的输入灵敏挡级，从而影响交流分量的测量精度。测量时，先确定扫描光迹的零电平线位置，此后不再调节 *Y* 位移。接入被测电压，将耦合开关置于“DC”位置，调节相关旋钮使荧光屏上显示出稳定波形，选择合适的 *Y* 轴偏转因数（V/div），使光迹获得足够偏转但不超过有效面积。测量电压的方法与前面介绍的相同。交流电压的一般测量步骤如下：

① 垂直系统的输入耦合选择开关置于“AC”；V/div 挡级开关和扫描速度开关，根据被测信号的幅度和频率选择适当的挡级；并将被测信号直接或通过 10:1 衰减探极输入示波器 *Y* 轴输入端；调节触发“电平”使波形稳定。

② 如图 1.99 所示，根据屏幕的坐标刻度，读出被测信号波形的峰－峰值为 *D*div，若示波器 V/div 挡级标称值为 0.1 V/div，且 *Y* 轴输入端使用了 10:1 衰减探极，则被测信号的峰－峰值应为：

$V_{P-P}=0.1\times D\times 10=D$（V）

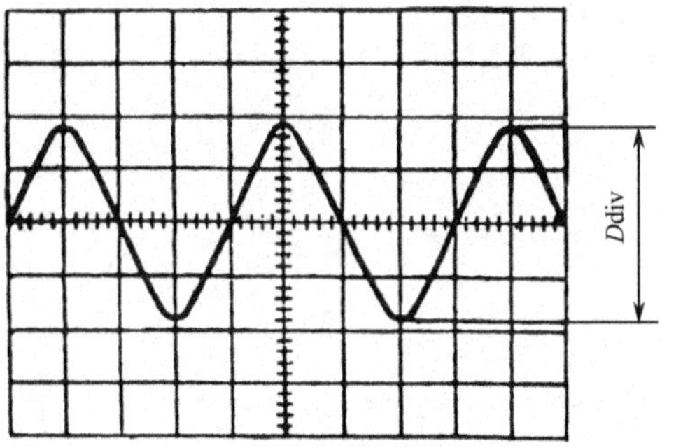

图 1.99　交流电压的测量

2. 时间测量

示波器可对被测信号波形上任意两点的时间参数进行定量测量。步骤如下：

① 按被测信号的重复频率或信号波形上两特定点 P 与 Q 的时间间隔，选择适当的扫描速度挡级，务必使两特定点的距离在屏幕的有效工作面内达到最大限度，以便提高测量精度。

② 如图 1.100 所示，根据屏幕坐标显示的刻度，读出被测信号两特定点 P 与 Q 之间的距离为 *B*div，若扫描开关挡级的标称值为 2ms/div，*B*=4.5div，则 P、Q 两点的时间间隔值 *t* 为：

$t=2\times B=2\text{ms/div}\times 4.5\text{div}=9(\text{ms})$

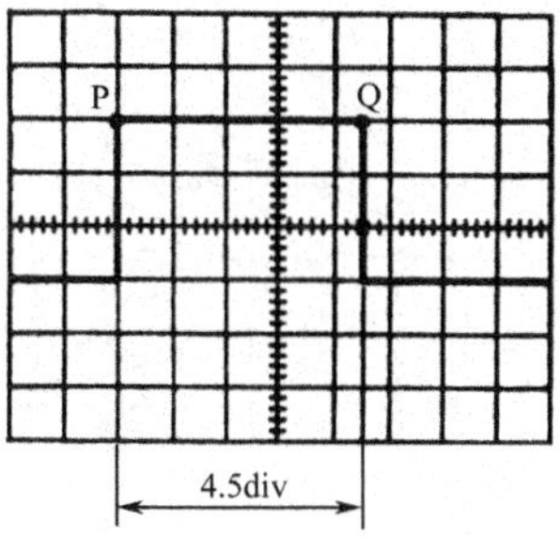

图 1.100　时间测量

3. 脉冲上升时间的测量

示波器还可对脉冲的前沿上升时间进行测量。步骤如下：

① 按被测信号的幅度选择 V/div 挡级，并调节灵敏度“微调”旋钮，务必使屏幕上所显示的波形垂直幅度恰好为 5div。

② 调节触发“电平”及“ϕ”水平移位旋钮，并按脉冲前沿上升时间的宽度，选择适当的 t/div 扫描速度挡级，使屏幕上显示的信号波形如图 1.101 所示。

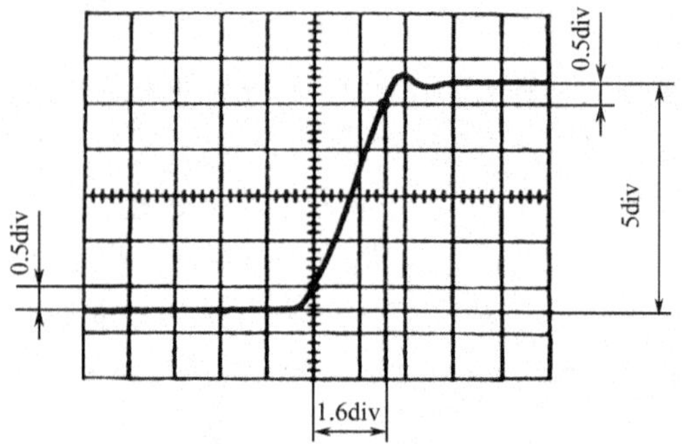

图 1.101　脉冲上升时间的测量

③ 根据屏幕坐标刻度上所显示的波形位置，读出被测信号波形的前沿在垂直幅度的 10%与 90%两位置之间的时间间隔距离为 Ddiv，若扫描速度挡级的标称值为 0.1μs/div，D=1.6div，则该脉冲前沿上升时间 t_r 为：

$$t_r = \sqrt{t_1^2 - t_2^2} = \sqrt{(1.6\times 100)^2 - 50^2} = 152(\text{ns})$$

其中：t_1 为垂直幅度的 10%与 90%之间的时间间隔；t_2 为示波器固有上升时间，约为 50ns 。

4．相位测量

在许多场合中，可用示波器测量某一网络的相移，例如，要测量正弦波通过放大器后的滞后相角值。其步骤如下：

（1）测量方法 A

① 将示波器的触发源选择开关置于“外”，同时将导前的信号 A 和滞后信号 B 分别接入示波器的 Y 轴输入插座和外触发输入端，然后调节扫描时间开关、扫描速度“微调”。使屏幕上所显示信号的周期宽度在 X 轴上的坐标刻度恰好为 9div，这样 X 轴上的坐标刻度值就直接与信号的相角值相对应，即 360°/9div=40°/div。

② 读出被测导前信号波形 A 的特定点 P_0 在 X 轴上的位置，同时对示波器的外触发信号、t/div 开关、扫描速度“微调”，触发“电平”和“ϕ”水平移位旋钮都保持不变，然后将原输入 Y 轴的导前信号 A 改为滞后信号 B，并读出滞后信号 B 在 X 轴上的相应特定点 P 的位置，如图 1.102（a）所示。

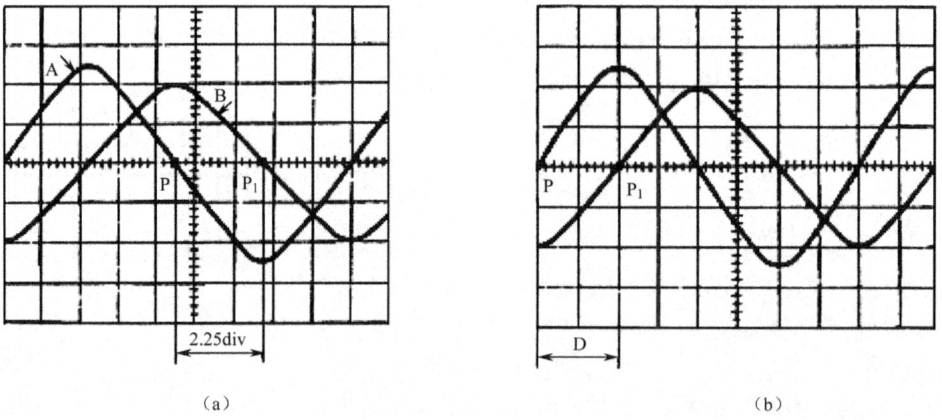

图 1.102　相位测量

③ 根据两相应特定点 P、P_0 的距离 Ddiv，计算两信号的相移：

$\Phi = D\text{div} \times 40° /\text{div} = D40°$

若 D=2.25，则Φ=90°。

（2）测量方法 B

方法 B 具体的测量步骤基本上与 A 相似，但屏幕上所显示信号周期宽度在 X 轴上的刻度为 Tdiv，读出被测两信号的两相应特定点 P、P_0 的距离为 Ddiv，如图 1.102（b）所示，因此两被测信号的相移Φ为：

$$\Phi = \frac{D}{T} \times 360°$$

1.6.2　电工元器件的认识与检测

训练目的

➢ 掌握万用表的使用方法；
➢ 掌握电阻、电容、电感的测量方法。

训练器材

万用表	一块
各种类型、功率电阻	若干
各种类型、容量电容	若干
电感	若干

知识铺垫

1．电容器的充电

在图 1.103 所示的电路中，C 是一个电容量很大的未充电的电容器。当 S 合向接点 1 时，电源（其内阻忽略）向电容器充电，灯泡开始很亮，然后逐渐变暗，说明充电电流在变化。从电流表 PA1 上可以观察到充电电流在减小，而从电压表 PV 上能够看出电容器两端电压 U_c 在上升。经过一定时间后，灯泡不亮了，电流表 PA1 的指针回到零，此时电压表 PV 上指示出的电压等于电源的电动势（U_c=E）。

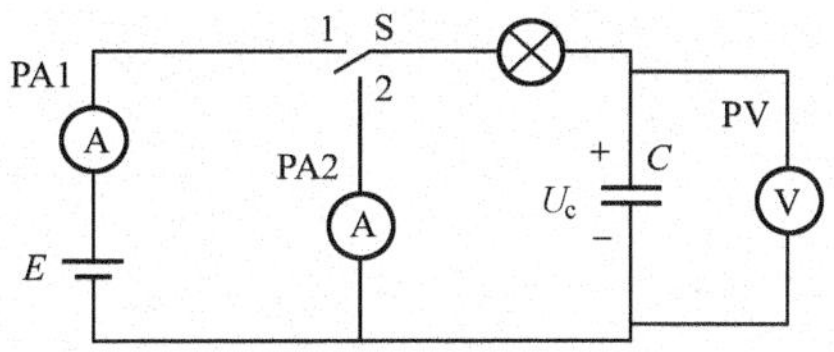

图 1.103　电容器的充电和放电

为什么电容器在充电时，电流会由大变小，最后变为零呢？这是由于 S 刚闭合的一瞬间，电容器的极板和电源之间存在着较大的电压，所以，开始的充电电流较大。随着电容器极板上电荷的积聚，它和电源之间的电压逐渐减小，电流也就越来越小。当两者之间不存在电压时，电流为零，即充电结束。此时电容器两端的电压 U_c=E，电容器中储存的电荷 q=CE。

2．电容器的放电

在图 1.102 所示的电路中，电容器充电结束后（这时 $U_c=E$），如果把 S 从接点 1 合向接点 2，电容器便开始放电。这时，从电流表 PA2 上看出电路中有电流流过，但电流在逐渐减小（灯泡由亮变暗，最后不亮），而从电压表 PV 上看到电容器两端的电压 U_c 在逐渐下降。经过一段时间后，电流表和电压表的指针都回到零，说明电容器放电过程结束。

在电容器的放电过程中，由于电容器两极板间的电压使回路中有电流产生。开始时这个电压较大，因此，电流较大，随着电容器极板上正、负电荷的不断中和，两极板间的电压越来越小，电流也就越来越小。放电结束，电容器两极板上正、负电荷全部中和，两极板间不存在电压，因此，电路中的电流为零。

必须注意的是，电路中的电流是由于电容器的充、放电所形成的，并非电荷直接通过电容器中的介质。通过对电容器的充、放电过程的分析，可以得出这样的结论：当电容器极板上所存储的电荷发生变化时，电路中就有电流流过；若电容器极板上所存储的电荷恒定不变，则电路中就没有电流流过。所以，电路中电流为

$$i=\frac{\Delta q}{\Delta t}$$

因为 $q=Cu_c$，可得 $\Delta q=C\Delta u_c$。所以

$$i=\frac{\Delta q}{\Delta t}=C\frac{\Delta u_c}{\Delta t}$$

训练内容

1．电容器的检测

（1）电容器的检测

选用万用表大电阻挡（如 500 型万用表的×100 或×1K 挡），将电容器两端引线分别与万用表两表笔相接。结果及判断如下：

① 电容器正常：指针摆动一个位置后复位，对换两表笔位置重复测量，仍是这个结果，说明电容器正常。

② 电容器短路：指针指零或摆动幅度较大，而且不复位，说明电容器短路或严重漏电。

③ 电容器开路：指针完全不动，对换两表笔重测，指针仍然不动，说明电容器开路。

（2）电解电容器的检测

电解电容器不仅容量大（都在 1μF 以上），而且有正、负极之分。使用时正极接高电位，负极接低电位。检测时使用万用表的×1K 电阻挡。

① 电解电容器好坏的判断。先将电解电容器两端引线短接放电，然后将万用表的黑表笔与电容器的正极相接，将万用表的红表笔与电容器的负极相接。结果及判断如下：

a. 电容器正常：指针有较大的摆动，然后慢慢复位。

b. 电容器短路：指针指零或接近于零，而且不复位，说明电容器短路或严重漏电。

c. 电容器开路：指针完全不动或稍微动一点，而且不复位，说明电容器开路。

② 电容器容量的估算。先测量已知容量的电容器，观察指针偏转的角度，然后测量被测电容器，比较两者偏转的角度，可以估算出被测电容器的大概容量。

注意

电解电容器的标准容量往往要比实际容量小很多。

③ 电解电容器极性的判断。当电解电容器极性标记不清时，可用万用表判断其极性。判断方法如下：

将被测电容器两端引线短接放电，然后将电容器两端引线分别与万用表的两表笔相接，记下指针返回位置；再次将被测电容器两端引线短接放电，对换万用表的表笔位置，与电容器两端相接，再次记下指针返回位置。比较两次测量指针返回原点的位置，其中指针返回原点或距离原点近的那次是电容器正接。即：黑表笔所接的是电容器的正极，红表笔所接的是电容器的负极。

2．电感量、电容量的检测

电感 L、电容 C 在交流电路中呈现电抗 X，对应的电抗、电容分别为 X_L、X_C，它们的表达式为

$$X_L = 2\pi fL$$

$$X_C = \frac{1}{2\pi fC}$$

如图 1.104 所示，当被测电抗元件 L、C 与万用表测量交流电压挡的电路相连接时，电源电压 U、电流 I、电压表内阻 R_{fj} 和电抗元件 X 存在以下关系

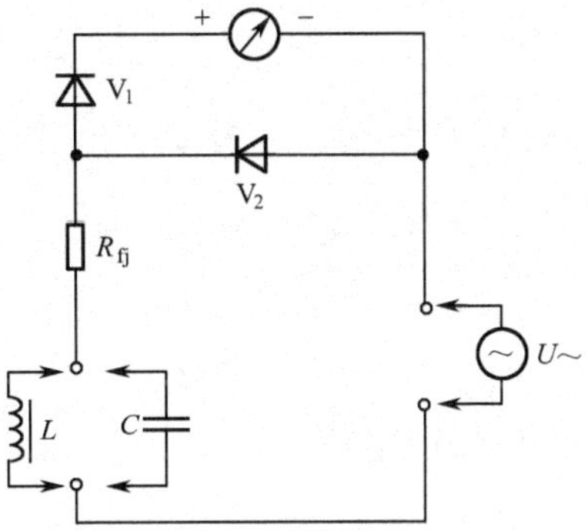

图 1.104　电感量、电容量的检测

$$I = \frac{U}{Z} = \frac{U}{\sqrt{R_{\text{fj}}^2 + X^2}}$$

而交流电压表指示的有效值 U_0 为

$$U_0 = IR_{\text{fj}} = \frac{UR_{\text{fj}}}{\sqrt{R_{\text{fj}}^2 + X^2}} = \frac{U}{\sqrt{1 + \frac{X^2}{R_{\text{fj}}^2}}}$$

因此，可推导出电抗 X 为

$$X = \frac{R_{\text{fj}}}{U_0}\sqrt{U^2 - U_0^2} = R_{\text{fj}}\sqrt{\left(\frac{U}{U_0}\right)^2 - 1}$$

而相应交流电压表该测量挡级的满刻度值 U_{M}、电压表内阻 R_{fj}、灵敏度 $S(\Omega/\text{V})$ 三者之间的关系式为

$$R_{\text{fj}} = U_{\text{M}}S$$

合并上面两式，可得电抗表达式为

$$X = U_{\text{M}}S\sqrt{\left(\frac{U}{U_0}\right)^2 - 1}$$

若测量电感元件，则电感量 L 为

$$L = \frac{X}{2\pi f} = \frac{U_{\text{M}}S}{2\pi f}\sqrt{\left(\frac{U}{U_0}\right)^2 - 1}\ \text{(Hz)}$$

若测量电容元件，则电容量 C 为

$$C=\frac{1}{2\pi fX}=\frac{1}{2\pi fU_{\mathrm{M}}S\sqrt{\left(\dfrac{U}{U_{0}}\right)^{2}-1}}\times10^{6}\ (\mu\mathrm{F})$$

可见，电感量、电容量分别与交流电压表的指示值有对应关系。因此，我们可以通过交流电压表的读数，测量电感、电容的电感量和电容量。

1.6.3 日光灯、双控灯的安装

训练目的

- 掌握日光灯及其部件的组成与结构；
- 掌握日光灯、双控灯的接线和安装方法。

训练器材

日光灯具一套，包括灯管、灯座、启辉器、镇流器（二线、四线）、开关等

白炽灯具一套，包括白炽灯座、白炽灯泡、双联开关二只等

知识铺垫

日光灯的结构

日光灯主要由镇流器、启辉器和灯管、灯架、灯座组成。

（1）镇流器

镇流器由一个硅钢片叠压而成的铁心和在铁心下绕制的电感线圈组成，分为开启式、半封闭式、封闭式三种，规格需与灯管配用。镇流器的作用有两点：一是在开启日光灯时，利用电路接通的瞬间由于自感而产生的高压达到启辉目的；二是在日光灯开始正常工作时，限制其工作电流。

（2）启辉器

启辉器由氖泡、小电容、引线脚和外壳组成。氖泡内有动、静触片（双金属片），在正常情况下，两触片分开，当通电受热后，动触片与静触片接触，将电路接通；当温度下降后，双金属片恢复原状将电路断开。

启辉器的规格有4～8W、15～20W、30～40W及通用型4～40W等多种。

（3）灯管

灯管是一根真空并充有少量氩气和适量水银的玻璃管，在玻璃管内壁涂有荧光材料，在玻璃管两端的灯丝上涂有发射物质。

灯管常用的规格有6W、8W、12W、15W、20W、30W和40W等。

（4）灯架

灯架有木制和铁制两种，规格配合灯管的长度选用。

（5）灯座

灯座分为弹簧式和开启式两种。规格有小型和大型两种，小型的适用于6W、8W、12W（细管）灯管，只有开启式；大型的适用于15W及以上的各种灯管。

训练内容

1．日光灯的安装

(1) 安装要求

① 采用开启式灯座时，必须用细绳将灯管两端绑在灯架上。

② 灯架不可直接贴装在可燃性建筑物上。

③ 吊式灯架，电源引线要从挂线盒中引出，一般每盏灯接一个挂线盒。

(2) 安装方法

将灯管装入灯架，按图 1.105 将镇流器、启辉器、灯管连接线接好，在启辉器座内插入启辉器。

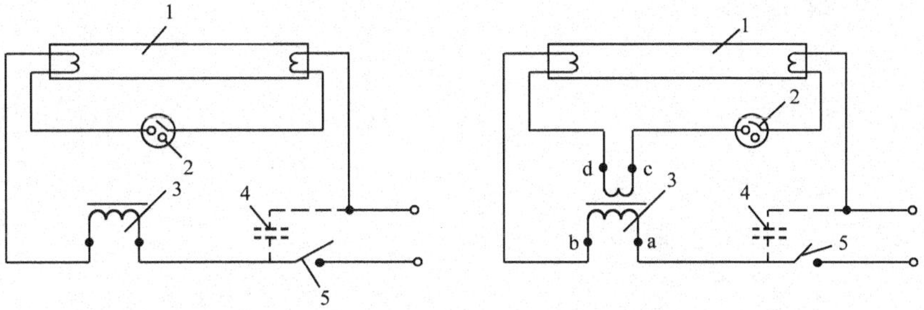

（a）荧光灯电路图

1—灯管；2—启辉器；3—镇流器；4—电容器；5—电源开关

（b）四线头镇流器接线图

1—灯管；2—启辉器；3—镇流器；4—电容器；5—电源开关

图 1.105　日光灯的安装

① 选取安装位置，应尽量将灯管中部置于被照面的正上方，并使灯管与被照面横向保持平行，力求得到较高的照度。

② 吊式灯架，挂链的吊钩要拧在平顶的木结构或预制的吊环上。

③ 连接电源，把相线接入控制开关，开关出线必须接镇流器端；零线直接接灯丝引出线。

④ 当四线镇流器的线头标记模糊不清时，可用万用表电阻挡测量判断。小电阻的两个线头为 c、d，与启辉器构成回路；大电阻的两个线头为 a、b，接法与二线镇流器相同。

⑤ 在一些较大面积的场合，往往把两盏或两盏以上的日光灯安装在一个大型灯架上，用一个开关控制。如图 1.106 所示，其接线按并联电路接法进行。

2．双控灯的安装

双控灯的控制方法主要用于楼梯或走廊上，在楼上、楼下或走廊的两端都可以控制灯的亮、灭。安装方法如下：

① 将白炽灯座固定在需要照明的位置；将两个双联开关底盒分别安装在楼上、楼下的楼梯口或走廊两端合适的位置。

② 如图 1.107 所示，用导线连接电源、灯座和开关。

③ 插上白炽灯泡，接通电源。

④ 打开开关，检查接线是否正确。

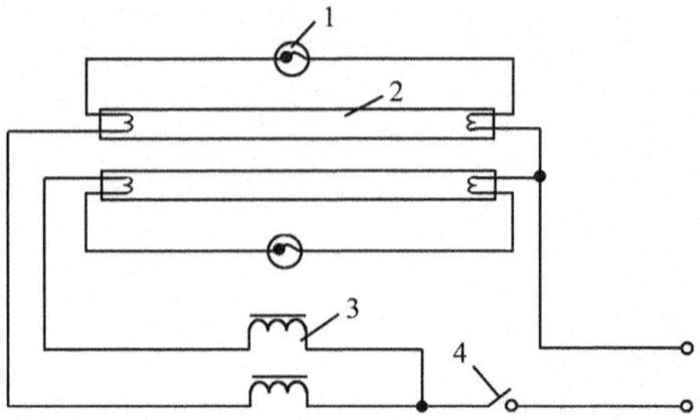

1—启辉器；2—灯管；3—镇流器；4—开关

图 1.106　多支灯管的并联线路

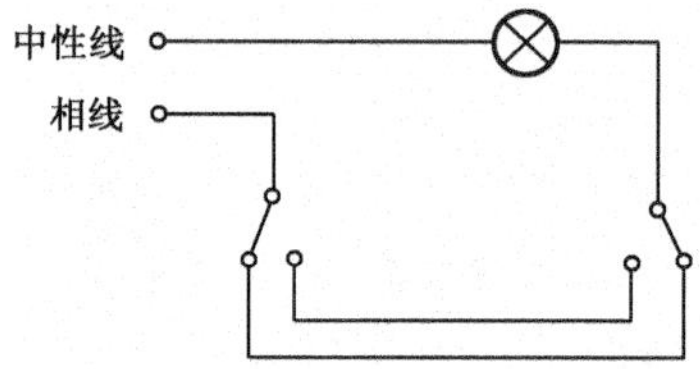

图 1.107　双控灯的安装

1.6.4　万用表的装配

训练目的

- 熟悉万用表的电路结构和工作原理；
- 巩固电阻串、并联电路的基本理论和计算；
- 掌握万用表的组装和调试技术，熟悉校准万用表技术指标的方法；
- 通过动手组装万用表电路，了解处理实际问题的方法，培养和提高解决实际问题的能力。

训练器材

待组装万用表零件	1 套
万用表	1 块
直流稳压电源（双路）	1 台
调压器	1 只
万能电桥	1 台
电阻箱	1 只
电位器　(4.7 kΩ，10 kΩ)	各 1 只
工具（斜口钳、镊子、电烙铁等）	1 套
电池（9V，1.5V）	各 1 块（节）

知识铺垫

万用表的原理说明

万用表的主要用途是测量交、直流电流，交、直流电压和电阻。有的万用表还可以测量功率、电平、电容量、电感量等。由于它具有多种测量项目，而且每种测量项目又有多个测量范围，因此，它是通信、电工、电子技术等维修人员的必备工具之一。万用表的结构和原理在本书前面已有介绍，其电路原理图如图 1.108 所示。

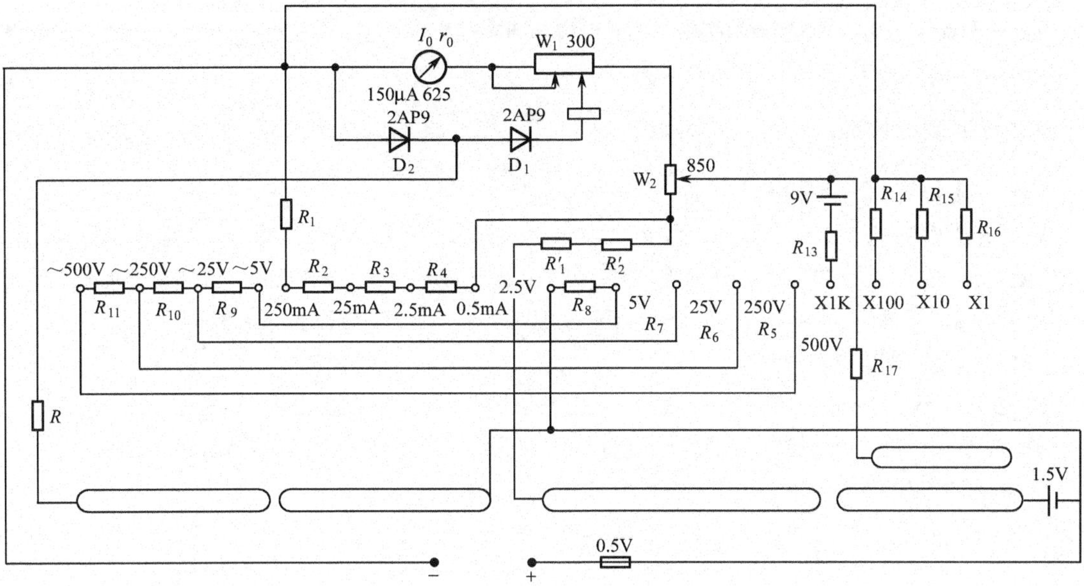

图 1.108　万用表的电路原理图

训练内容

1．万用表的组装（电路总体装配图如图 1.109 所示）

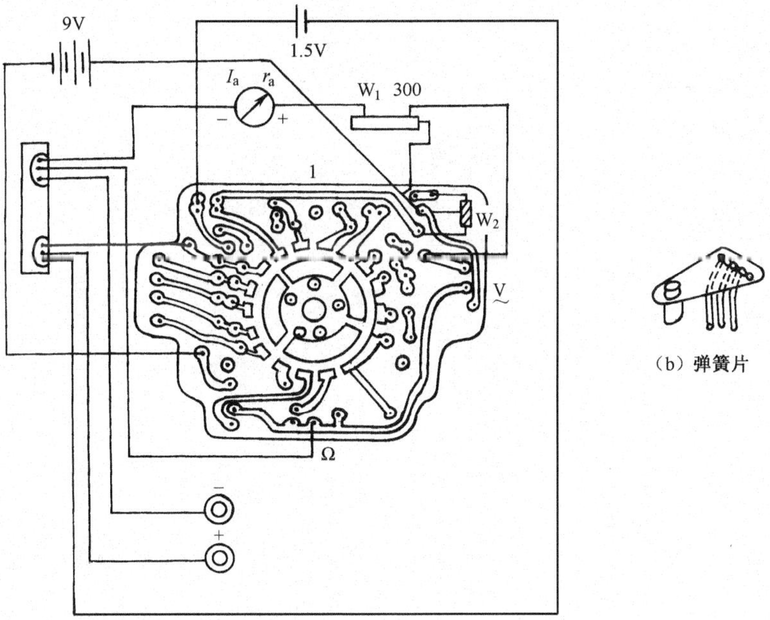

（a）印刷电路板

（b）弹簧片

图 1.109　电路总体装配图

① 将选取的元件阻值用电桥进行测量，用万用表欧姆“×1K”挡判别二极管的极性。

② 按装配图焊接元件，焊接时要弄清转换开关结构及对应位置，元件布放要整齐、美观，焊接牢固。

③ 焊接结束后用万用表检查有无虚焊或焊接错误现象。

④ 将焊接好的电路板及其他部件装进外壳。

2．万用表的校准

（1）直流电流测量电路的校准

要求校准 0.5mA、2.5mA、25mA 量程，校准电路如图 1.110 所示。图中标准万用表用直流挡，R_0 为限流电阻，R_W 为电位器。校准时，调节电位器，分别读出标准表与被校表的数值。整个量程范围内至少取 5 个点进行测量，分别求出各点的绝对误差、满刻度相对误差，确定组装表的精度等级。

（2）直流电压测量电路的校准

① 绘制 2.5V 直流电压挡的更正曲线。更正曲线以被校表的读数做横坐标，以更正值做纵坐标，更正值是标准表与被校表的绝对误差 C。校准电路如图 1.111 所示。均匀取 10 个点进行测量。

② 校准 5V 挡精度。

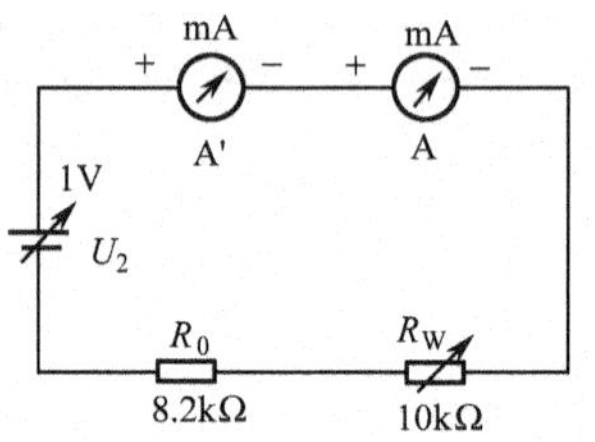

图 1.110 直流电流测量电路的校准

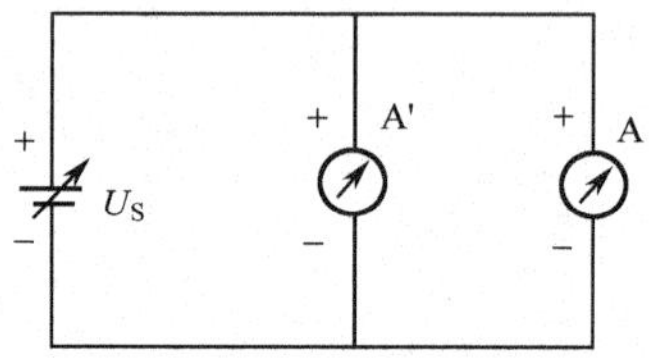

图 1.111 直流电压测量电路的校准

（3）交流电压测量电路的校准

校准交流电压 25V、250V 挡的精度等级。校准电路如图 1.112 所示。

（4）电阻测量电路的校准

电阻测量电路的校准就是对各挡中值电阻进行校准，校准电路如图 1.113 所示，图中 R 为电阻箱。每挡校准前必须通过调零电位器先调零，然后以标准电阻箱作为测量标准进行比较。

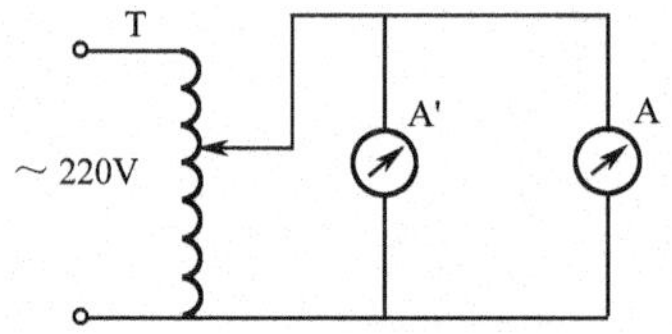

图 1.112 交流电压测量电路的校准

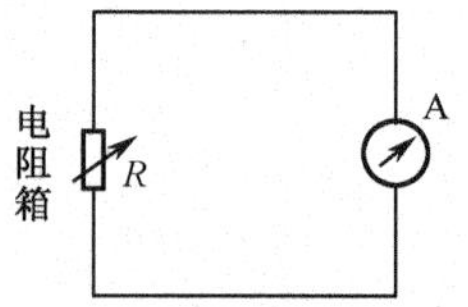

图 1.113 电阻测量电路的校准

例如，我们已经知道“1K”挡的中值电阻标准值是“40Ω”，将标准电阻箱调至 40Ω，用欧姆挡“×1K”测量其电阻值，观察欧姆表指针是否指在 40Ω 的位置，记下其差值的弧长。计算欧姆挡相对误差用以下公式：

$$\beta_e = \frac{指示值弧长 - 标准值弧长}{标准值弧长} \times 100\%$$

若误差超过要求范围，可以调节串联电阻 R_{13}。对于“×100”、“×10”、“×1”挡，若误差超过要求范围，可以通过调节电阻 R_{17} 来达到要求。

习题 1

1．什么叫电路？什么叫直流电路？电路通常由哪几部分组成？

2．电路有什么作用？

3．什么叫电场、电场力、电场强度？

4．什么叫电动势、电位、电压？

5．什么叫电流、电流强度？

6．电阻在形式和结构上各分为哪几类？分别有什么作用？

7．电容器在形式和结构上各分为哪几类？分别有什么作用？

8．有一个电流表，内阻为 100Ω，满偏电流为 3mA。要把它改装成量程为 6V 的电压表，需串联多大的分压电阻？要把它改装成量程为 3A 的电流表，需并联多大的分流电阻？

9．两个电阻并联，其中 R_1 为 200Ω，通过 R_1 的电流 I_1 为 0.2A，通过整个并联电路的电流 I 为 0.8A，求 R_2 和通过 R_2 的电流 I_2。

10．简述基尔霍夫电流定律和基尔霍夫电压定律的内容。

11．如图 1.114 所示，已知 $E_1 = 70\text{V}$，$E_2 = 6\text{V}$，$R_1 = 7\Omega$，$R_2 = 11\Omega$，$R = 7\Omega$，求电路中各支路电流。

12．如图 1.115 所示，已知 $E_1 = E_3 = 200\text{V}$，$E_2 = 100\text{V}$，$R_1 = 20\text{k}\Omega$，$R_2 = 30\text{k}\Omega$，$R_3 = 60\text{k}\Omega$，求电路中各支路电流。

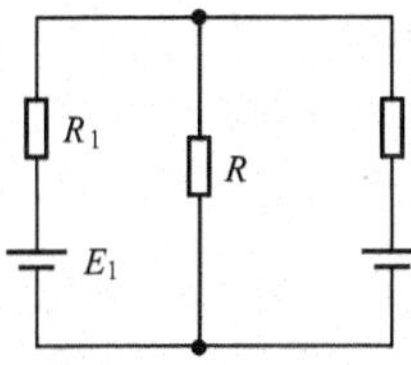

图 1.114　习题 1.11 图

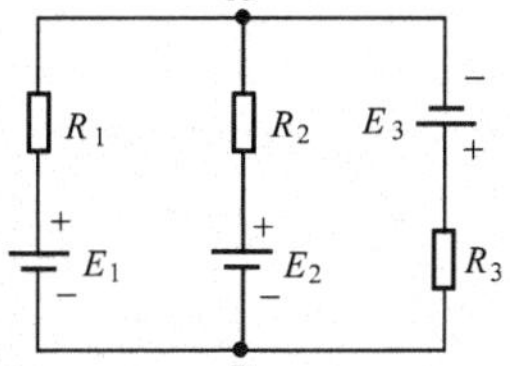

图 1.115　习题 1.12 图

13．如图 1.116 所示电路中，求 R_5 上的电流及总电流。

14．如图 1.117 所示电路中，求 A、B 两端之间的总电阻。

15．电工测量仪表大致可以分为哪几类？这几类测量仪表各具有什么特点？

16．简述磁电式、电磁式、电动式测量仪表的工作原理。

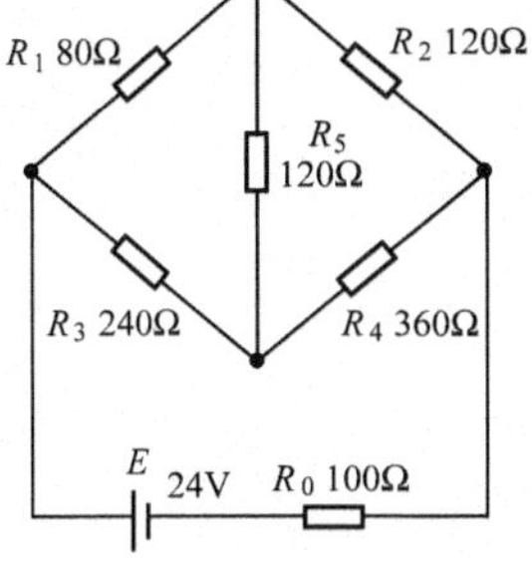

图 1.116　习题 1.13 图

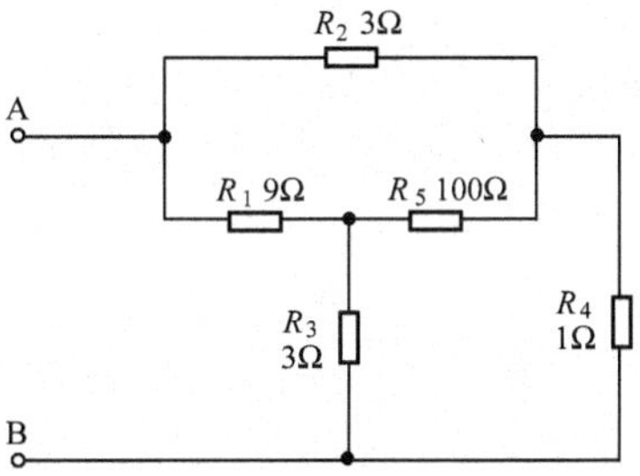

图 1.117　习题 1.14 图

17．简述验电器、电工刀、剥线钳、电烙铁、冲击电钻的用途及使用注意事项。

18．简述直流电流和直流电压的测量过程。

19．正弦交流电的三要素是指哪三个参数？

20．一个 1 000Ω的纯电阻负载，接到$u=311\sin(314t+30°)$V 电源上，求负载中电流瞬时值的表达式，并画出电压和电流的相量图。

21．一个线圈的自感系数为 0.5H，电阻可以忽略，把它接在频率为 50Hz、电压为 220V 的交流电源上，求通过线圈的电流。请以电压作为参考相量写出电流瞬时值的表达式，并画出电压和电流的相量图。

22．有一个线圈，电阻可以忽略，把它接在频率为 50Hz、电压为 220V 的交流电源上，测得通过线圈的电流为 2A，求线圈的自感系数。

23．试计算电容为 100pF 的电容器，对频率为10^6 Hz 的高频电流和频率为10^3 Hz 的音频电流的容抗各是多少？

24．把电容为 5μF 的电容器接到频率为 50Hz、电压为 220V 的交流电源上，通过电容器的电流是多大？把电容器换为 0.05μF 时，通过的电流是多大？

25．已知加在 2μF 的电容器的交流电压为 $u=220\sqrt{2}\sin314t$V，求通过电容器的电流是多少？写出电流瞬时值的表达式，并画出电流、电压的相量图。

26．在一个 R-L-C 串联电路中，已知电阻为 8Ω，感抗为 10Ω，容抗为 4Ω，电路的端电压为 220V，求电路的总阻抗、电流、各元件两端的电压分别是多少，以及电流和端电压的相位关系，并画出电流、电压的相量图。

27．三相对称电动势是如何产生的？它有什么特点？

28．三相电源的 Y 连接是如何连接的？什么叫相电压、线电压？

29．什么叫三相电路？三相负载的连接方法有哪几种？各有什么特点？

30．触电事故发生的原因有哪几方面？

31．触电的种类有哪些？有哪几种触电的方式？

32．为防止人体触电，应采取哪些安全措施？其中，“保护接零”有些什么具体要求？

33．安全用电要注意哪些方面？

34．触电的急救包含哪几方面？各有什么注意事项？

35．单相单绕组异步电动机由哪几部分组成？它可以分为哪几类？启动有什么要求？

36．直流电动机有什么特点？可以分为哪几类？

37．直流电动机的定子和转子各由哪些部件组成？

38．直流电动机启动、调速和制动的方式各有哪几种？

39．直流电动机的使用需注意哪些问题？

40．直流电动机的维护有什么具体要求？

41．直流电动机的启动与停止如何操作？

42．三相异步电动机的定子和转子各由哪些部件组成？

43．简述三相异步电动机的工作原理。

44．三相异步电动机的启动方式有哪几种？

45．绕线型异步电动机的启动方式有哪几种？

46．如何让三相异步电动机反转？

47．三相异步电动机有哪些调速方法？

48．三相异步电动机的选用原则有哪些？

49．三相异步电动机的维护保养工作有哪些？

50．三相异步电动机定子绕组的常见故障大概有哪些？如何处理？

51．三相异步电动机转子绕组的常见故障大概有哪些？如何处理？

52．伺服电机有什么用途？

53．简述交流伺服电机和直流伺服电机的基本结构。

54．步进电机有什么用途？

55．简述步进电机的基本结构和工作原理。

第 2 章　模拟电子技术常识

2.1　半导体二极管和三极管

2.1.1　半导体二极管

1．晶体二极管的单向导电性

半导体器件的种类很多，用途各异，它们在各类电子线路中起着重要作用。最简单的半导体器件是晶体二极管（简称二极管），它的外形如图 2.1（a）所示。在一个密封的管体两端有两根电极引线，一个是正极（称阳极），另一个是负极（称阴极）。通常在管体外壳上都印有一定的标记，用来区分这两个电极。

画电路图时，一般用图 2.1（b）中所示的图形符号表示晶体二极管，它的文字符号用 VD 表示。

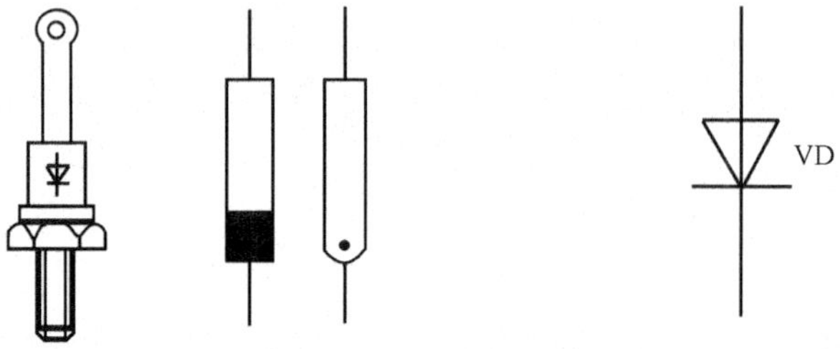

（a）外形　　（b）图形符号和文字符号

图 2.1　晶体二极管的外形和符号

二极管的导电性能可用图 2.2 所示的实验来说明。把二极管 V、直流电源 E、开关 QS、指示灯 EL 按图 2.2（a）所示的电路用导线连接，闭合开关后指示灯发光，说明此时二极管的电阻很小，导电性能良好，称为“导通”状态。若保持原电路不变，把二极管的正、负极反向接入电路，如图 2.2（b）所示，闭合开关后，指示灯不发光，说明此时二极管的电阻很大，导电性能极差，称为“截止”状态。分析上述实验可知，二极管导通时，其正极电位高于负极电位，此时的外加电压称为正向电压，二极管处于正向偏置，简称“正偏”状态；二极管截止时，其正极电位低于负极电位，此时的外加电压称为反向电压，二极管处于反向偏置，简称“反偏”状态。

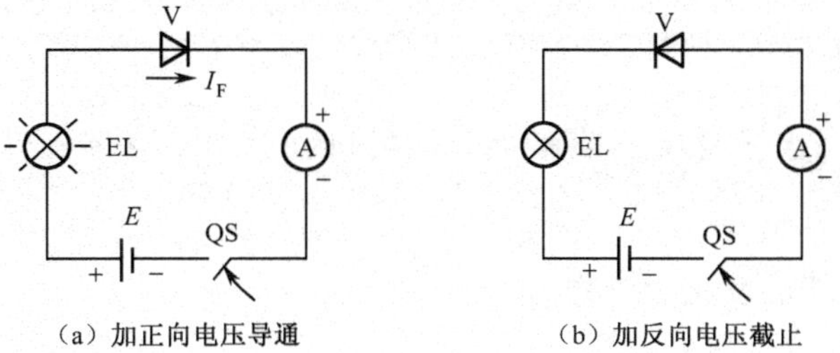

图 2.2 二极管的导电性能实验

晶体二极管加一定的正向电压时导通，加反向电压时截止，这一导电特性称为晶体二极管的单向导电性。

2．PN 结

晶体二极管是用半导体材料硅（Si）或锗（Ge）制成的，所谓半导体是指导电性能介于导体和绝缘体之间的物体。半导体理论证实，在半导体中存在两种带电物体，一种是带负电的自由电子（有时简称为电子），另一种是带正电的空穴（有时简称为空穴），它们在外电场的作用下都有定向移动的效应，都能运载电荷形成电流，通常称为载流子，如图 2.3 所示。金属导体内的载流子只有一种，就是自由电子，并且金属导体的导电性能远比半导体好。

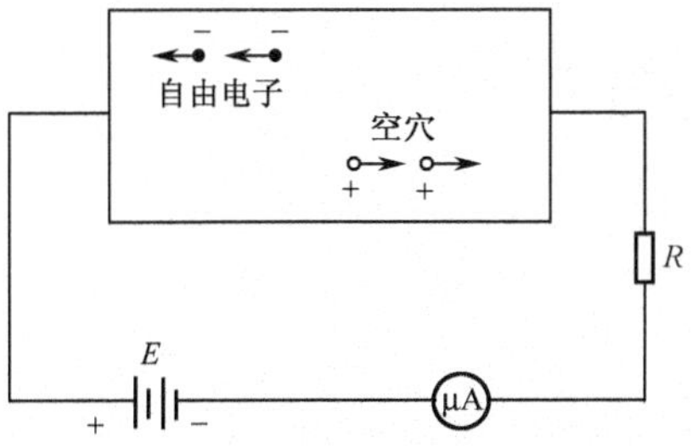

图 2.3 半导体的两种载流子

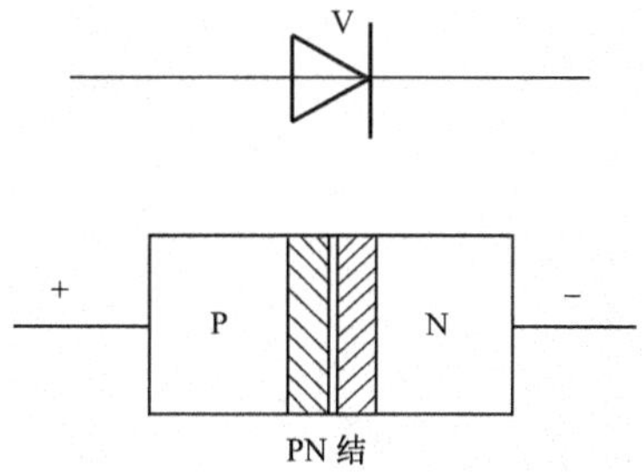

图 2.4 晶体二极管的内部结构

不加杂质的纯净半导体称为本征半导体，在本征半导体中加入不同杂质，能产生两种类型的杂质半导体，它们是 P 型半导体和 N 型半导体。

（1）P 型半导体

P 型半导体又称空穴型半导体，其内部空穴数量远多于自由电子数量，即空穴是多数载流子，自由电子是少数载流子。例如，在硅单晶体中加入微量的硼元素，便可得到 P 型硅。

（2）N 型半导体

N 型半导体又称电子型半导体，其内部自由电子是多数载流子，空穴是少数载流子。例如，在硅单晶体中加入微量的磷元素，便可得到 N 型硅。

晶体二极管的内部结构如图 2.4 所示，它是在硅或锗单晶基片上，加工出 P 型区和相邻的 N 型区。二极管的正极从 P 型区引出，负极从 N 型区引出。两个电极之间，即 P 型区和 N 型区有个结合部，它是个特殊的薄层，称为 PN 结。图 2.2 中的实验已经证明，PN 结有单向导电特性，当 PN 结加正向电压，即电源正极接到 P 区，负极接到 N 区时，电阻很小，处于导通状态；当 PN 结加反向电压，即电源负极接到 P 区，正极接到 N 区时，电阻很大，处于截止状态。

综上所述，晶体二极管是用硅或锗半导体材料制造的半导体器件，它的内部是一个具有单向导电性的 PN 结。

3．二极管的伏安特性及主要参数

（1）二极管的伏安特性

图 2.5 是硅二极管的伏安特性曲线。由图可见，图中 OA 段，当正向电压大于 0.5V 后，电流增长很快。这个转折点 A 点的电压称为死区电压，一般硅管约为 0.5V，锗管为 0.2V。

二极管加反向电压时，反向电流大小基本稳定，与反向电压的高低无关，但随温度的上升而增加，如图中 OC 段所示。当外加反向电压过高时，反向电流突然增大，二极管失去单向导电性，这种现象称为反向击穿，如图中 CD 段所示。二极管被击穿后，如不限制其电流，则致使二极管因过热损坏。击穿时加在二极管上的反向电压称为反向击穿电压，即 C 点电压 U_{REF}。

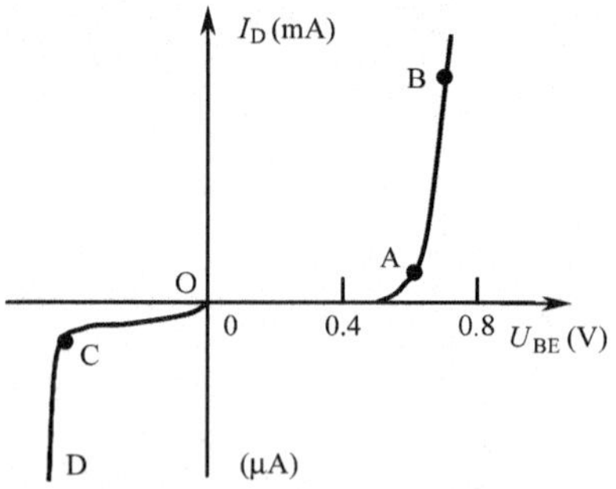

图 2.5 二极管的伏安特性曲线

（2）二极管的主要参数

① 最大整流电流 I_{FM}。指二极管长期使用时，允许流过二极管的最大正向平均电流。

② 反向工作峰值电压 U_{RM}。为保证二极管不被击穿而给出的反向最大电压值，一般是反向击穿电压的 1/2 或 1/3。

③ 反向峰值电流 I_{Rm}。它是指在二极管上加反向工作峰值电压时的反向最大允许电流值。

2.1.2 半导体三极管

1．三极管的结构、分类与符号

（1）三极管的结构

三极管的结构如图 2.6 所示。由图可见，三极管的内部分为基区、发射区与集电区三部分，分别引出基极 b、发射极 e 与集电极 c。基区与发射区之间的 PN 结为发射结，基区与集电区之间的 PN 结为集电结。

三极管具有电流放大作用的内部条件为：

① 发射区掺杂浓度大；

② 基区薄而且掺杂浓度低；

③ 集电区体积大而且掺杂少。

（2）三极管的分类

三极管分为 NPN 型和 PNP 型两类，如图 2.6 所示。

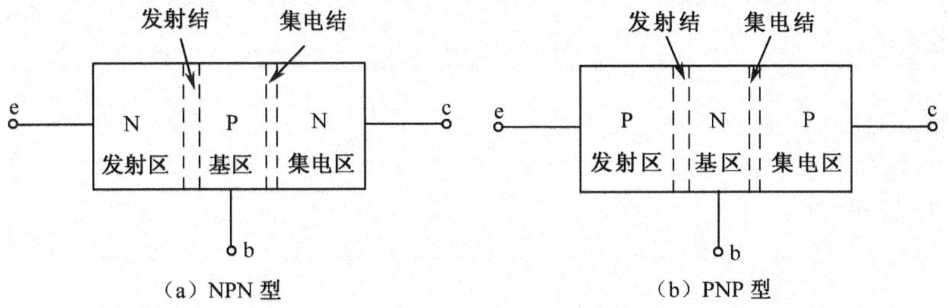

图 2.6　三极管的结构示意图

（3）三极管的符号

三极管的符号如图 2.7 所示，符号中箭头方向为发射结正向导通的方向。

2. 三极管的电流放大作用

三极管的电流放大作用是指：基极电流微弱的变化，可引起集电极电流较大的变化。

为了定量了解三极管的放大原理，先做一个简单的实验。如图 2.8 所示，将图中 NPN 型管接成两部分，一部分为基极加可变电源 E_B，另一部分为集电极加固定电压 E_C。改变 E_B，则基极电流 I_B、集电极电流 I_C 及发射极电流 I_E 都发生变化。其电流方向如图中所示，实验结果如表 2.1 所示。

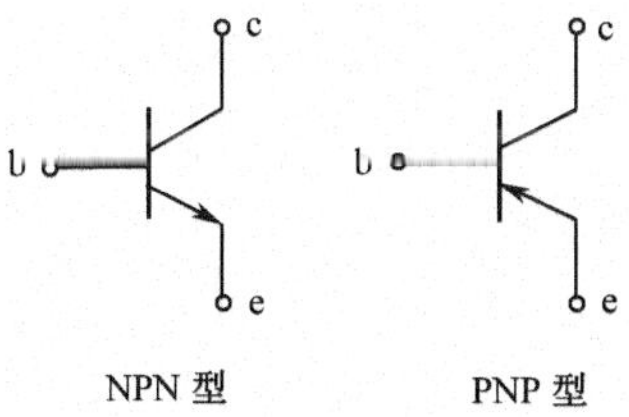

图 2.7　三极管的符号

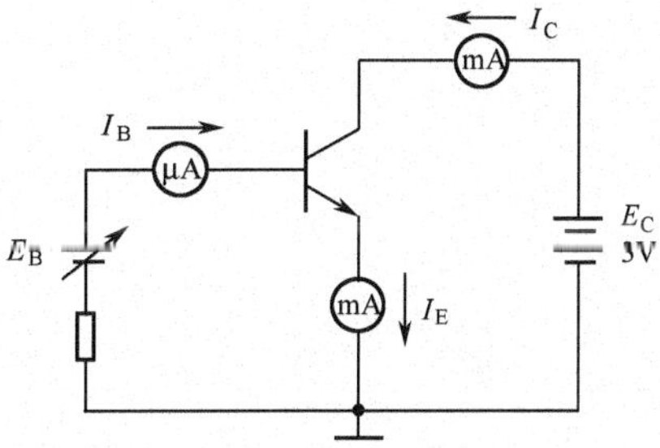

图 2.8　三极管的电流放大作用

表 2.1　实验结果

I_B（mA）	0	0.02	0.04	0.06	0.08	0.10
I_C（mA）	<0.0001	0.70	1.50	2.30	3.10	3.95
I_E（mA）	<0.001	0.72	1.54	2.36	3.18	4.05
I_C / I_B	—	35	37.5	38.3	38.7	39.5

根据表中的数据，可得出以下结论：

① $I_E = I_B + I_C$，符合基尔霍夫电流定律。

② I_C与I_E比I_B大得多，I_C与I_B的比值反映了三极管的电流放大作用，即

$$\overline{\beta}=\frac{I_C}{I_B} \qquad \beta=\frac{\Delta I_C}{\Delta I_B}$$

式中，$\overline{\beta}$、β表示了三极管的电流放大性能。

要使三极管有电流放大作用，发射结必须正向偏置，集电结反向偏置。在实际应用中，判断三极管是否处在放大状态，往往就是根据这一原理进行判断的。

3．三极管的特性曲线

（1）输入特性曲线

图 2.9 是三极管输入特性曲线。输入特性曲线是指当集—射电压 U_{CE} 为常数时，输入电路中 I_B 与 U_{BE} 的对应关系：

室温下，三极管发射结正向导通时硅管 U_{BE} 约为 0.7V，锗管 U_{BE} 约为 0.3V。

当 U_{CE}=0V 时，相当于两个二极管并接正向导通的情况。

（2）输出特性曲线

图 2.10 是三极管输出特性曲线。输出特性曲线是指当基极电流 I_B 为常数时，输出电路中集电极电流 I_C 与集—射极电压 U_{CE} 之间的关系曲线。

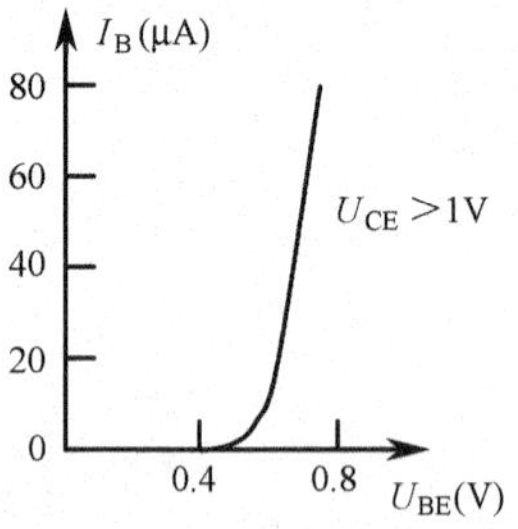

图 2.9　三极管输入特性曲线

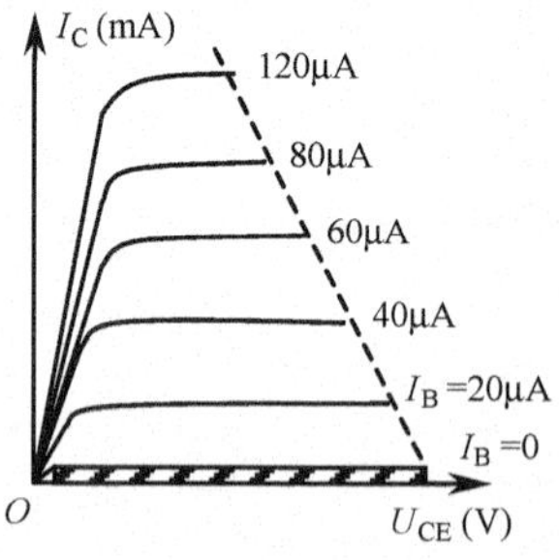

图 2.10　三极管输出特性曲线

实际运用时，常将输出特性曲线划分为三个工作区域。

① 截止区。I_B=0，曲线以下的区域为截止区。I_B=0 时，相当于基极开路或发射极反偏，此时 I_C=I_{CEO}。

② 放大区。当发射结正偏集电结反偏时，晶体管处于放大状态，对应于特性曲线放大区。由于 U_{CE} 大于一定值后曲线平坦，I_C 与 U_{CE} 几乎无关，呈恒流特性，$I_C=\overline{\beta}\,I_B$，只受 I_B 控制，因此放大区又称线性区。

③ 饱和区。当$U_{CE}<U_{BE}$时，集电结处于正向偏置，特性曲线左侧 I_C 近似直线上升的部分称为饱和区。晶体管工作时，U_{CES} 对应的状态称为饱和工作状态，集—射之间呈低阻态，CE 相当于开关接通。

4．三极管的主要参数

（1）共射电流放大系数$\overline{\beta}$

共发射极放大电路中，集电极电流 I_C 与基极电流 I_B 之比称为电流放大系数。用$\overline{\beta}$表示

$$\overline{\beta}=\frac{I_C}{I_B}$$

共射电流放大系数可分为动态电流放大系数（β）和静态电流放大系数（$\overline{\beta}$），但在计算时可以看作相等。常用晶体管的β值在 20～200 之间。

（2）集—基反向截止电流 I_{CBO}

I_{CBO}是当发射极开路，集电结处于反向偏置时，所形成的反向电流，它受温度影响较大。

（3）集—射反向截止电流 I_{CEO}

I_{CEO} 是当基极开路，集电结处于反向偏置时的集电极电流，又称穿透电流，I_{CEO} 与 I_{CBO} 之间的关系为

$$I_{CEO}=(1+\beta)\,I_{CBO}$$

因此，处于正常放大工作状态时的集电极电流 I_C 应为：$I_C=\overline{\beta}I_B+I_{CEO}$。

由于 I_{CBO} 受温度的影响很大，当温度上升时，I_{CBO} 增加很快，而 I_{CEO} 为 I_{CBO} 的（$1+\overline{\beta}$）倍，故 I_{CEO} 增加得更快，因而 I_C 也相应增加。I_{CEO} 愈大的三极管，稳定性愈差。所以，在选择三极管时，要求 I_{CEO} 尽可能小些。

（4）极限参数

① 集电极最大允许电流 I_{CM}。集电极电流超过一定值时，晶体管的β值下降。当β值下降到正常值 2/3 时的集电极电流，称之为集电极最大允许电流 I_{CM}。

② 集—射极反向击穿电压 $U_{(BR)CEO}$。基极开路时，加在集电极与发射极之间的最大允许电压，称为集—射极反向击穿电压 $U_{(BR)CEO}$。当晶体管的 $U_{CE}>U_{(BR)CEO}$ 时，I_{CEO} 会突然大幅上升，说明晶体管已被击穿。

③ 集电极最大允许耗散功率 P_{CM}。如图 2.11 所示，为集电极最大允许耗散功率。由于集电极电流在流过集电结时将产生热量，使结温升高，从而引起晶体管参数改变。当晶体管因受热而引起的参数变化不超过允许值时，集电极所消耗的最大功率称之为最大允许耗散功率。

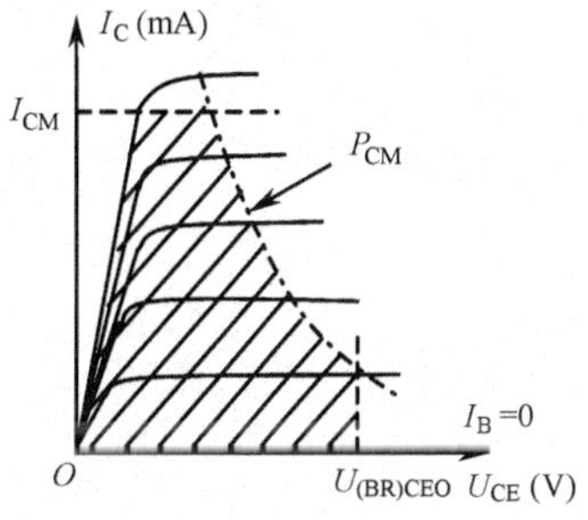

图 2.11 集电极最大允许耗散功率

P_{CM}、I_{CM}、$U_{(BR)CEO}$ 三个极限参数可共同确定晶体管的安全工作区。

2.1.3 整流电路

1．单相半波整流电路

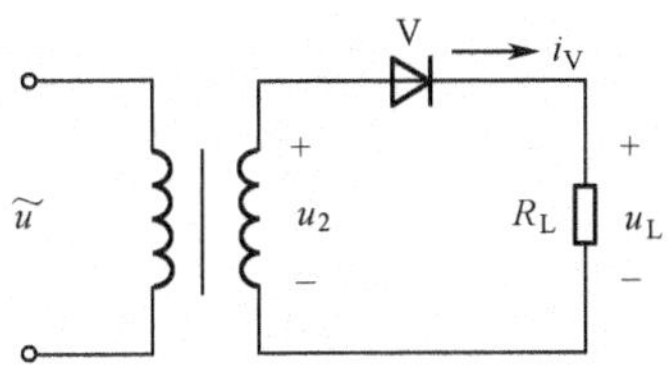

图 2.12 单相半波整流电路

（1）电路

图 2.12 所示为单相半波整流电路。

（2）工作原理

设整流变压器副边电压为 $u_2=\sqrt{2}U_2\sin\omega t$，波形如图 2.13 中 u_2 所示。

在变压器副边电压 u_2 为正半周时，其极性为上正下负，二极管正偏而导通，有电流流过二极管与负载，$u_L\approx u_2$；在 u_2 为负半周时，二极管反偏而截止，无电流流过，R_L 上电压为

零。这种电源正半周有电流流过负载，而负半周无电流流过的情形，称为半波整流。此时负载 R_L 上得到半波脉动直流电压，如图 2.13 中 u_L 所示。

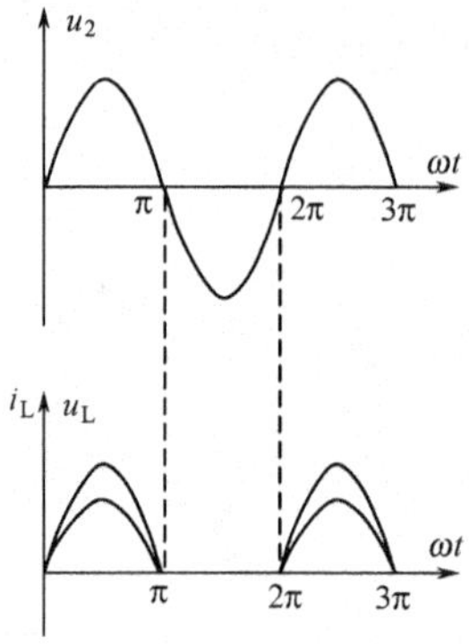

图 2.13 单相半波整流波形图

（3）负载上的直流电压和电流

负载 R_L 上的平均直流电压为

$$U_{L(AV)}=0.45U_2$$

直流电流为

$$I_{L(AV)}=0.45\frac{U_2}{R_L}$$

（4）整流二极管的选择依据

$$I_F \geqslant I_V = I_{L(AV)}$$

$$U_{RM} \geqslant U_{VM} = \sqrt{2}U_2$$

2. 单相全波整流电路

（1）电路

图 2.14 所示为单相全波整流电路。

（2）工作原理

设整流变压器副边电压为 $u_2=\sqrt{2}U_2\sin\omega t$，波形如图 2.15 中 u_2 所示。

在变压器副边电压 u_2 为正半周时，其极性为上正下负，二极管 V_1 正偏而导通，V_2 反偏而截止，有电流流过二极管 V_1 与负载，$u_L=u_{2a}$；在 u_2 为负半周时，二极管 V_1 反偏而截止，V_2 正偏而导通，有电流流过二极管 V_2 与负载，$u_L=u_{2b}$。这种电源正、负半周都有电流流过负载的情形，称为全波整流。此时负载 R_L 上得到全波脉动直流电压，如图 2.15 中 u_L 所示。

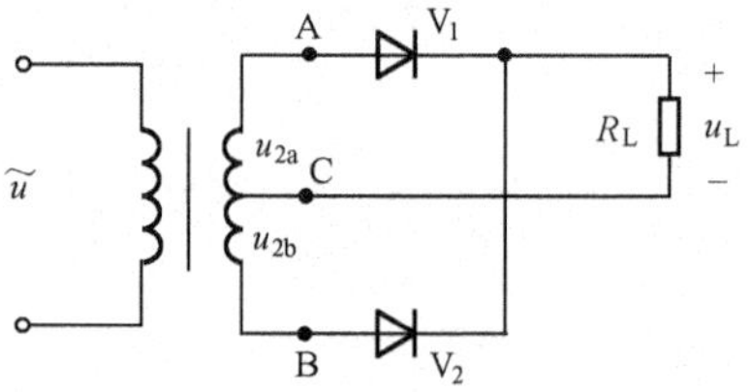

图 2.14 单相全波整流电路

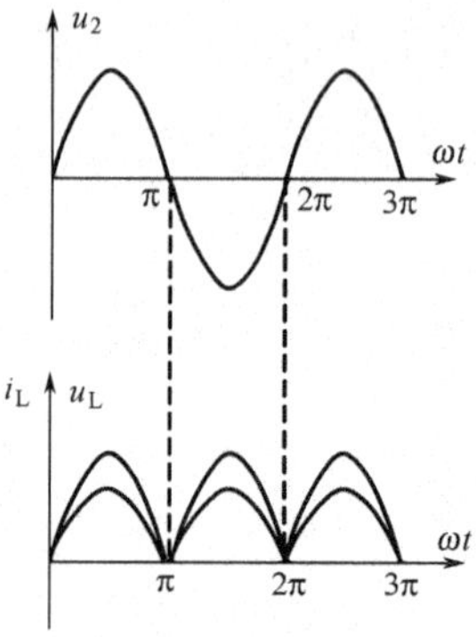

图 2.15 单相全波整流波形图

（3）负载上的直流电压和电流

负载 R_L 上的平均直流电压为

$$U_{L(AV)}=0.9U_2$$

直流电流为

$$I_{L(AV)}=0.9\frac{U_2}{R_L}$$

（4）整流二极管的选择依据

$$I_F \geq I_V = \frac{1}{2} I_{L(AV)}$$

$$U_{RM} \geq U_{VM} = 2\sqrt{2}U_2$$

3．单相桥式整流电路

（1）电路

图 2.16 所示为单相桥式整流电路。

（2）工作原理

设变压器次级交流电压为

$$u_2 = \sqrt{2}\, U_2 \sin\omega t$$

u_2 为正半周时，a 端为正，b 端为负，二极管 V_1、V_3 因正偏而导通，电流由 a 端流出，经 V_1、R_L、V_3 回到 b 端；u_2 为负半周时，b 端为正，a 端为负，二极管 V_2、V_4 因正偏而导通，电流由 b 端流出，经 V_2、R_L 和 V_4 回到电源 a 端。负载上得到上正下负的半波电压，可见在电源电压的整个周期内，由于 V_1、V_3 和 V_2、V_4 各工作半个周期，两组二极管轮流导通，负载上得到如图 2.17 所示的全波整流直流脉冲电压波形。

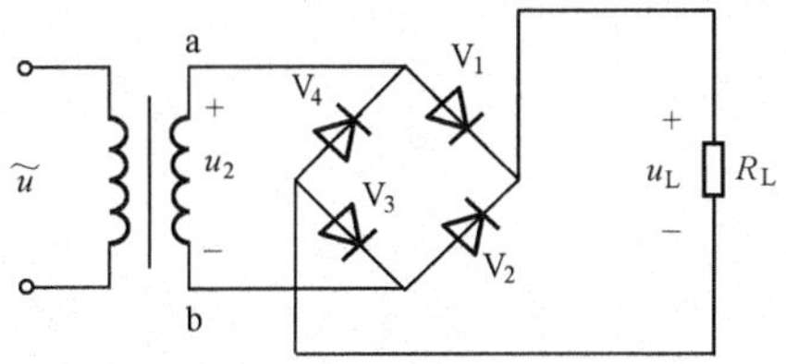

图 2.16　单相桥式整流电路

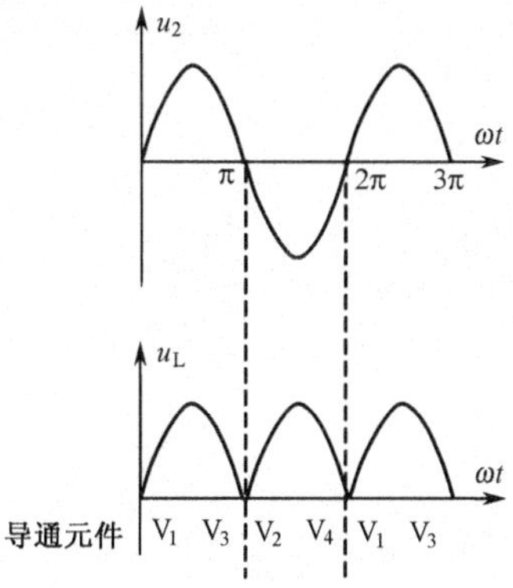

图 2.17　单相桥式整流波形图

（3）负载上的直流电压和电流

负载 R_L 上的平均直流电压为

$$U_{L(AV)} = 0.9U_2$$

直流电流为

$$I_{L(AV)} = 0.9\frac{U_2}{R_L}$$

（4）整流二极管的选择依据

$$I_{OM} \geq I_V = \frac{1}{2} I_L$$

$$U_{RM} \geq U_{VM} = \sqrt{2}U_2$$

2.1.4 滤波电路

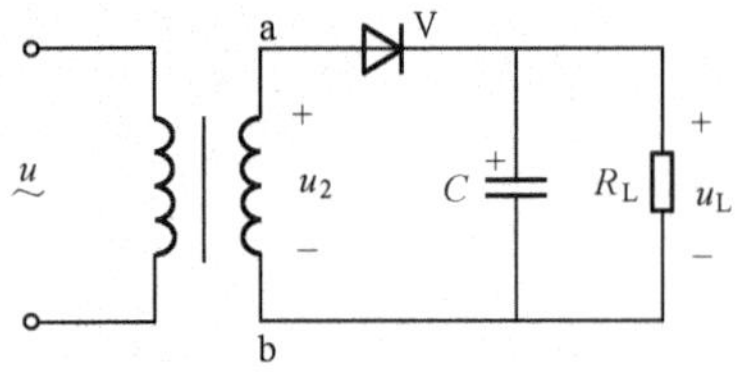

图 2.18 负载并联电容器滤波器

1. 电容滤波器

如图 2.18 所示为负载并联电容器的最简单的滤波器。

（1）工作原理

如果不接电容滤波，输出电压为半波脉冲电压，如图 2.19（a）所示。打开电源，在二极管导通时，一方面供电给负载，同时对电容 C 充电，充电电压 u_C 与上升的正弦电压 u_2 一致（OM 段）；然后 u_2 和 u_C 都开始下降，u_2 按正弦规律下降，当 $U_2 < U_C$ 时，二极管承受反向电压而截止。电容器通过负载 R_L 放电，负载中仍有电流（MN 段）。在 U 的下一个正半周内，$U_2 > U_C$ 时，二极管再行导通，电容器再充电。重复上述过程，电容器两端电压 u_C 即为输出电压 u_L，波形如图 2.19（b）所示。

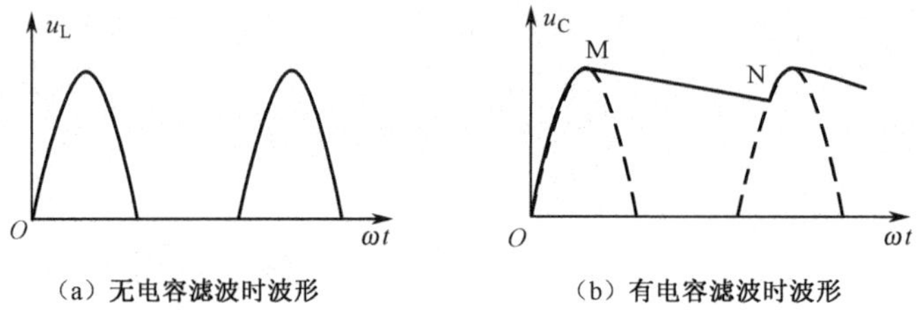

图 2.19 电容滤波波形图

（2）电压值估算

有了电容滤波后，负载得到的平均电压增加，而且电压与负载有关，正常时为

$$U_{L(AV)}=1.0U_2$$

2. 滤波特性

电容滤波的滤波特性有以下几点。

（1）滤波电容接入后，输出直流电压的平均值会升高。

（2）负载增大，即 R_L 变小，输出电压下降。当 $R_L \to \infty$ 时，输出电压约为 $1.4U_2$。

（3）接通电源瞬间有浪涌电流通过二极管。

（4）电容的耐压应大于 $\sqrt{2}\,U_2$。

3. 桥式整流电容滤波电路

（1）电路

图 2.20 所示为桥式整流电容滤波电路。

（2）波形图

桥式整流电容滤波的波形图如图 2.21 所示。

（3）直流电压值估算

由于桥式整流为全波整流，给电容充电的频率增加了一倍，所以平均电压也同时增加，为

$$U_{L(AV)}=1.2U_2$$

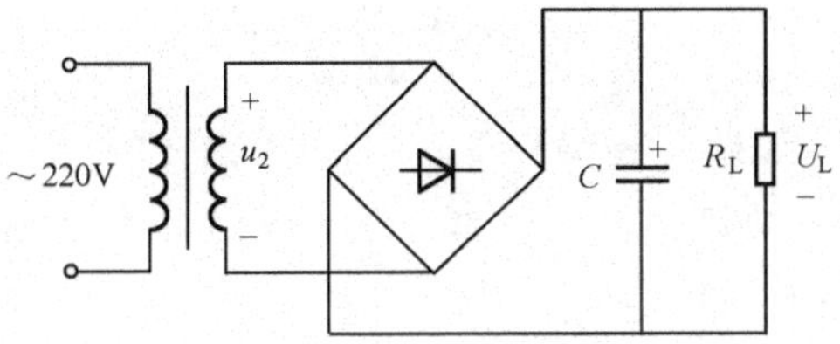

图 2.20　桥式整流电容滤波电路

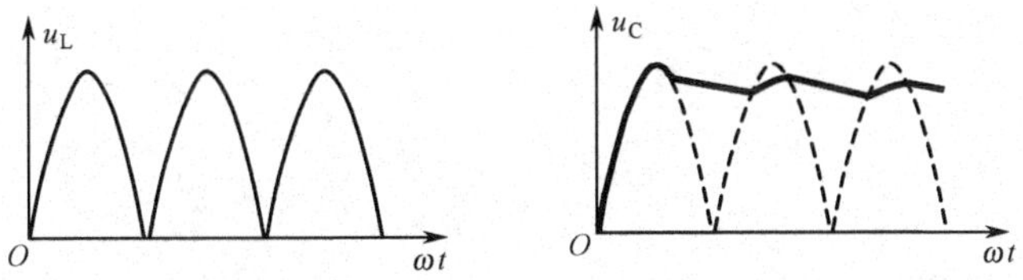

(a) 无电容滤波时波形　　(b) 有电容滤波时波形

图 2.21　桥式整流电容滤波波形图

技能训练 3　常用电子器件的识别与检测

1. 电阻的阻值识别

(1) 电阻器的类型

① 实心碳质电阻，碳膜电阻，金属膜电阻，金属氧化物电阻，线绕电阻。

② 热敏电阻，光敏电阻，压敏电阻。

(2) 电阻器的识别

色环标志法。如四环电阻，第一和第二道色环分别表示第一和第二两个有效数字，第三道色环表示乘以 10 的幂次方数，第四道色环表示阻值的容许误差。

五环电阻，第一、第二和第三道色环分别表示第一、第二、第三位有效数字，第四道色环表示乘以 10 的幂次方数，第五道色环表示阻值的容许误差。其中，表示色环的各色别所对应的数值及误差如下所列。

色别	棕	红	橙	黄	绿	蓝	紫	灰	白	黑	金	银	本色
对应值和误差	1±1%	2	3	4	5	6	7	8	9	0	−1±5%	−2±10%	±20%

例如，有一四环电阻如下所示

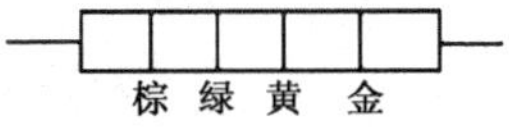

因为，棕—1，绿—5，黄—4，金色—5%。

所以，其阻值为：15×10000(1±5%)Ω，即 150kΩ。

2．二极管的识别与测量

（1）二极管的分类

① 按材料可分为：硅二极管，锗二极管。

② 按用途可分为：整流二极管，检波二极管，发光二极管，稳压二极管，开关二极管等。

（2）二极管的识别

有色环或色点的极是二极管的负极，无色环的极为正极。

（3）用万用表测量二极管

万用表测量二极管的等效电路如图 2.22 所示。

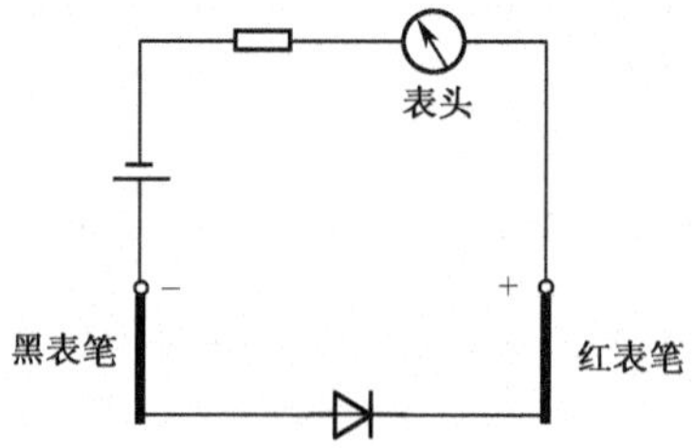

图 2.22　万用表测量二极管等效电路图

测量步骤：把电阻挡调在 R × 100 挡或 R × 1k 挡，两个表笔分别接二极管两个极，如果电阻很大，说明二极管反偏，黑表笔所接的是负极，红表笔接的是正极；如果电阻较小，说明二极管正偏，黑表笔接的是正极，红表笔接的是负极。如果两次测量电阻都很大或都很小，差别不大，说明二极管损坏。

3．三极管的测量

（1）判别三极管的好坏

三极管内部有两个 PN 结，即集电结和发射结，PN 结具有单向导电性。不论何种管型，只要两个 PN 结都具有单向导电性，这个三极管就为好三极管。把电阻挡调在 R × 100 档或 R × 1k 挡，两个表笔分别对三极管的三个管脚按排列组合进行六次测量，好的三极管应该两次导通，四次截止。

（2）判别基极 b

在六次测量中，有两个管脚正、反两次测量都截止，那么剩余的那个管脚为基极。

（3）判别管型

黑表笔接基极，红表笔分别搭试另外两个管脚，如果导通，为 NPN 型三极管；如果截止，为 PNP 型三极管。

（4）判别集电极和发射极

三极管具有电流放大作用，可以利用这个原理判别集电极 c 和发射极 e。

在判别管型和基极的基础上，对余下两个管脚，假设任意一个为集电极 c，另一个为发射极 e，用手指代替 R_b，将 c 极和 b 极捏在一起，但两个管脚不能相碰。万用表两表笔分别与 c、e 相连，连接极性视管型来定，对于 NPN 型管，黑表笔与假设的 c 极相连，红表笔与假设的 e 极相连，然后观察指针偏转角度。再假设另一管脚为 c 极，重复测一次，比较两次指针偏转情况，偏转大的一次表明 I_C 大，三极管处于放大状态，则这次所设 c、e 极为正确。对于 PNP 型管，只要根据三极管的电流放大作用原理，把万用表两表笔颠倒进行测量即可。

2.2 基本放大电路

2.2.1 单级交流小信号放大电路

1. 放大电路中各元件的作用

- 晶体管：放大元件，用以电流放大。若输入电压变化 Δu_i，则引起基极电流变化 Δi_b，晶体管把 Δi_b 放大 β 倍，在集电极电路得到集电极电流变化 $\Delta i_c = \beta \Delta i_b$。
- 集电极电源 V_{CC}：除了为输出信号提供能量外，它还保证集电结处于反向偏置，以使晶体管起到放大作用。V_{CC} 一般为几伏至几十伏。
- 集电极电阻 R_C：又称集电极负载电阻，其作用是将集电极电流的变化转换成电压的变化，以实现电压放大。R_C 的阻值一般为几千欧至几十千欧。
- 基极电源 V_{BB} 与基极电阻 R_B：使发射结处于正向偏置，并提供适当的基极电流，以保证放大电路有合适的工作点。R_B 的阻值一般为几十千欧到几百千欧。
- 耦合电容 C_1、C_2：隔直通交。C_1、C_2 的容量一般较大，为几微法至几十微法，常采用带极性的电解电容器；使用时，需注意极性的连接。

用 V_{CC}、V_{BB} 两个电源对放大电路供电很不方便，实际中一般不予采用。可用 V_{CC} 代替 V_{BB}，由于一般 $V_{CC} > V_{BB}$，但只要适当调节 R_B 的大小，仍可保证发射结正偏，维持基极电流 i_B 不变。图 2.23 所示电路即为用单电源 V_{CC} 供电的共射放大电路。

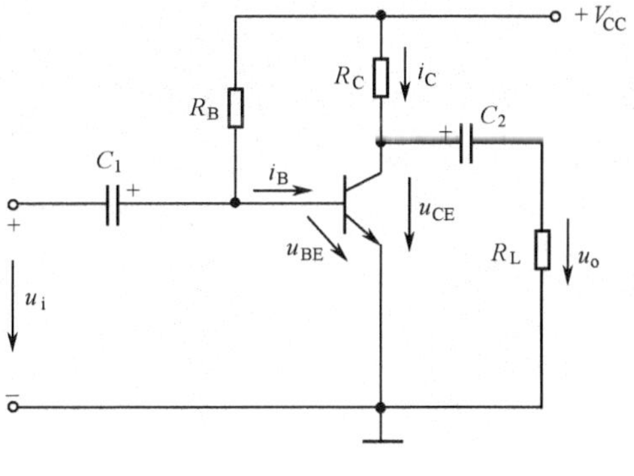

图 2.23 共射放大电路

电路图中，符号“⊥”表示接机壳或接底板，常称“接地”。必须指出，它并不是真正接到大地的地电位，而是表示电路的参考零电位，它只是电路中各点电压的公共端点。这样，电路中各点的电位，实际上就是该点与公共端点之间的电压（即电位差）。

2. 放大器的基本工作原理

电路中电流和电压的波形如图 2.24 所示。

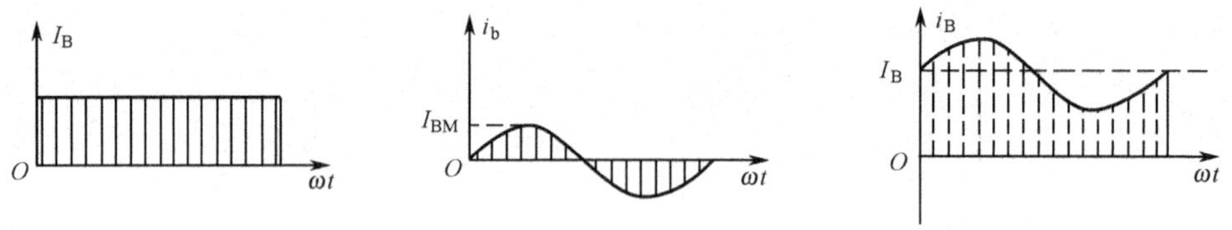

（a）直流分量　　（b）交流分量　　（c）总变化量

图 2.24　信号波形

从以上元件的介绍中，我们初步了解到，放大电路中既含有直流又含有交流。直流分量就是偏置电流，为放大建立条件；交流就是要放大的变化信号。

为了便于弄清概念和公式的讨论，在交流信号 u_i 作用下可以得到图 2.24 所示的电流波形。

由于放大电路中电压、电流的名称较多，符号各异，故汇总成表 2.2，以进行说明。

表 2.2　放大电路中电压和电流的符号说明

名　称	静态值	交流分量		总电压或总电流	
		瞬时值	有效值	瞬时值	平均值
基极电流	I_B	i_b	I_b	i_B	$I_{B(AV)}$
集电极电流	I_C	i_c	I_c	i_C	$I_{C(AV)}$
发射极电流	I_E	i_e	I_e	i_E	$I_{E(AV)}$
集—射极电压	U_{CE}	u_{ce}	U_{ce}	u_{CE}	$U_{CE(AV)}$
基—射极电压	U_{BE}	u_{be}	U_{be}	u_{BE}	$U_{BE(AV)}$

3．电路中的直流通路和静态工作点

在放大电路中，通常存在着电抗元件，例如图 2.25 中的 C_1 和 C_2。因此，电路的直流通路和交流通路往往是不同的，直流通路是放大电路中直流信号通过的路径，而交流通路则是交流信号通过的路径。

由于电容器具有隔离直流的作用，所以绘制直流通路时，电容 C_1、C_2 相当于开路，于是对于图 2.25（a）来说，它的直流通路如图 2.25（b）所示。

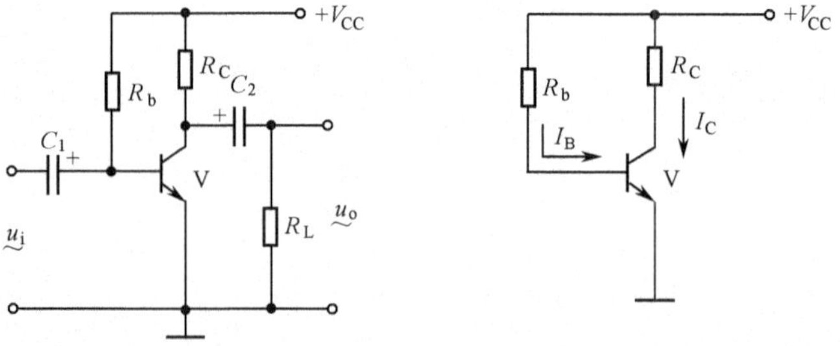

（a）共射基本电路　　（b）直流通路

图 2.25　电路中的直流通路

对于频率不是太低的交流信号来说，耦合电容的容抗很小，一般可将它看成对交流短路。另外，直流电源 V_{CC} 两端无交流电压（因为电源内阻往往很小，其上产生的交流压降可以忽略不计），对交流信号来说，直流电压源可以认为是短路的。于是，电路的交流通路可

绘制成如图 2.26（a）所示的情形。

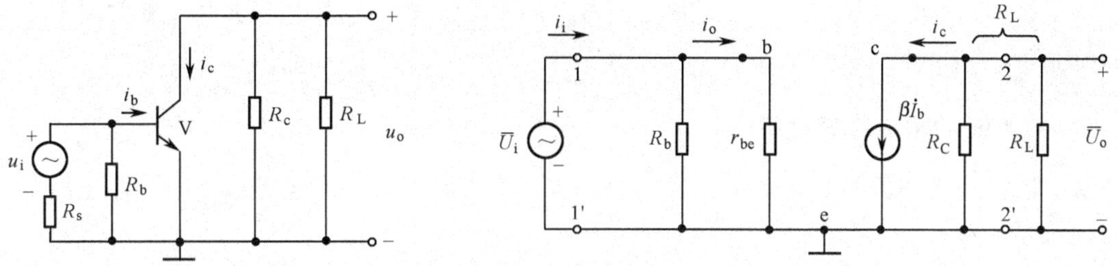

（a）交流通路　　（b）微变等效电路

图 2.26　电路中的交流通路及其微变等效电路

静态工作情况的分析：

放大电路在没有输入信号（u_i=0）时，称为静态，如图 2.27（a）所示。由于静态时电路中的电流和电压都是直流量，所以分析时只需要画出直流通路，如图 2.27（b）所示。

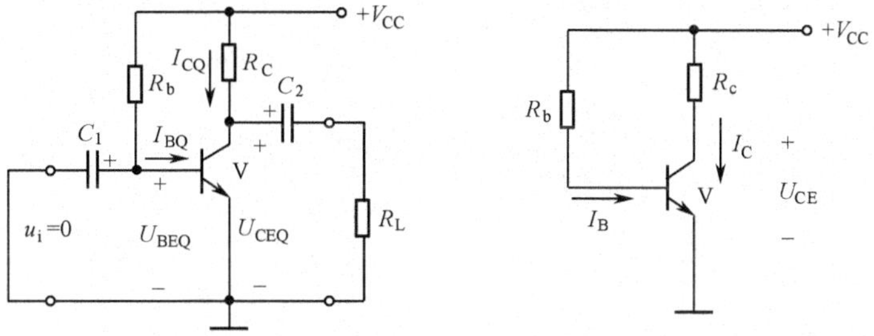

（a）静态工作情况　　（b）静态集电极回路

图 2.27　静态工作情况分析

由图 2.27（b）静态集电极回路可得

$$U_{CE} = V_{CC} - I_C R_C$$

显然，这是一个直线方程式，它的横轴截距为 V_{CC}，纵轴截距为 V_{CC}/R_C，其斜率为 $\text{tg}\alpha = -(1/R_C)$。正因为其斜率与集电极直流负载电阻 R_C 有关，故称为放大器的直流负载线，如图 2.28 中所示。

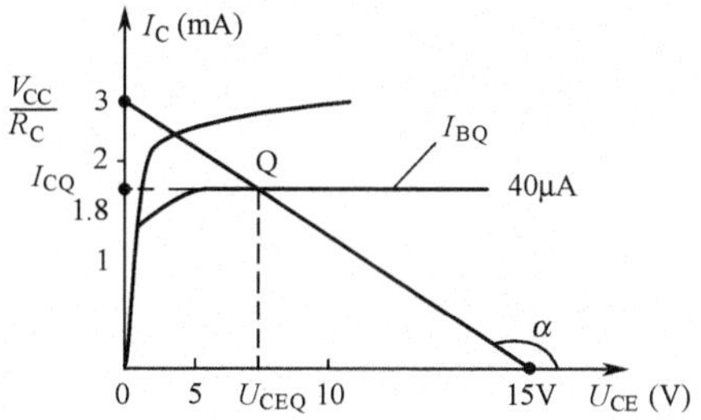

图 2.28　输出回路的图解分析

实际上，V_{CC}、R_C 支路是与晶体管连接在一起的，因此，直流负载线与晶体管 I_B=I_{BQ} 的一条输出特性曲线的交点 Q，称为静态工作点，它代表晶体管的直流工作状态，Q 点所对应的 I_{BQ}、I_{CQ} 和 U_{CEQ} 就是放大器静态工作时的电流、电压值。

由此可见，以图解法求静态点 Q 的步骤为：按直流通路求得基极电流 I_{BQ}→确定 I_{BQ} 所对应的输出特性曲线→在给定的输出特性坐标系中作直流负载线→由交点得静态工作点 Q，从而确定静态值。

4．放大器的主要性能参数

放大器的放大倍数用对数表示，叫作增益 G，其功率、电压、电流的增益分别如下所示。

功率增益

$$G_p = 10\lg A_p (\text{dB})$$

电压增益

$$G_v = 20\lg A_v (\text{dB})$$

电流增益

$$G_i = 20\lg A_i (\text{dB})$$

其中，A_p、A_v、A_i 分别是功率放大倍数、电压放大倍数、电流放大倍数。

5．动态交流指标的估算

（1）三极管输入电阻 r_{be}

$$r_{be} = 300 + (1+\beta)\frac{26\text{mV}}{I_{EQ}\text{mA}} \quad (\Omega)$$

如将电路的交流通路改画成微变等效电路，如图 2.26（b）所示，可估算交流分量 i_b、i_c 和 u_o 等，即

$$i_b = \frac{u_{be}}{r_{be}} = \frac{u_i}{r_{be}}$$

$$i_c = \beta i_b$$

$$u_o = u_{ce} = -i_c R'_L$$

u_o 是负值，表示 u_o 的实际极性与图 2.26（b）中标注的相反，体现了 u_o 与 u_i 的倒相关系。

（2）放大器的输入电阻 R_i

从放大器的输入端（1-1′）向右看进去的等效电阻，如图 2.26（b）所示。如果把一个内阻为 R_S 的信号源 u_s 加到放大器的输入端，放大器就相当于信号源的一个负载，这个负载也就是放大器的输入电阻 R_i。此时放大器向信号源吸取电流 i_i，而放大器输入端电压为 u_i，所以有

$$R_i = \frac{u_i}{i_i}$$

R_i 愈大意味着从信号源中分得的电压愈大，负载对信号源的影响愈小，使放大器的输入端电压 u_i 能比较准确地反映信号源的电压 u_s。因此要设法提高放大器的输入电阻 R_i，尤其当信号源内阻较高时更应如此。例如，测量仪器用的前置放大器输入电阻愈高，其测量精度就愈高。

在微变等效电路中分析 R_i 时，$R_i=R_b//r_{be}$，由于通常 $R_b>>r_{be}$，因此 $R_i \approx r_{be}$。

（3）放大器的输出电阻 R_o

从放大器的输出端（2-2′）往左看，整个放大器可以看成一个内阻为 r_o 的信号源，R_o 就是放大器的输出电阻。故

$$R_o=R_C$$

（4）电压放大倍数 A_u

A_u 定义为放大器输出电压 U_o 与输入电压 U_i 之比，即

$$A_u=\frac{U_o}{U_i}$$

对于图 2.26（b）所示的微变等效电路，有

$$A_u=\frac{i_C R'_L}{i_b r_{be}}=-\frac{\beta R'_L}{r_{be}}$$

其中，$R'_L=R_C // R_L$，A_u 为负值，表示输出电压与输入电压的相位相反。

当不接负载 R_L 时，电压放大倍数为

$$A_u=-\frac{\beta R_C}{r_{be}}$$

由于 R'_L 比 R_C 小，所以不接负载时放大倍数 A_u 较大，接上负载 R_L 后放大倍数 A_u 下降。

2.2.2　射极输出器

1．电路组成

共集电极放大电路如图 2.29（a）所示，它是从基极—集电极输入信号，由发射极—集电极输出信号。在它的交流通路图 2.29（b）上可以看到，集电极是输入回路与输出回路的公共端，所以称共集电路。又由于是从发射极输出信号，因此又称射极输出器。

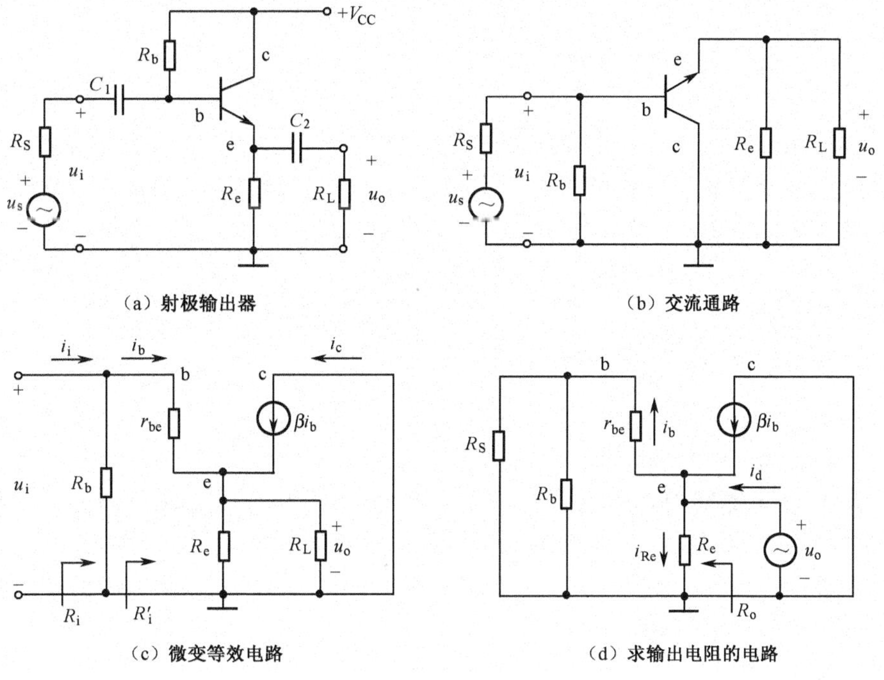

图 2.29　共集电极放大电路

2. 射极输出器的特点及分析

（1）静态工作点稳定

由图 2.29（a）所示的直流通路可列出：$V_{CC}=I_{BQ}R_b+U_{BEQ}+I_{EQ}R_e$，于是得

$$I_{CQ}\approx I_{EQ}=\frac{V_{CC}-U_{BEQ}}{R_e+\dfrac{R_b}{1+\beta}}$$

而

$$U_{CEQ}\approx V_{CC}-I_{CQ}R_e$$

射极输出器中的电阻 R_e，具有稳定静态工作点的负反馈作用，例如，当温度升高时，由于 I_{CQ} 增大，使压降 $U_{Re}=U_{EQ}$ 上升，于是导致 U_{BEQ} 下降，从而牵制了 I_{CQ} 的上升。

（2）电压放大倍数恒小于 1（近似为 1）

由图 2.29（a）可直接看出

$$u_o=u_i-u_{BE}$$

上式说明，u_o 总是小于 u_i。可以列出 u_o 和 u_i 的表达式，然后得出 A_u。

$$u_o=(1+\beta)i_b\cdot R_L'$$

式中

$$R_L'=R_e//R_L$$

$$u_i=i_b\left[r_{be}+(1+\beta)R_L'\right]$$

得

$$A_u=\frac{u_o}{u_i}=\frac{(1+\beta)R_L'}{r_{be}+(1+\beta)R_L'}<1$$

在上式中，一般有 $(1+\beta)R_L'>>r_{be}$，故 A_u 略小于 1（接近于 1）。正因为输出电压接近输入电压，两者的相位又相同，所以射极输出器又称为射极跟随器，简称射随器。

应当指出，尽管射极输出器的电压放大倍数略小于 1，但射极电流 I_E 是基极电流 I_b 的（$1+\beta$）倍，所以仍能够将输入电流加以放大。也就是说，它具有一定的电流放大和功率放大作用。

（3）输入阻抗高

由图 2.29（c）、图 2.29（d）得

$$R_i'=r_{be}+(1+\beta)R_L'$$

$$R_i=R_b//R_i'=R_b//[r_{be}+(1+\beta)R_L']$$

可见，射极输出器的输入阻抗是由偏置电阻 R_b 和基极回路电阻 $[r_{be}+(1+\beta)R_L']$ 并联而得的，其中 $(1+\beta)R_L'$ 可以认为是射极的 R_L' 折算到基极回路的电阻。通常，R_b 的阻值较大（几十千欧到几百千欧），同时 $[r_{be}+(1+\beta)R_L']$ 也比 r_{be} 大得多。因此，射极输出器的输入电阻很高，可达几十千欧到几百千欧。

（4）输出阻抗低

由前面可得输出阻抗为

$$R_o \approx \frac{r_{be} + (R_S // R_b)}{1+\beta}$$

可见，输出阻抗比较低。

2.2.3　放大电路中的负反馈

1．反馈的基本概念

在放大电路中，信号从输入端进入放大电路，经放大后从输出端输出，信号为正向传输。若将输出量（电压或电流）的一部分或全部送回放大器的输入端参与控制，这种反向传输信号的过程称为反馈。图 2.30 为反馈放大器方框示意图。无反馈的放大器也叫开环放大器，反馈放大器也叫闭环放大器。

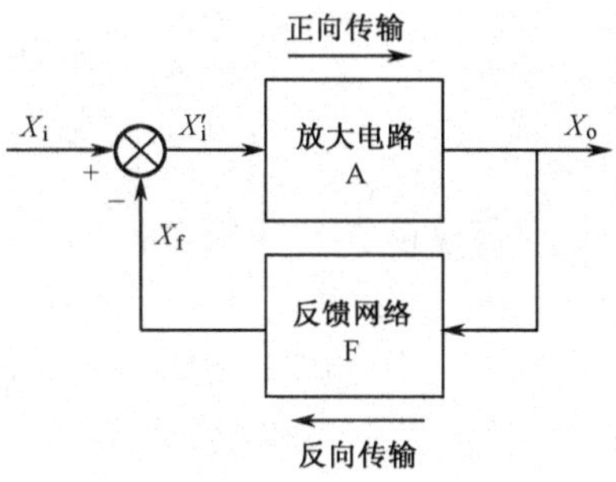

图 2.30　反馈放大器方框图

2．反馈的分类

（1）正反馈和负反馈

与开环相比，如果引入反馈使净输入量增加，则称为正反馈；如果使净输入量减小，则称为负反馈，判断正、负反馈采用“瞬时极性法”：首先假设将反馈支路在与输入端连接处断开，假定输入“+”信号（电位升高），然后沿信号通路，看输出极性，并由此判断，看净输入量是增加还是减小。净输入量增加是正反馈；净输入量减小是负反馈。

（2）电压反馈和电流反馈

反馈在输出端的取样信号可以是输出电压，也可以是输出电流。如图 2.31 所示。

图 2.31（a）中，反馈从输出电压取样，反馈量与输出电压成正比，称为电压反馈。

图 2.31（b）中，反馈从输出电流取样，反馈量与输出电流成正比，称为电流反馈。

负反馈能稳定被取样的量，电压负反馈能稳定输出电压，电流负反馈能稳定输出电流。电压反馈和电流反馈的判别采用负载短路法：假设将 R_L 短接，则 u_o 变为 0，如果反馈量也因此变为 0（反馈消失），就是电压反馈；如果反馈依然存在，则是电流反馈。

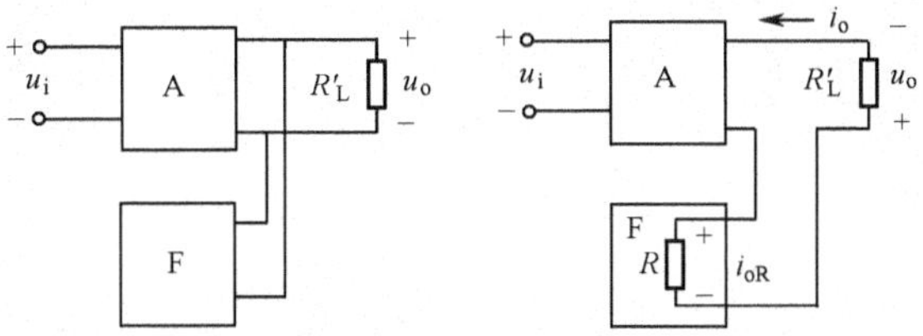

（a）电压反馈　　（b）电流反馈

图 2.31　反馈网络在输出端的连接方式

（3）串联反馈和并联反馈

在输入端，反馈信号与输入信号串联连接，叫串联反馈。串联反馈以电压比较的方式来反映反馈对输入信号的影响。

在输入端，反馈信号与输入信号并联连接，叫并联反馈。并联反馈以电流比较的方式来反映反馈对输入信号的影响。

图 2.32（a）中，$u_i' = u_i - u_f$，其中 u_i 和 u_f 是串联关系，称为串联反馈。

图 2.32（b）中，$i_i' = i_i - i_f$，其中 i_i 和 i_f 是并联关系，称为并联反馈。

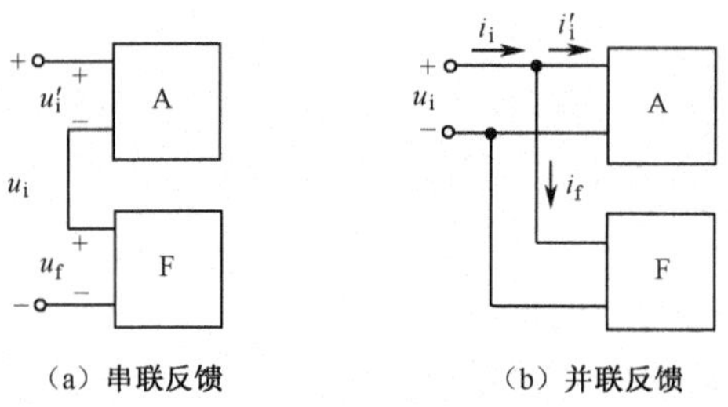

图 2.32 反馈网络在输入端的连接方式

串联反馈和并联反馈可以从电路结构进行判别：反馈信号和输入信号分别加在两个输入端上属串联反馈；反馈信号和输入信号加在同一个输入端上属并联反馈。

综合输出端的不同取样对象和输入端的不同接法，反馈有四种组态：电压串联反馈，电压并联反馈，电流串联反馈，电流并联反馈。

【例 2.1】 判别图 2.33 所示电路中的反馈极性和反馈类型。

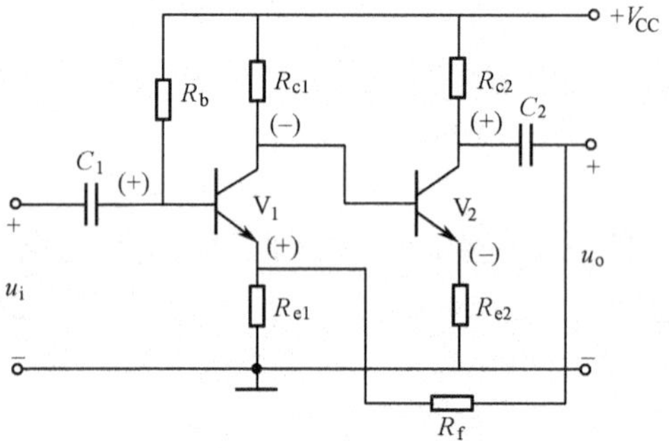

图 2.33 例 2.1 图

解： 应用瞬时极性法，假设 u_i 瞬时极性为（+），经 V_1 倒相放大后 $u_{c1}=u_{b2}$ 为（−），经 V_2 再次倒相放大 u_{c2} 为（+），R_f 与 R_{e1} 串联对 u_o 分压，因此 R_{e1} 上电压也为（+）。由于净输入电压 $u_i'=(u_{b1}-u_{e1})$ 减小，可见，与无反馈时相比，引入反馈后反馈信号 u_{e1} 的变化会使净输入量 u_i' 减小，因此是负反馈。由于电容 C_2 的隔直作用，反馈信号只有交流量，因此是交流反馈。

假设将输出端短路，则 R_f 与 R_e 相当于并联接地，两极间的反馈消失，因此是电压反馈。

从输入端结构和上面的分析都可以看出，信号在输入端以电压形式比较，因此是串联反馈。

综合起来，该电路引入的反馈为电压串联交流负反馈。

【例 2.2】 判别图 2.34 所示电路中的反馈极性和反馈类型。

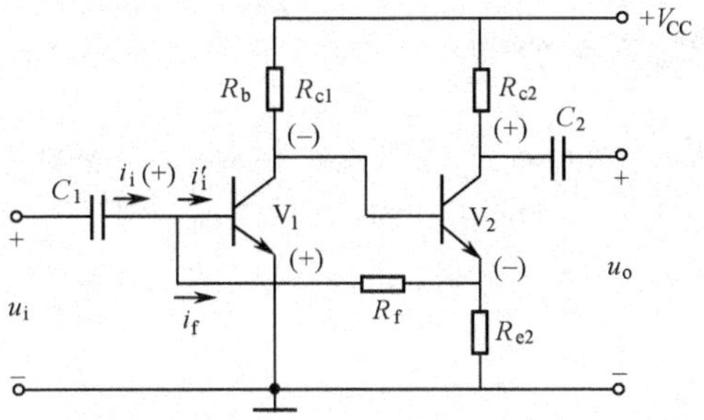

图 2.34　例 2.2 图

解：应用瞬时极性法，从图中所标的各点的瞬时极性可以看出，引入反馈后净输入电流 $i_i' = (i_i - i_f)$减小，因此是负反馈。

假设输出端交流短路，即 $u_o=0$，但输出电流 $i_{e2}\neq 0$，故反馈仍存在，因此是电流反馈；又因为输入信号和反馈信号都加在同一输入端（V_1 的基极），因此为并联反馈。

综合起来，该电路引入的是电流并联负反馈。

3．负反馈对放大器性能的影响

（1）改善放大器的频率特性

一般情况下，放大器在低频区和高频区其放大倍数都要下降。

引入负反馈能使下限截止频率减小，上限截止频率增大，从而可以展宽通频带（通频带是指放大电路在允许波动范围内电压放大倍数对应的频率范围），如图 2.35 所示。

（2）减小放大器的波形失真

理想的放大器应能实现线性放大。由于三极管特性的非线性，因此存在失真，特别在信号幅度较大时，波形失真更明显。负反馈可以改善波形失真，但不能完全消除。

（3）改变放大器的输入、输出电阻

负反馈对输入电阻的影响取决于输入端的连接方式。串联负反馈使输入电阻 R_i 增大，并联负反馈使输入电阻减小。负反馈对输出电阻的影响取决于在输出端的取样方式。电压负反馈使输出电阻 R_o 减小，输出电阻减小使输出电压趋于稳定；电流负反馈使输出电阻增大，输出电阻增大使输出电流较稳定。

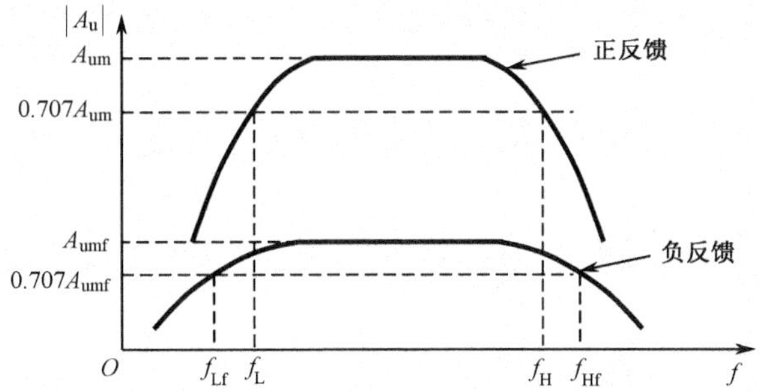

图 2.35　负反馈展宽通频带

集成运放及许多放大电路开环性能比较差，必须引入适当的负反馈以改善电路性能。

2.2.4 互补对称功率放大电路

在多级放大器中，输出级要推动负载工作。因此，要求有大的输出功率，不但要向负载提供大的信号电压，而且要向负载提供大的信号电流，所以又称功率放大器。其主要指标不是电压放大倍数、输入电阻、输出电阻，而是输出的信号功率、放大器的效率、三极管的管耗功率等。

1. 互补推挽输出级（OCL 电路）

射极输出器输入电阻高，输出电阻低，并存在电流放大作用，很适宜做输出级。但是单管射极输出器有两个缺点：① 静态功耗大；② 负向输出电压幅度小。为了保持不失真的输出波形，三极管必须在整个周期中都有电流流过，三极管的这种工作状态称为甲类工作状态，这样静态功耗比较大。为了克服单管射极输出器的缺点，人们设计出互补推挽输出级（OCL 电路），其电路图如图 2.36（a）所示。

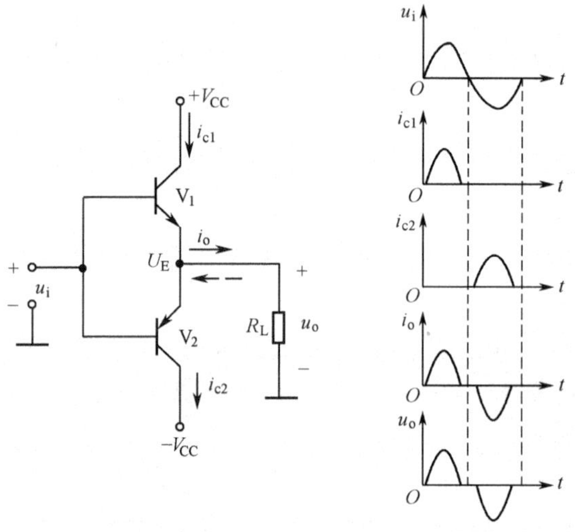

（a）电路图　　（b）波形图

图 2.36 基本的 OCL 的电路图和波形图

原理分析：V_1、V_2 为对管，特性参数、材料均相同。静态时 $u_i=0$，$U_E=0$，V_1 和 V_2 截止，$i_{c1}=i_{c2}=0$，电路中无功率损耗。动态时，设 u_i 为正弦波，当 u_i 为正半周时，$U_b>0$，V_1 导通，V_2 截止，V_1 向 R_L 提供正向信号，最大输出电压幅度受 V_1 管饱和限制，约为 V_{CC}；当 u_i 在负半周时，$U_b<0$，V_1 截止，V_2 导通，V_2 向 R_L 提供负向信号，最大输出电压为 V_{CC}。其整个波形如图 2.36（b）所示。

这种电路静态电流为 0、只有半个周期内导通的工作状态称为乙类工作状态。乙类工作状态效率高，静态时，不消耗电能，但在信号过 0 附近产生失真。这是由于硅 PN 结有 0.5V 的死区电压，只有当输入电压数值大于 0.5V 时，三极管才能导通，因此在输入信号低于 0.5V 的死区电压时，V_1 和 V_2 都截止，输出电压为 0，出现了两管交替工作衔接不好的现象，如图 2.36（b）中所示，我们把这种失真称为交越失真。如果给推挽管加适当的偏置电压，使两管在静态时处于微导通状态，这样在过 0 处就不会产生交越失真。如图 2.37 所示，二极管 V_4、V_5 的连接点的静态电压为 0，U_{b1}=0.7V、U_{b2}=−0.7V，V_1、V_2 处于微导通状态，只要有信号，V_1、V_2 就会轮流导通，当 $u_i>0$ 时，V_1 导通；当 $u_i<0$ 时，V_2 导通，消除了交越失真现象。由于二极管交流电阻非常小，因此二极管可以视为交流短路。

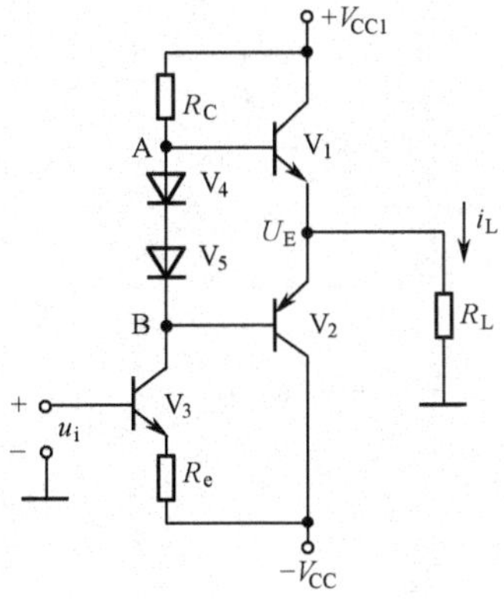

图 2.37　消除交越失真的 OCL 电路

2．准互补推挽输出级

V_1、V_2 为对管，性能参数又相同，实际中不易找到。采用复合管可以缓解上述困难，复合管如图 2.38 所示。

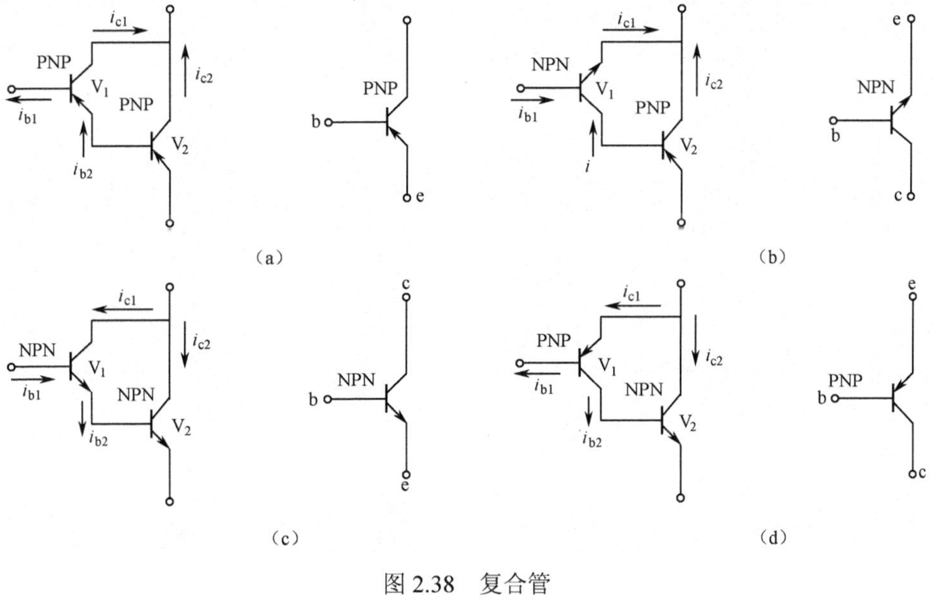

图 2.38　复合管

复合管的总放大倍数为

$$\beta=\beta_1\beta_2$$

说明：

① 二管复合时，V_2 管的 b_2、e_2 两极不能接在 V_1 管的 c_1、e_1 两极之间。

② i_{e1} 与 i_{e2} 的流动方向相同。

③ V_1 管与 V_2 管复合的管形与 V_1 管相同。

由复合管构成的推挽输出级称为准互补推挽输出级，图 2.39 为准互补推挽输出级电路。

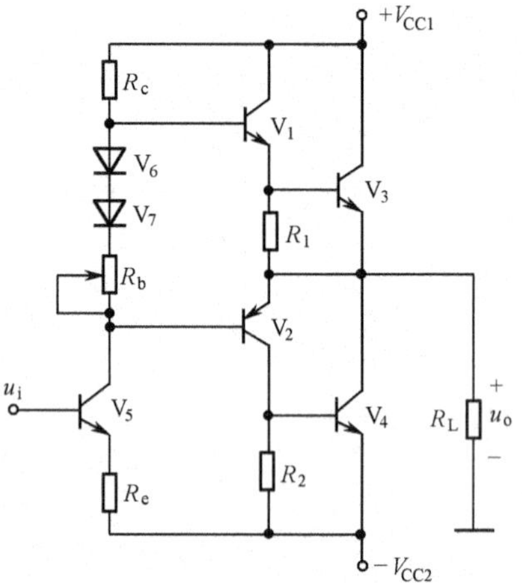

图 2.39　准互补推挽输出级电路

3. 输出功率、效率和管耗

（1）输出功率

$$P_o = U_o I_o = \frac{1}{2} U_{OM} I_{OM} = \frac{1}{2} U_{OM} \cdot \frac{U_{OM}}{R_L} = \frac{1}{2} \cdot \frac{U_{CC}^2}{R_L}$$

所以

$$P_o = \frac{1}{2} \cdot \frac{U_{CC}^2}{R_L}$$

（2）效率

$$\eta = \frac{P_o}{P_{DC}} = \frac{\pi}{4} \cdot \frac{U_{OM}}{U_{CC}}$$

（3）管耗

最大管耗为

$$P_{Vm}\ （双）\approx 0.4 P_{OM}$$

$$P_{Vm}\ （半）\approx 0.2 P_{OM}$$

4. 单电源互补推挽电路（OTL 电路）

OTL 电路与 OCL 电路相比，去掉了一个负电源，接了一个输出电容，如图 2.40 所示。

原理分析： 电路原理基本相同，只不过 V_1、V_2 的连接点 K 点及输入端的静态电压为 $1/2U_{CC}$，V_1 管的实际工作电压为 U_{CE1}，$U_{CE1} = U_{CC} - 1/2U_{CC} = 1/2U_{CC}$，所以最大输出电压只有 $1/2U_{CC}$，在计算最大输出功率时应用 $1/2U_{CC}$ 来计算。

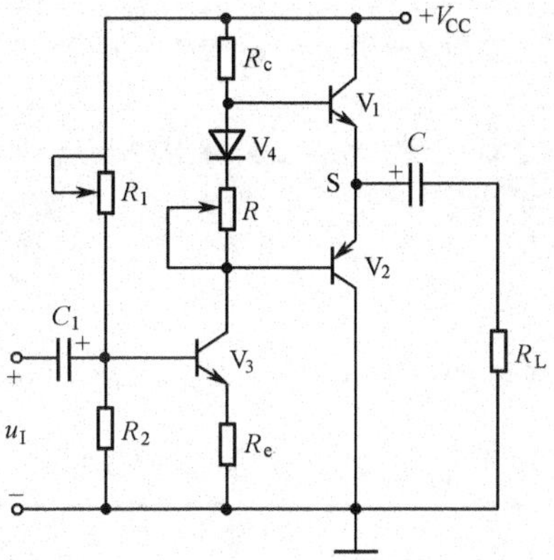

图 2.40　单电源互补推挽电路（OTL 电路）

技能训练 4　单管放大电路的静态测试

1．实验目的

（1）掌握单管放大电路的基本原理；

（2）学习交流放大电路静态工作点的测量与调整方法；

（3）加深理解放大电路静态工作点设置的重要性。

2．实验器材

示波器	一台
低频信号发生器	一台
晶体管毫伏表	一台
万用表	一块
线路板	一块

（线路板上三极管的型号为 9013，其中 9013G，β=118；9013H，β=114）

3．实验原理

（1）实验电路如图 2.41 所示。

（2）波形分析。可以观察到四种波形：

① 双失真，这是由于输入信号电压过高引起的；

② 削顶失真，这是在电压高的地方出现的失真，为截止失真；

③ 削底失真，这是在电压低的地方出现的失真，为饱和失真；

④ 正弦波，这是正常放大的波形。

（3）不带负反馈时，理论上电压放大倍数为

$$A_u = -\frac{\beta R_L'}{r_{be}} \quad（R_L' = R_L // R_C）$$

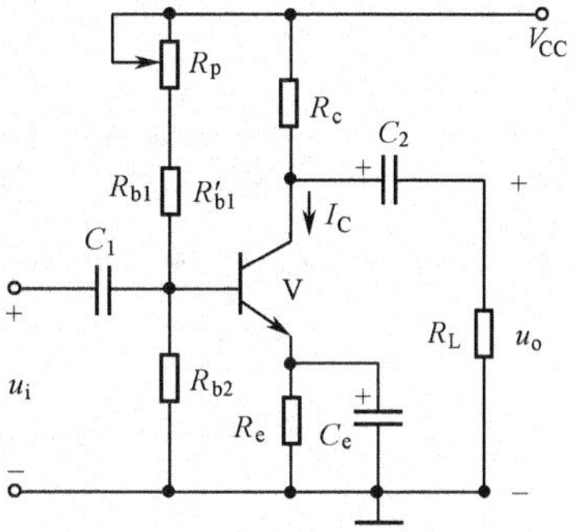

图 2.41　单管放大电路的静态测试

而
$$r_{be} = 300 + (1+\beta)\frac{26}{I_{EQ}}$$

由于三极管的参数具有一定的分散性，因此有可能β和所提供的参考值有一定误差。

4．实验内容及步骤

（1）接上 12V 直流电源电压。

（2）调 R_p 使 I_{CQ}=1mA，调整测量静态工作点，将数值记入表 2.3 中。

表 2.3　静态工作点测量（V_{cc}=12V）

电　路	测量值（V）			计算值（V）	
	U_{RC}	U_{Re}	U_{BEQ}	U_{EQ}	U_{CEQ}
共射放大电路 I_{CQ}=1mA					

（3）观察静态工作点对输出波形的影响。

① 按图 2.42 将被测电路与测试仪器相连。

② 在已调好静态工作点的基础上，从信号发生器取 1kHz 的正弦信号送入示波器，观察信号波形。信号由 0 开始逐渐增大，直到输出波形增大到不失真的临界时为止，这时输入电压大约为几十毫伏。

③ 调节 R_p，使输出波形出现饱和失真和截止失真两种现象，分别测定其静态工作点，将数值填入表 2.4 中，并且记录输出波形。

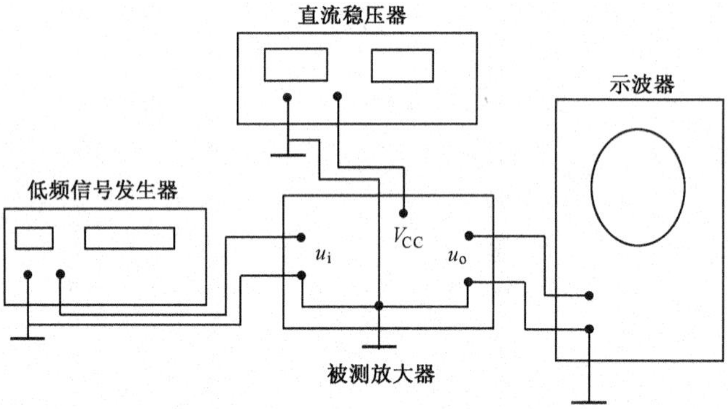

图 2.42　单管放大电路的静态测试实验示意图

表 2.4　静态工作点对输出波形的影响

失真现象	截止失真	不失真	饱和失真
I_{CQ}			
输出波形			

技能训练 5　负反馈放大电路

1．实验目的

（1）掌握单管放大电路的基本原理；

（2）掌握并验证饱和、截止、放大及其电压波形，并进行比较；

（3）测量电压放大倍数，验证带负反馈的电路比无负反馈的电路波形失真得到改善，但放大倍数减小。

2．实验器材

半导体特性图示仪	一台
示波器	一台
低频信号发生器	一台
晶体管毫伏表	一台
万用表	一块
电路板	一块

3．实验知识

（1）实验电路（与技能训练 5 相似）如图 2.43 所示。

（2）交流通路时，合上 K 不带负反馈，则有

$$A_u = -\frac{\beta R'_L}{r_{be}} \quad (R'_L = R_L // R_C)$$

（3）交流通路，断开 K 带负反馈时

$$A_{uf} = -\frac{\beta R'_L}{r_{be}+(1+\beta)R_e} \quad (R'_L = R_L // R_C)$$

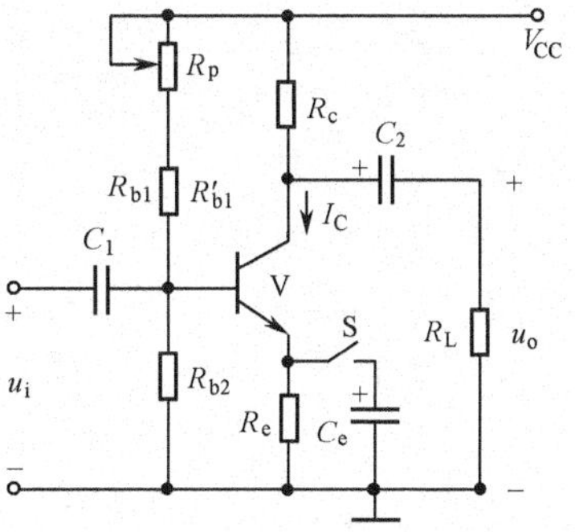

图 2.43　负反馈放大电路

4．实验内容及步骤

（1）接上 12V 电源电压。

（2）调 R_p 使 R_e 上电压为 1.0V，则 I_{EQ}=1mA。

（3）从信号发生器取 1kHz 的正弦信号送入示波器，观察信号波形。

（4）将 1kHz 的正弦信号送入放大器，观察输出波形。若出现双失真，则减小信号 U_i 至不失真为止。

（5）用毫伏表测不失真时的 u_i、u_o，将数值填入表 2.5。

表 2.5　利用负反馈改善波形失真

	U_i	U_o	A_{uf}
S 合上	5.5mV		
S 断开	5.5mV		

在信号发生器不作改变的情况下，S 合上与 S 断开使毫伏表上的读数发生了变化，即毫伏表上读数增大。主要原因如下：S 断开输入电阻增大，而信号源是带内阻的，可见输入电阻大从信号源中取用的信号就大。这说明一个放大电路的输入电阻、输出电阻、放大倍数是三个非常重要的参数。

（6）合上 S，调节 R_p，观察饱和失真和截止失真波形。

断开 S，调节 R_p 到不失真，再合上 S 又出现失真，说明负反馈是可以改善波形失真的，但负反馈的放大倍数减小。

5. 实验注意事项

（1）旋钮开关的旋钮向左、向右时，注意连接方向。

（2）注意电路板上电位器、三极管的好坏。

2.3 集成放大器

2.3.1 集成运算放大器

1. 集成运算放大器概述

- 集成电路：把晶体管、电阻、电容和连接导线集中制造在一小块半导体基片上，形成的具有电路功能的器件。
- 优点：体积小、重量轻、外部焊点少、安装方便、工作可靠。
- 制造工艺上的特点：

① 内部为直接耦合。

② 多用晶体管，少用大电阻和电容。

- 分类：按集成度分为小规模、中规模、大规模和超大规模；按所用器件分为单极型、双极型和单双极兼容型。
- 集成运放：一种内部直接耦合的高放大倍数的集成电路，发展初期主要用于数学运算。
- 外形：圆壳式、双列直插式和扁平式。
- 符号：新符号见图 2.44（a）所示，旧符号见图 2.44（b）所示。

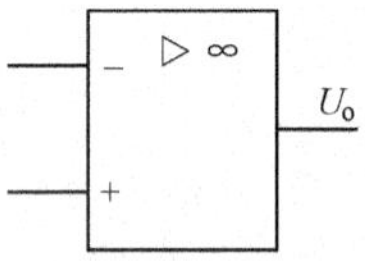

（a）新符号图

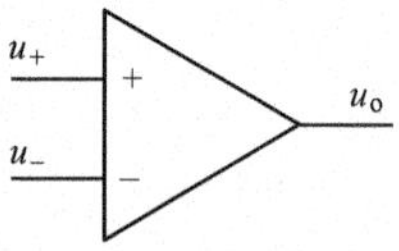

（b）旧符号图

图 2.44 集成运算放大器

2. 集成运算放大器的主要参数

① 开环放大倍数：没有引入反馈的集成运放的放大倍数。

② 闭环放大倍数：引进负反馈后的放大倍数，通常为了改善电路的性能，总是引入深度负反馈。

③ 输入失调电压 U_{I0}：为了使输出电压为 0，在输入端加的补偿电压，一般为毫伏级。用以表征电路的输入部分的不对称程度，越小越好。

④ 输入失调电流 I_{I0}：两相输入端静态基极电流之差。

⑤ 输入偏置电流 I_{IB}：输入电压为 0 时，两个输入端静态基极电流的平均值。一般为微安数量级。

⑥ 开环电压放大倍数 A_{u0}：开环情况下，输出电压和输入差模电压之比，一般可达 10 万倍。

⑦ 开环输入电阻 r_i：电路开环情况下，输入差模电压与输入电流之比，一般在几百千欧至几兆欧。

⑧ 开环输出电阻 r_o：一般为几百欧姆。

⑨ 输出峰—峰电压 U_{OPP}：放大器在空载情况下，最大不失真电压的峰—峰值。

3. 理想集成运算放大器及其分析方法

（1）理想集成运算放大器的理想特性

① 输入信号为 0 时，输出端恒定为 0 电位。

② 输入电阻 $r_i=\infty$。

③ 输出电阻 $r_o=0$。

④ 开环电压放大倍数 $A_{VO}=\infty$。

实际运放在分析时，可以看做理想运放。

（2）集成运放的分析方法

① 集成运放的线性区分析方法。线性区工作特点：运放两输入端间为“虚短”和“虚断”。

➢ 虚短：集成运放同相输入端与反相输入端对地电压近似相等，即

$$U_+ = U_-$$

➢ 虚断：流入集成运放两个输入端的电流都近似等于 0，即

$$I_+ = I_- = 0$$

② 集成运放的非线性区分析方法。非线性特点：输出为正向或负向饱和电压。

输出电压 U_o 只有两种可能状态，不是正向饱和电压 $+U_{OM}$，就是负向饱和电压 $-U_{OM}$。

当输入电压 $U_+ > U_-$ 时，$U_o=+U_{OM}$；

当输入电压 $U_+ < U_-$ 时，$U_o=-U_{OM}$。

$U_+=U_-$ 是两种状态的转换点。由于理想运放 $r_i=\infty$，虽然 $U_+\neq U_-$ 但输入电流仍然为零。

4. 基本运算电路

（1）比例运算电路

① 反相比例运算电路，如图 2.45 所示。

根据“虚短”，即 $U_+ = U_-$ 得到 $U_A = 0$，即 A 点为“虚地”。

输入端的共模输入电压极小。

根据“虚断”，$i_2' = 0$ 得 $i_1 = i_f$，则有

$$\frac{u_i}{R_1} = -\frac{u_o}{R_f} \qquad A_{uf} = \frac{u_o}{u_1} = -\frac{R_f}{R_1}$$

② 同相比例运算电路，如图 2.46 所示。

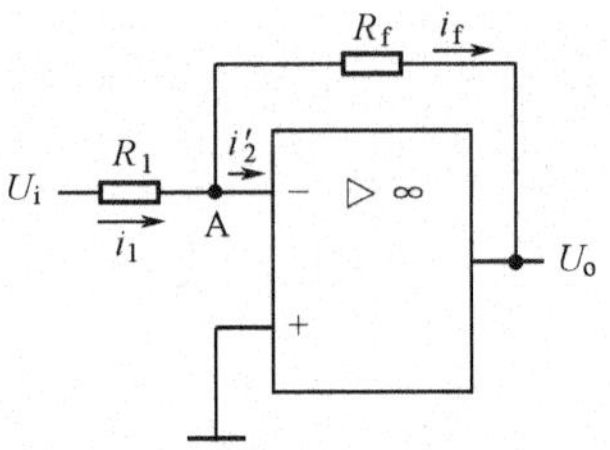

图 2.45　反相比例运算电路

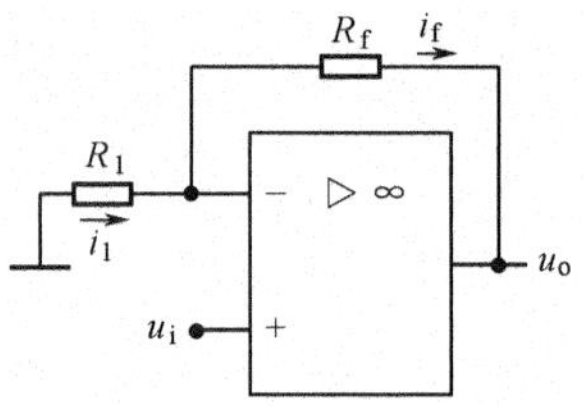

图 2.46　同相比例运算电路

根据“虚短”，得

$$u_i = u_+ = u_- = u_f = \frac{R_1}{R_f + R_1} u_o$$

$$A_{uf} = \frac{u_o}{u_1} = 1 + \frac{R_f}{R_1}$$

（2）加法比例运算电路

如图 2.47 所示，由于$u_+ = u_- = 0$，N 端虚地，$i_f = i_1 + i_2 + i_3$。则有

$$u_o = -i_f R_f = -(i_1 + i_2 + i_3) R_f = -\left(\frac{R_f}{R_1} u_{i1} + \frac{R_f}{R_2} u_{i2} + \frac{R_f}{R_3} u_{i3}\right)$$

（3）减法比例运算电路

如图 2.48 所示，令 u_{i2}=0，为反相输入放大电路，则有

$$u_{o1} = -\frac{R_f}{R_1} u_{i1}$$

令 u_{i1}=0，$u_+ = \frac{R_3}{R_2 + R_3} u_{i2}$

为同相输入放大电路，则

$$u_{o2} = \left(1 + \frac{R_f}{R_1}\right) u_+ = \left(1 + \frac{R_f}{R_1}\right)\left(\frac{R_3}{R_2 + R_3}\right) u_{i2}$$

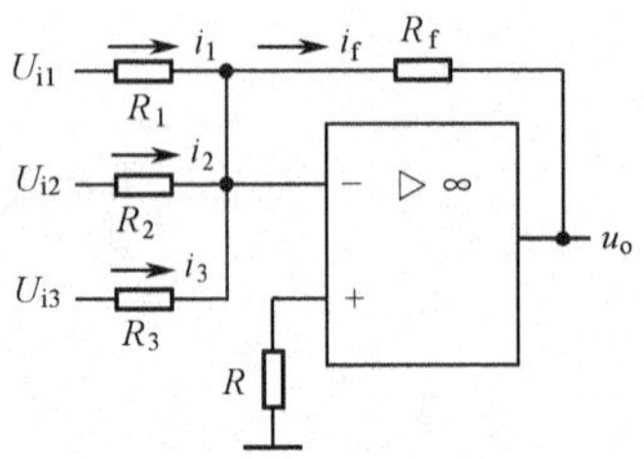

图 2.47　加法比例运算电路

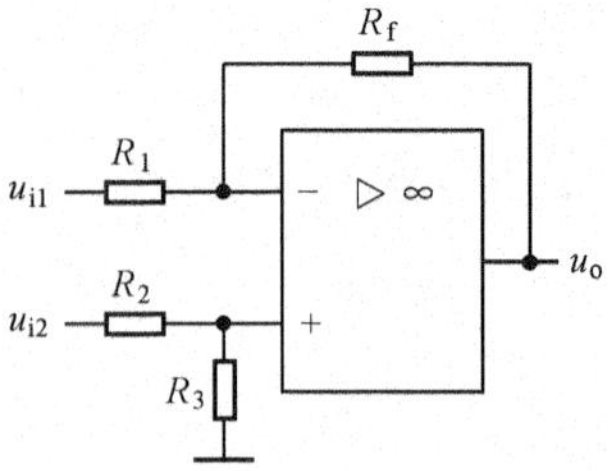

图 2.48　减法比例运算电路

总输出电压为

$$u_o = u_{o1} + u_{o2} = -\frac{R_f}{R_1} u_{i1} + \left(1 + \frac{R_f}{R_1}\right)\left(\frac{R_3}{R_2 + R_3}\right) u_{i2}$$

当 R_1=R_2，R_f=R_3 时

$$u_o = -\frac{R_f}{R_1}(u_{i1} - u_{i2})$$

5．电压比较器

如果没有负反馈网络，集成运放就工作在非线性区。当 $U_+>U_-$时，$U_o=U_{OM}$；当 $U_+<U_-$时，$U_o=-U_{OM}$。

（1）简单的电压比较器

简单电压比较器的电路如图 2.49（a）所示。当 $U_I>U_R$ 时，$U_+>U_-$，$U_o=+U_{OM}$；当 $U_I<U_R$ 时，$U_+<U_-$，$U_o=-U_{OM}$。其特性曲线如图 2.49（b）所示。

比较器的输出电压从一个电平翻转到另一个电平时，对应的输入电压称为阀值电压或触发电平，用符号 U_{TH} 表示。对于如图 2.49 所示的电路，$U_{TH}=U_R$。

（2）施密特触发器——具有滞回特性的比较器

① 电路如图 2.50 所示。

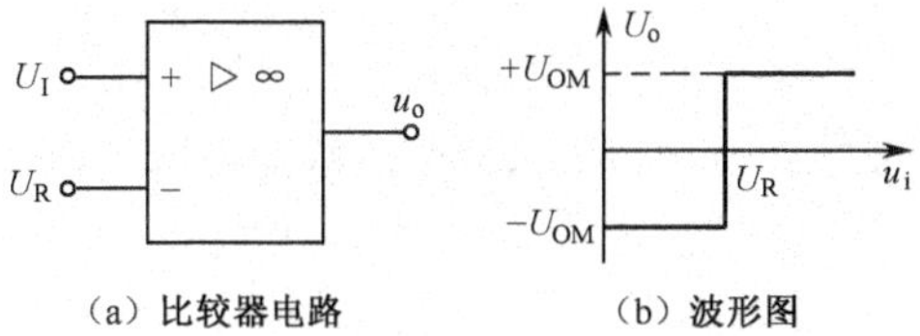

图 2.49　简单的电压比较器

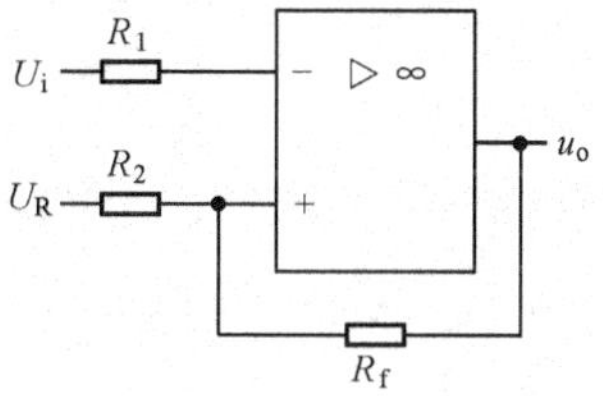

图 2.50　施密特触发器

原理分析：R_f 与 R_2 为正反馈网络，U_R 为参考电压。

当 $u_o=+U_{OM}$ 时，上限触发电平 U_{TH1} 为

$$U_{TH1} = \frac{R_f}{R_2 + R_f}U_R + \frac{R_2}{R_2 + R_f}U_{OM}$$

当 $u_o=-U_{OM}$ 时，下限触发电平 U_{TH2} 为

$$U_{TH2} = \frac{R_f}{R_2 + R_f}U_R - \frac{R_2}{R_2 + R_f}U_{OM}$$

因此，当输入电压 $u_I>U_{TH1}$ 时，电路翻转而输出$-U_{OM}$；当输入电压 $u_I<U_{TH2}$ 时，电路每次翻转并输出$+U_{OM}$。

② 传输特性和回差电压 ΔU_{TH}。

设开始时 u_I 足够低，$u_o=+U_{OM}$，此时 $u_+=U_{TH1}$。当输入信号逐渐增大到刚超过上限触发电平 U_{TH1} 时，电路立即翻转，输出由$+U_{OM}$翻转到$-U_{OM}$。u_I 继续增大，$u_o=-U_{OM}$，如图 2.51（a）所示。u_I 从很高的电压处开始下降，$u_o=-U_{OM}$，$u_+=U_{TH2}$，当 u_I 降到略小于下限触发电平 U_{TH2} 时，电路又翻转，输出电压由$-U_{OM}$ 回到$+U_{OM}$，如图 2.51（b）所示。把图 2.51（a）和图 2.51（b）的特性合在一起，就构成了图 2.51（c）所示的滞回特性。它有两个触发电平，这两个触发电平之差称为回差电压 ΔU_{TH}，即

$$\Delta U_{TH} = U_{TH1} - U_{TH2} = 2U_{OM}\frac{R_2}{R_2 + R_f}$$

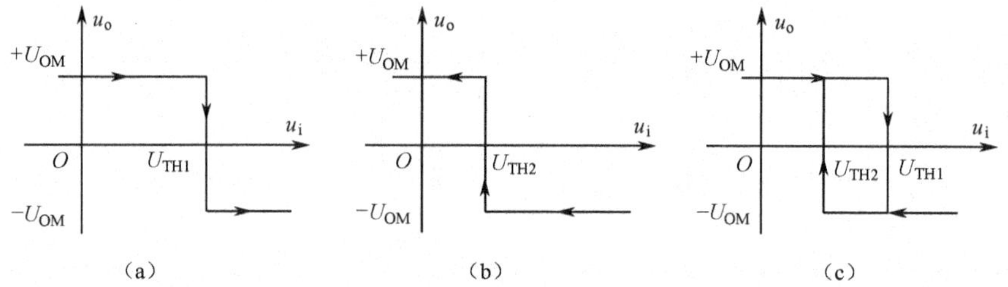

图 2.51 传输特性

回差电压的存在，可以大大提高电路的抗干扰能力。

2.3.2 集成功率放大器

1. 集成功率放大器概述

把 OTL 或 OCL 电路与前级的运放集成在一起就组成了集成功放。集成功放品种多，规格多，生产厂家多，下面我们只介绍 TDA2030。TDA2030 集成功放在很多电视机、计算机的有源音箱中都有采用，它音质好，引脚少，外围元件少，散热片直接固定在金属板上无需绝缘，十分方便，并且电气性能稳定、可靠，能长时间连续工作，内部有过载、过热保护电路。

TDA2030 的性能参数如下：

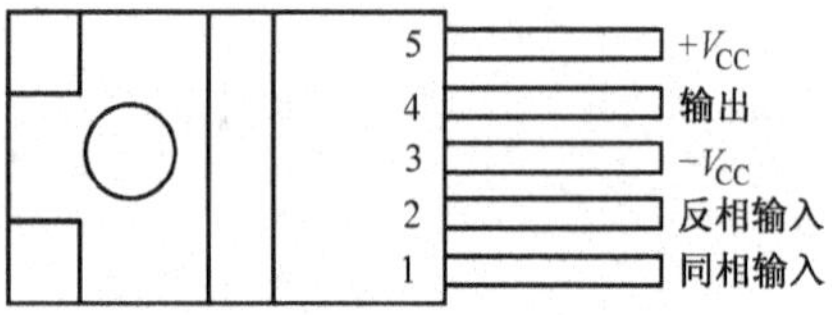

图 2.52 TDA2030 的管脚排列图

- 电源电压 V_{CC}：±6～±18V；
- 输出峰值电流：3.5A；
- 功率带宽 BW：10Hz～140kHz；
- 静态电流 I_{CC}：<60μA；
- 谐波失真 T_{HD}：<0.5%。

TDA2030 的外形如图 2.52 所示，其应用电路如图 2.53、图 2.54 所示。

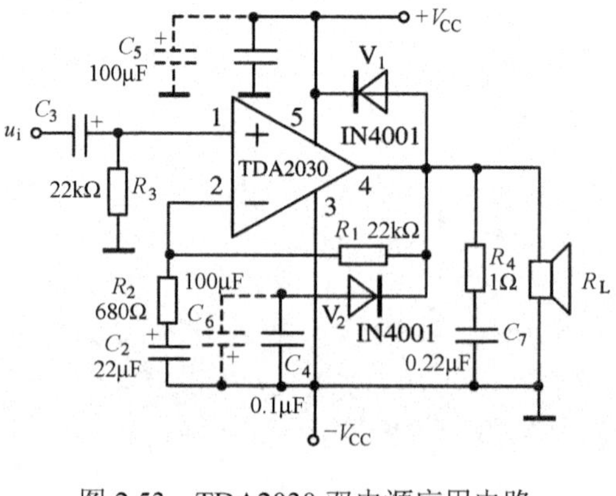

图 2.53 TDA2030 双电源应用电路

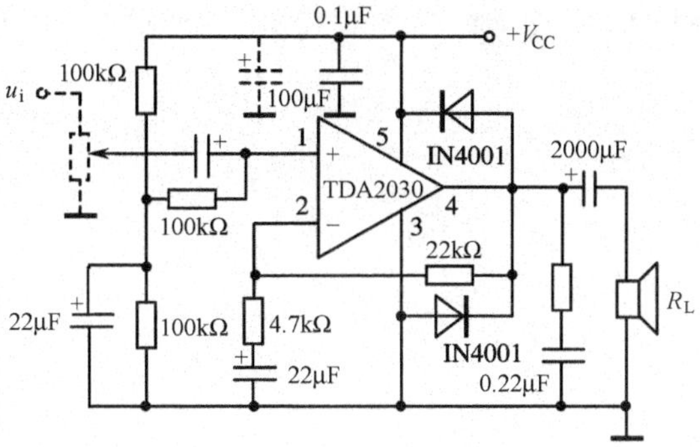

图 2.54　TDA2030 单电源应用电路

2．功率放大器应用中的几个问题

（1）功放管散热

功率放大器工作在大电流、高电压状态下，即使电路的效率较高，也会有一定的损耗。这些损耗主要是功放管自身消耗的功率，而功放管消耗功率会使管子集电结升温，管子发热。当管子温度升高到一定程度后，管子就会损坏。为了使管子温度不致升得过高而造成管子损坏，应该采取措施将其产生的热量发散出去，使得即使在最大功率时管子温升（主要是结温）也不会过高。通常的散热措施是给功放管加装散热片，在功放电路中，尤其是中、大功率的功放电路中，必须按照要求给功放管加散热片（板）。散热片是铜、铝等导热性能良好的金属材料制成的，尺寸越大散热能力越强，使用时可以根据散热要求的不同来选配。

（2）功放管的二次击穿

晶体管的击穿特性曲线决定，一次击穿是正常的雪崩击穿，它是因为 U_{CE} 过大引起的，一旦外加电压减小或撤销，晶体管可能恢复原状，因而是可逆击穿。一次击穿后，若 i_c 继续增大，则管子进入二次击穿。二次击穿与一次击穿不同，它是由于管子内部结构缺陷和制造工艺缺陷而引起的，是不可逆击穿，击穿时间过长（超过 1s）将使管子损坏。基极电流 i_B 不同，进入二次击穿的点也不同。把这些进入二次击穿的点连接起来，可得到二次击穿临界曲线。显然，晶体管在使用时不能超过二次击穿临界曲线。为此，在大电压、大电流情况下工作的功放管，要设法避免或减小二次击穿的发生，缩短二次击穿的时间。其主要措施是：通过增大管子的功率容量、改善管子的散热状况等保证管子工作在安全区之内；避免由电源剧烈波动、输入信号突然加强以及负载开路、短路等原因引起的过流和过压现象；在负载两端并联保护二极管，防止感性负载造成功放管过压或过流，在功放管 C、E 端并联稳压管吸收瞬时过电压。

（3）功放管的过压过流保护

如上所述，功放管经常工作在大电压、大电流状态下，一旦出现过电压、过电流很容易受到损坏，而功放管本身又比较贵重，因而一般都要设置功放管过压保护电路和过流保护电路。此外，扬声器过流时也会使音圈移位或将扬声器烧毁，因而也要设过流保护。过压、过流保护电路的种类很多，主要是负载并联二极管，功放 C、E 端并联稳压管等措施。

技能训练6 集成运算放大器

1. 实验目的

（1）掌握集成运算放大器的工作原理；

（2）掌握比例运算、加法运算的工作原理。

2. 实验器材

稳压电源	一台
万用表	一块
线路板	一块

3. 实验知识

（1）比例运算（图2.55）

$$u_o = -\frac{R_f}{R_1}u_i$$

首先强调输入电压是从 R_1 之前送入，运放同相输入端与反相输入端是净输入电压 $\Delta u_i'$，$\Delta u_i' \leqslant \pm U_{OM}/A_d \approx 0$

（2）加法运算（图2.56）

$$u_o = -\left(\frac{R_f}{R_1}u_{i1} + \frac{R_f}{R_2}u_{i2}\right)$$

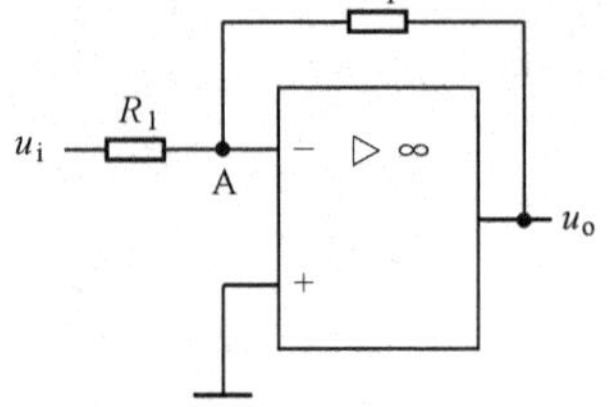

图2.55 比例运算电路

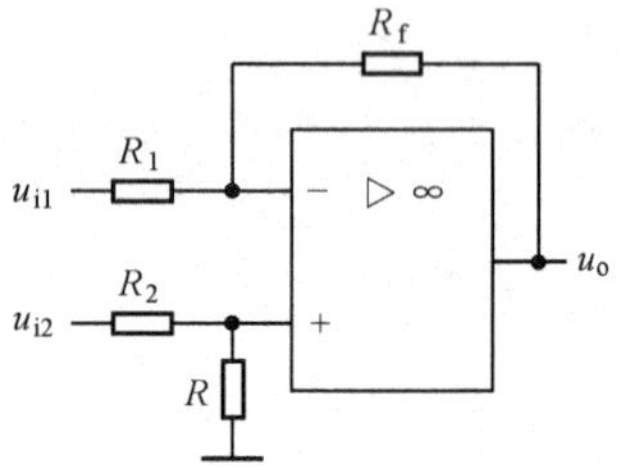

图2.56 加法运算电路

（3）F007C外线

典型接法：通常F007C是金属封装，与F007C功能相同的是UA741或LM741塑料封装。其管脚排列如下表所示：

1	2	3	4	5	6	7	8
调零	U_-	U_+	$-U_{CC}$	调零	U_o	$+U_{CC}$	空脚

F007C参数：$\pm U_{CC} = \pm 15V$，$U_{OM} = \pm 12V$。

（4）实验电路

实验电路如图2.57所示。

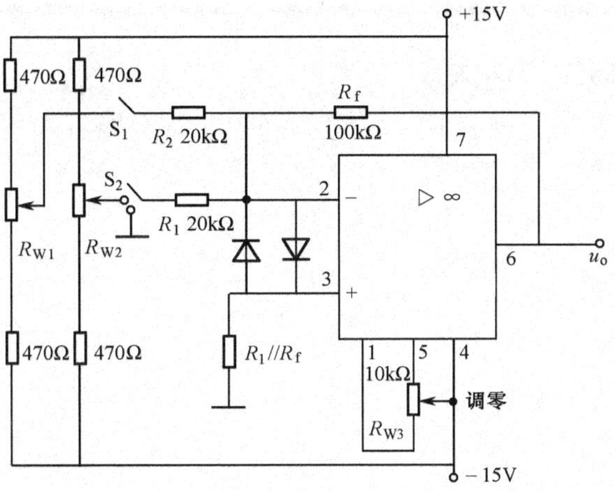

图 2.57　实验电路

4. 实验内容及步骤

（1）接±15V 电源

（实验失败的主要原因是±15V 电源接错，导致烧坏集成块。首先用万用表测量每组电源都是±15V，防止有时电源电压太高烧坏 F007C。接好线后，再量一下线路板上是否有±15V 电源，有时发现用万用表测量电压时，线路板正端比地端反而低，指针反偏，这是导线没有接紧的缘故。）

（2）调零

S_1旋钮向上悬空；S_2旋钮向下接地。调 R_{W3}=10kΩ的电位器，使 U_o=0。

由于开始量±15V 时用 50V 量程，调零时量程就必须越来越小，最后到 0.25V 挡，使指针指在零位量。调好零后，立即将万用表量程调到 10V 挡。

（3）比例运算

S_1悬空，旋钮要向上旋；S_2接电位器，旋钮要旋平。调节 R_{W2}，测如下几组数据。

U_I	−0.2	+0.20	−0.50	+0.50	+1.0	−2.0
U_O						

R_{W2}调至中点时，由于电阻是对称的，上边是+15V，下边是−15V，因而 U_I=0。

（4）加法运算

将 S_1与 S_2都接电位器，调节 R_{W1}、R_{W2}，测如下几组数据。

U_1	+0.2	+0.2	−0.2	−0.5	−1.0
U_2	−0.5	−1.0	−0.2	+1.0	+2.0
U_O					

5. 实验注意事项

（1）输出端千万不可与地短接！

（2）注意旋钮开关的连接方向。

（3）因为电源是正、负两组电压，所以测量电压时要注意将表笔及时对调。

技能训练7　集成功率放大器

1．实验目的

（1）掌握集成功率放大器的基本原理；

（2）熟悉TDA2030集成功放的使用。

2．实验器材

示波器	一台
信号发生器	一台
毫伏表	一台
双路稳压电源	一台
万用表	一块
线路板	一块

3．实验知识

（1）引线

TDA2030的外形如图2.52所示。

（2）电路中各元器件的作用

① $A_{uF}=1+\frac{R_1}{R_2}=1+\frac{22k\Omega}{680\Omega}=33$

② 输入端R_3=22kΩ，其作用是与R_1=22kΩ平衡。

③ 两个二极管起到限幅保护作用。

④ 1Ω与0.22μF起到高频保护作用，因为人耳能听到的声音频率范围是20Hz～20kHz，一旦有高频干扰，必然从1～0.22μF这条支路通过，从而起到保护喇叭的作用。

⑤ 100μF、0.1μF的退耦电容是防止电源中有干扰信号送入。

（3）实验电路

实验电路如图2.53所示。

4．实验内容及步骤

（1）将XD22低频信号发生器的输出衰减调至30dB，则信号发生输出电压范围为0～200mV，原因是TDA2030在±14V电源下，输出阻抗4Ω，可输出14W功率（输出最大有效值），则输出量最大有效值为7.5V，这一参数可在实验时予以证明。

$$U_i=\frac{U_o}{A_{uf}}=\frac{7.5V}{33}=\frac{7500mV}{33\times 3}=225mV$$

若U_i过大，易烧坏集成块。

（2）接好±14V电源。

（3）将信号送入功放，合上开关，聆听音质。

要求同一音符聆听时间不能太长，否则会像噪声一样。

（4）将 S 断开，观察输出不失真波形，再合上 S 带上喇叭，查看不失真波形。最后用毫伏表测一下失真电压。

5．实验注意事项

（1）输入电压不宜过大。

（2）接上±14V 电源时，这一步最易烧坏集成块；实验时因接线不实，或在稳压电源打开的情况下直接接线，这一种情况极易烧坏集成块，都应十分注意。

2.4　电子技术综合技能训练 1

2.4.1　常用电子元器件的检测

训练目的

- 用万用表测量电阻阻值的大小；
- 用万用表判别电容的好坏及容量的估算；
- 用万用表判别三极管、二极管的管脚；
- 用万用表判别二极管、三极管的质量。

训练器材

万用表	一只
二极管、三极管	若干
电阻、电容	若干

训练内容

1．用万用表测电阻阻值

数据记录如下：

项目 / 电阻	色 环 颜 色	根据色环判别阻值大小	用万用表测量阻值大小	误　差
电阻 1				
电阻 2				
电阻 3				
电阻 4				

2．用万用表判别电容好坏并估算容量

将万用表选择开关调置“R×1k”挡。数据记录如下：

电容 \ 项目	类　型	标值量	万用表测量时指针偏转最大值	万用表测量时指针偏转最后值	耐压值
电容 1					
电容 2					
电容 3					
电容 4					

3．用万用表测量二极管

(1)“R×100”挡

数据记录如下：

二极管 \ 项目	型　号	正向电阻	反向电阻	管脚排列示意图
二极管 1	4007			
二极管 2	4148			
二极管 3	发光二极管			

(2)“R×1K”挡

数据记录如下：

二极管 \ 项目	型　号	正向电阻	反向电阻	管脚排列示意图
二极管 1	4007			
二极管 2	4148			
二极管 3	发光二极管			

4．用万用表测三极管

数据记录如下：

三极管 \ 项目	型　号	管　型	管脚排列示意图	b、e 间正向阻值
三极管 1	9012			
三极管 2	9013			
三极管 3	1815			
三极管 4	3DG6			
三极管 5	3DD15			

问题：

(1) 用“R×100”与“R×1k”挡测出的正向电阻是否一样，为什么？

(2) 能否用“R×1Ω”与“R×10k”挡测小型二极管与三极管，为什么？

2.4.2　实用直流稳压电源的安装与调试

训练目的

- 掌握串联型稳压电源的工作原理；
- 掌握串联型稳压电源的调试方法和主要性能的测试方法；
- 掌握元件参数的选择方法；
- 掌握元件参数对稳压电源性能的影响。

训练器材

万用表、电路板为铆钉板或多功能板，电烙铁及各种其他元器件如下表所列。

器件名称	器件参数	器件名称	器件参数	器件名称	器件参数
变压器 T_r	8W，15V	电容 C_1	470 μF/25V	电阻 R_3	510Ω
二极管	1N4007*4	电容 C_2	100 μF/25V	电阻 R_C	1kΩ
三极管 V_1、V_2	9013*2	电阻 R_1	100Ω	电阻 R_L	180Ω
稳压二极管 V_Z	4.7V	电阻 R_2	680Ω	电位器 R_P	1kΩ

知识铺垫

实验原理

串联稳压电源主要由调整器件、基准电压、取样网络、比较放大器等部分组成，此外还有短路保护等。电路图如图 2.58 所示。

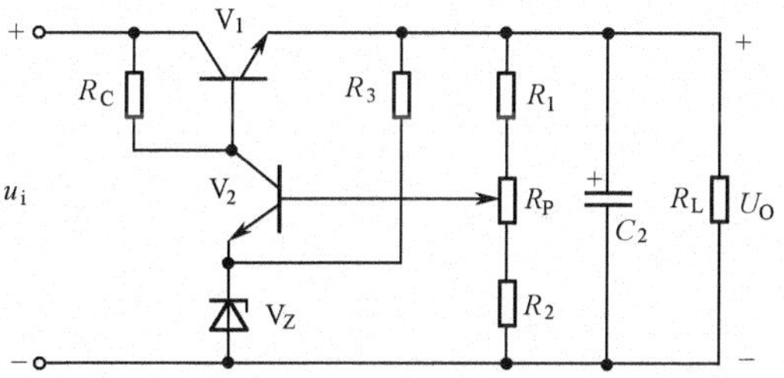

图 2.58　串联型稳压电源电路图

调整元件 V_1 是整个稳压电路的核心器件，输出电压的变化会使它的基极电流发生变化，进而控制它的管压降 U_{CE1} 变化，使其起到调整输出电压的作用，故称调整管。

电阻 R_3 和 V_Z 组成了基准电路，V_Z 上的稳定电压作为基准电压，基准电压是恒定的。

电阻 R_1 与 R_2 及 R_P 组成的分压器称为取样电路，取样支路电流远小于额定负载电流。且 R_1+R_2 比 R_L 大许多。经 R_P 的触头选取输出电压的一部分加到比较放大管的基极，分压比称为取样比，即 $n=R_2+R'_2/R_1+R_2+R_P$（R'_2 是指 R_w 的中间触点与 R_2 连接点的电阻）。

V_2 接成共射极放大器，叫比较放大电路。输出电压变化量 ΔU_o 的一部分 $n\Delta U_o$ 加到 V_2 管基极，并与基准电压 U_Z 进行比较，经放大倒相后控制调整管基极电位。

稳压过程如下所示。

（1）当电网电压波动时，引起以下反馈调节过程

$$U_i\uparrow\rightarrow U_o\uparrow\xrightarrow{\text{取样}}U_{b2}\uparrow\xrightarrow{\text{与 }U_Z\text{ 比较放大}}U_{c2}(=U_{b1})\downarrow\xrightarrow{\text{控制}}U_o\downarrow$$

（2）当负载变化时，引起以下反馈调节过程

输出电压调节：

$$I_L\uparrow\rightarrow U_o\downarrow\xrightarrow{\text{取样}}U_{b2}\downarrow\xrightarrow{\text{与 }U_Z\text{ 比较放大}}U_{c2}(=U_{b1})\uparrow\xrightarrow{\text{控制}}U_o\uparrow$$

输出电压的计算：

$$U_{b2}=U_Z+U_{be2}$$

$$U_o=\frac{U_Z+U_{be2}}{R_2+R_2'}(R_1+R_P+R_2)$$

当 R_P 调节到最上端时，输出电压最小：

$$U_{min}=(U_Z+U_{be2})\times(R_1+R_2+R_P)/(R_2+R_P)$$

当 R_P 调节到最下端时，输出电压最大：

$$U_{max}=(U_Z+U_{be2})\times(R_1+R_2+R_P)/R_2$$

输出电压调节范围为：

$$U_{omin}\leqslant U_o\leqslant U_{omax}$$

本实验具体电路图如图 2.59 所示。

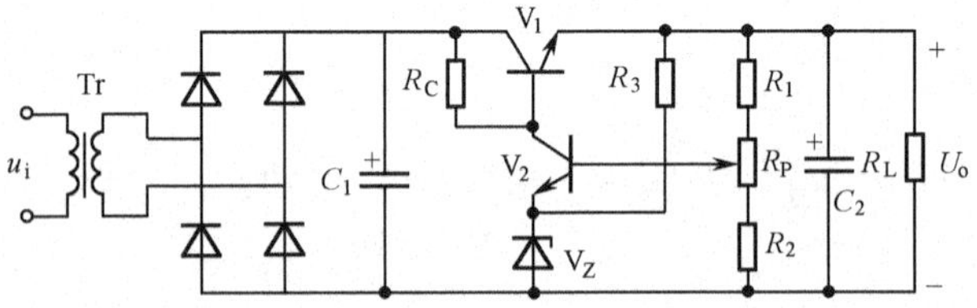

图 2.59 串联型稳压电源安装电路图

训练内容

（1）实验步骤

① 按电路要求安装好桥式整流电路，测定输出电压，$U_i=0.9U_2$。

② 焊接上滤波电容 C，测定输出电压，$U_L=1.4U_2$。

③ 焊接调整三极管 V_1 及电阻 R_c，测定输出电压。

④ 焊接基准电压、电阻 R_3 与 V_Z，测定 V_Z 电压。

⑤ 焊接取样网络 R_1、R_P、R_2 电阻。

⑥ 焊接三极管 V_2。

⑦ 焊接 R_L。

改变 R_P 阻值，测定 U_o 的值，填入下表。

R_P 最上端	U_o=
R_P 最下端	U_o=

(2) 讨论

① 焊接时的注意事项。

② 输出电压 U_o 的计算方法。

③ 当电压上升时的稳压过程。

④ 当负载增加时的稳压过程。

习题 2

1．通常小功率硅二极管的正向压降是多少伏？小功率锗二极管的正向压降是多少伏？

2．把图 2.60 中的四个二极管连接成桥式整流电路，接上交流电源和负载。

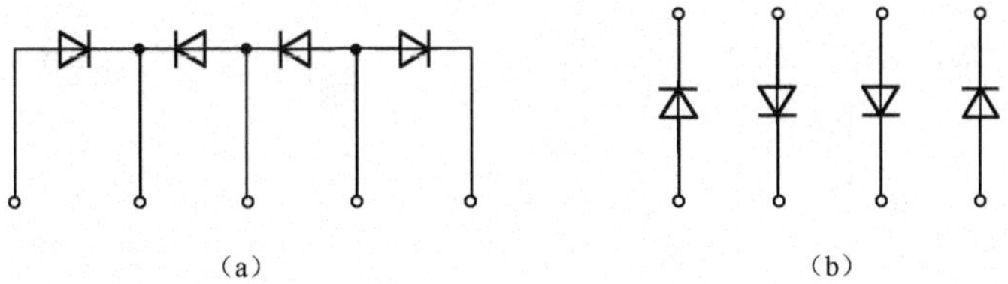

图 2.60　习题 2.2 图

3．已知三极管的 β=99，若 I_B=10μA，则该管的 I_C 是多少？I_E 是多少（忽略 I_{CEO}）？

4．从图 2.61 所示的各晶体管电极的实测对地电压数据中，分析各管：(1) 是锗管还是硅管？(2) 是 NPN 型还是 PNP 型？(3) 是处于放大、截止或饱和状态中的哪一种？或是已经损坏（指出哪个结已坏，是烧坏还是短路）？

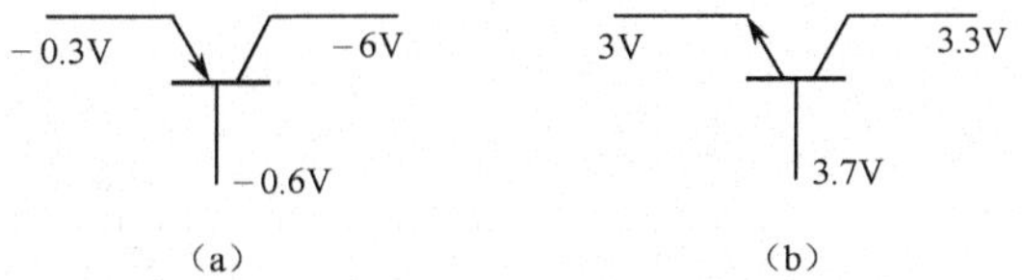

图 2.61　习题 2.4 图

5．如果输入信号电压 V_i=0.02V，电流 I_i=1.0mA；输出电压 V_o=2V，电流 I_o=0.1A。求放大器的电压增益 G_v、电流增益 G_i 和功率增益 G_P 分别是多少。

6．电路如图 2.62 所示，调整电位器来改变 R_b 的阻值就能调整放大器的静态工作点。试估算：(1) 如果要求 I_{CQ}=2mA，R_b 的值应为多大？(2) 如果要求 U_{CEQ}=4.5V，R_b 的值又应为多大？

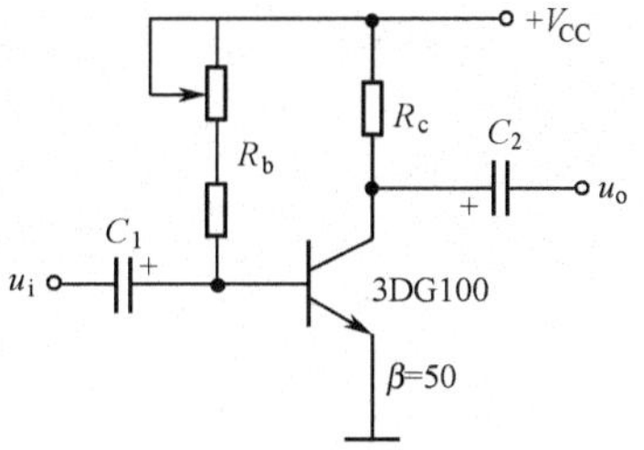

图 2.62　习题 2.6 图

7．放大电路及元件参数如图 2.63 所示，三极管选用 3DG 100，β = 45。计算：(1) R_L=5.1kΩ时的电压增益 $\dot{A}_u$。(2) 如果信号源的内阻 R_s=500Ω，负载电阻 R_L=5.1kΩ，求源电压增益 $\dot{A}_u$ 的值。

8．射极输出器如图 2.64 所示，三极管为硅管，β=100。试求：(1) 静态工作电流 I_{CQ}；(2) 输入电阻和输出电阻值。

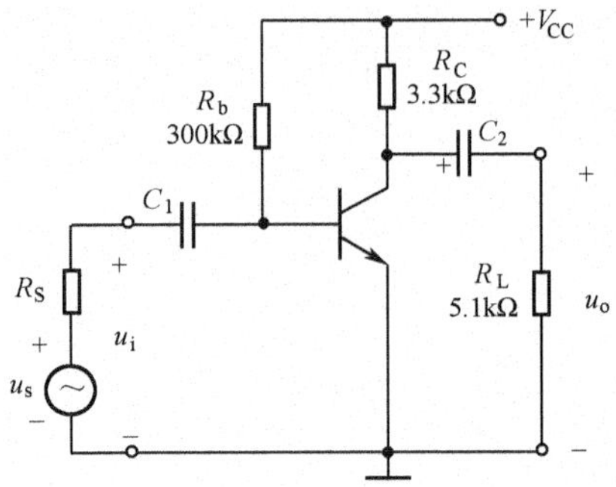

图 2.63　习题 2.7 图

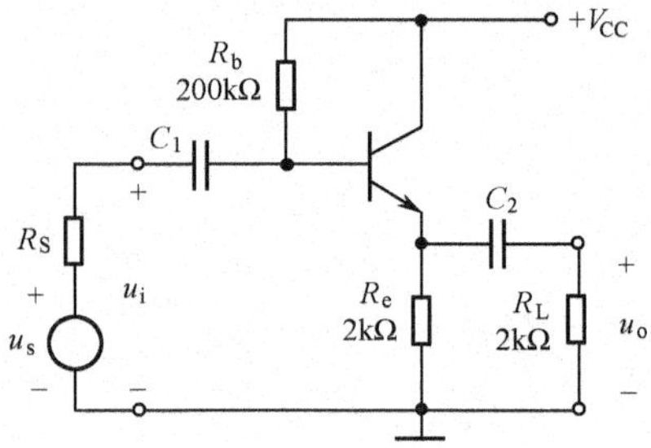

图 2.64　习题 2.8 图

9. 指出如图 2.65 所示各电路中的反馈组态和极性。

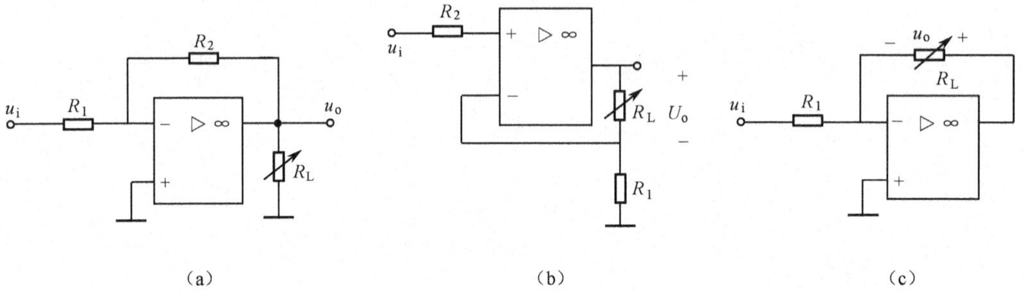

图 2.65　习题 2.9 图

10．求如图 2.66 所示各运放电路的输出电压。

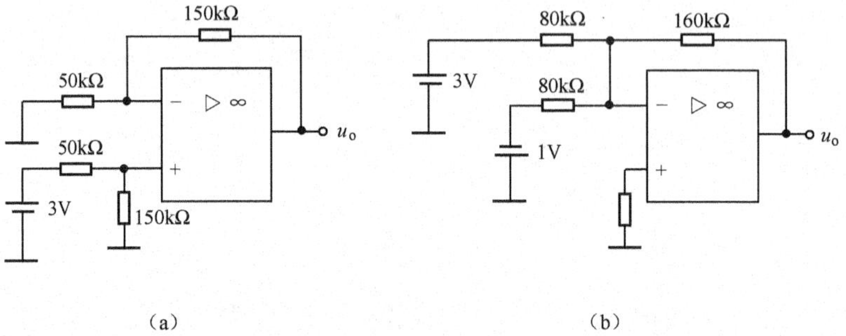

图 2.66　习题 2.10 图

11．设如图 2.67 所示反相比例运算电路中的 R_1=10kΩ，R_f=30kΩ，试估算它的电压放大倍数 A_v。

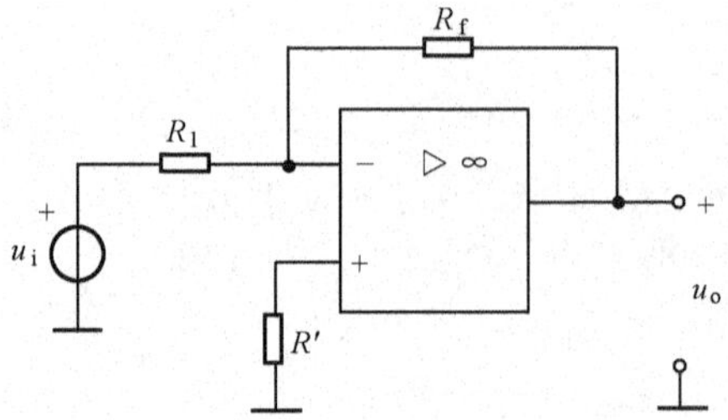

图 2.67　习题 2.11 图

12．求如图 2.68 所示电路的开关在以下情况中的电压放大倍数：（1）S_1、S_2断开；（2）S_1闭合，S_2断开；（3）S_1、S_2闭合。

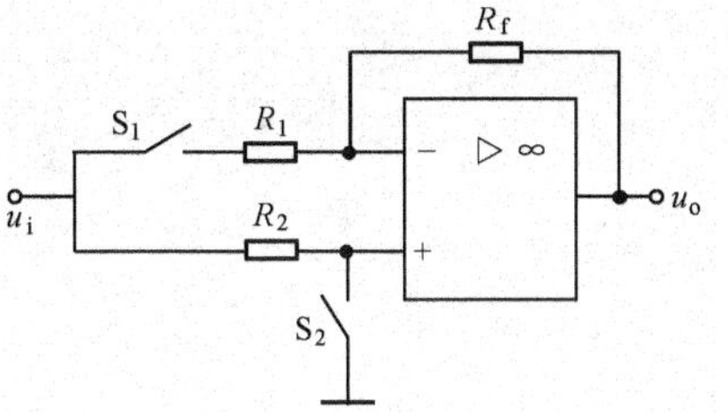

图 2.68　习题 2.12 图

13．绘出如图 2.69 所示电路的输出波形。已知输入电压波形如图 2.69（b）所示，运放的 U_{OM}=6V，U_{OL}=-6V。

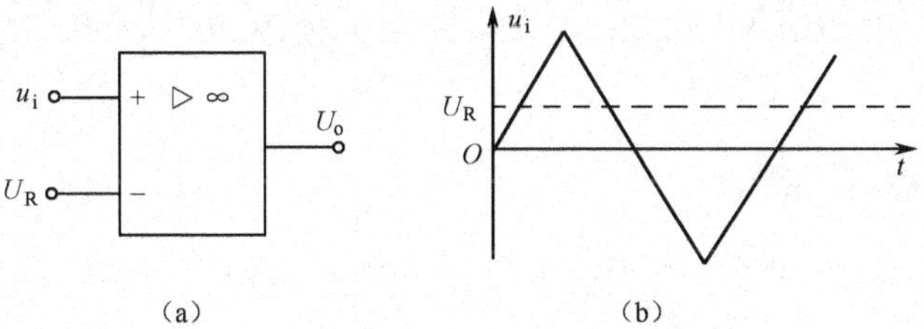

图 2.69　习题 2.13 图

第3章 数字电子技术常识

3.1 门电路和组合逻辑电路

在数字电路中，实现运算功能的电路称为逻辑门电路。本章将在介绍“与”、“或”、“非”三种基本逻辑门电路的基础上，重点分析目前使用最广泛的组合逻辑门电路和集成逻辑门电路。

3.1.1 分立单元门电路

在集成技术迅速发展和广泛应用的今天，分立元件门电路已经很少有人使用，但不管功能多么强、结构多么复杂的集成门电路，都是以分立元件门电路为基础，经过改造演变而来的。因此，了解分立元件门电路的工作原理，有助于学习和掌握集成门电路。分立元件门电路包括二极管门电路和三极管门电路两种。

1．二极管门电路

（1）二极管与门

二极管与门电路图如图 3.1（a）所示。由图可知，在输入端 A、B 中只要有一个（或一个以上）为低电平，则与该输入端相连的二极管必然因获得正偏电压而导通，使输出 Y 为低电平。只有所有输入端（A、B……）同时为高电平，输出 Y 才是高电平，可见输入对输出呈现与逻辑关系，所以这种门电路称为与门电路，其电路符号如图 3.1（b）所示。

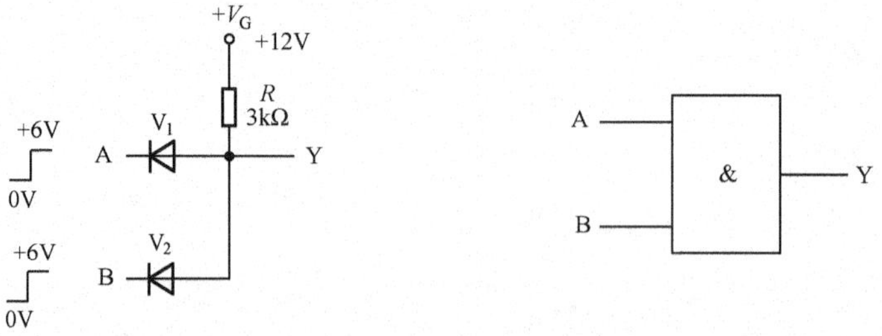

（a）与门电路图　　（b）与门电路符号

图 3.1　二极管与门电路

与逻辑关系可用图 3.2 表示，图中只有当两个开关 A、B 都闭合时，灯泡才亮，只要有一个开关断开，灯泡就不亮。这就是说：若决定某一事物结果的所有条件同时具备时，结果才会发生。这种因果关系叫作逻辑与，也叫逻辑乘、与逻辑。

在分析逻辑电路时，广泛采用一种称为逻辑代数的数学工具，在逻辑代数里，与逻辑可写成如下的逻辑函数式

$$Y=A\times B \text{ 或 } Y=A\cdot B \text{ 或 } Y=AB$$

读作 Y 等于 A 与 B，也可读作 Y 等于 A 乘 B，其含义是指：只有 A、B 均为 1（正逻辑时为高电平）时，Y 才为 1，其中任一个为 0（正逻辑时为低电平），则 Y 就为 0。

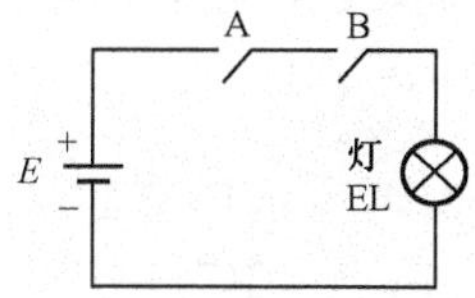

图 3.2　用串联开关说明与逻辑关系

与门逻辑关系除了用逻辑函数式表示外，还可以用真值表表示。真值表是一种表明逻辑门电路输入状态和输出状态逻辑对应关系的表，它包括全部可能的输入值组合及其对应的输出值，表 3.1 即是与门真值表。

表 3.1　与门真值表

输　入		输　出
A	B	Y
0	0	0
0	1	0
1	0	0
1	1	1

从与门的逻辑函数式或真值表可概括出与门的逻辑功能是“有 0 出 0，全 1 出 1”。

（2）二极管或门

二极管或门电路图如图 3.3（a）所示，只要输入端 A、B 中有一为高电平，相应的二极管就会导通，输出 Y 就是高电平，只有输入端 A、B 同时为低电平时，Y 才是低电平。显然，Y 和 A、B 间呈或逻辑关系，其逻辑函数式为

$$Y=A+B$$

读作 Y 等于 A 或 B，也可读作 Y 等于 A 加 B。或门电路符号如图 3.3（b）所示。

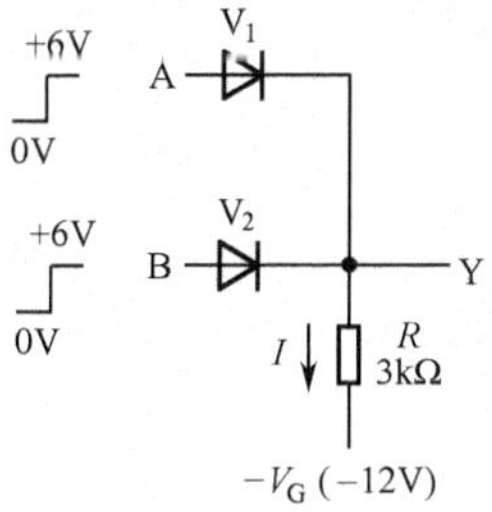

（a）或门电路图

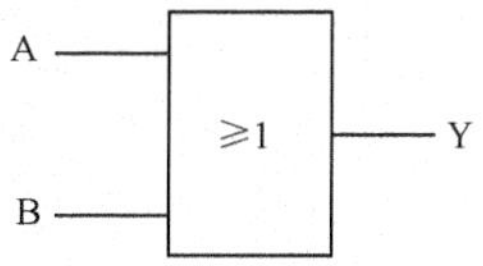

（b）或门电路符号

图 3.3　二极管或门电路

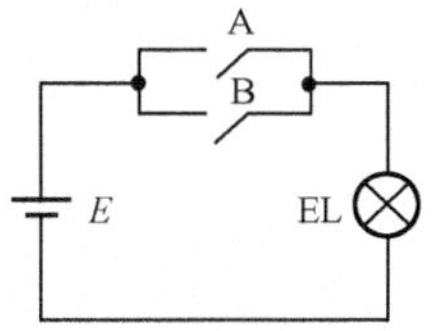

图 3.4　用并联开关说明或逻辑关系

或逻辑关系可用图 3.4 表示，图中两个开关 A、B 只要有一个闭合时，灯泡就亮。这就是说：若决定某一事物结果的诸条件中，只要有一个或一个以上的条件具备时，结果就会发生。这种因果关系叫作或逻辑，也称逻辑加。

或门真值表见表3.2。

表3.2　或门真值表

输　入		输　出
A	B	Y
0	0	0
0	1	1
1	0	1
1	1	1

应当指出，一个电路是或门还是与门是根据特定的条件确定的。即正逻辑体制规定：高电平用1表示，低电平用0表示，负逻辑体制则相反。也就是说：在正逻辑里是与门，而在负逻辑里是或门。本书不作特殊说明，一般以正逻辑为条件来分析。

从或门的逻辑函数式及真值表可概括出或门的逻辑功能是“有1出1，全0出0”。

2．三极管门电路

这里只讲三极管的非门电路。非逻辑关系可用图3.5（a）表示，当开关S闭合时，灯EL灭；S断开时，灯EL亮。也就是说，只要某一条件具备了，事件便不发生，而当此条件不具备时，事件一定发生，这样的因果关系叫作逻辑非，也称为逻辑反。

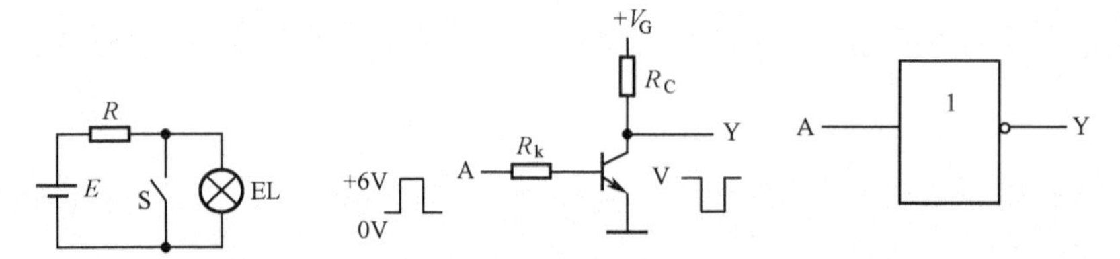

输入	输出
A	Y
0	1
1	0

（a）非逻辑电路实例　（b）非门电路图　（c）非门电路符号　（d）真值表

图3.5　三极管非门电路

图3.5（b）是由三极管组成的非门电路图，图3.5（c）是它的电路符号。所谓非，就是否定，即输出信号与输入信号存在着反相关系。也就是说当输入信号为低电平时，输出信号为高电平；而输入信号为高电平时，则输出信号为低电平。因此，非门只有一个输入端和一个输出端。

非门电路的逻辑函数式为

$$Y=\overline{A}$$

读作Y等于A非。非门的真值表如图3.5（d）所示。由非门的逻辑函数式和真值表可知，非门的逻辑功能可概括为“有0出1，有1出0”。

3．复合逻辑门电路

与门、或门和非门是基本的门电路，我们常把它们组合起来，使之成为与非门电路、或非门电路和异或门电路等，统称为复合门电路。

（1）与非门电路

① 逻辑结构图和符号。一个与门和一个非门连接起来，便组成一个与非门电路，其逻辑结构图和逻辑符号如图 3.6 所示。

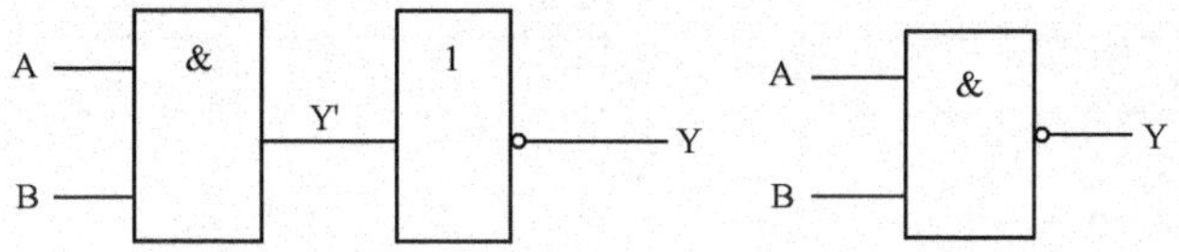

（a）与非门逻辑结构图　（b）与非门逻辑符号

图 3.6　与非门电路

② 输入和输出关系。若用 0 和 1 分别表示低电平和高电平，则与非门电路的输入和输出关系如表 3.3 所示。

表 3.3　与非门电路输入、输出关系

与　门	非　门	与　非　门
全 1 出 1 有 0 出 0	入 1 出 0 入 0 出 1	全 1 出 0 有 0 出 1

与非门电路的真值表如表 3.4 所示。

表 3.4　与非门电路真值表

A	B	A·B	$\overline{A\cdot B}$
0	0	0	1
0	1	0	1
1	0	0	1
1	1	1	0

③ 逻辑函数表达式。与非门的逻辑函数表达式为

$$Y=\overline{AB}$$

$\overline{AB}$ 读做 AB 非或 AB 反。

（2）或非门电路

① 逻辑结构图和符号。一个或门和一个非门连接起来，便组成一个或非门电路，其逻辑结构图和逻辑符号如图 3.7 所示。

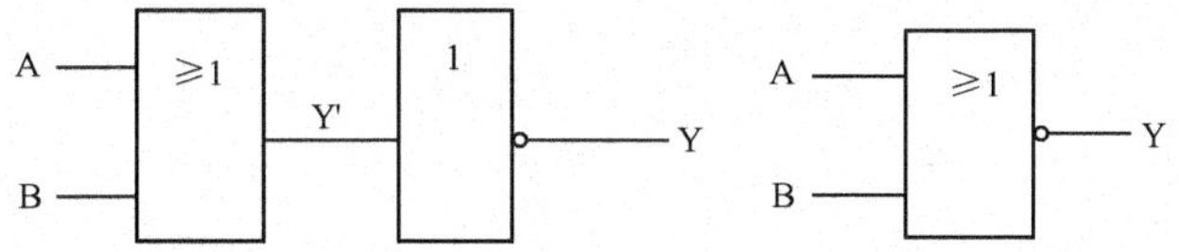

（a）或非门逻辑结构图　（b）或非门逻辑符号

图 3.7　或非门电路

② 输入和输出关系。若用 0 与 1 分别表示低电平和高电平，则或非门电路的输入和输出关系如表 3.5 所示。

表 3.5 或非门电路输入、输出关系

或 门	非 门	或 非 门
有1出1 全0出0	入1出0 入0出1	有1出0 全0出1

或非门的电路真值表如表 3.6 所示。

表 3.6 或非门电路真值表

A	B	Y
0	0	1
0	1	0
1	0	0
1	1	0

③ 逻辑函数表达式。或非门的逻辑函数表达式为

$$Y=\overline{A+B}$$

（3）异或门电路

① 逻辑结构图和符号。由两个非门、两个与门和一个或门按图 3.8（a）所示的结构连接起来，便组成一个异或门电路，其逻辑符号如图 3.8（b）所示。

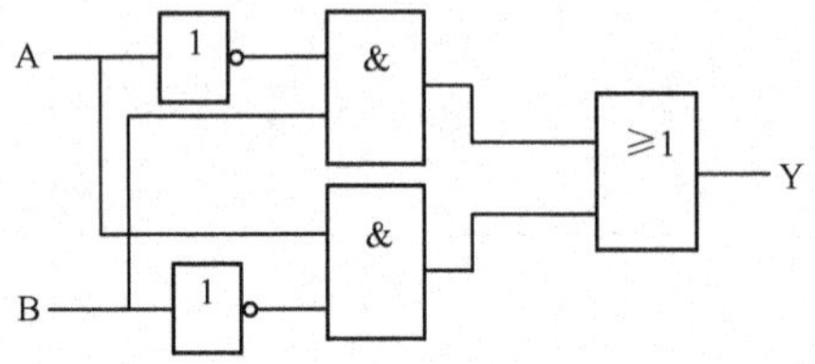

（a）异或门逻辑结构图

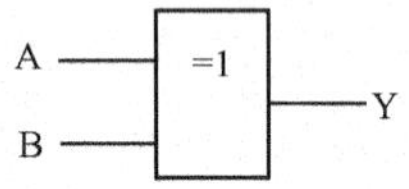

（b）异或门逻辑符号

图 3.8 异或门电路

② 输入和输出关系。由图 3.8（a）可得异或门输入、输出关系的逻辑函数表达式为

$$Y=A\overline{B}+\overline{A}B$$

由逻辑函数表达式及与、或、非的基本运算规则，可得异或门电路的真值表，如表 3.7 所示。

表 3.7 异或门电路真值表

A	B	Y
0	0	0
0	1	1
1	0	1
1	1	0

由表 3.7 可见，异或门电路的逻辑功能为：当 A、B 两个输入端相异时（A=1, B=0 或 A=0, B=1），输出 Y 为 1；当 A、B 两个输入端相同时（A=B=0 或 A=B=1），输出 Y 为 0，即"入异出 1，入同出 0"。

③ 逻辑函数表达式。异或门的逻辑函数表达式可写为

$$Y = A\overline{B} + \overline{A}B = A \oplus B$$

3.1.2　TTL 门电路

前面讨论的各种逻辑门电路都是用二极管、三极管、电阻等元件组成的。目前，在数字电路中广泛采用集成逻辑门电路，集成逻辑门电路是一种单片集成电路，集成电路按照内部使用的是双极型管还是单极型管，可分为双极型电路和单极型电路（TTL 和 CMOS）。在双极型与非门电路中应用最广的是 TTL 门电路，因为它的输入端和输出端都是三极管结构，故取名为三极管—三极管逻辑门电路，简称为 TTL 电路。

目前国产的 TTL 电路主要产品如表 3.8 所示。

表 3.8　TTL 电路主要产品

系　列	名　称	国际型号	部标型号
TTL	基本型中速 TTL	CT54/74	T1000
HTTL	高速 TTL	CT54/74H	T2000
STTL	肖特基 TTL	CT54/74S	T3000
LSTTL	低功耗肖特基 TTL	CT54/74LS	T4000
ALSTTL	先进低功耗肖特基 TTL	CT54/74ALS	

1. TTL 集成与非门电路

（1）工作原理简介

图 3.9 是一个小规模 TTL 与非门集成电路原理图。该电路由三部分组成：第一部分是由多发射极晶体管 V_1 构成的输入与逻辑，第二部分是由 V_2 构成的反相放大器，第二部分是由 V_3、V_4、V_5 组成的推拉式输出电路，用以提高输出的负载能力和抗干扰能力。

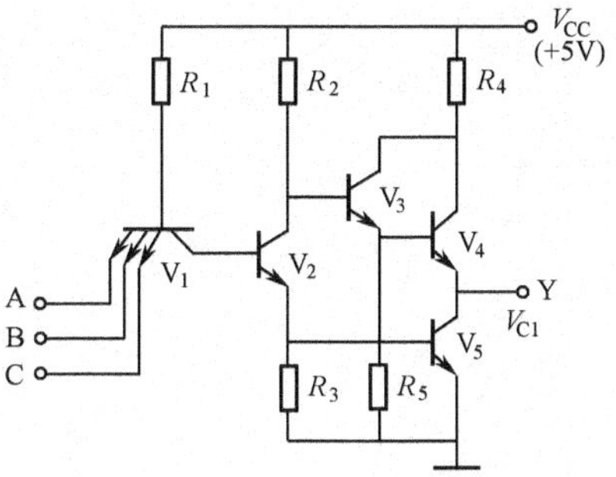

图 3.9　TTL 与非门电路原理图

该电路是这样工作的：

只要 A、B、C 输入端有一个为低电平（0V），V_1 就饱和导通，V_2、V_5 截止，V_3、V_4 导通，输出高电平（+5V）。

如果输入全为高电平（+5V），由于是复合管，具有很大的电流驱动能力，V_1 倒置，使 V_1 的集电极变为发射极，发射极变为集电极，因此，V_2、V_5 导通，V_3、V_4 截止，输出低电平（0V）。

可见这是一个与非门。

（2）主要参数

① 输出高电平。与非门至少一个输入端接低电平时的输出电压值，称为输出高电平。输出高电平用 V_{OH} 表示，一般约为 3.6V。

② 输出低电平。与非门所有输入端全为高电平时的输出电压值，称为输出低电平。输出低电平用 V_{OL} 表示，一般约为 0.3V。

③ 开门电平。与非门使输出维持低电平状态所需输入端高电平的最小值，叫开门电平。开门电平用 V_{ON} 表示，通常要求 $V_{ON} \leqslant 2V$。开门电平是表征 TTL 与非门电路抗干扰能力的一个重要参数，其值越小，电路抗干扰能力越强。

④ 关门电平。与非门输出维持高电平的 90%时允许输入低电平的最大值，叫关门电平。关门电平用 V_{OFF} 表示，一般要求 $V_{OFF} \geqslant 0.8V$。关门电平也是表征 TTL 与非门电路抗干扰能力的一个重要参数，其值越大，电路的抗干扰能力越强。若要使与非门处于截止状态，输入电平必须小于 V_{OFF}。

⑤ 输入短路电流 I_{IS}。与非门的任何一个输入端接地，其他输入端悬空时，流经这个输入端的电流值叫输入短路电流，用 I_{IS} 表示。I_{IS} 的典型值为 1.1mA。

⑥ 高电平输入电流 I_{IH}。与非门一个输入端接高电平，其他输入端接低电平时，流入这个输入端的电流值叫高电平输入电流，用 I_{IH} 表示。通常要求 $I_{IH} \leqslant 70\mu A$。

⑦ 扇出系数 N。扇出系数表示与非门能够驱动同类门的最大数目。使用时驱动的同类门一般不超过 8 个。

⑧ 平均传输延误时间 t_{pd}。平均传输延误时间 t_{pd} 用来表示与非门的开关速度，一般在几纳秒至几十纳秒之间。

同样地，也可用类似的结构构成 TTL 与门、或门、或非门、异或门、与或非门等，这里就不再一一介绍了。集成门电路的符号与分立元件门电路的符号完全相同。一般 TTL 集成电路的结构如图 3.10 所示。

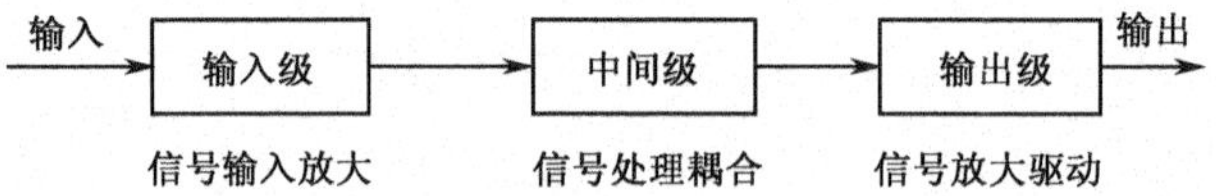

图 3.10　一般 TTL 集成电路结构

2．集电极开路的门电路（OC 门）

在 TTL 门电路中有一个禁忌，即普通 TTL 门电路的输出端不能并联连接，也就是说，不能把两个或两个以上这样的门电路的输出端接在一起。因为电路特性不允许，这样做容易损坏器件。但是，对于图 3.9 所示的 TTL 与非门电路，如果将其输出管 V_3 的集电极开路，就变成了“集电极开路”门，也称 OC 门，如图 3.11 所示。OC 门在使用时需外接负载电阻 R_L，使开路的集电极与+5V 电源接通，它的功能与图 3.9 所示的 TTL 与非门电路是一样的，都可以完成与非运算。

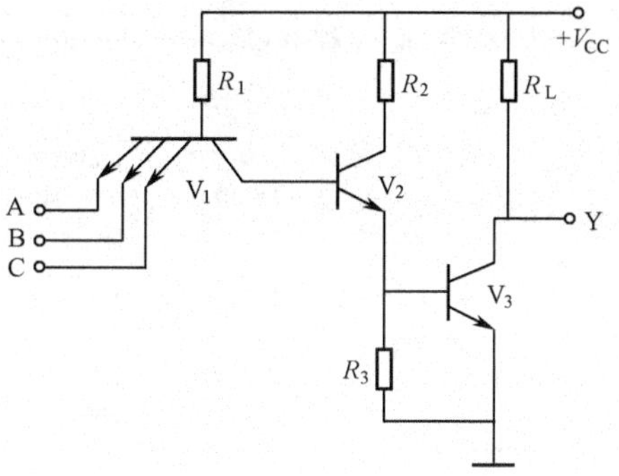

图 3.11　集电极开路与非门（OC 门）

用同样的方法，可以作成集电极开路与门、或门、或非门等各种 OC 门。OC 门的符号是在普通门的符号上加“◇”或“/”。例如，图 3.12 是集电极开路与非门的符号。

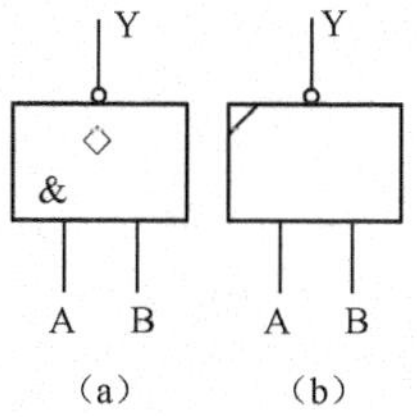

图 3.12　集电极开路与非门符号

单个 OC 门使用时的接法如图 3.13（a）所示。OC 门与普通 TTL 门的不同之处是，多个 OC 门的输出可以接在一起，如图 3.13（b）所示。

当两个 OC 门的输出都是高电平时，总输出 Y 为高电平；只要有一个 OC 门的输出是低电平，总输出 Y 就为低电平。这体现了与逻辑关系，因此称为线与，即用线连接成与。如图 3.13（b）所示电路的输出与输入关系为

$$Y=\overline{AB}\cdot\overline{CD}=\overline{AB+CD}$$

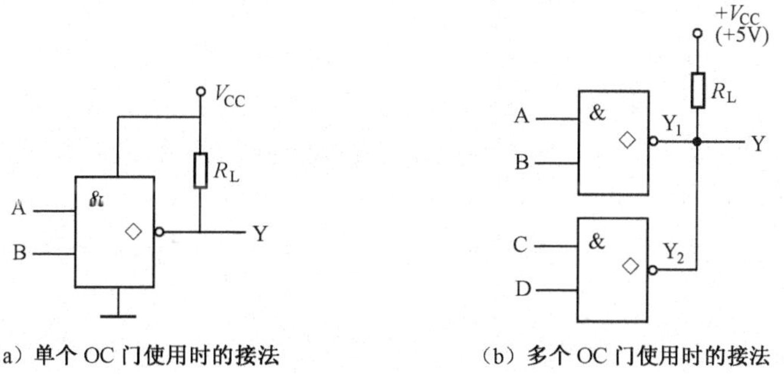

（a）单个 OC 门使用时的接法　　（b）多个 OC 门使用时的接法

图 3.13　OC 门使用时的接法

3．三态门

“三态门”是在门电路上加一个使能端，控制门电路使其输出除高电平或低电平两种状态以外，还可以出现第三种状态，即高电阻状态（门电路内部电源对地与输出端同时隔断），图 3.14 是三态门的逻辑符号及其应用图。在图 3.14（a）中，A 是输入端，$\overline{EN}$ 是控制端，Y 是输出端。每个三态门都是由各自的控制端控制的：当控制端 $\overline{EN}$=1 时，电源对地及输出端在门电路内部全部隔离呈高阻状态；当控制端 $\overline{EN}$=0 时，门电路内部恢复反相器常态，即 Y=$\overline{A}$：当 A=1 时 Y=0，A=0 时 Y=1。

三态门的一个重要用途是实现数据传输的控制。如图 3.14（b）所示，当$\overline{EN}_1$=0、$\overline{EN}_2$=1、$\overline{EN}_3$=1 时，Y_2、Y_3呈高阻状态，与总线隔离，只有Y_1把输入信号A_1送到总线；当$\overline{EN}_1$=1、$\overline{EN}_2$=0、$\overline{EN}_3$=1 时，Y_1、Y_3是高阻状态，与总线隔离，Y_2将输入信号A_2送到总线。这种用三态门控制数据传输的方法在数字通信和计算机中应用很是广泛。

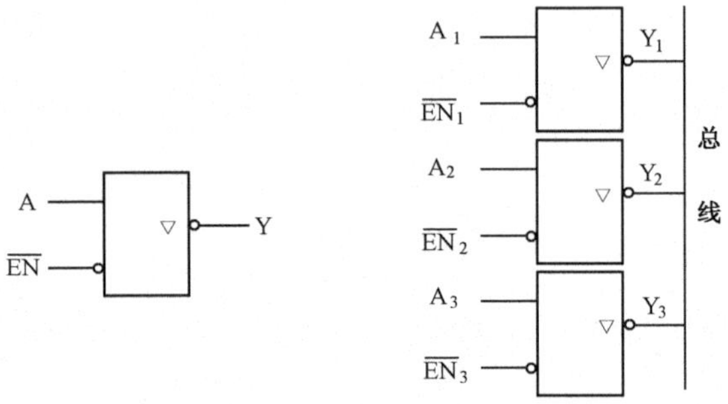

（a）逻辑符号　　（b）用三态门控制数据传输

图 3.14　三态门的逻辑符号及其应用图

3.1.3　加法器

在数字系统中，两个二进制数之间的算术运算，无论是加、减、乘、除，在目前的数字计算中都是化作若干步加法运算进行的。因此，加法器是构成算术运算器的基本单元。

1．二进制

目前，在数字电路中应用最广的是二进制。二进制与十进制数的区别在于数码的个数和进位的规律不同，十进制数有十个数码，并且“逢十进一”；而二进制数只有两个数码：0 和 1，并且“逢二进一”，即 1+1=10（读作壹零）。必须注意，这里的“10”与十进制数的“10”是完全不同的，它并不代表“拾”。右边的“0”表示2^0位数，左边的“1”表示2^1位数，也就是$(10)_2=0\times2^0+1\times2^1=(2)_{10}$。因此，所谓二进制就是以 2 为基数的计数体制，当二进制数的数位较多时，可按 2 的乘幂依次表示，例如，$(111011)_2=1\times2^0+1\times2^1+0\times2^2+1\times2^3+1\times2^4+1\times2^5=(59)_{10}$。其中：$2^0, 2^1, 2^2, 2^3, 2^4, 2^5$称为二进制数各位的权，简称为“位权”。

反过来，如何将一个十进制数转换为二进制数呢？由上式可见

$$(59)_{10}=d_5\times2^5+d_4\times2^4+d_3\times2^3+d_2\times2^2+d_1\times2^1+d_0\times2^0=(d_5d_4d_3d_2d_1d_0)_2$$

式中，d_5、d_4、d_3、d_2、d_1、d_0分别为相应位的二进制数码 1 或 0，它们可用下面的方法求得。

59 用 2 去除得到的余数就是d_0，其商再连续用 2 除，得到余数d_1、d_2、d_3、d_4、d_5，直到最后的商等于 0 为止。即

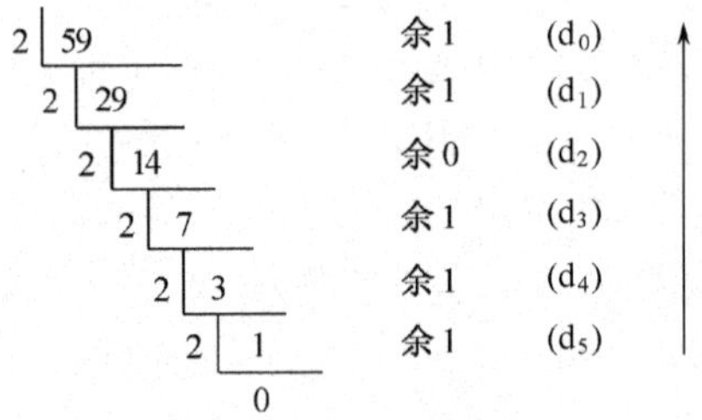

所以，（59）$_{10}$=（$d_5d_4d_3d_2d_1d_0$）$_2$=(111011)$_2$。

2．半加器

所谓“半加”就是只求本位的和，暂不管低位送来的进位数，即

A+B→半加和

0+0=0

0+1=1

1+0=1

1+1=0　　向高位进 1

由此得到半加器的真值表如表 3.9 所示，其中 S 表示和数，C 表示进位数。

表 3.9　半加器真值表

被加数 A	加数 B	和数 S	进位数 C
0	0	0	0
0	1	1	0
1	0	1	0
1	1	0	1

由真值表可得到逻辑表达式如下

$$S=\bar{A}B+A\bar{B}=\bar{A}B+A\bar{B}+A\bar{A}+B\bar{B}=A(\bar{A}+\bar{B})+B(\bar{A}+\bar{B})$$

$$=\overline{\overline{A(\bar{A}+\bar{B})}\cdot\overline{B(\bar{A}+\bar{B})}}=\overline{\overline{\overline{AB}\cdot A}\cdot\overline{\overline{AB}\cdot B}}$$

$$C=AB=\overline{\overline{AB}}$$

由逻辑表达式就可以画出逻辑电路图，如图 3.15（a）和图 3.15（b）所示。

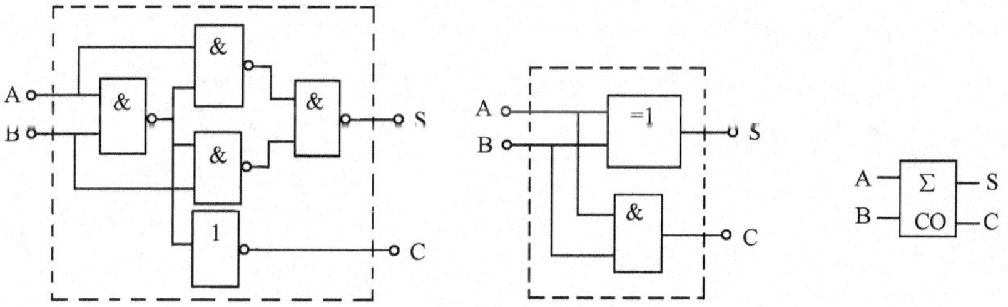

（a）由与非门组成电路　（b）由异或门和与门组成电路　（c）逻辑符号

图 3.15　半加器逻辑电路图及逻辑符号

半加器是一种组合逻辑电路，其逻辑符号如图 3.15（c）所示。

3．全加器

在将两个多位二进制数相加时，除了最低位以外，每一位都应考虑来自低位的进位，即将两个对应位的加数和来自低位的进位 3 个数相加。这种运算称为全加，所用的电路称为全加器。

全加器可用两个半加器和一个“或”门组成，如图 3.16（a）所示，A_i 和 B_i 两个待加数

在第一个半加器中相加，得出的结果再和前面低位送来的进位数 C_{i-1} 在第二个半加器中相加，即得出全加和 S_i；两个半加器的进位数通过“或”门输出作为本位的进位数 C_i。全加器的逻辑符号如图 3.16（b）所示，其真值表如表 3.10 所示。

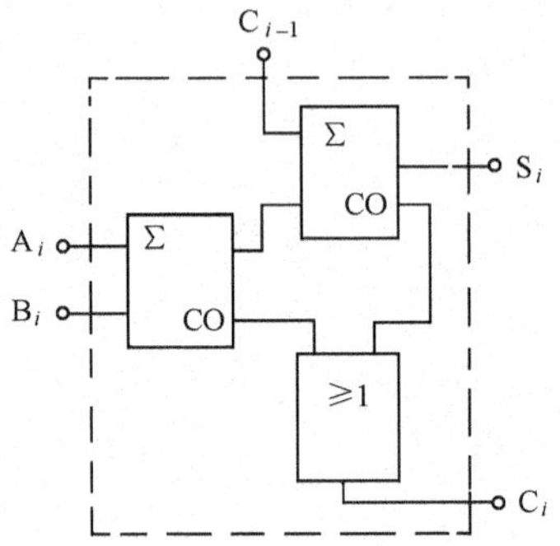

（a）逻辑电路图

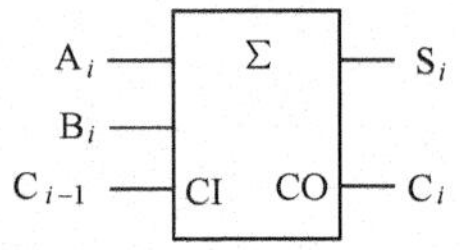

（b）逻辑符号

图 3.16　全加器逻辑电路图及逻辑符号

表 3.10　全加器真值表

输　入			输　出	
A_i	B_i	C_{i-1}	C_i	S_i
0	0	0	0	0
0	0	1	0	1
0	1	0	0	1
0	1	1	1	0
1	0	0	0	1
1	0	1	1	0
1	1	0	1	0
1	1	1	1	1

3.1.4　编码器和译码器

1．编码器

在数字系统中，常常需要将某一信息变换为某一特定的代码输出。把二进制码按一定的规律编排，使每组代码具有一个特定的含义，代表某个数或控制信号称为编码，具有编码功能的逻辑电路称为编码器。因此，编码器的逻辑功能就是把输入的每一个高、低电平信号编成一个对应的二进制代码，目前经常使用的编码器有普通编码器和优先编码器两类。

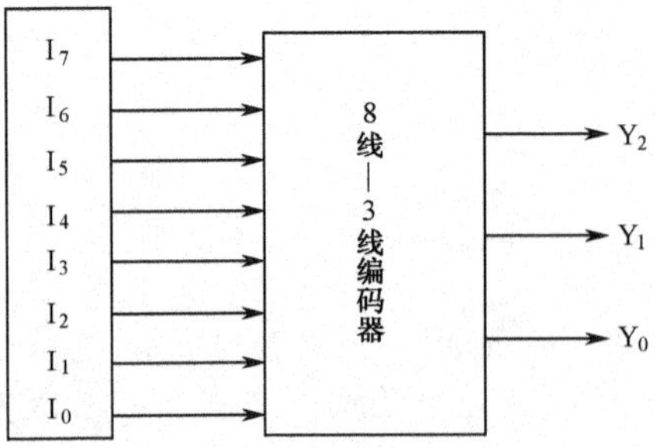

图 3.17　8 线—3 线编码器框图

（1）普通编码器

在普通编码器中，任何时刻只允许输入一个编码信号，否则输出将发生混乱。下面以 8 线—3 线编码器为例来分析编码器的工作原理，图 3.17 是 8 线—3 线编码器框图，它的输入是 I_0～I_7 8 个信号，输出是 3 位二进制代码 $Y_2Y_1Y_0$。其输出与输入的对应关系如表 3.11 所示。

表 3.11　8 线—3 线编码器的编码表

输　入								输　出		
I_0	I_1	I_2	I_3	I_4	I_5	I_6	I_7	Y_2	Y_1	Y_0
1	0	0	0	0	0	0	0	0	0	0
0	1	0	0	0	0	0	0	0	0	1
0	0	1	0	0	0	0	0	0	1	0
0	0	0	1	0	0	0	0	0	1	1
0	0	0	0	1	0	0	0	1	0	0
0	0	0	0	0	1	0	0	1	0	1
0	0	0	0	0	0	1	0	1	1	0
0	0	0	0	0	0	0	1	1	1	1

由编码表可得到如下的逻辑表达式

$$Y_2=I_4+I_5+I_6+I_7=\overline{\overline{I_4}\cdot\overline{I_5}\cdot\overline{I_6}\cdot\overline{I_7}}$$

$$Y_1=I_2+I_3+I_6+I_7=\overline{\overline{I_2}\cdot\overline{I_3}\cdot\overline{I_6}\cdot\overline{I_7}}$$

$$Y_0=I_1+I_3+I_5+I_7=\overline{\overline{I_1}\cdot\overline{I_3}\cdot\overline{I_5}\cdot\overline{I_7}}$$

根据逻辑表达式可得出编码器的逻辑图，如图 3.18 所示。

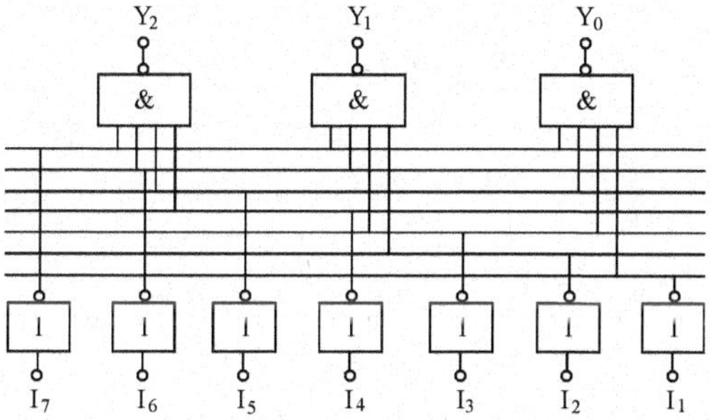

图 3.18　3 位二进制编码器逻辑图

（2）优先编码器

在优先编码器电路中，允许同时输入两个以上的编码信号,不过在设计优先编码器时已经将所有的输入信号按优先顺序排队，当几个输入信号同时出现时，只对其中优先权最高的一个信号进行编码。CT74LS147 型 10 线—4 线编码器是常用的优先编码器，表 3.12 是其编码表。

表 3.12　CT74LS147 型 10 线—4 线优先编码器的编码表

输　入									输　出			
$\overline{I_9}$	$\overline{I_8}$	$\overline{I_7}$	$\overline{I_6}$	$\overline{I_5}$	$\overline{I_4}$	$\overline{I_3}$	$\overline{I_2}$	$\overline{I_1}$	$\overline{Y_3}$	$\overline{Y_2}$	$\overline{Y_1}$	$\overline{Y_0}$
1	1	1	1	1	1	1	1	1	1	1	1	1

续表

输　入									输　出			
0	x	x	x	x	x	x	x	x	0	1	1	0
1	0	x	x	x	x	x	x	x	0	1	1	1
1	1	0	x	x	x	x	x	x	1	0	0	0
1	1	1	0	x	x	x	x	x	1	0	0	1
1	1	1	1	0	x	x	x	x	1	0	1	0
1	1	1	1	1	0	x	x	x	1	0	1	1
1	1	1	1	1	1	0	x	x	1	1	0	0
1	1	1	1	1	1	1	0	x	1	1	0	1
1	1	1	1	1	1	1	1	0	1	1	1	0

由表中可知，有 9 个输入变量$\overline{I}_1$～$\overline{I}_9$，4 个输出变量$\overline{Y}_0$～$\overline{Y}_3$，它们都是反变量，低电平有效即有信号时，输入为 0，输出反变量组成反码，对应于 0～9 10 个十进制数码。例如表中第一行输入端无信号，输出的不是与十进制数码 0 对应的二进制数 0000，而是其反码 1111。输入信号的优先次序为$\overline{I}_1$～$\overline{I}_9$。当$\overline{I}_9$=0 时，无论其他输入端是 0 或 1，输出端只对$\overline{I}_9$编码，输出为 0110（原码为 1001）；当$\overline{I}_9$=1，$\overline{I}_8$=0 时，无论其他输入端为何值，输出端只对$\overline{I}_8$编码，输出为 0111（原码为 1000），依次类推。

2. 译码器

译码是编码的逆过程，它的功能是将每个具有特定含义的二进制码译成对应的输出高、低电平信号。具有译码功能的逻辑电路称为译码器，最常见的译码器有二进制译码器和显示译码器。

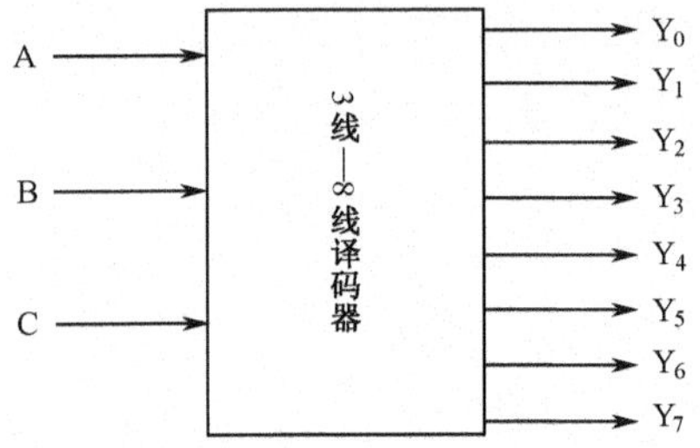

图 3.19　3 位二进制译码器框图

（1）二进制译码器

图 3.19 是 3 位二进制译码器的框图，它输入的 3 位二进制代码共有 8 种状态，译码器将每个输入代码译成对应的一根输出线上的高、低电平信号。因此也把这个译码器叫作 3 线—8 线译码器，最常用的是 CT74LS138 型译码器，其引脚如图 3.20 所示。

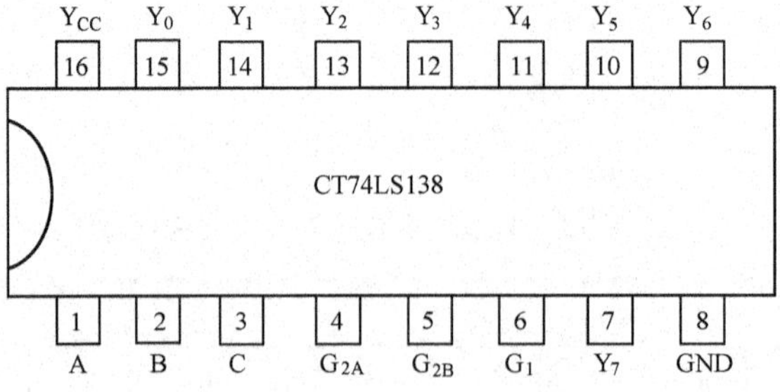

图 3.20　CT74LS138 型译码器引脚图

表 3.13　CT74LS138 型译码器功能表

输　入						输　出							
G_1	G_{2A}	G_{2B}	A	B	C	Y_0	Y_1	Y_2	Y_3	Y_4	Y_5	Y_6	Y_7
x	1	x	x	x	x	1	1	1	1	1	1	1	1
x	x	1	x	x	x	1	1	1	1	1	1	1	1
0	x	x	x	x	x	1	1	1	1	1	1	1	1
1	0	0	0	0	0	0	1	1	1	1	1	1	1
1	0	0	0	0	1	1	0	1	1	1	1	1	1
1	0	0	0	1	0	1	1	0	1	1	1	1	1
1	0	0	0	1	1	1	1	1	0	1	1	1	1
1	0	0	1	0	0	1	1	1	1	0	1	1	1
1	0	0	1	0	1	1	1	1	1	1	0	1	1
1	0	0	1	1	0	1	1	1	1	1	1	0	1
1	0	0	1	1	1	1	1	1	1	1	1	1	0

CT74LS138 型译码器的功能表如表 3.13 所示，由表可知，该译码器有 3 个输入端 A、B、C，8 个输出信号 Y_0～Y_7，G_1、G_{2A} 和 G_{2B} 为 3 个使能输入端，对于正逻辑，当 G_1 为 1 且 G_{2A} 和 G_{2B} 均为 0 时，译码器处于工作状态。

（2）显示译码器

常用的显示译码器有半导体数码管、液晶数码管和荧光数码管等，下面以半导体数码管为例进行介绍。半导体数码管又称 LED 数码管，其基本单元是 PN 结，目前较多采用的是砷化镓、磷化镓、磷砷化镓等材料做成的 PN 结。半导体数码管将十进制数码分成 7 个字段，每段为一个发光二极管，其字形结构如图 3.21 所示。

选择不同字段发光可显示出不同的字形，例如当 a、b、c、d、e、f、g 7 个字段全亮时，显示为 8。

半导体数码管中 7 个发光二极管有共阴极和共阳极两种接法，如图 3.22 所示。

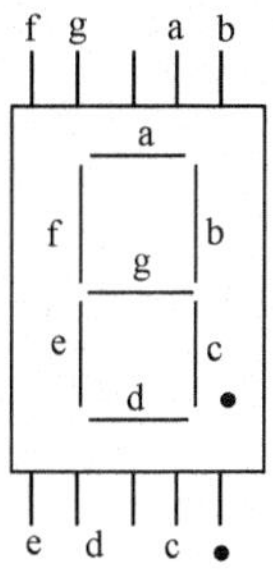

图 3.21　半导体数码管

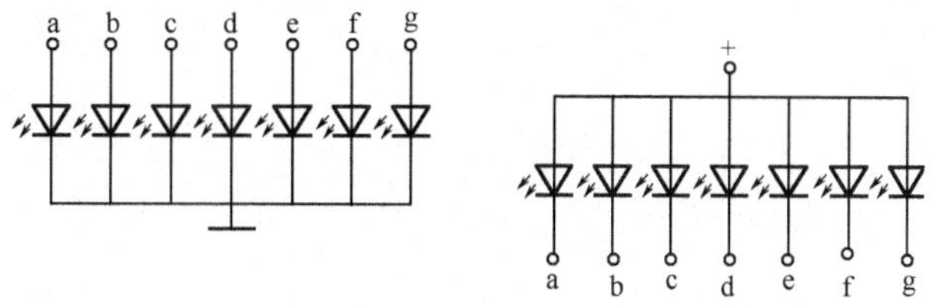

（a）共阴极　（b）共阳极

图 3.22　半导体数码管的两种接法

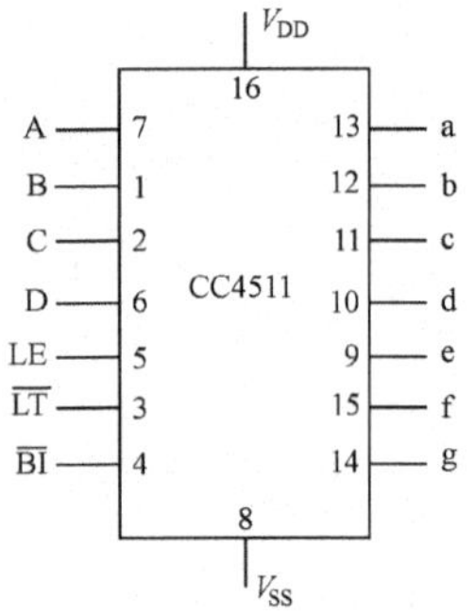

图 3.23 CC4511 管脚排列

CC4511 是常用的 7 段显示译码器，它的内部除了 7 段译码器电路外，还设有锁存电路和输出驱动器部分，具有输出大驱动电流的能力，可直接驱动 LED 数码管。CC4511 有 4 个输入端 A、B、C、D 和 7 个输出端 a～g，它还具有输入 BCD 码锁存、灯测试和熄灭显示控制功能，它们分别由锁存端 LE、灯测试端 LT、熄灭控制端 $\overline{BI}$ 来控制。

CC4511 译码器的管脚排列如图 3.23 所示，真值表见表 3.14。

表 3.14 CC4511 译码器真值表

LE	$\overline{BI}$	$\overline{LT}$	D	C	B	A	a	b	c	d	e	f	g	显示
x	x	0	x	x	x	x	1	1	1	1	1	1	1	8
x	0	1	x	x	x	x	0	0	0	0	0	0	0	熄灭
0	1	1	0	0	0	0	1	1	1	1	1	1	0	0
0	1	1	0	0	0	1	0	1	1	0	0	0	0	1
0	1	1	0	0	1	0	1	1	0	1	1	0	1	2
0	1	1	0	0	1	1	1	1	1	1	0	0	1	3
0	1	1	0	1	0	0	0	1	1	0	0	1	1	4
0	1	1	0	1	0	1	1	0	1	1	0	1	1	5
0	1	1	0	1	1	0	0	0	1	1	1	1	1	6
0	1	1	0	1	1	1	1	1	1	0	0	0	0	7
0	1	1	1	0	0	0	1	1	1	1	1	1	1	8
0	1	1	1	0	0	1	1	1	1	0	0	1	1	9
011			1010～1111				0	0	0	0	0	0	0	熄灭
1	1	1	x	x	x	x	由 LE 上跳前的 BCD 码决定							锁存

CC4511 组成的基本数字显示电路如图 3.24 所示，图中 BS205 为共阴极 LED 数码管，电阻 R 用于限制 CC4511 输出电流的大小，它决定 LED 工作电流的大小，从而调节 LED 的发光亮度。

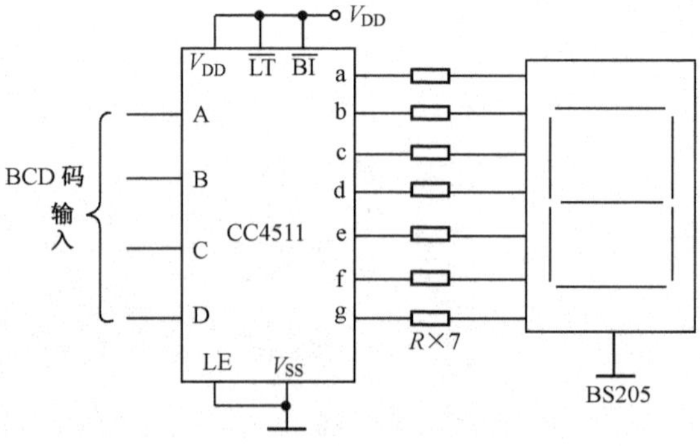

图 3.24 一位数字显示电路

技能训练 8 门电路的逻辑功能测试

训练目的

（1）验证常用 TTL、CMOS 集成门电路的逻辑功能；

（2）掌握各种门电路的逻辑符号；

（3）了解集成电路的外引线排列及其使用方法。

训练内容

（1）TTL 门电路逻辑功能验证

将型号分别是 74LS08-2 输入端四“与门”、74LS32-2 输入端四“或门”、74LS00-2 输入端四“与非门”、74LS20-4 输入端二“与非门”和 74LS04-6 反相器的集成块接成逻辑电路，使其逻辑表达式分别为

$$Y_1=A\cdot B，Y_2=A+B，Y_3=\overline{A\cdot B}，Y_4=\overline{A\cdot B\cdot C\cdot D}，Y_5=\overline{A}$$

以验证 TTL 门电路的逻辑功能。

（2）CMOS 门电路逻辑功能验证

以 CD4002-4 输入端二“或非门”集成块来验证 CMOS 门电路。

（3）CMOS 集成电路应用时必须注意以下几点：

① 不用的输入端不能悬空。

② 正确使用电源电压，不得反接。

③ 焊接或测量仪器必须可靠接地。

④ 不得在通电情况下随意拔、插输入接线。

⑤ 输入信号电平应在 CMOS 标准之内。

技能训练 9 组合逻辑电路

训练目的

（1）学会用 TTL 与非门组成半加器；

（2）了解半加器的逻辑功能及其用途。

训练内容

（1）按照图 3.15（a）所示组成半加器逻辑电路，因为共需 5 个与非门，所以将两台实习机联用。

（2）按照图 3.25 所示在半加器的 A、B 输入端分别接上按键和开关，输出端 F 和 CO 各接一个 LED：F 端接红灯，CO 端接绿灯。

（3）验证输出端 F 和 CO 的状态，F 的状态为异或门的逻辑状态，CO 的状态为与门的逻辑状态。

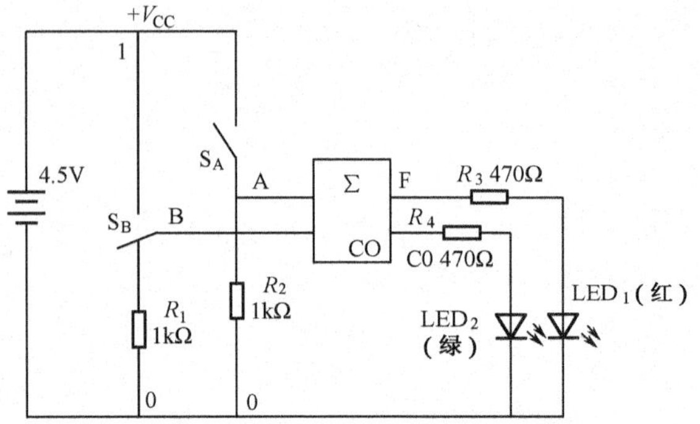

图 3.25 组合逻辑电路

3.2 时序逻辑电路

在前面所讨论的门电路及其组成的组合逻辑电路中，它的输出变量状态完全由当时的输入变量的组合状态来决定，而与电路的原来状态无关，电路不具有记忆功能。但在数字系统中，为了能实现按一定程序进行运算的目的，需要记忆功能。在本章中将讨论的触发器以及由其组成的时序逻辑电路中，它的输出状态不仅决定于当时的输入状态，而且还与电路的原来状态有关，电路具有记忆的功能。

数字电路分组合逻辑电路和时序逻辑电路两大类，门电路是组合电路的基本单元，触发器是时序电路的基本单元。

3.2.1 触发器

触发器是一种具有记忆功能的逻辑电路，按其稳定工作状态可分为双稳态触发器、单稳态触发器、无稳态触发器等。双稳态触发器按其逻辑功能可分为 RS 触发器、JK 触发器、D 触发器和 T 触发器，按其结构可分为主从型触发器和维持阻塞型触发器等。

1. 基本 RS 触发器

基本 RS 触发器可由两个与非门交叉连接而成，如图 3.26（a）所示，$\overline{R}_D$、$\overline{S}_D$ 是基本 RS 触发器的输入端，Q 与 $\overline{Q}$ 是输出端。通常所说的触发器为 0 态或 1 态，就是指输出端 Q 的状态，正常条件下，Q 与 $\overline{Q}$ 能保持相反。这种触发器有两种稳定：一个状态是 Q=1、$\overline{Q}$=0，称为置位状态“1 态”；另一个状态是 Q=0、$\overline{Q}$=1，称为复位状态“0 态”。相应的输入端分别称为直接置位端或直接置“1”端（$\overline{S}_D$ 端）和直接复位端或直接置“0”端（$\overline{R}_D$ 端）。

下面分 4 种情况来分析基本 RS 触发器输出与输入的逻辑关系。

① $\overline{S}_D$=1、$\overline{R}_D$=0。设触发器的初始状态为 1 态，即 Q=1，$\overline{Q}$=0，这时与非门 G2 有一个输入端为 0，其输出端 Q 变为 1，而与非门 G1 的两个输入端全为 1，其输出端 Q 变为 0。因此，在 $\overline{R}_D$ 端加负脉冲后，触发器就由 1 态翻转为 0 态，如果它的初始状态为 0 态，触发器仍保持 0 态不变。

② $\overline{S}_D$=0、$\overline{R}_D$=1。设触发器的初始状态为 0 态，这时与非门 G1 有一个输入端为 0，其输出端 Q 变为 1，而与非门 G2 的两个输入端全为 1，其$\overline{Q}$输出端变为 0。因此，在$\overline{S}_D$端加负脉冲后，触发器就由 0 态翻转为 1 态，如果它的初始状态为 1 态，触发器仍保持 1 态不变。

③ $\overline{S}_D$=1、$\overline{R}_D$=1。设触发器处于 0 态，这时与非门 G2 的两个输入端均为 0，其输出端$\overline{Q}$为 1，将此 1 电平反馈到 G1 门的输入端，使它的两个输入端都为 1，因而保证了 G1 门的输出端为 0。当输入端$\overline{R}_D$由 0 变为 1 时，G2 门的另一输入端仍为 0，所以触发器能保持 0 态不变，同理，当触发器处于 1 态时，触发器的输出仍能保持 1 态不变。

④ $\overline{S}_D$=0、$\overline{R}_D$=0。当$\overline{R}_D$端和$\overline{S}_D$端同时为 0 时，两个与非门的输出端全为 1，这就达不到 Q 与$\overline{Q}$的状态应相反的逻辑要求。当负脉冲除去后，触发器将由各种偶然因素决定其最终状态，因此这种情况在使用中禁止出现。

图 3.26（b）是基本 RS 触发器的图形符号，图中输入端引线上靠近方框的小圆圈表示触发器用负脉冲（“0”电平）来置位或复位，即低电平有效，故用$\overline{R}_D$、$\overline{S}_D$表示。图 3.26（c）是基本 RS 触发器的逻辑状态表。

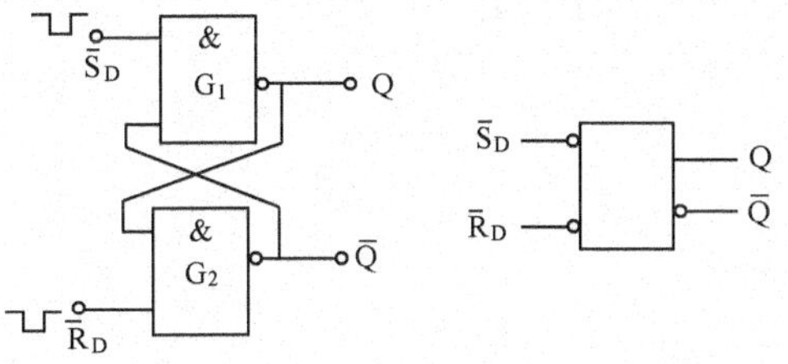

$\overline{S}_D$	$\overline{R}_D$	Q
1	0	0
0	1	1
1	1	不变
0	0	不定

（c）状态表

图 3.26　基本 RS 触发器

2．钟控同步 RS 触发器

在基本 RS 触发器的基础上，再增加两个称为导引门的与非门 G3、G4，就构成了钟控同步 RS 触发器，如图 3.27（a）所示。与基本 RS 触发器相比，它增加了三个输入端，S、R 称为同步输入端，置 1 或置 0 时都用正脉冲触发，所以符号图中不标小圆圈，CP 为时钟脉冲输入端。

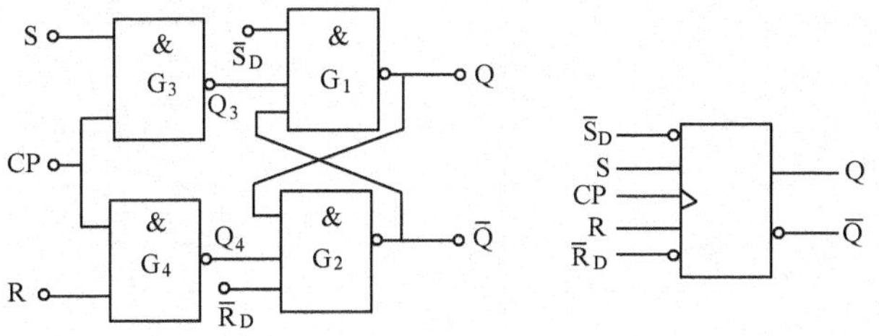

S	R	Q_{n+1}
0	0	Q_n
0	1	0
1	0	1
1	1	不定

（c）状态表

图 3.27　钟控同步 RS 触发器

当 CP=0 时，门 G3、G4 截止，输入信号 S、R 不会影响输出端的状态，故触发器保持原状态不变。

当 CP=1 时，S、R 信号通过门 G3、G4 反相后加到由 G1 和 G2 组成的基本 RS 触发器上，使 Q 和 $\overline{Q}$ 的状态随输入状态的变化而改变。若 S 和 R 均为 0，通过导引门后都变成 1，根据基本 RS 触发器的状态表，触发器将维持原有状态不变；若 S 与 R 均为 1，通过导引门后都变为 0，脉冲过后触发器状态不定，这是不允许的；若 S=0、R=1，经导引门后，传递到 G1 和 G2 的输入端，使触发器置 0；若 S=1、R=0，触发器输出置 1。

图 3.27（b）是钟控同步 RS 触发器的图形符号。它的状态表如图 3.27（c）所示。

【例 3.1】 钟控同步 RS 触发器的 CP、S、R 的波形如图 3.28 所示，触发器的原始状态为 Q=0、$\overline{Q}$=1，试画出 Q_3、Q_4、Q 和 $\overline{Q}$ 的波形。

解：Q_3、Q_4、Q 和 $\overline{Q}$ 的波形如图 3.28 中所示。

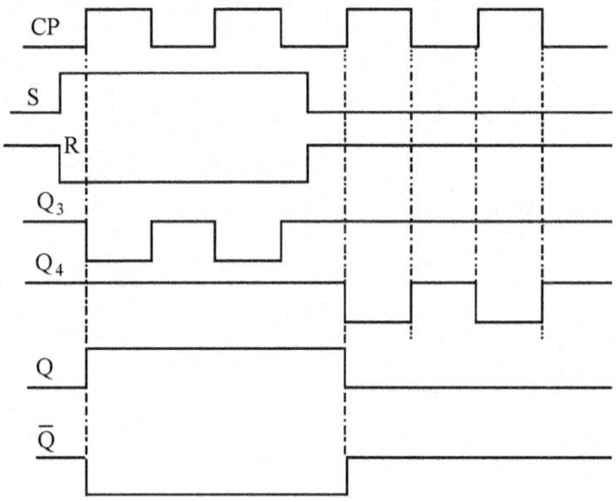

图 3.28　例 3.1 图

3．主从型 JK 触发器

主从型 JK 触发器是一种功能较全的触发器，应用很广，它由两个与非门构成的可控 RS 触发器组成，两者分别称为主触发器和从触发器。此外，它还通过一个非门将两个触发器联系起来，这就是触发器的主从型结构。工作时，时钟脉冲先使主触发器翻转，而后使从触发器翻转。主从型 JK 触发器的逻辑图和图形符号等如图 3.29 所示。

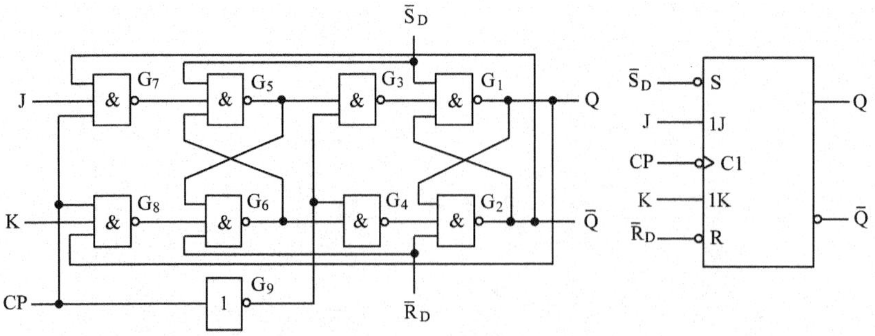

（a）逻辑图　　（b）图形符号

J	K	Q_{n+1}
0	0	Q_n
0	1	0
1	0	1
1	1	$\overline{Q}_n$

（c）状态表

图 3.29　主从型 JK 触发器

图 3.29（b）中，时钟脉冲 CP 的输入端标一个小圆圈表示触发器下降沿触发，如不标圆圈表示触发器上升沿触发。

下面分 4 种情况来分析主从型 JK 触发器的逻辑功能，若 J=1、K=0，则 CP=1 时，主触发器置 1（原来是 0 则置成 1，原来是 1 则保持 1），待 CP=0 以后，从触发器随之置 1，即 Q_{n+1}=1。

若 J=0、K=1，则 CP=1 时，主触发器置 0，待 CP=0 以后，从触发器也随之置 0，即 Q_{n+1}=0。

若 J=K=0，则由于门 G7、G8 被封锁，触发器保持原状态不变，即 $Q_{n+1}=Q_n$。

若 J=K=1 时，需要分两种情况考虑，第一种情况是 Q_n=0，这时门 G8 被 Q 端的低电平封锁，CP=1 时，仅 G7 输出低电平信号，故主触发器置 1，CP=0 以后，从触发器也跟着置 1，即 Q_{n+1}=1；第二种情况是 Q_n=1，这时门 G7 被 $\overline{Q}$ 端的低电平封锁，因而在 CP=1 时，仅 G8 能给出低电平信号，故主触发器被置 0，当 CP=0 以后，从触发器跟着置 0，故 Q_{n+1}=0。综上所述，无论 Q_n=1 还是 Q_n=0，触发器的 $Q_{n+1}=\overline{Q}_n$，也就是说，当 J=K=1 时，CP 下降沿到达后触发器将翻转为与初态相反的状态。

将上述的逻辑关系用真值表表示即得到图 3.29（c）所示的主从 JK 触发器的状态表。

【例 3.2】 图 3.30 所示波形为主从型 JK 触发器（图 3.29）的输入端的状态波形，求输出端 Q 的状态波形，设 Q=0。

解： 输出端 Q 的状态波形如图 3.30 中所示。

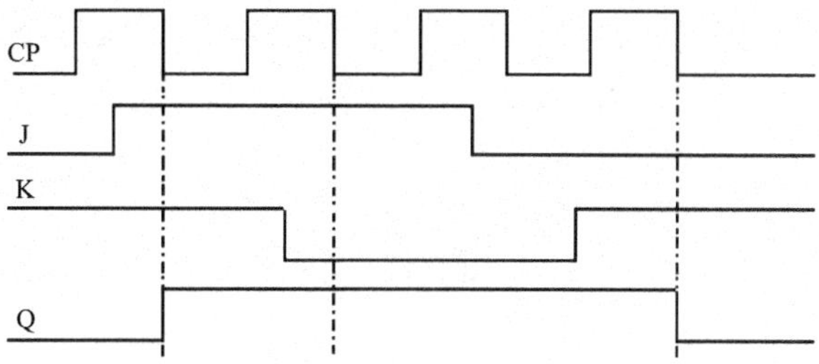

图 3.30　主从型 JK 触发器波形图

4. T 触发器

只要将 JK 触发器的 J、K 端连接在一起作为 T 端，就构成了 T 触发器。T 触发器的电路结构如图 3.31（a）所示。

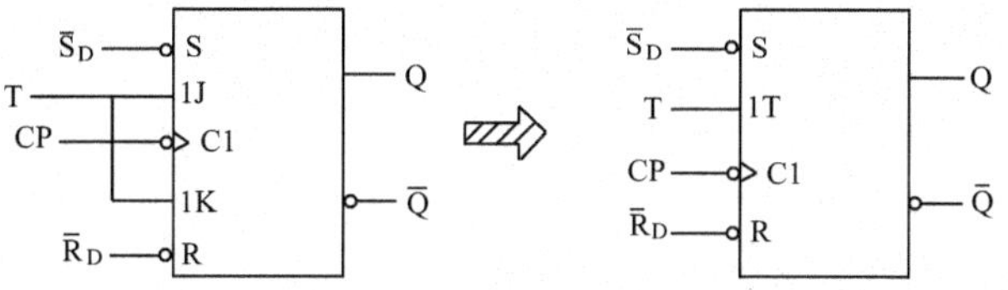

（a）电路结构　　（b）逻辑符号

T	Q_{n+1}
0	Q_n
1	$\overline{Q}_n$

（c）状态表

图 3.31　T 触发器

当 T 输入为 0 时，表示 J=K=1，时钟脉冲作用后触发器状态不变。当 T=1 时，触发器具有计数逻辑功能，即 $Q_{n+1}=\overline{Q}_n$。T 触发器的逻辑符号如图 3.31（b）所示，状态表如图 3.31（c）所示。

5．D 触发器

用 JK 触发器组成的 D 触发器如图 3.32（a）所示，当 D=1，即表示 J=1、K=0 时，在 CP 的下降沿，触发器翻转或保持为 1 态；当 D=0，即 J=0、K=1 时，在 CP 的下降沿，触发器翻转（或保持）为 0 态。D 触发器的逻辑符号见图 3.32（b）所示，状态表如图 3.32（c）所示。

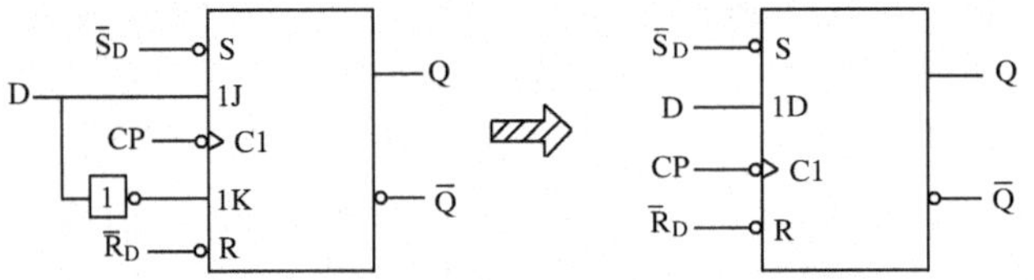

（a）电路结构　（b）逻辑符号

D	Q_{n+1}
0	0
1	1

（c）状态表

图 3.32　D 触发器

3.2.2　计数器

计数器的功能是累加记录输入脉冲的个数，它是典型的时序逻辑电路。计数器可以进行加法计数，也可以进行减法计数，或者可以进行两者兼有的可逆计数。若从进位制来分，有二进制计数器和非二进制计数器两类。

1．二进制计数器

图 3.33 是用 JK 触发器组成的四位二进制加法计数器，各触发器的 J=K=1，触发器处于计数状态。

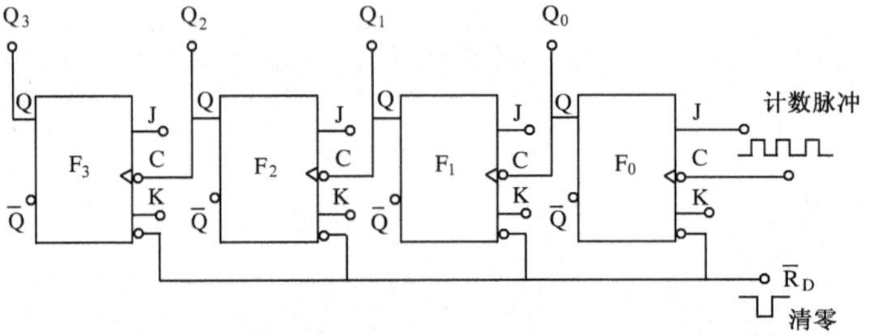

图 3.33　用 JK 触发器组成的四位二进制加法计数器

首先利用 4 个触发器的 $\overline{R}_D$ 端，同时输入一个负脉冲，使其全部置 0，称为清零，这时整个计数器的输出端 $Q_3Q_2Q_1Q_0$ 为 0000 状态。

当第一个脉冲输入触发器 F_0，且其下降沿到来时，Q_0 翻转为 1，计数器的输出变成 0001，相当于十进制数 1，同时这一输出 Q_0 也输入到触发器 F_1，相当于触发器 F_1 接收到了时钟脉冲的上升沿。第二个脉冲输入 F_0，Q_0 又翻转为 0，Q_0 的信号同时输入 F_1，使其接收到的时钟脉冲出现下降沿，所以 Q_1 同时翻转为 1，计数器输出为 0010，相当于十进制数 2。从 Q_0 输入 F_1 的脉冲称为进位脉冲。

依次类推，随着计数脉冲逐一输入 F_0，后面的触发器将依次翻转，前一位翻转两次，即形成一个完整的进位脉冲，使后一位翻转一次，构成二进制计数器。

四位二进制计数器可以累计从 0 到 15 的 16 个数，它的状态及波形如图 3.34 所示。

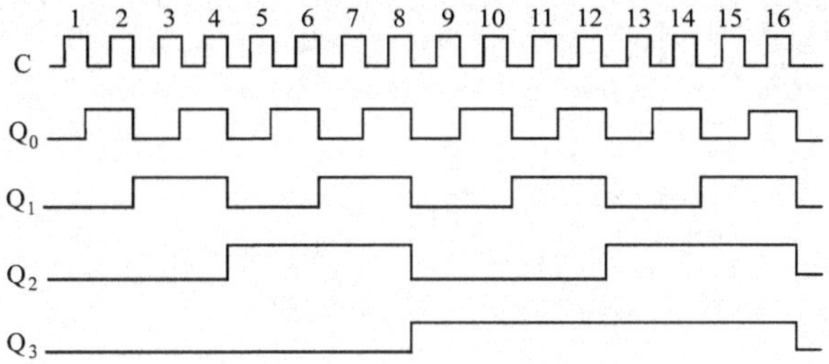

图 3.34　四位二进制计数器状态及波形图

2. 十进制计数器

二进制计数器结构简单，但读数不符合人们的习惯，所以在有些场合采用十进制计数器较为方便，十进制计数器是在二进制计数器的基础上得出的。1 个四位二进制计数器有 16 种状态，而十进制计数器只需 0 到 9（从 0000～1001）10 种状态，二进制计数器比其多余 6 种（从 1010～1111）状态，若越过这 6 种状态，直接恢复到 0（0000）并向前发出进位脉冲，即成为一个十进制计数器二—十进制数码见表 3.15 所示。

表 3.15　二—十进制数码

计数脉冲	二进制数				十进制数
	Q_3	Q_2	Q_1	Q_0	
0	0	0	0	0	0
1	0	0	0	1	1
2	0	0	1	0	2
3	0	0	1	1	3
4	0	1	0	0	4
5	0	1	0	1	5
6	0	1	1	0	6
7	0	1	1	1	7
8	1	0	0	0	8
9	1	0	0	1	9
10	0	0	0	0	进位

表中表示的一位十进制数码称为二—十进制数码，或称 BCD 码。这种 BCD 码中的二进制数码各位的位权分别为 8、4、2、1，所以也称为 8421BCD 码。

根据上述的编码方法组成的十进制加法计数器如图 3.35（a）所示。

从图中可见，计数器输出端 Q_3 和 Q_1 接到一与非门的输入端，这个与非门称为反馈与非门，它的输出端接到所有各触发器的置 0 端 $\overline{R}_D$ 端。计数器从初始状态 0000 开始计数，一直到 1001（即十进制 9），反馈与非门的输入，要么全是 0，要么一个是 1，另一个是 0，所以输出一直为 1。当第 10 个脉冲输入时，计数将变到 1010 状态，反馈与非门的两个输入端全为 1，输出为 0，这就使四个触发器全部置 0，直接回到起始状态，这种方法称为反馈复零法。

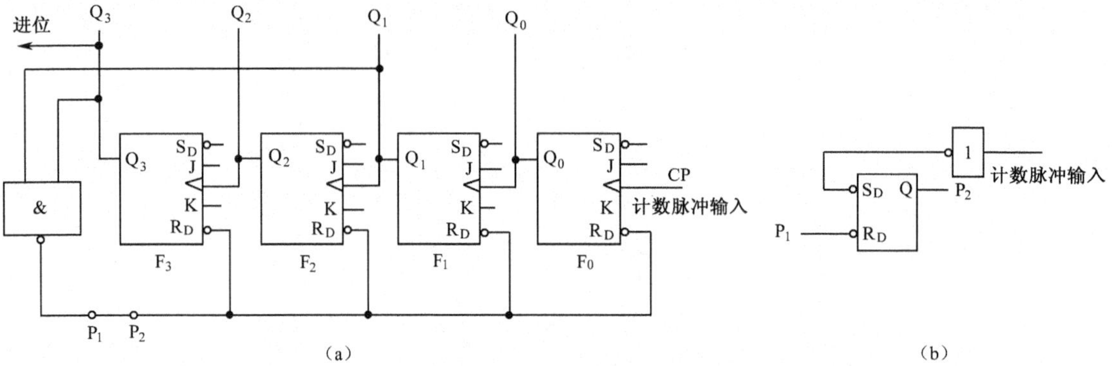

图 3.35　十进制加法计数器

Q_3 端可接到高一位的计数器，当计数器计数到 10 时向上发出进位脉冲。从表 3.15 中可以看出，当计数到 8 时，Q_3 端从 0 变为 1，相当于进位脉冲的上升沿；当计数到 10 时，Q_3 端又从 1 变为 0，相当于进位脉冲的下降沿。由此构成一个完整的进位脉冲，并于其下降沿到来时，使高一位的计数器计数。

反馈复零法的电路结构简单，但可靠性差，如在十进制计数中，计到 10 时，触发器 F_3、F_1 在反馈信号作用下同时复零。若翻转时间稍有不同，例如 F_1 先复零，反馈与非门的输入端就不再全是 1，其输出端恢复为 1，而 F_3 还未来得及复零，这就造成了差错。

为了解决上述问题，可增加如图 3.35（b）所示的记忆单元，它是一个 RS 触发器。把图 3.35（a）电路中的 P_1、P_2 处断开，把记忆单元的三个接线端分别接到 P_1、P_2 和计数脉冲输入端，计数从 1 到 9 时，计数脉冲经非门输入记忆单元的 $\overline{S}_D$ 端使输出端 Q 始终为 1；当计数到 10 时，反馈与非门输出从 1 变为 0，记忆单元 RS 触发器复零，这时即使它们复零有先有后，使反馈与非门输出恢复为 1，但 P_2 仍为 0，所以可以保证计数器能全部复零，直至下一个计数脉冲到来输入到 $\overline{S}_D$ 时，P_2 才又回到 1。

在实际应用中，不需要用触发器去组成计数器，因为已有大量的集成计数器产品可供选用。

3. 集成移位寄存器

寄存器是一种能够存放数码或用二进制代码形式表示的信息的计数器。移位寄存器具有数码寄存和移位两种功能，所谓移位，就是将存放的数码在移位脉冲的作用下依次向左或向右移动。下面仅介绍常用的集成移位寄存器 74LS194。

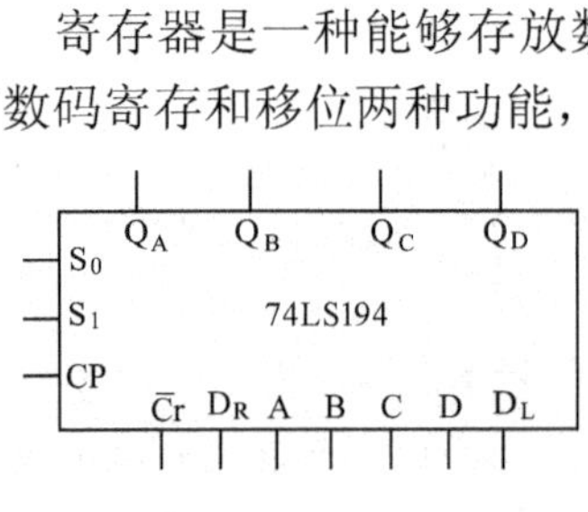

图 3.36　集成移位寄存器 74LS194

集成移位寄存器 74LS194 如图 3.36 所示。其逻辑功能如下：

（1）清零

清零输入端 $\overline{C}_r = 0$ 时，其他输入端任意，移位寄存器便立即清零，$Q_DQ_CQ_BQ_A = 0000$。

（2）保持

当 $\overline{C}_r = 1$ 且 CP=0 时，集成移位寄存器保持原状态不变。

（3）送数

当 $\overline{C}_r=1$、$S_1=S_0=1$ 时，CP 端输入一个移位脉冲，则 $Q_DQ_CQ_BQ_A=DCBA$。

（4）右移

当 $\overline{C}_r=1$、$S_1=0$、$S_0=1$ 时，D_R 接需要寄存的数据，CP 端输入一个移位脉冲，则 D_R、Q_A、Q_B、Q_C 各右移一位（D_R 数据移到 Q_A 的位置）。

（5）左移

当 $\overline{C}_r=1$、$S_1=1$、$S_0=0$ 时，D_L 接需要寄存的数据，CP 端输入一个移位脉冲，则 Q_B、Q_C、Q_D、D_L 各左移一位（D_L 数据移到 Q_D 的位置）。

（6）动态保持

当 $\overline{C}_r=1$、$S_1=S_0=0$ 时，CP 端输入一个移位脉冲，计数器保持原状态不变。

综上所述，可知集成移位寄存器 74LS194 具有清零、保持、送数、右移及左移等功能，它实际上是一个功能齐全的双向移位寄存器。

3.2.3　555 时基电路

555 集成定时器是一种能产生时间延迟和多种脉冲信号的控制电路，555 定时器是一种用途极广的精密定时电路，它的电源电压范围宽（5～18V），输出电流最大值可达 200mA，能直接驱动大电流负载，最高工作频率可达 300kHz，它有双极型和 CMOS 两种类型。下面以 CMOS 集成定时器的典型产品 CC7555 为例进行介绍。

CC7555 是采用双列直插式封装的 CMOS555 集成定时器，它有两个输入端，分别称作阈值输入端（TH）和触发输入端（$\overline{TR}$），有一个输出端（OUT），此外还有一个放电开关引出端（DIS）。当在两个输入端（TH、$\overline{TR}$）分别加入输入电压时，根据这两个输入电压值的不同情况，就可以控制输出端 OUT 的状态，以及放电开关 DIS 的状态（是导通还是截止）。555 定时器的所有应用都是基于这一特性的，它的功能表如表 3.16 所示。

表 3.16　555 定时器功能表

输入			输出	
$\overline{R}$	TH	$\overline{TR}$	OUT	DIS
0	—	—	低电平	导通
1	$>2V_{DD}/3$	$>V_{DD}/3$	低电平	导通
1	$<2V_{DD}/3$	$<V_{DD}/3$	高电平	截止
1	$<2V_{DD}/3$	$>V_{DD}/3$	保持原状态	保持原状态

CC7555 定时器的引脚排列如图 3.37 所示。其中，$\overline{R}$（4 脚）是复位端，该端为低电平，定时器输出端 OUT 为低电平应用时，该端应接到 $+V_{DD}$；CO（5 脚）为控制电压端，通常与地之间接一个 0.01μF 的滤波电路，以将来自电源的纹波电压或噪声旁路。

555 定时器应用十分广泛，该定时器电路若外接适当的 RC 定时元件，便可构成电路简单、工作可靠的施密特触发器、单稳态触发器和多谐振荡器。

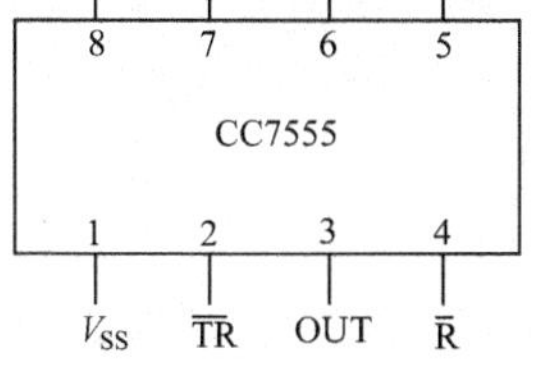

图 3.37　CC7555 定时器引脚排列

1．施密特触发器

把 CC7555 定时器的两个输入端（TH 和 $\overline{TR}$）连在一起作为信号输入端，就构成了施密特触发器（又称双稳态触发器），如图 3.38 所示，其电压传输特性见图 3.39 所示。

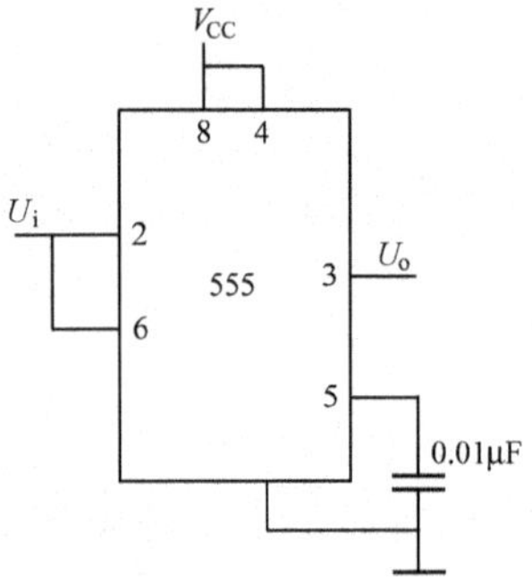

图 3.38　施密特触发器

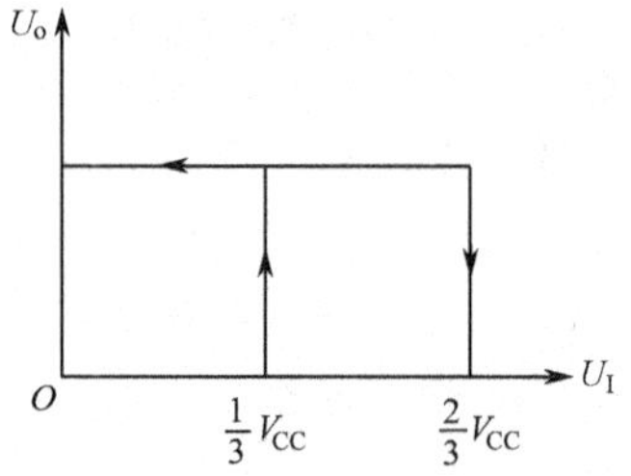

图 3.39　施密特触发器的传输特性

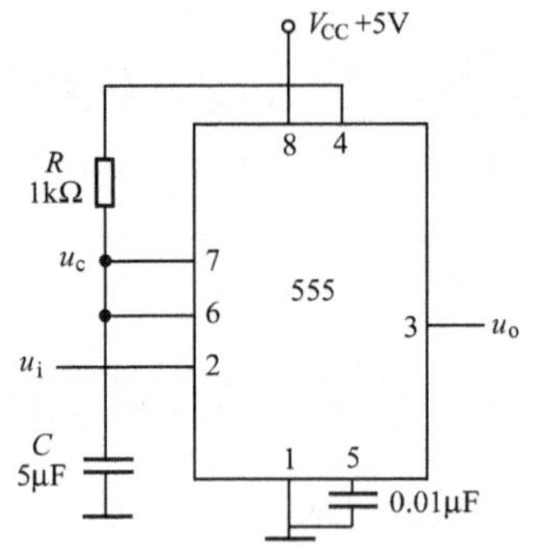

图 3.40　单稳态触发器

由图中可见，555 定时器构成的施密特触发器属于反相输出型，它的上限和下限触发电平分别为 $V_{T+}=2V_{cc}/3$、$V_{T-}=V_{cc}/3$，即回差电压 $\Delta U_T=V_{T+}-V_{T-}=2V_{cc}/3-V_{cc}/3=V_{cc}/3$。

2．单稳态触发器

由 CC7555 定时器构成的单稳态触发器电路如图 3.40 所示，其波形如图 3.41 所示。触发输入信号 U_T 由 $\overline{TR}$（2 脚）端加入，并利用其脉冲的下降沿触发，输出定时脉冲为正脉冲，脉冲宽度 t_W=1.1RC，要求触发脉冲宽度要小于输出脉冲宽度。

3．多谐振荡器

由 555 定时器构成的多谐振荡器电路如图 3.42 所示，该电路实际上是用 555 定时器组成双稳态触发器并外接 RC 积分电路而构成的，其输出脉冲信号的频率为

$$f=1.4\times\frac{1}{(R_1+2R_2)\times C}$$

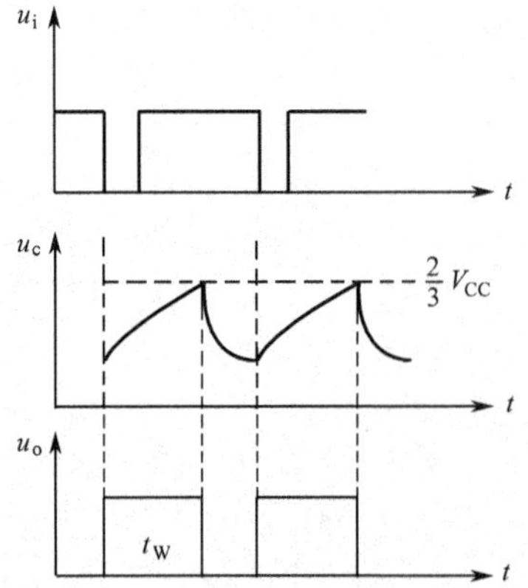

图 3.41　单稳态触发器波形图

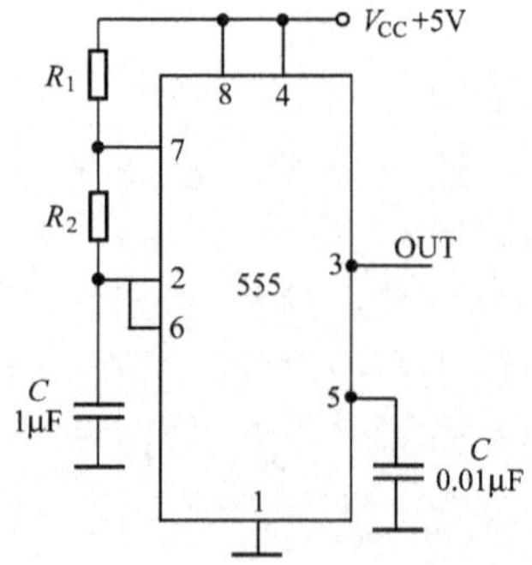

图 3.42　多谐振荡器

技能训练 10　触发器

训练目的

（1）认识双稳态触发器的电路功能，了解其工作原理；

（2）初步了解双稳态触发器的应用；

（3）认识 JK 触发器的电路功能，初步学会其使用方法。

训练内容

（1）D 触发器逻辑功能的测试

① $\overline{R}_D$、$\overline{S}_D$ 功能的测试。接通电源，CP、D 悬空，按表 3.17 所示，设置 $\overline{R}_D$、$\overline{S}_D$ 的高、低电平，用万用表（或发光二极管）显示电路状态，读取 Q 与 $\overline{Q}$ 端的状态并填入表 3.17 中。

表 3.17　D 触发器测试数据（一）

$\overline{R}_D$	$\overline{S}_D$	Q（V）	$\overline{Q}$（V）	Q 的逻辑状态
0	1			
1	0			

② D 端功能测试。$\overline{R}_D$、$\overline{S}_D$ 悬空，D 端接到高、低电平开关，CP 接至单脉冲发生器的输出。按表 3.18 所示验证触发器的逻辑功能，注意状态的变化是发生在 CP 的上升沿还是下降沿。

表 3.18　D 触发器测试数据（二）

CP	D	Q_n	Q_{n+1}
↑/↓	0	0	/
↑/↓	0	1	/
↑/↓	1	0	/
↑/↓	1	1	/

（2）JK 触发器逻辑功能的测试

① $\overline{R}_D$、$\overline{S}_D$ 接高、低电平开关，CP 端、JK 端悬空，按表 3.19 所示验证 Q 端的高、低电平是否符合要求。

表 3.19　JK 触发器测试数据（一）

$\overline{R}_D$	$\overline{S}_D$	Q	$\overline{Q}$
1	0		
0	1		

② CP 接到单脉冲发生器，J、K 接高、低电平开关，验证 JK 触发器的逻辑功能，将结果填入表 3.20，↑表示脉冲上升，↓表示脉冲下降。

表 3.20　JK 触发器测试数据（二）

CP	J	K	Q_n	Q_{n+1}
↑	0	0	0/1	/
↓	0	0	0/1	/
↑	0	1	0/1	/
↓	0	1	0/1	/
↑	1	0	0/1	/
↓	1	0	0/1	/
↑	1	1	0/1	/
↓	1	1	0/1	/

③ 图 3.43 所示的连接电路中，将 J、K 端引出的长导线分别接触电路中的 0 端和 1 端，表示 J、K 输入的状态，按下 S_2 表示输入 CP 时钟脉冲，LED 亮表示输出 1，LED 灭表示输出 0，将结果填入表 3.21 中。

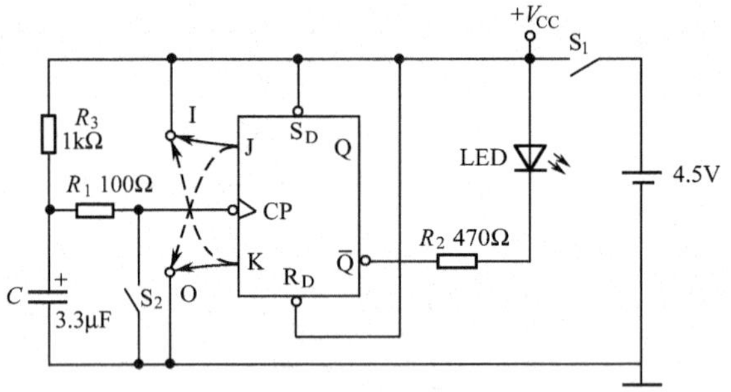

图 3.43　JK 触发器逻辑功能的测试

表 3.21　JK 触发器测试数据（三）

J	K	CP	$\overline{Q}$（LED 亮灭）
0	0	按键 S_2 数次	
0	1	按键 S_2 数次	
1	0	按键 S_2 数次	
1	1	按键 S_2 数次	

技能训练 11　计数器

训练目的

（1）学习查阅手册的技巧，掌握集成计数器的使用方法和连接方法，了解使能端的作用；

（2）学习测试集成计数器逻辑功能的方法。

训练内容

（1）加法计数

用 CC4518 集成电路组成二十四进制加法计数器，先将计数器置零，然后输入计数脉冲，进行由 00～23 的加法计数，用译码显示电路显示计数结果。

（2）计数

用两块 74LS193 组成六十进制减法计数器，先将计数器置成 59，然后实现从 59～00 的递减计数，要求减到 00 时，发出信号。

常用的计数器有 TTL 系列中的 CT74LS161、CT74LS193 等；CMOS 系列中的 CC4518、CC4520、CC4522、CC4017 等。

下面主要以 CT74LS193 和 CC4518 两种集成电路计数器为主来进行介绍。

① CT74LS193 是双时钟四位二进制同步可逆计数器，图 3.44 是它的引脚图，表 3.22 是它的功能表。

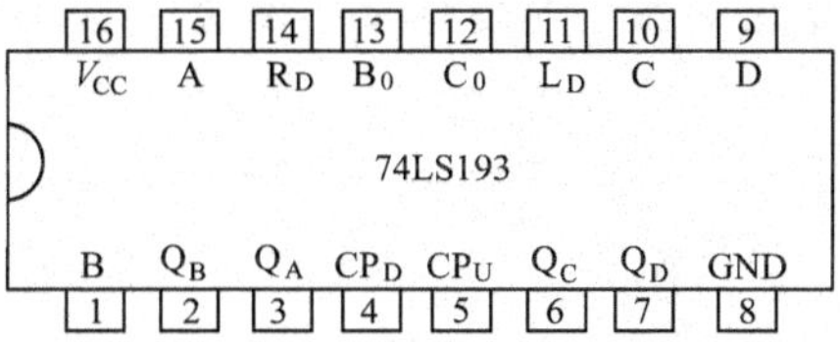

图 3.44　CT74LS193 引脚图

表 3.22　CT74LS193 功能表

清零	预置	时　钟		预置数据输入				输　出			
R_D	L_D	CP_U	CP_D	A	B	C	D	Q_A	Q_B	Q_C	Q_D
1	—	—	—	—	—	—	—	1	1	1	1
0	0	—	—	A	B	C	D	A	B	C	D
0	1	上升沿	1					加计数			
0	1	1	上升沿	—	—	—	—	减计数			

CT74LS193 的特点是有两个时钟脉冲（计数脉冲）输入端 CP_U 和 CP_D，在 R_D=0、L_D=1 的条件下，当 CP_D=1 时，计数脉冲从 CP_U 输入作加法计数；当 CP_U=1 时，计数脉冲从 CP_D 输入作减法计数。此外，74LS193 还具有异步清零和异步预置数的功能。当清零信号 R_D=1 时，不管时钟脉冲的状态如何，计数器的输出都将被直接置零；当 R_D=0、L_D=1 时，不管时钟脉冲的状态如何，都立即把预置数据输入端 A、B、C、D 的状态置入计数器的 Q_A、Q_B、Q_C、Q_D 端，称为异步预置数。

② CC4518 是一种常用的 CMOS 中规模集成电路 BCD 码（即二—十进制）计数器，它的管脚排列如图 3.45 所示，

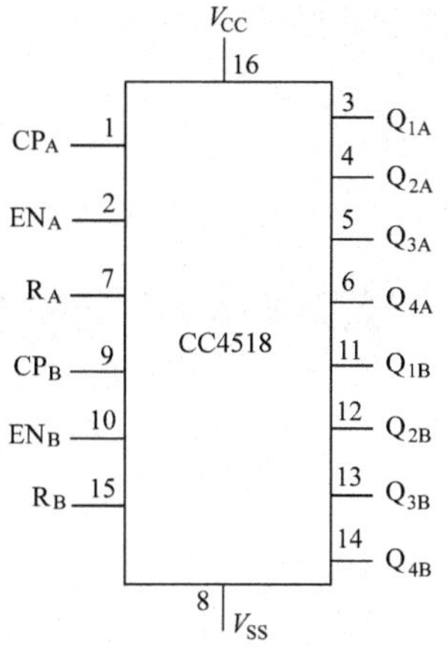

图 3.45　CC4518 管脚排列图

其真值表见表 3.23，它内部含有功能相同的两个二—十进制计数器。

表 3.23 CC4518 真值表

CP	EN	R	功 能
↑	1	0	加计数
0	↓	0	加计数
↓	—	0	保持
—	↑	0	保持
↑	0	0	保持
1	↓	0	保持
—	—	1	复位

由真值表可知，CC4518 可以在时钟脉冲正跳变或负跳变时触发，如采用时钟上升沿触发，则信号从 CP 端输入，这时时钟 EN 端必须接高电平；若用时钟下降沿触发，则信号从 EN 端输入，这时 CP 端必须接低电平，R 为异步清零端，高电平有效。

【例 3.3】 数字钟表的分、秒计数是六十进制，试利用 CC4518 接成六十进制计数器。

解： 应先将 CC4518 中的一个二—十进制计数器接成十进制。

再将 $1Q_D$ 与 2EN 相接，作为第二个二—十进制计数器的进位信号，然后利用反馈复零法，把 CC4518 接成六十进制计数器，如图 3.46 所示。

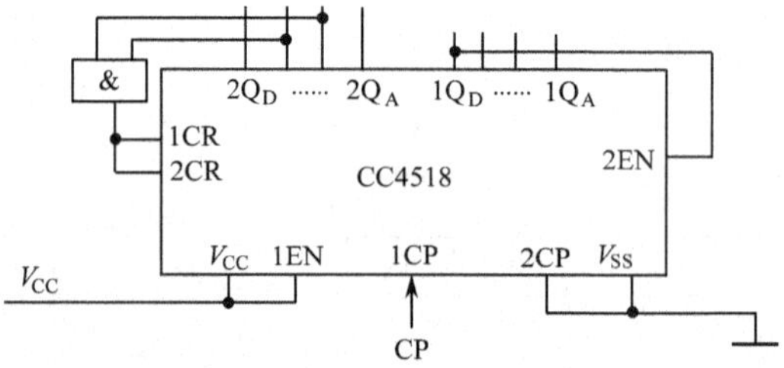

图 3.46 用 CC4518 接成的 60 进制计数器

应当注意的是，因 CR 端为 1 时清零，而不是像前面所讲的 R_D 端用负脉冲清零，所以反馈清零用与门而不用与非门。如果出现差错，仍应加入记忆环节。

计数器还可以用作分频器，例如，二进制计数器一位信号频率是低位信号频率的 1/2，十进制计数器则为 1/10，N 进制为 $1/N$。这就是分频功能，如电子手表就是由石英晶体振荡器产生高稳定度的 32768Hz（2^{15}Hz）基准信号，而后经过 15 级二分频获得 1Hz 的秒脉冲。

技能训练 12 555 集成定时器及其应用

训练目的

（1）熟悉 555 集成定时器的结构与工作原理；

（2）会用 555 集成定时器构成多谐振荡器、单稳态触发器和施密特触发器。

训练内容

（1）验证 CC7555 定时器的逻辑功能

① 按图 3.47 所示接好线，当 $\overline{R}$ 为高电平时，分别观察 TH>$2V_{DD}/3$，$\overline{TR}$ >$V_{DD}/3$；TH<$2V_{DD}/3$，$\overline{TR}$ >$V_{DD}/3$；TH 任意，$\overline{TR}$ <$V_{DD}/3$ 三种情况下，OUT 和 DIS 的变化情况，并将结果记入表 3.24 中。

② 当 $\overline{R}$ 接地时，上述三种情况下 OUT 和 DIS 端有什么变化？将结果记入表 3.24 中。

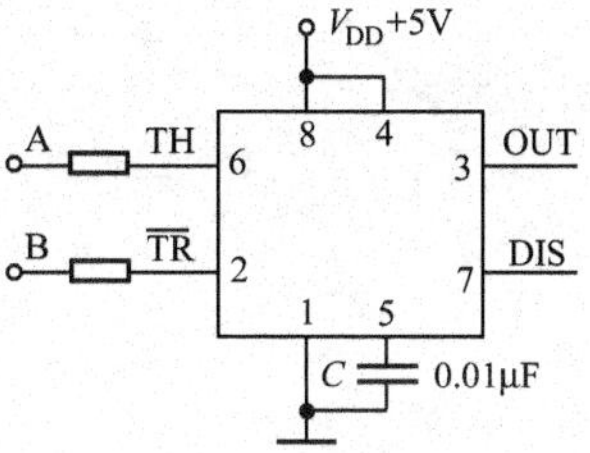

图 3.47　555 定时器逻辑功能测试线路图

表 3.24　555 定时器逻辑功能测试表

TH	$\overline{TR}$	$\overline{R}$	OUT	DIS
$>\frac{2}{3}V_{DD}$	$>\frac{1}{3}V_{DD}$	1		
$<\frac{2}{3}V_{DD}$	$>\frac{1}{3}V_{DD}$	1		
—	$<\frac{1}{3}V_{DD}$	1		
$>\frac{2}{3}V_{DD}$	$>\frac{1}{3}V_{DD}$	0		
$<\frac{2}{3}V_{DD}$	$>\frac{1}{3}V_{DD}$	0		
—	$<\frac{1}{3}V_{DD}$	0		

（2）节电楼梯灯

分析说明

图 3.48 是节电楼梯灯控制电路，平时耗电很少，在有人上、下楼时，只要按开关 SB 就可以使楼梯灯点亮，约 2min 后自动熄灭。

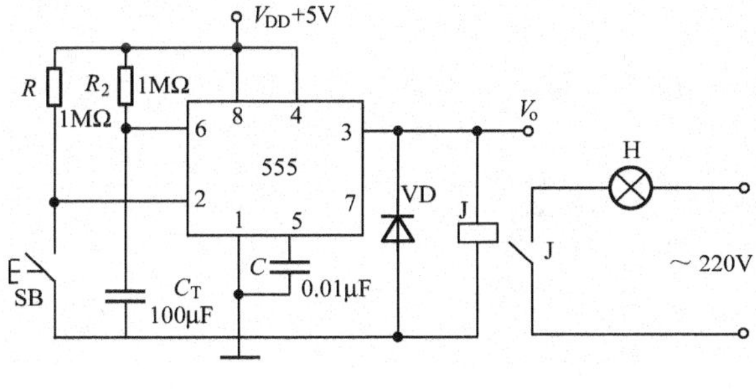

图 3.48　节电楼梯灯控制电路

图中，CC7555 集成定时器构成了单稳态触发电路。平时触发器 $\overline{TR}$ 是高电平，输出 V_o=0，继电器 J 不吸合，楼梯灯 H 不亮，这时内部放电开关导通电容 C_T 上电压为 0，使输出保持 0 状态，控制电路处于稳态。

当有人用灯时，只要按一下开关 SB，触发器 $\overline{TR}$ 的电位从高电平下降到低电平，输入一个负脉冲，使输出端 V_o=1，继电器 J 吸合，楼梯灯亮。同时，内部放电开关打开电源电压，通过 R_2 向电容 C_T 充电，暂稳态开始。经过一段时间后电容 C_T 上的电压上升到

$2V_{DD}/3$，输出端翻转成 V_o=0，此时，暂稳态结束又恢复成稳态，继电器释放，楼梯灯熄灭。

操作步骤

① 按图3.48所示连接电路，用手按一下按钮SB。

② 测量引脚3的电位应为高电平。

③ 观察灯的变化情况。

（3）防盗报警器

分析说明

图 3.49 所示电路是一个多谐振荡器，可用做防盗报警器。其工作原理是：利用引脚 4 的强制复位功能，当主人不在或睡觉时，用一根细导线把引脚4接电源负极，强制引脚3输出低电平，扬声器不发声；当盗贼破门或撬窗而入时，细导线断开，引脚4电位升高，电路开始振荡，扬声器发出报警声。

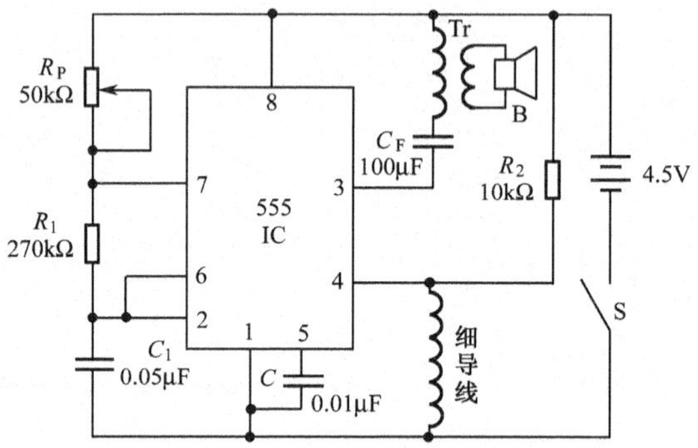

图3.49 555防盗报警器电路

实习步骤

① 按图3.49所示连接电路，闭合电源开关S。

② 测量引脚3的电位应为低电平。

③ 将引脚4接电源负极的细导线去掉应能听到扬声器的报警声。

3.3 D/A和A/D转换器

在数字测量和数字控制装置以及微型计算机应用系统中，都广泛应用 D/A 和 A/D 转换器，以实现这些装置及系统对模拟信号的处理和操作。近年来由于数字电子技术和微机应用技术的迅速发展，也推动了 A/D 和 D/A 转换技术的飞快发展，产生了大量的 A/D、D/A 转换器供用户选择使用。

3.3.1 D/A转换器

能把数字量转换为模拟量的装置称为数/模转换器，简称D/A转换器（简写成DAC）。

数模转换器的类型很多，集成化D/A转换器多为T型电阻网络型转换器。DAC0832是CMOS工艺制造的8位单片集成D/A转换器，其逻辑方框图和引脚图分别如图3.50（a）和

图 3.50（b）所示。

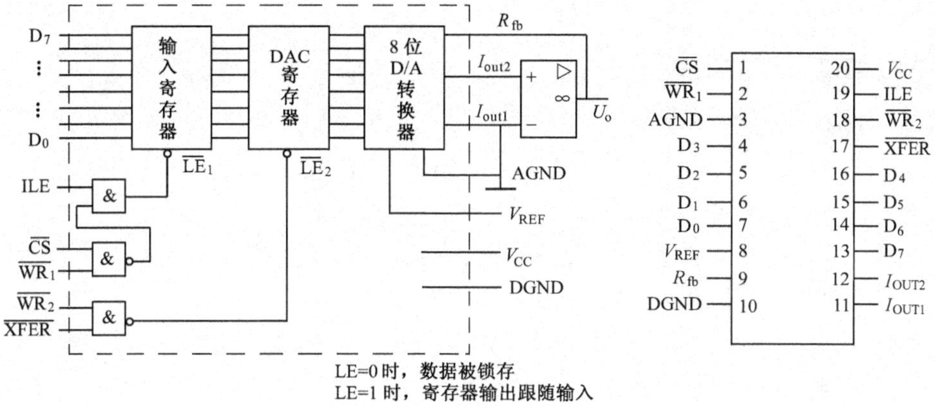

（a）逻辑方框图　　　　（b）引脚图

图 3.50　DAC0832

从图中可以看出，DAC0832 主要由两个 8 位寄存器和一个 8 位 D/A 转换器组成，第一个和第二个寄存器分别叫作输入寄存器和 DAC 寄存器。

1. DAC0832 的引脚功能

- D_0～D_7：8 位数据输入端，D_7 是最高位，D_0 是最低位。
- ILE：输入寄存器的数据允许锁存信号，高电平有效。
- $\overline{CS}$：片选信号输入端，低电平有效，与 ILE 共同作用对 $\overline{WR_1}$ 信号进行控制。
- $\overline{WR_1}$：输入寄存器的数据写信号，低电平有效，当 $\overline{WR_1}$ 为 0，$\overline{CS}$ 为 0，且 ILE 为 1 时，将输入数据传送到输入寄存器；当 $\overline{WR_1}$ 为高电平时，输入寄存器中数据被锁存。
- $\overline{WR_2}$：DAC 寄存器写信号，低电平有效，当 $\overline{WR_2}$ 为 0，且 $\overline{XFER}$ 为 0 时，将输入寄存器中的数据锁存到 8 位 DAC 寄存器内。
- $\overline{XFER}$：数据向 DAC 寄存器传送控制信号，与 $\overline{WR_2}$ 配合构成 DAC 寄存器锁存信号。
- I_{OUT1} 和 I_{OUT2}：模拟电流输出端，当 DAC 寄存器全为 1 时，I_{OUT1} 为最大值，I_{OUT2} 为最小值 0；当 DAC 全为 0 时，I_{OUT1} 为最小值 0，I_{OUT2} 为最大值，且 $I_{OUT1}+I_{OUT2}=$ 常数。单极性输出时，I_{OUT2} 通常接地；当接入运算放大器时，这两个端口使运算的输入电流保持恒定，以提高运算精度。
- R_{fb}：内部自带的反馈电阻引出端，用来和外接的运算放大器相连。
- V_{REF}：参考电压输入端，要求外接一个精密的电源，它与内部 T 型电阻网络相连，电压范围为±10V。
- V_{CC}：芯片供电电压，电压范围为 5～15V。
- AGND、DGND：分别为模拟地、数字地，模拟地是模拟信号及参考电压（基准电源）的参考地，而其余信号的参考地（包括 V_{CC} 电源地和各种数字逻辑地等）均为数字地。模拟地、数字地两者要就近连接而要避免交叉多点连接，以防止数字信号干扰微弱的模拟信号。

2. DAC0832 的工作方式

由于 DAC0832 内部有两级缓冲寄存器，所以可以方便地选择三种工作方式。

- 直通式：$\overline{WR_1}$、$\overline{WR_2}$、$\overline{XFER}$ 和 $\overline{CS}$ 接地，ILE 接高电平，即不用写信号控制，使输入数据直接进入 D/A 转换器。
- 单缓冲式：两个寄存器一个处于直通状态，另一个处于受控状态，输入数据只经过一个寄存器缓冲控制后，进入 D/A 转换器。
- 双缓冲式：两个寄存器都处于受控状态，即用 $\overline{WR_1}$ 和 $\overline{WR_2}$ 分两步控制。在这种方式下可使 D/A 转换器在输出前一个数据的同时，采集下一个数据，以提高转换速度。

DAC0832 的转换公式：为了将模拟电流转换成模拟电压，需要把 I_{OUT1} 和 I_{OUT2} 分别接到运算放大器的两个输入端上，经过一级运放得到单极性电压输出，再由第二级运放反相求和，可得到双极性电压输出，如图 3.51 所示。

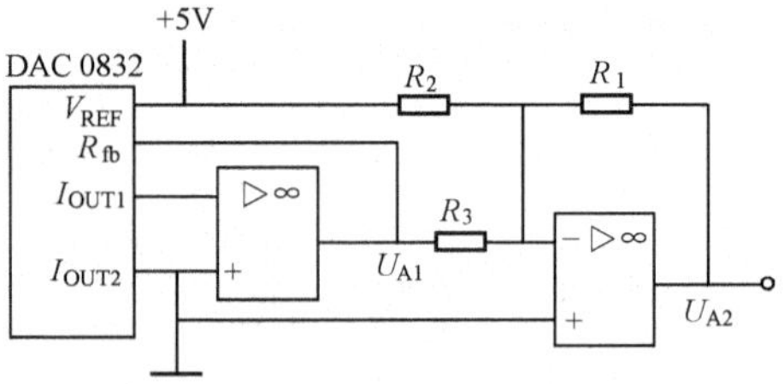

图 3.51 双极性电压输出

第一级运放的输出电压为

$$U_{A1}=-V_{REF}\frac{D}{2^8}$$

式中，D 为输入数字量的二进制数。

第二级运放的输出电压为

$$U_{A2}=-(2U_{A1}+V_{REF})=\frac{D-128}{128}V_{REF}$$

图中，取 $R_1=R_2=2R_3$。

3. DAC0832 的主要特性参数

DAC0832 的分辨率为 8 位，低功耗（200mW），单电源供电（5～15V），只需在满量程时调整某线性度即可，电流稳定时间 1μs，可单缓冲、双缓冲或直通数据输入，逻辑电平输入与 TTL 兼容。

3.3.2 A/D 转换器

能把模拟量转换为数字量的一种接口电路称为模/数转换器，简称 A/D 转换器（简写成 ADC）。

目前市场上的 A/D 转换器种类较多，在精度、速度和价格方面相差很大，基本的有通用型 A/D 转换器、高性能 A/D 转换器和高速度 A/D 转换器等。从转换方式来看，较常用的有逐次逼近型、双积分式和电压/频率（U/F）变换式三种。ADC0809 是目前常用的一种逐次逼近式 A/D 转换器，它是 CMOS 单片 28 条引脚双列直插式 A/D 转换器，精度为 8 位，其逻辑方框图和引脚图如图 3.52 所示，它由 8 通路模拟开关、地址锁存译码器、8 位 A/D 转换器以及三态输出锁存器等组成。

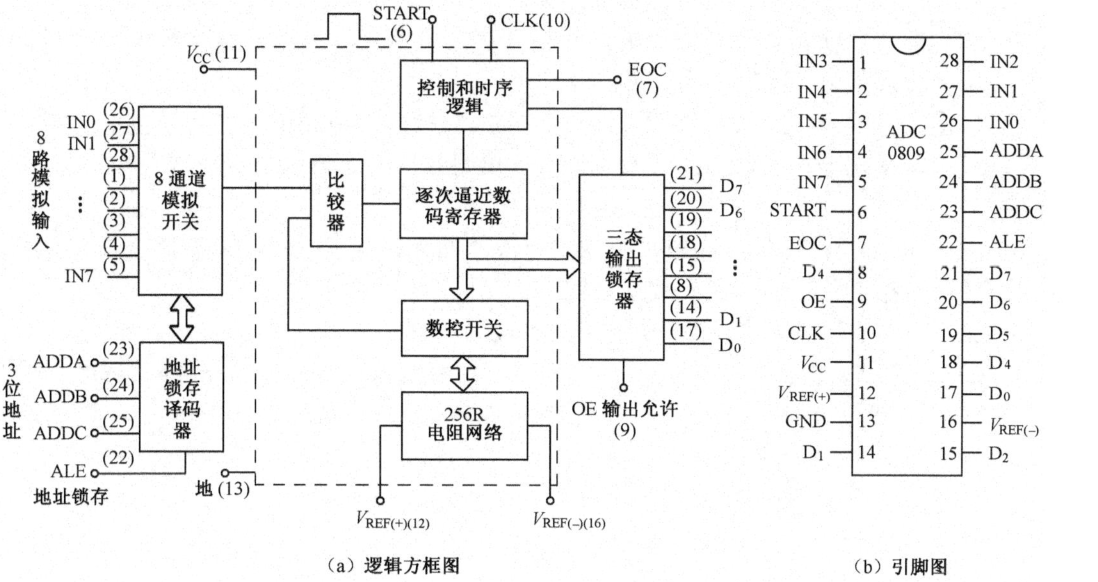

图 3.52　ADC0809 转换器

由图中可见，ADC0809 的多路开关有 8 路模拟输入，可允许 8 路模拟量分时输入，共用一个 A/D 转换器进行转换。8 路模拟开关切换由地址锁存译码器控制，三根地址线输入 ADDA、ADDB、ADDC 由 ALE 锁存，改变不同的地址，可切换 8 路模拟通道，从而选择不同的模拟量输入，其通道选择的地址编码见表 3.25 所示。A/D 转换结果通过三态输出锁存器输出。

表 3.25　8 路通道地址表

地 址 编 码			被选模拟通道
ADDC	ADDB	ADDA	
0	0	0	IN0
0	0	1	IN1
0	1	0	IN2
0	1	1	IN3
1	0	0	IN4
1	0	1	IN5
1	1	0	IN6
1	1	1	IN7

1. ADC0809 的引脚功能

- 1N0～1N7：8 路模拟信号输入通道。
- ADDA、ADDB、ADDC：8 路模拟信号输入通道的 3 位地址输入端，ADDC 为最高位，ADDA 为最低位。
- ALE：地址锁存允许信号输入端，高电平有效，有效期间将 ADDA、ADDB、ADDC 通道地址锁存到内部地址锁存器中。
- START：启动转换信号输入端，此输入信号的上升沿使内部寄存器清零，下降沿使 A/D 转换器进行新的一次转换。
- EOC：A/D 转换结束信号标志，它在 A/D 转换开始由高电平变为低电平，转换结束时该端输出一个正脉冲。此信号的上升沿表示 A/D 转换完毕，常用作中断申请信号。
- OE：输入允许信号，高电平有效，有效期间允许从 A/D 转换器的三态输出锁存器读取数据，并将数据送到数据总线。
- D_7～D_0：8 位数据输出端，可直接接入数据总线。
- CLK（CLOCK）：外接时钟脉冲输入端，时钟的频率决定 A/D 转换的速度。转换时间 TC 等于 64 个时钟周期，CLK 的频率范围是 10kHz～1280kHz，典型频率为 640kHz，TC 为 100μs。
- $V_{REF(+)}$ 和 $V_{REF(-)}$：参考电压输入端，一般 $V_{REF(+)}$=+5V，$V_{REF(-)}$=0V。
- V_{CC}：电源电压，V_{CC}=+5V。
- GND：接地端。

2. 模拟量输入

模拟量的输入方式有单极性和双极性两种，单极性模拟电压的输入范围是 0～5V，双极性模拟电压的输入范围是−5V～+5V。

3. ADC0809 的主要性能指标

① 分辨率为 8 位。
② 单电源（+5V）供电，模拟量输入范围是 0～5V。
③ 功耗为 150mW。
④ 不必进行零点和满度调整。
⑤ 转换速度取决于芯片的时钟频率。时钟频率范围为 10～1280kHz。
⑥ 允许 8 路模拟信号输入。

技能训练 13 D/A 和 A/D 转换器

训练目的

（1）了解 D/A 与 A/D 转换器的工作原理；
（2）了解 D/A 与 A/D 转换器各管脚的功能和使用方法。

训练内容

（1）D/A 转换器

① 按图 3.53 所示电路接线，并做认真的检查。

② 在数字量输入端置 00000000B，用数字万用表测量模拟电压 U_o。

③ 从输入数字量的最末位起，逐位置 1（接高电平），测量输出模拟电压 U_o 的值，记入表 3.26 中，并与理论值进行比较。

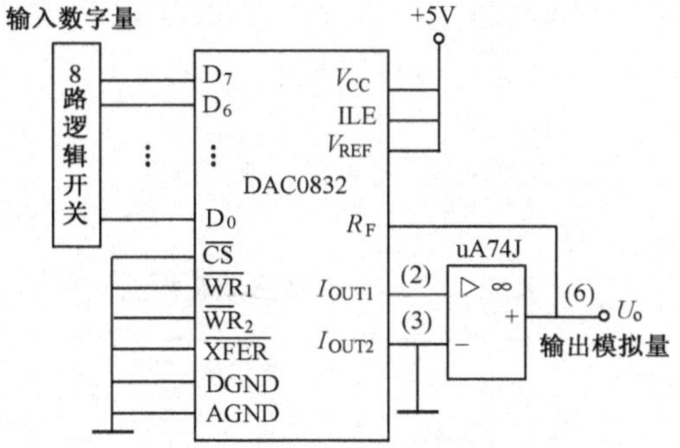

图 3.53　D/A 转换器线路图

表 3.26　D/A 转换器测量数据

输入数字量								输出模拟量	
D_7	D_6	D_5	D_4	D_3	D_2	D_1	D_0	实测值	理论值

（2）A/D 转换器

① 按图 3.54 所示的电路接线并认真检查。

② 调节电位器 R_F，使 $D_0 \sim D_7$ 全为高电平（8 个发光二极管全亮），测量并记录输入的模拟电压值。

③ 调节电位器 R_F，使 U_i 分别为表 3.27 所给的数值，测量相应的数字输出量，记录在表中。

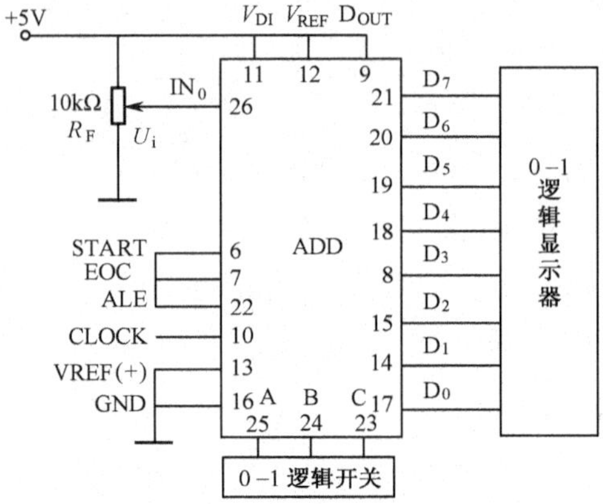

图 3.54　A/D 转换器线路图

表 3.27　A/D 转换器测量数据

输入模拟电压 U_i/V	实测输出二进制数							
	D_7	D_6	D_5	D_4	D_3	D_2	D_1	D_0
1								
2								
2.5								
3								
4								
5								

注意事项

（1）不允许带电改接线路，输入端也不能悬空。

（2）在电源未接通时，绝不允许施加输入信号。

3.4　电力电子常识

电力电子器件主要应用于可控整流、交流调压、无触点开关以及大功率变频控制和逆变控制等场合，下面将主要介绍晶闸管及其应用电路。

3.4.1　晶闸管

晶闸管是一种大功率半导体器件，可以把它看成一个带有控制极的特殊整流管，通常也称为可控硅。

普通型晶闸管的外形和符号如图 3.55（a）和图 3.55（b）所示。

晶闸管有三个电极：阳极 A、阴极 K 和控制极 G。其内部结构如图 3.55（c）所示，它由 P_1、N_1、P_2、N_2 四层三个结组成。

1. 晶闸管的工作原理

晶闸管的导电原理可用图 3.56 所示的电路做一个简单的实验来说明。

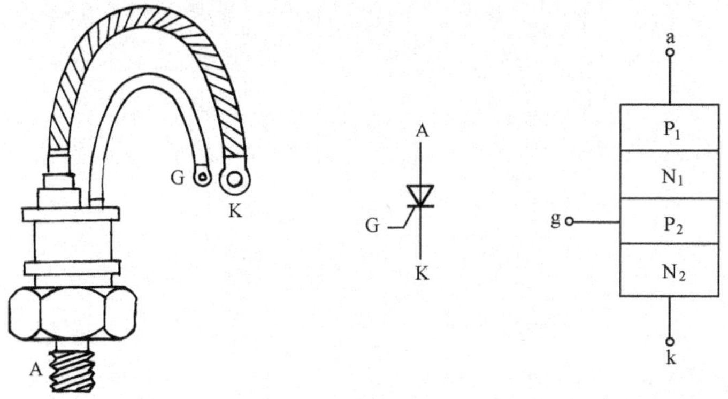

（a）外形　（b）符号　（c）内部结构

图 3.55　普通型晶闸管

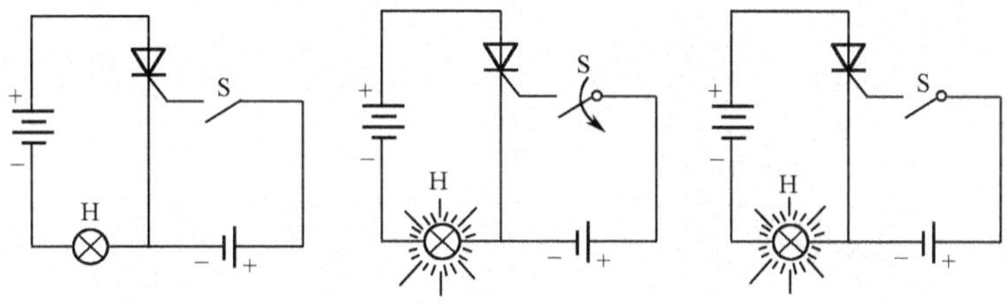

（a）　（b）　（c）

图 3.56　晶闸管导通实验图

如图 3.56（a）所示，对晶闸管加正向电压，即阳极接电源正极，阴极接电源负极，S 断开即控制极不加电压，这时灯泡 H 不亮，说明晶闸管不导通；若将 S 闭合即控制极加正向电压，如图 3.56（b）所示，这时灯泡 H 亮，说明晶闸管导通；晶闸管导通后，若再将 S 断开，即去掉控制极电压，灯泡仍然亮，如图 3.56（c）所示，表明晶闸管仍然导通。这说明晶闸管一旦导通后控制极就失去了控制作用，如果要使晶闸管关断，只有去掉正向电压或减小其正向电流，到晶闸管难以维持导通的地步，晶闸管才会关断。如果晶闸管加反向电压，则无论是否加控制极电压，晶闸管均不会导通。

从上述实验可以看出，晶闸管的工作有以下三个特点：

（1）晶闸管导通必须具备两个条件。

① 晶闸管的阳极与阴极之间加正向电压。

② 晶闸管的控制极与阴极之间加正向触发脉冲电压。

（2）晶闸管一旦导通后，降低或去掉控制极电压时，晶闸管仍导通。

（3）导通后的晶闸管要关断时，必须减小其阳极电流使其小于晶闸管的导通维持电流。

2. 晶闸管的主要参数

为了正确选择和使用晶闸管，必须了解晶闸管的电压、电流等主要参数的意义。晶闸管的主要参数有：

① 正向转折电压 U_{BO}：指在额定结温和控制极开路的条件下，使晶闸管直接导通的正向阳极电压，其值越大越好。

② 正向重复峰值电压 U_{DRM}：指在控制极断路和晶闸管正向阻断的条件下，可以重复加在晶闸管两端的正向峰值电压，按规定此电压为正向转折电压的 80%。

③ 反向转折电压 U_{BR}：指使晶闸管反向击穿的反向阳极电压。

④ 反向重复峰值电压 U_{RRM}：指在控制极断路时，可以重复加在晶闸管元件上的反向峰值电压，按规定此电压为反向转折电压的 80%。

⑤ 通态平均电压 U_F：指晶闸管导通时管压降的平均值，一般在 0.4～1.2V。这个电压越小，元件的功耗就越小。

⑥ 通态平均电流 I_F：指在规定环境温度及散热条件下，允许连续通过的工频正弦半波电流的平均值，简称正向电流。

⑦ 维持电流 I_H：指在室温和控制极开路时，元件能维持导通状态所需的最小阳极电流。当晶闸管的正向电流小于这个电流时，晶闸管将自动关断。

目前我国生产的晶闸管的型号及其含义如下

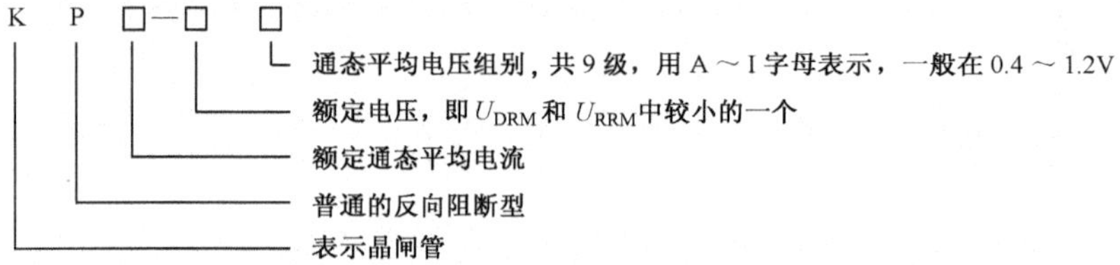

3.4.2 单相可控整流电路

许多直流负载要求它的电压大小能无级调节，而用晶闸管组成的可控整流电路可以把交流电变成大小可调的直流电，下面就来介绍单相可控整流的几种典型电路。

1．单相半波可控整流电路

图 3.57（a）是单相半波可控整流电路，其工作原理如下：设 $u_2=\sqrt{2}\,U_2\sin\omega t$，在 u_2 的正半周，晶闸管承受正向电压，但在 0～ωt_1 期间因控制极未加触发电压，晶闸管不导通，负载 R_2 中无电流通过，负载电压 $u_L=0$。如在ωt_1时刻给控制极加触发电压 Vg，晶闸管 V 就导通，若忽略导通时的管压降，则ωt_1～π 期间负载电压 u_L 与 u_2 电压相等，负载 R_L 中有电流通过。当$\omega t_1=\pi$ 时 $u_2=0$，晶闸管自行关断，在 V_2 负半周即π～2π 期间，晶闸管因承受反向电压处于关断状态。

当 u_2 进入第二个周期时，电路将重现第一周期的变化，这样负载 R_L 上就得到有规律的直流电压，其波形如图 3.57（b）所示。由图可见，0～ωt_1 期间称为控制角α，ωt_1～π 期间称为导通角θ，控制角α越大导通角θ就越小，α与θ的变化范围为 0～π，且$\alpha+\theta=\pi$。如果改变控制角，输出电压将随之改变。输出电压的平均值为

$$u_L=0.45\cdot u_2\frac{1+\cos\alpha}{2}$$

当$\alpha=0$ 时，晶闸管全导通，相当于半波整流。此时输出电压最大，为 $0.45u_2$。

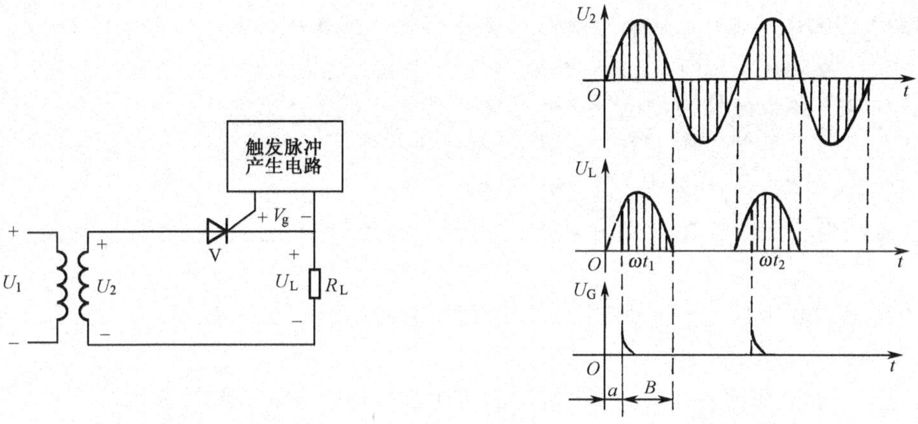

（a）电路　　（b）波形图

图 3.57　单相半波可控整流电路

2. 单相半控桥式整流电路

图 3.58（a）是单相半控桥式整流电路，电路中 4 个整流元件有两个是晶闸管，故称为半控桥式，其工作原理如下：在 u_2 的正半周（设 a 正 b 负），晶闸管 V_1 处于正向电压下，V_2 处于反向电压下，如果在正半周内控制极始终未加触发电压，晶闸管就一直不会导通，负载电压 u_L=0。如在ωt_1 时刻给控制极加触发电压 u_G，晶闸管 V_1 就导通，电流流向为：电源 a 端→V_1→R_L→V_4→电源 b 端，这时 V_2 和 V_3 都因承受反向电压而截止。同理，在 u_2 的负半周 V_1 和 V_4 处于截止状态，其波形如图 3.58（b）所示。

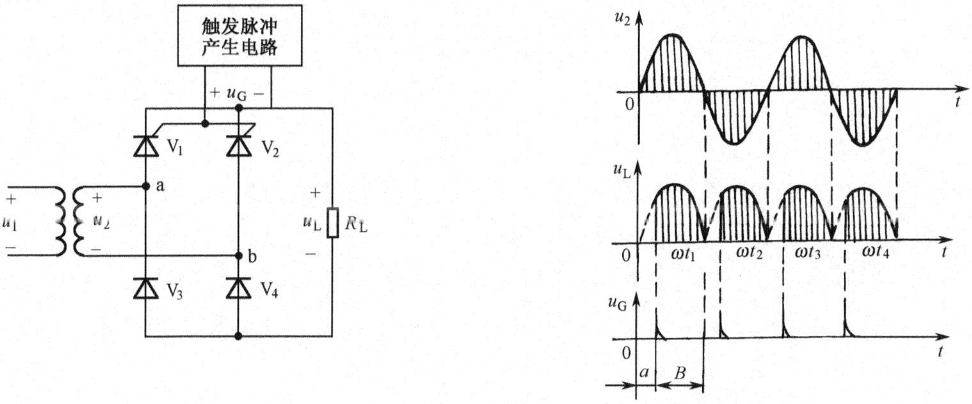

（a）电路　　（b）波形图

图 3.58　单相半控桥式整流电路

由图可见，半控桥式整流电路的直流输出电压平均值是半波可控整流电路的 2 倍。即

$$u_L=0.9 \cdot u_2\frac{1+\cos\alpha}{2}$$

调节控制角α的大小，可使输出电压的平均值在 0～$0.9u_2$ 范围内变化。

3.4.3　晶闸管触发电路

要实现可控整流的目的，就需要有一个相位可调的触发信号，以改变晶闸管的导通角

θ，实现对输出电压的调节。产生触发信号的电路称为触发电路。

为保证晶闸管准确可靠地工作，对触发电路提出下列要求：

① 触发电压必须在晶闸管承受正向电压时加到它的控制极上。

② 触发电压只需要短时间存在，因此常用脉冲电压（电力电子中把瞬间突变、作用时间极短的电压或电流称为脉冲信号，简称脉冲）。

③ 触发脉冲应有一定的幅值和功率，并有足够的移相范围，以达到能够改变控制角之目的。

④ 触发脉冲与可控整流电路的交流电压频率相同并保持一定的相位角关系，即触发电路输出脉冲与整流主电路输出电压必须同步。

触发电路的种类较多，本节只介绍常用的由单结晶体管组成的触发电路。

1. 单结晶体管

（1）单结晶体管的结构和型号

单结晶体管的内部结构如图 3.59（a）所示，它有三个电极，即发射极 e、第一基极 b_1、第二基极 b_2，但只有一个 PN 结，因此称为单结晶体管，又称为双基极二极管。

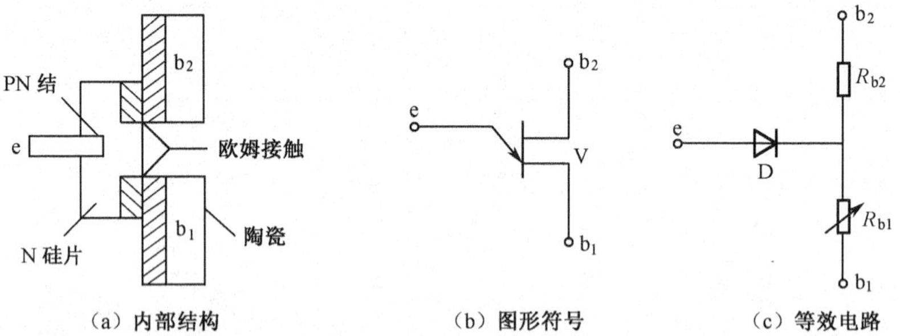

图 3.59 单结晶体管

单结晶体管的图形符号如图 3.59（b）所示，发射极箭头倾斜指向 b_1，表示经 PN 结的电流只流向 b_1 极。图 3.59（c）是它的等效电路图，因为 e 和 b_1 间是一个 PN 结，故用二极管 D 等效，其正向压降 $V_D\approx0.7V$；R_{b1} 表示 e 与 b_1 间的电阻，它随发射极电流的变化而变化，即 I_E 上升 R_{b1} 下降；R_{b2} 表示 e 与 b_2 间的电阻，数值与 I_E 无关；两基极间电阻 $R_{bb}==R_{b1}+R_{b2}$；$\eta=R_{b1}/R_{bb}$，称为分压比，η一般为 0.3～0.9。

常用的单结晶体管的型号有 BT31、BT33、BT35 等，其中 B 表示半导体，T 表示特种管，3 表示三个电极，第二个数字表示耗散功率，如 BT33 的耗散功率为 300mW。

（2）单结晶体管的伏安特性

图 3.60 是单结晶体管伏安特性的测试电路，图 3.61 是它的伏安特性曲线。

当 V_e 较小时，$V_e\leqslant V_A$，$V_A=R_{b1}V_{bb}/(R_{b1}+R_{b2})=\eta V_{bb}$，PN 结反偏，$I_e$=0，单结晶体管处于截止区。

当 $V_e\geqslant V_P$ 时，PN 结转向导通，电流 I_e 突然增大，这时将有大量的空穴载流子流入 b_1，载流子浓度增加使 R_{b1} 变小，R_{b1} 迅速变小，又使 V_A 降低，导致 I_e 进一步增大，这种强烈的正反馈使电流 I_e 增加时，V_e 反而下降的特性，称为负阻特性。由曲线可见，$V_e=V_P=\eta$

V_{bb}+0.7V 时晶体管开始导通，这时 V_e 为最大值，称为峰点电压 V_P。

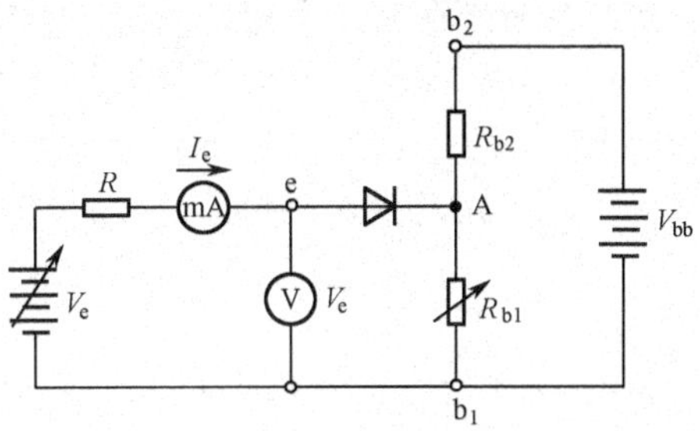

图 3.60　单结晶体管伏安特性测试电路

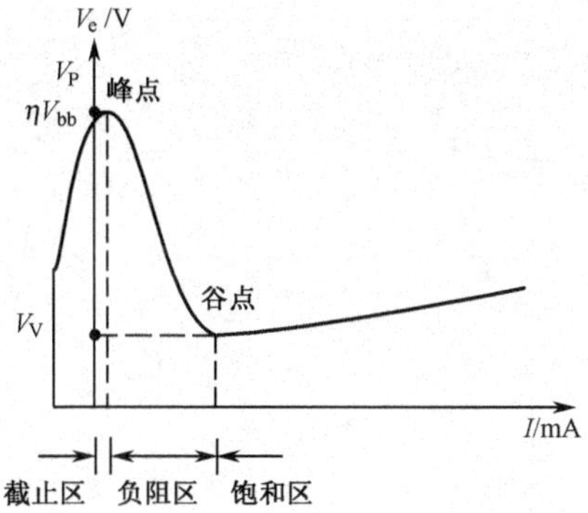

图 3.61　单结晶体管伏安特性曲线

当 I_e 增加到某值时，R_{b1} 不再变小，负阻特性结束，恢复到 I_e 增加时 V_e 也增加，特性进入饱和区，这个转折电压称为谷点电压 V_V。当 V_e<V_V 时，管子又迅速恢复到阻断状态。

综上所述，当 V_e≥V_P 时，单结晶体管导通；V_e<V_V 时，单结晶体管截止。

2．单结晶体管自激振荡电路

利用单结晶体管的负阻特性和 RC 充放电特性可组成自激振荡电路，如图 3.62（a）所示。

当接通电源后，电源经过 R_e 对电容 C 充电，电容电压 V_c 按指数规律上升，当 V_c 上升到 V_e≥V_P 时，单结晶体管导通，电容电压 V_c 迅速通过 R_1 放电，在 R_1 上产生一个尖脉冲电压。

当电容放电使 V_e<V_V 时，单结晶体管截止，放电结束，此后电容又充电，重复上述过程，于是在电容上形成锯齿波电压，在 R_1 上产生一连串的尖脉冲电压，如图 3.62（b）所示，改变 R_P 值，可以调整电容充电的快慢，从而改变输入脉冲的频率。

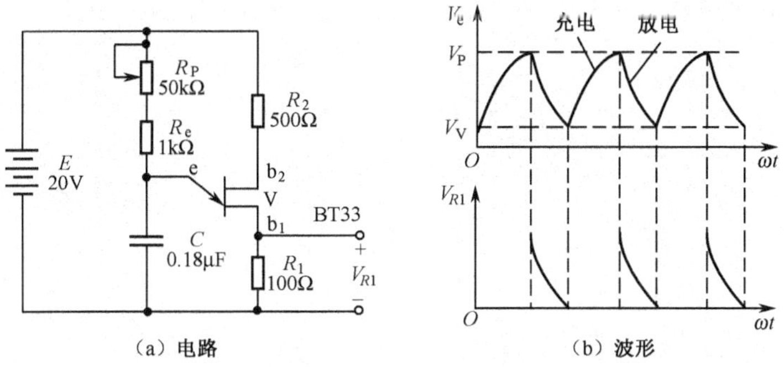

图 3.62　单结晶体管自激振荡电路

3．单结晶体管同步触发电路

图 3.63（a）是具有触发电路的单相半控桥式整流电路。图中下半部分是主电路，上半部分是单结晶体管同步触发电路。

单结晶体管同步触发电路一般由三个部分组成，即同步电压、触发移相控制和脉冲输出。

（1）同步电压

同步电压由同步变压器 T 获得，它的初级绕组与主电路接在同一个电源上。同步电压经桥式整流再经稳压管稳压削波，成为梯形波电压 V_{BO}，此电压作为单结晶体管的电源电压，当交流电压过零时，V_{BO} 也为零，b_1、b_2 间电压也降到零，e 与 b_1 之间导通，将电容上的电荷放掉，使电容每次充电均从零开始，从而保证了触发电路与主电路同步。电路中各点电压的波形如图 3.63（b）所示。

（2）触发移相控制

晶闸管的导通取决于它在承受正向阳极电压时，加入到控制极的第一个触发脉冲的时刻。第一个触发脉冲已使晶闸管导通后，以后的脉冲就不起作用了。如果将 R_P 调小，电容 C 充电就加快，V_c 上升到 V_P 的时间就变短，出现第一个脉冲的时间就提前，α 角变小 θ 角变大，晶闸管输出电压的平均值 U_o 就增大；反之，R_P 调大，U_o 就减小。

（3）脉冲输出

一般主电路的交流电压是 380/220V，而触发电路的直流电压仅十几或几十伏，如果用电阻输出脉冲，就会造成主电路与触发电路直接相连，这对人身安全、元件的保护等是不利的，实际应用中常用脉冲变压器代替电阻，实现电路隔离。脉冲变压器的初级线圈并联一个二极管是为了起续流作用，同时还可以避免负脉冲输出。

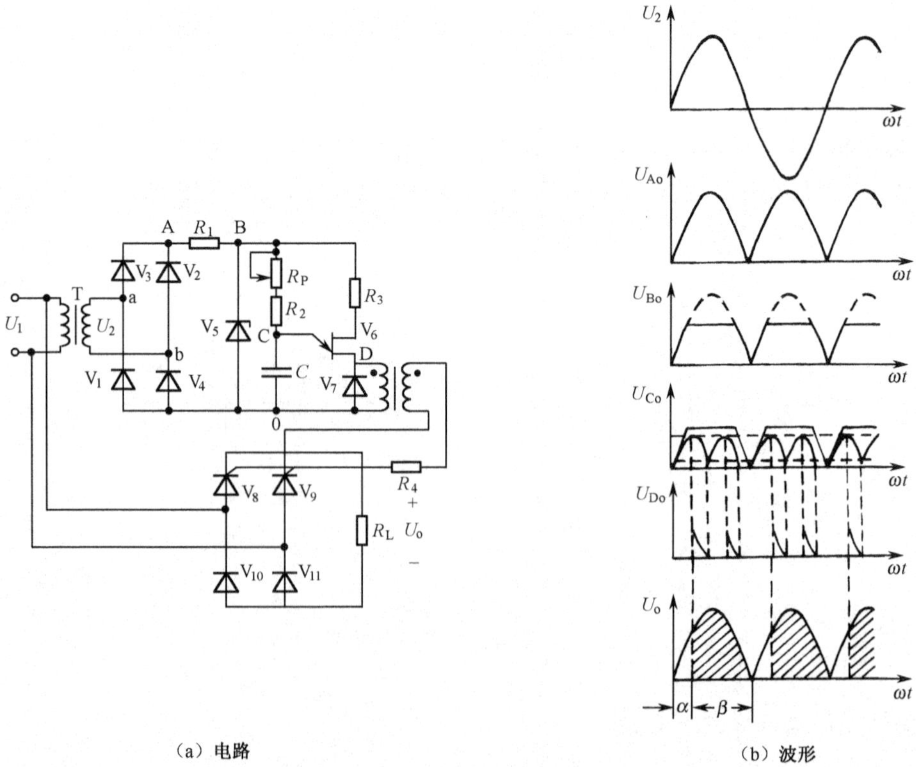

（a）电路　　（b）波形

图 3.63　单结晶体管同步触发电路

3.4.4　全控型电力电子器件

前面所讲的普通晶闸管是一个半控型器件，门极只能控制导通，器件一旦被触发导通后，门极即失去对阳极电流的控制能力，当它用于变直流输入电压的变流器时，就存在如何将器件关断即实现换流这一突出问题。此时，就需要全控型器件，全控型器件也称作自关断器件，是通和断或开和关都能控制的一种控制器件。目前实际应用的全控型器件有门极可关断晶闸管（GTO）、大功率或巨型晶体管（GTR）、功率场效应晶体管（P-MOSFET）和绝缘栅极双极晶体管（IGBT）等，本节以门极可关断晶闸管（GTO）为例进行介绍。

1. GTO 的结构特点和关断原理

图 3.64 所示为门极可关断晶闸管（简称 GTO）的结构示意图和符号。

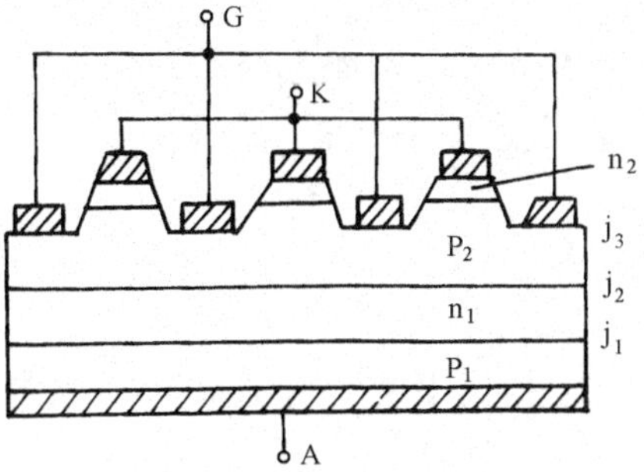

（a）结构示意图

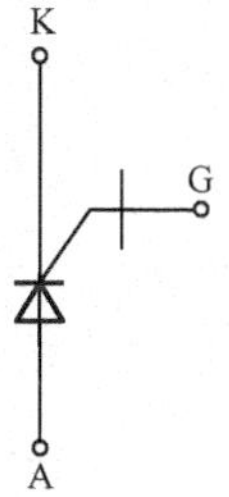

（b）符号

图 3.64　GTO 晶闸管

GTO 可看成是多个小的晶闸管并联而成的，这些小的晶闸管的阳极共有，门极和阴极形成多个独立的 PN 结单元，每个门极和阴极单独引线成为单元 GTO。一个单元 GTO 阴极与门极的面积差不多，阴极是被门极包围的条状小岛，条状阴极的宽度愈窄，通态电流越容易被关断。组成一个 GTO 器件的所有单元 GTO 的开关特性应该一致，否则先开通和后关断的单元 GTO，由于电流集中通过而容易被烧毁。

GTO 的开通过程与普通晶闸管一样，这里不再重复。

GTO 的关断过程可用双晶体管模型来分析。

如图 3.65 所示，如果在门极相对阴极加负电压，则晶体管 $P_1n_1P_2$ 集电极电流 I_{C1} 的一部分被抽出形成门极负电流 $-I_G$，由于 I_{C1} 被抽走，$n_1P_2n_2$ 晶体管基极电流减小，因而它的集电极电流 I_{C2} 也减小，于是引起 I_{C1} 的进一步下降。因为 GTO 导通时，α 远小于 1，所以 $P_1n_1P_2$ 晶体管集电极电流 I_{C1} 只是发射极电流也即 GTO 阳极电流 I_A 的很小一部分，抽走了这部分电流就可以使两个晶体管截止即 GTO 关断。相比之下，晶闸管之所以不能用门极关断，从结构上说是因为它的阴极太大，当门极相对于阴极加负电压时，只有靠近门极的那部分电流能从门极抽走，而远离门极的那部分电流，由于 P_2 区的

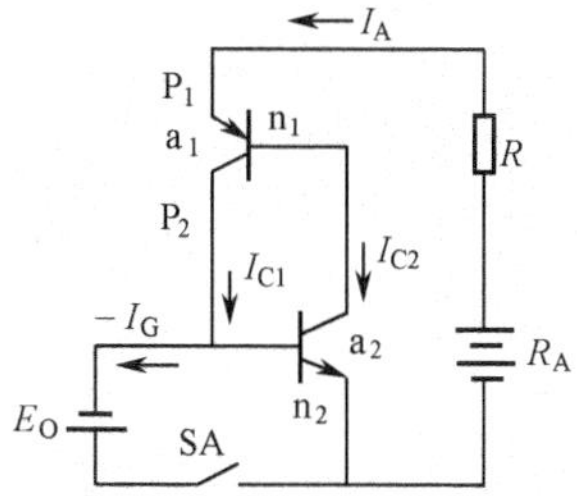

图 3.65　晶闸管的双晶体管模型

横向电阻很大因而不能被抽走。

2. GTO 的主要参数

① 最大可关断电流 I_{ATO}：指用门极电流可以重复关断的阳极峰值电流，也称可关断阳极峰值电流。

② 额定通态平均电流 I_{TAV}：指一个周期内方波电流的额定平均值，它可根据该方波电流（重复 $f<100Hz$）的占空比来计算。这是衡量工频稳态下 GTO 载流能力的参数。

③ 反向电压：反向电压和晶闸管一样用反向重复峰值电压 U_{RRM} 表示。

④ 门极关断电流 I_{GM}：指 GTO 从通态转为断态所需的门极反向瞬时峰值电流的最小值。

3.4.5 交流调压电路

许多负载要求交流电源电压的大小能平滑调节，例如无级调速、调光、电热炉的恒温控制等，利用双向晶闸管组成的各种交流调压电路能满足上述要求。

1. 双向晶闸管

（1）双向晶闸管的结构和符号

双向晶闸管是一种新型的半导体器件，它相当于两个普通晶闸管反向并联，电流可以从两个方向通过。其外形与普通晶闸管相似，也有三个电极，即控制极 G 和主电极 A_1、A_2，图 3.66 所示是它的符号。

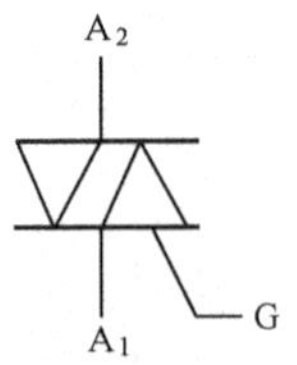

图 3.66 双向晶闸管的符号

（2）双向晶闸管开关性能的特点

① 在主电极之间加电压，而控制极 g 无触发信号，双向晶闸管不导通。

②无论主电极电压极性如何，控制极触发信号可正可负，均可触发双向晶闸管导通，由于负信号触发所需触发电压、电流较小，工作可靠，所以常采用的是负信号触发方式。

③ 双向晶闸管导通后去掉触发信号，能继续保持导通，但主电极电压为零时，双向晶闸管可自行阻断。

2. 单相交流调压电路

图 3.67（a）是用单结晶体管自激振荡电路触发双向晶闸管的电路，为使双向晶闸管触发导通，只要在控制极和第一主极间加正向或反向触发脉冲即可。所谓正向脉冲就是 Vg 的（+）端作用于控制极，而负向脉冲是将 Vg 的（–）端作用于控制极。实际应用中一般都采用负脉冲触发，这是因为负脉冲触发所需的控制电压和电流都比较小。图中的 R_1 起分压作用，使触发电路有一个合适的工作电源。

在电路中，调节 R_P 的大小就可以改变双向晶闸管的导通角，从而实现交流调压的目的，负载电压 u_o 的波形如图 3.67（b）所示。

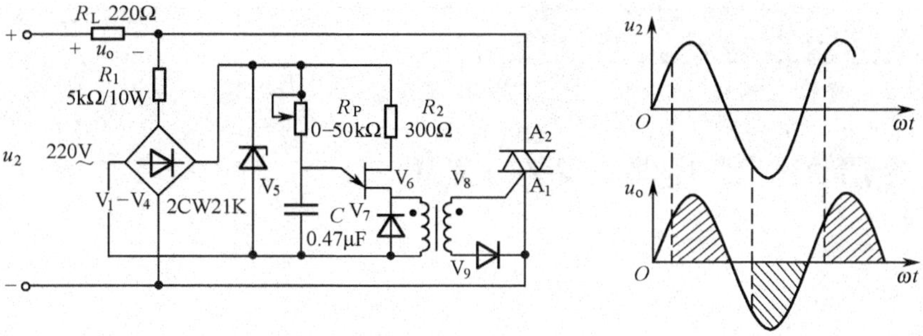

（a）电路　　（b）波形

图 3.67　单相交流调压电路

3.4.6 交流变频电路

变频是指一种频率的电源变换为另一种频率的电源，它有两种类型，即直交变频和交交变频，前者是将直流电变换为所要求的频率或频率可调的交流电，后者则是将固定频率的交流电变换为频率可调的交流电。本节主要以交交变频电路为例作简要介绍，交交变频所用的装置叫周波变换器，主要用于交流电动机的变频调速。

交交变频的工作原理可以用图 3.68 所示的对单相负载供电的交交变频器来说明。

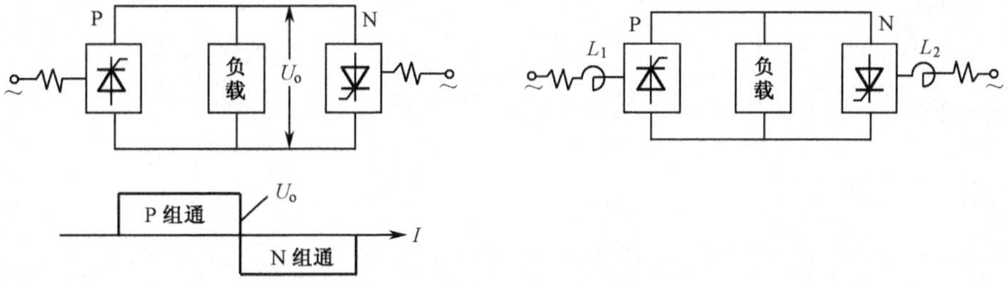

（a）电压源型　　（b）电流源型

图 3.68　交交变频器

图中，P 和 N 为两组并联的变流器，当 P 组和 N 组轮流向负载供电时，负载上获得交流输出电压 U_o，U_o 的幅值由各组变流器的控制角 α 决定，U_o 的频率则由两组变流器的切换频率决定。如果控制角 α 一直不变，则输出交流电压为方波，要得到正弦波，输出就必须在每一组整流器导通期间按正弦规律改变其控制角。

交交变频器也可分为电压源型和电流源型。图 3.68（a）属于交交电压源型变频器，两组变流器直接反向并连接到电网上，由于电网相对负载具有低阻抗，故属电压强制性质，不需另设滤波电容，负载的无功功率由电源来缓冲。

若两组变流器经大的电感 L_1、L_2 接到电网，如图 3.68（b）所示，则属于交交电流型变频器，这时电源具有高阻抗，将输出电流强制为矩形波，负载的无功功率则由滤波电感来储存。

3.5 电子技术综合技能训练2

3.5.1 家用调光台灯电路的安装与调试

训练目的

- 进一步掌握晶闸管的测试方法；
- 了解单结晶体管的自激振荡电路；
- 掌握晶闸管调光电路的工作原理；
- 进一步熟悉安装、焊接工艺。

训练器材

万用表	一台
电路板	一块
电铬铁	一个
晶闸管	一根
单结晶体管	一根

训练原理

1. 晶闸管的简易测试

用万用表“R×1K”欧姆挡测量晶闸管阳极与阴极间的正、反向电阻，若阻值都相当大，说明管子正常；如果阻值不大或为零，说明管子性能不好或内部短路。

用万用表“R×1Ω”欧姆挡测量晶闸管门极与阴极间的电阻，正向阻值为数十欧时说明正常；若阻值为零或无穷大，说明门极与阴极之间短路或断路。

2. 晶闸管调光电路

(1) 电路

用单结晶体管组成振荡电路来触发晶闸管。为了使触发脉冲与主电路的交流电源同步，即触发电路在每次电源电压过零后，以相同的电角度发出脉冲，就要求主电路交流电源过零的前一时刻，不管单结晶体管处于什么状态，必须将电容上的电荷放完，使交流电流过零后，电容从零状态开始充电，这样就可以保证主电路电源过零后第一个脉冲时间固定。实现同步的电路很多，可以用同步变压器，也可以直接把交流电进行桥式整流，通过限流电阻给振荡电路供电，我们采用的就是这种电路。当交流电压过零时，U_{ob} 也为零，此时，不管单结晶体管工作在什么状态，电容 C 上的电荷通过 e-b 及 R_1 迅速放电，使得电容在每次电源电压过零时都从零开始充电，保证触发脉冲与主电路严格同步。

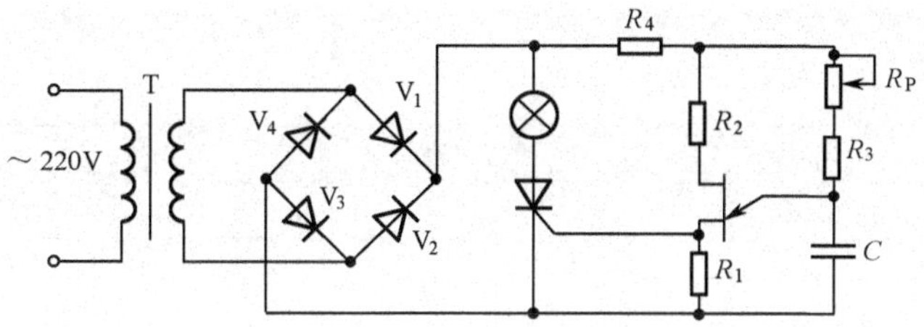

图 3.69　晶闸管调光电路图

（2）原理分析

220V 交流电源通过变压器变成电压为 u_2 的正弦交流电压，经桥式整流、电阻 R_4 限流，给单结晶体管组成的振荡电源供电。当打开交流电源后，直流电源通过 R_4 及电位器 R_P 和 R_3 给电容 C 充电，$\tau=(R_p+R_3)\times C$，电容两端电压按指数规律上升。当电容两端电压 $U_c=U_p$ 时，单结晶体管触发，电容经 e-b_1 向电阻 R_1 放电，由于 R_1 不大，因此放电速度很快。放电时在 R_1 上形成一个前沿很徒的尖脉冲来触发晶闸管，使晶闸管导通，当电容电压降到 U_V 时，单结晶体管截止，输出电压为零。

晶闸管导通后，灯泡就会发亮，导通越早，灯就越亮，可以调节电位 R_P 的大小来改变电容的充电时间，以此调节灯的亮度。

3．操作步骤

（1）测量晶闸管及各种元件的质量，筛选出损坏元件

（2）按图 3.69 所示的电路图安装、焊接元器件

① 安装并焊接二极管：V_1, V_2, V_3, V_4；

② 安装并焊接电阻：R_1, R_2, R_3, R_4；

③ 安装电容 C；

④ 安装单结晶体管并焊好；

⑤ 安装并焊接晶闸管；

⑥ 安装并焊接电位器。

（3）调试

① 变压器 T 损坏，无 u_2。

② 整流二极管有一只断路，输出电压变低。

③ 晶闸管断路，灯不亮；晶闸管短路，灯一直亮。

④ G 极断路，灯不亮。

⑤ R_4 断路，无振荡电源，灯不亮。

⑥ R_2 断路，灯不亮。

⑦ R_1 断路，灯一直亮。

⑧ R_2 短路，灯一直亮。

⑨ R_3 断路，灯不亮。

⑩ R_P 断路，灯不亮。

⑪ C 断路，灯不亮。

⑫ b_1、b_2 接反，灯一直亮。

（4）数据记录

将测量所得数据填入下表中。

项　　目	灯光最亮时	灯光最暗时
灯泡电压		

（5）问题讨论

① 当电位器调到最大时都不能使灯熄灭，那么可改变什么元件参数使它熄灭？

② R_1 太大或太小，对电路有何影响？

③ 晶闸管有几个电极？

④ 晶闸管导通必须同时具备哪几个条件？

3.5.2　LED 数字译码显示电路

训练目的

- 熟悉十进制计数器的连接方式；
- 掌握计数器、七段译码器和显示器的连接并检验显示功能。

训练内容

① 按图 3.70 所示的电路图把 SN7490A、SN7449、BS205 在电路板上连接成一组一位十进制计数译码显示电路。

② 把调节好的直流稳压电源+5V 输入端接入连接好的电路。

③ 将低频信号发生器输出的矩形波输入 SN7490A 的 CP_1 端，观察 BS205 数字的显示情况。

④ 按照同样的方法连成一个二位十进制计数译码显示电路，并观察显示情况。

3.5.3　计数器的组装与调试

训练目的

- 认识基本计数器的基本功能；
- 学会连接二进制异步计数器电路，并认识其计数功能；
- 学会连接二进制同步计数器电路，并认识其计数功能。

训练内容

1．基本计数器

① 按图 3.71 所示连接电路，左边是与非门组成的振荡器，振荡器的输出分两路，一路驱动发光二极管 LED，另一路为触发器提供 CP 脉冲作为计数脉冲。

② 闭合电源开关 S_1，将选择开关 S_2 拨至 1 处，振荡器起振，LED_1、LED_2 各自交替亮灭，LED_2 的状态每变化一次表示计数器计数一次。

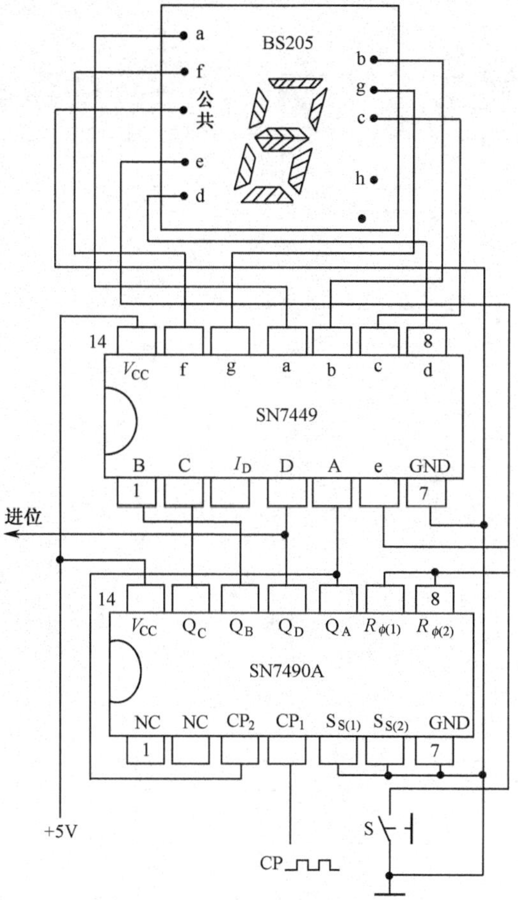

图 3.70　十进制计数译码显示电路

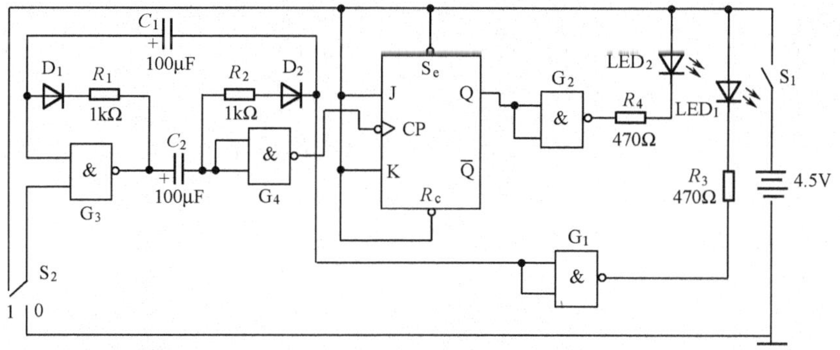

图 3.71　基本计数器电路

2．异步二进制计数器

① 按图 3.72 所示将电路连接成二位异步二进制计数器。

② 闭合电源开关 S_1，将 S_2 拨至 1 处，LED_1、LED_2 分别一亮一灭地闪烁。

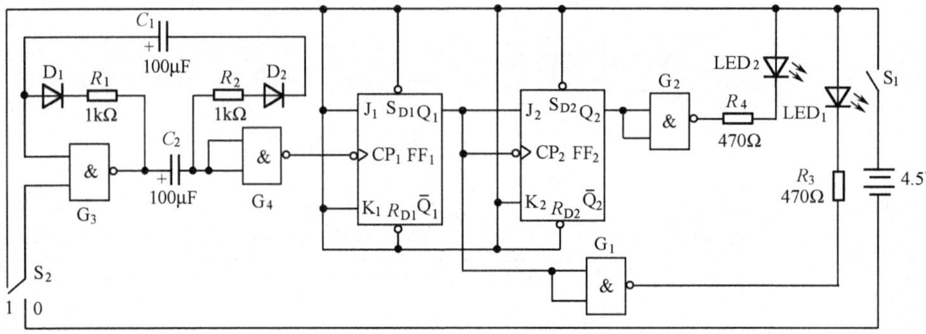

图 3.72　异步二进制计数器电路

3．同步二进制计数器

① 按图 3.73 所示将电路连接成二位同步二进制计数器。

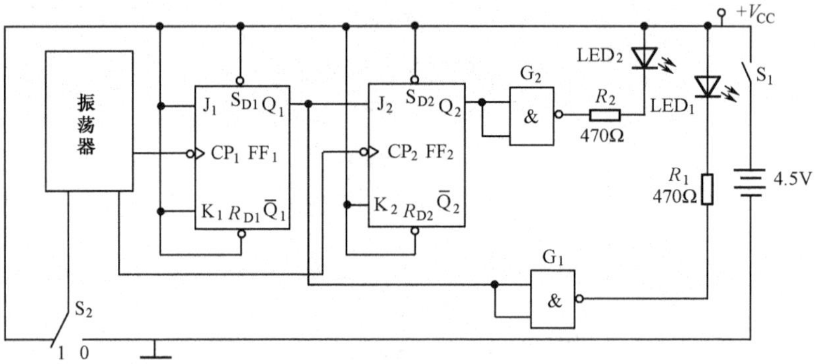

图 3.73　同步二进制计数器电路

② 闭合电源开关 S_1，将选择开关 S_2 拨至 1，观察现象。

4．数字钟的安装与调试

（1）数字钟的组成和基本工作原理

数字钟是一个将“时”、“分”、“秒”显示于人的视觉器官的计时装置，它的计时周期为 24 小时，显示满刻度为 23 时 59 分 59 秒，另应有校时功能和报时功能。因此，一个基本的数字钟电路主要由振荡器、计数器、译码显示电路、校时电路、报时电路等五部分组成，其整机框图见图 3.74 所示。

① 晶体振荡器

晶体振荡器的作用是产生时间标准信号，数字钟的精度，主要取决于时间标准信号的频率及其稳定度。因此，一般采用石英晶体振荡器经分频得到这一信号，也可采用由门电路或 555 定时器构成的多谐振荡器作为时间标准信号源，后者如图 3.75 所示。

多谐振荡器的频率可由下式估算

$$f_0 = \frac{1}{T} = \frac{1}{0.69(R_1 + 2R_2)C}$$

若选 R_1=R_2=10kΩ，要在输出端得到频率为 1Hz 的时钟信号，则 C 应选 47μF，调节电位器即可调整秒信号。

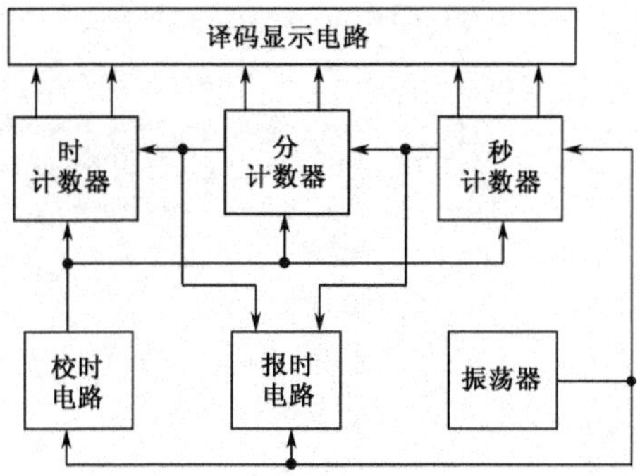

图 3.74　数字钟整机框图

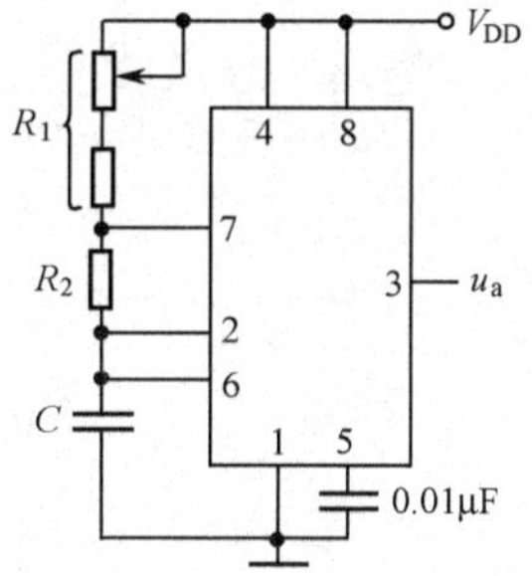

图 3.75　555 定时器构成的多谐振荡器

② 计数器

有了时间标准“秒”信号后，就可以根据 60 秒为 1 分，60 分为 1 小时，24 小时为 1 天的计数周期分别组成两个六十进制（秒，分）、一个二十四进制（时）的计数器，六十进制计数器和二十四进制计数器均可由双 BCD 加法计数器 CC4518 采用反馈复位法构成，如图 3.76 所示。

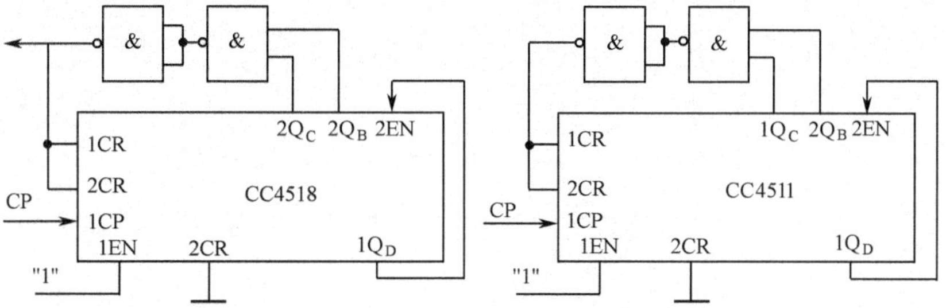

（a）六十进制计数器　　（b）二十四进制计数器

图 3.76　计数器

图（a）中，将 $2Q_C$ 和 $2Q_B$ 相“与”后接至 CR 端，构成六十进制计数器；图（b）中，将 $2Q_B$ 和 $1Q_C$ 相“与”后接至 CR 端，构成二十四进制计数器。

③ 译码显示电路

译码和数码显示电路是将数字钟的计时状态直观清晰地反映出来，变成相应的状态，用以驱动 LED 七段数码管。现以六十进制“秒”计时电路为例，将计数器、译码显示器和显示数码管连在一起，其电路示意图如图 3.77 所示。

④ 校时电路

当时钟指示不准确或停摆时，就需要校准时间。校准的方法很多，常用的有快速校时法，它实质上是一个由基本 RS 触发器组成的单脉冲发生器，现以“分”计时器的校时电路为例，简要说明其校时原理（如图 3.78 所示）。

当开关 K 置于 B 端时，与非门 1 输出低电平，门 2 输出高电平，秒计数器进位信号通过门 4 和门 5 送至分计数器的 CP 端，使分计数器正常工作。需要校正分计数器时，将开关 S 置于 A 端，与非门 1 输出高电平，门 2 输出低电平，门 4 封锁秒计数器进位信号，而将门 3 的 1Hz 的 CP 信号通过门 3 和门 5 送至分计数器的 CP 控制端，使分计数器在秒信号的控制下快速计数，直至正确的时间，再将开关置于 B 端，以达到校准时间的目的。

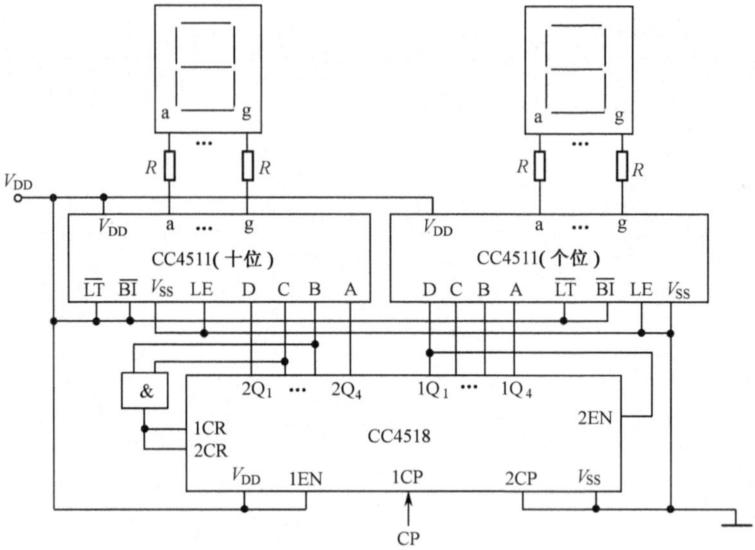

图 3.77 译码显示电路

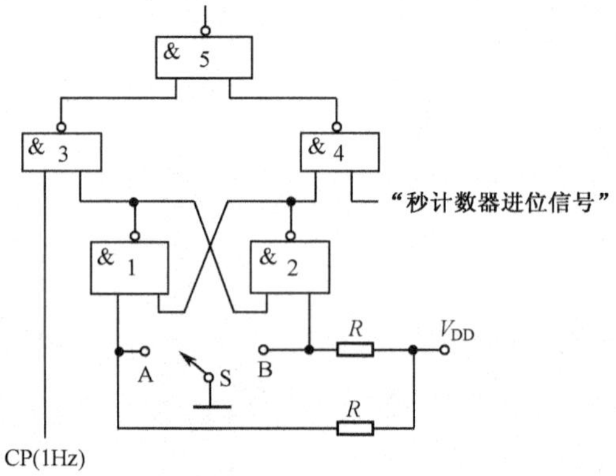

图 3.78 校时电路

⑤ 整点报时电路

整点报时是数字钟的基本功能之一，一般电路是在离整点差 10 秒时，每隔 1 秒钟鸣叫一次，每次持续时间为 1 秒，共响 5 次，前 4 次为低音可设计为 500Hz，后 1 次为高音可设计为 1000Hz，其电路如图 3.79 所示。

（2）数字钟电路的调试

数字钟电路的连接在数字电路实验箱上完成。在进行整体电路连接之前，应对各部分的电路进行逐一地安装和调试。

① 晶体振荡器的安装和调试

按图 3.75 所示的电路在实验箱上连线，输出接发光二极管，观察发光二极管的显示情况。

② 计数器的安装和调试

按图 3.76 所示的电路在实验箱上连线。因为 CC4518 内含有两个同步十进制计数器，CC4511 内含有四个 2 输入与非门，因此分别用一片 CC4518 和 CC4511 就够了。

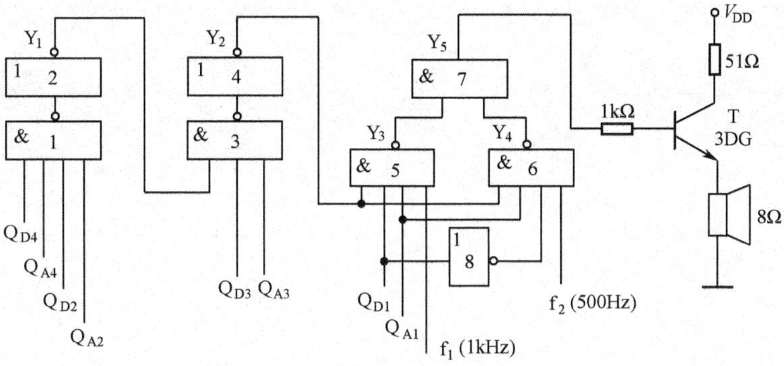

图 3.79　整点报时电路

按图 3.76（a）所示的电路连线，输出可接发光二极管。观察在 CP 作用下（CP 为 1Hz，可直接由实验箱连续脉冲输出端提供）输出端发光二极管的状态变化情况，验证是否为六十进制计数器。

按图 3.76（b）所示的电路连线，验证该电路是否为二十四进制计数器（方法同上）。

调试过程中，要注意以下几个问题：

- 根据 CC4518 的功能表，当触发脉冲由 CP 端输入时，EN 端应接高电平，此时 CP 上升沿触发；当触发脉冲由 EN 端输入时，CP 输入接低电平，此时 CP 下降沿触发。
- CR 为异步复位端，高电平有效。当 CR 为高电平时，计数器复位；正常计数时，应使 CR=0。

③ 译码显示电路的安装和调试

按图 3.77 所示的电路在实验箱上连线，该电路由十进制加法计数器 CC4518、BCD-7 段锁存译码/驱动器 CC4511 和 LED 七段数码管组成。

观察在 CP 作用下数码管的显示情况。需要注意的是，CC4511 正常工作时，$\overline{LT}=\overline{BI}$ 应为高电平，LE 应为低电平。

④ 校时电路的安装和调试

按图 3.78 所示的电路在实验箱上连线。将电路输出端（门 5）接发光二极管，拨动开关，观察在 CP（1Hz）作用下，发光二极管的显示情况。根据开关的不同状态，输出端输出频率之比约为 1:60，“开关”可以取自实验箱上的逻辑电平开关。

⑤ 整点报时电路的安装和调试

参照图 3.79，按图 3.80 所示的电路在实验箱上连线。

因为报时电路发出声音的时间是 59 分 51 秒至 59 分 60 秒之间，因此 59 分的状态是不变的，图 3.80 中的 Y_2=1 不变。

测试时，1kHz 的 CP 信号可由实验箱上获得，500Hz 的 CP 信号可将 1kHz 的信号经 D 触发器二分频得到。Q_{A1}、Q_{D1} 端可接至十进制计数器的相应输出端。观察计数器在 CP 信号的作用下，喇叭发出声音的情况。

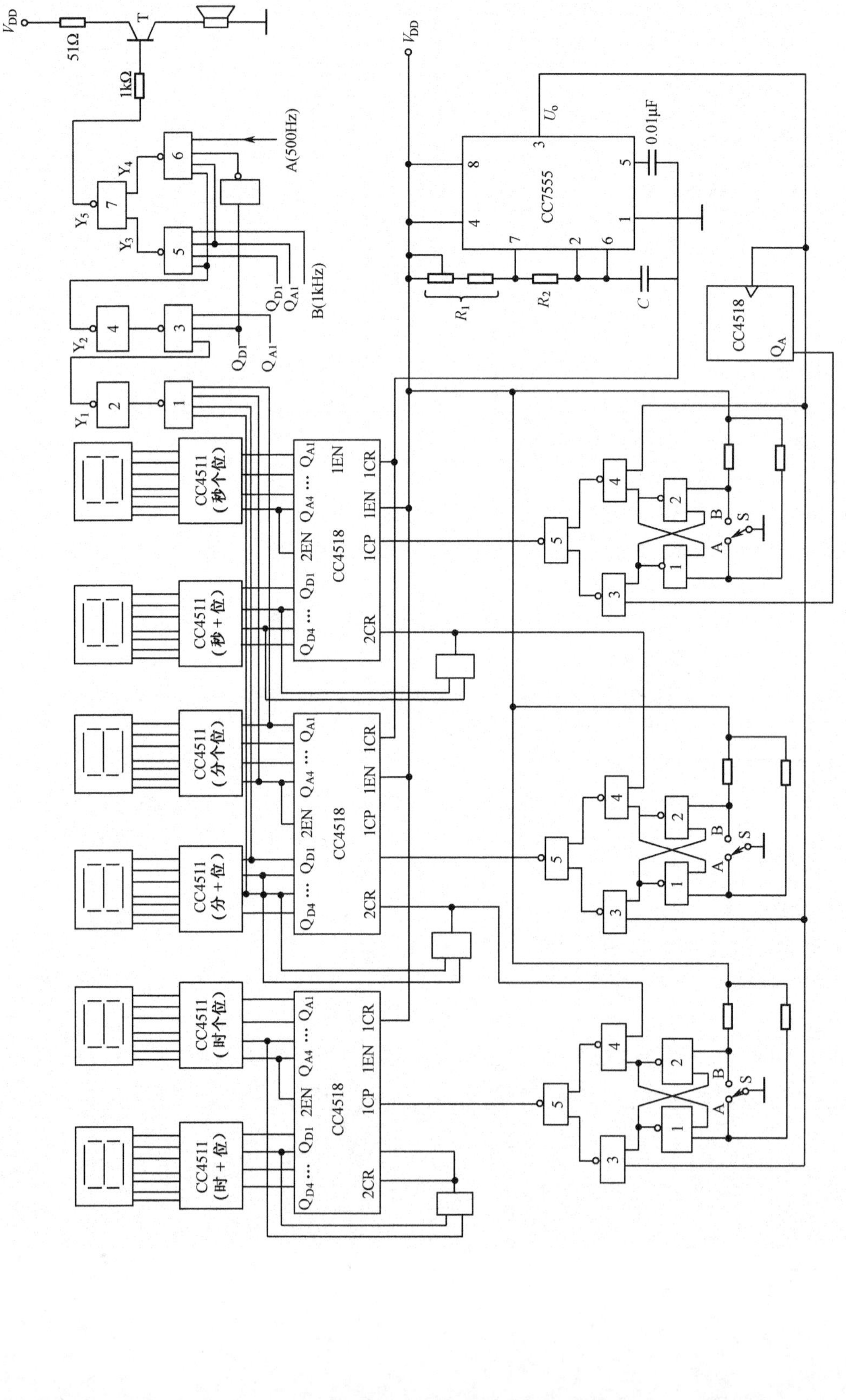

图 3.80 数字钟整机逻辑图

习题 3

1. 图 3.81 所示是三个门电路及其输入信号的波形，试分别画出各自相应的输出波形，并指出电路的名称。

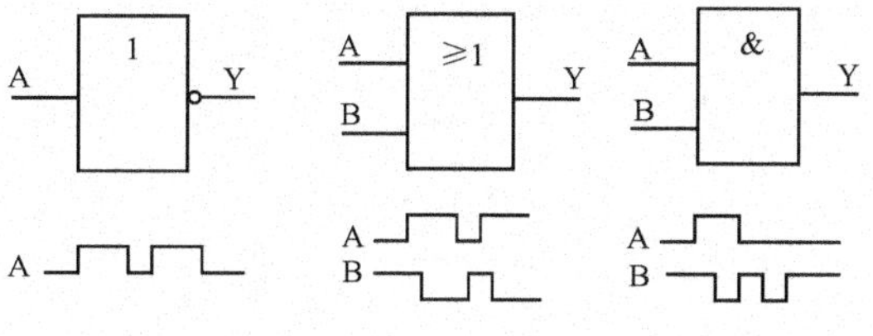

图 3.81　习题 3.1 图

2. 根据图 3.82 所示的逻辑符号和输入的波形画出其相应的输出波形。

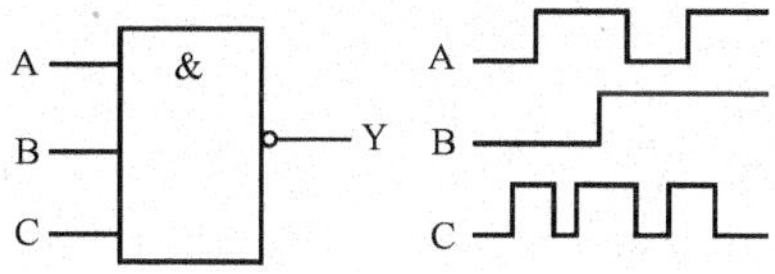

图 3.82　习题 3.2 图

3. 试进行以下二进制数的四则运算。

（1）1101+111=？（2）10111−101=？（3）101001×1011=？

4. 把下列二组 BCD 码译成十进制数：

（1）8421BCD 码：1000；1001　　　　（2）5421BCD 码：1100；1010

5. 把下列 BCD 码译成十进制数：

8421BCD 码：1000；1001。

6. 画出一个用 D 触发器组成的三位二进制加法计数器电路。

7. 保险柜的两层门上各装有一个开关，当任何一层门打开时，报警灯亮，试用一个逻辑门来实现这一功能。

8. 设 A、B、C、D 是一个 8421 码的四位，若此码表示的数字 x 符合 $x<3$ 或 $x>6$ 时，则输出 1，否则为 0，试用与非门组成其逻辑图。

9. 甲、乙两校举行联欢会，入场券分为红、黄两种，甲校学生持红票入场，乙校学生持黄票入场。会场入口处设有一自动检票机，符合条件的可放行，否则不准入场。试画出此检票机的放行逻辑电路。

10. 用列出逻辑状态表的方法证明下列等式，并分别画出等式两边的逻辑图。

（1）$(A+B)(\overline{A}+C)=\overline{A}B+AC$　　　　（2）$A\overline{B}+BC+AC=A\overline{B}+BC$

11. 写出有三个输入量的与非门的逻辑状态表、逻辑表达式，并画出逻辑图。

12. 当基本 RS 触发器 $\overline{R}_D$ 端和 $\overline{S}_D$ 端加上如图 3.83 所示的波形时，试画出 Q 端的输出波形，设初态为“0”和“1”两种情况。

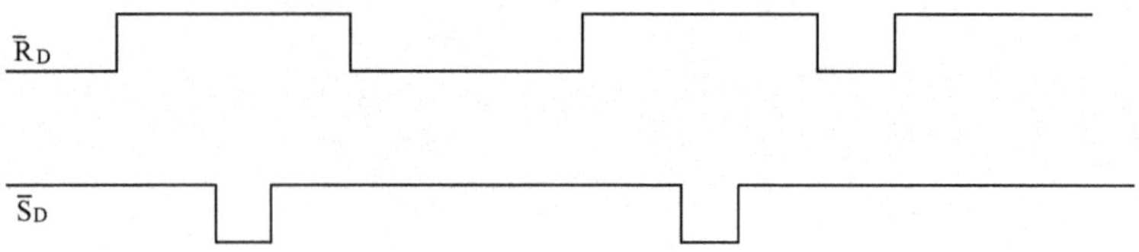

图 3.83　习题 3.12 图

13．如图 3.84 所示，试画出八个输入脉冲的 Q_1 和 Q_2 的波形，设两个触发器的初态均为“0”态。

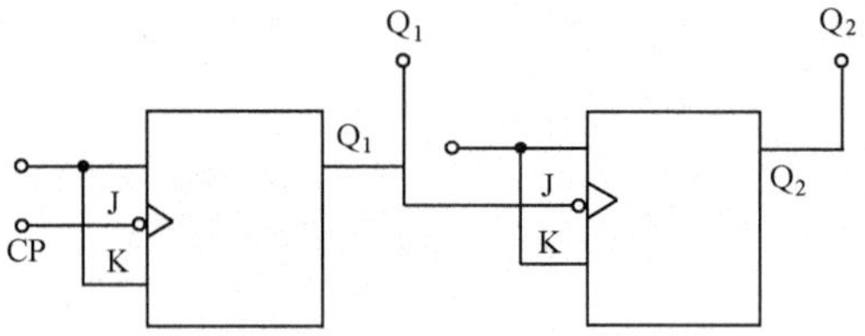

图 3.84　习题 3.13 图

14．图 3.85 是一个简易触摸开关电路，当手摸金属片时，发光二极管亮，经过一定时间，发光二极管熄灭，试说明其工作原理。

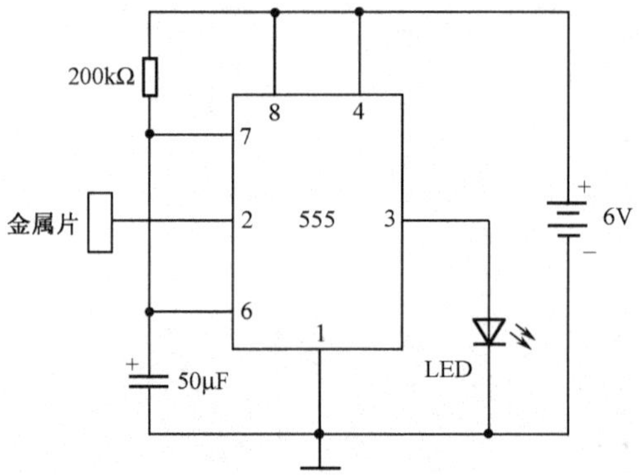

图 3.85　简易触摸开关电路

15．图 3.86 是一个门铃电路，试说明其工作原理。

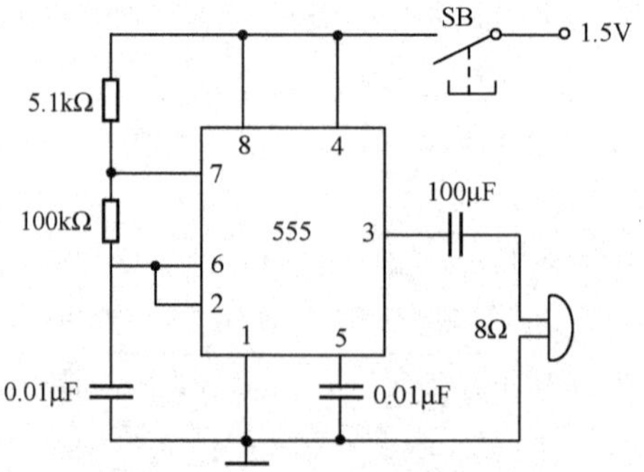

图 3.86　门铃电路

16．什么是 D/A 转换？它的主要工作原理是什么？

17．什么是 A/D 转换？它包括哪几个基本过程？

18．晶闸管的导通条件是什么？导通后流过晶闸管的电流决定于什么？它与控制极电流的大小有关吗？

19．晶闸管的关断条件是什么？如何实现关断？

20．有一电阻性负载，要求输出直流电压 60V，采用单相桥式半控整流电路，由 220V 电网交流供电，试计算晶闸管的控制角、导通角。

21．晶闸管对触发电路有什么要求？

22．什么是单结晶体管的负阻特性？

23．常用的全控型电力电子器件有哪些？

第 4 章　数控机床常用电机的控制与调速简介

随着科学技术的发展，机床电机的电气控制系统也在不断更新，最初采用手动控制，而后采用继电器接触器控制系统。继电器接触器控制系统的优点是结构简单、价格低廉、维护方便、抗干扰性强，因此，在数控机床控制中仍然得到广泛、长期的应用。所以，我们在本章中着重介绍继电器接触器控制系统的常用低压电器，笼型异步电动机电气控制与调速，交、直流伺服电机控制与调速等方面的知识。

4.1　常用低压电器

常用低压电器部分主要介绍低压电器的基本知识和分类，低压控制电器和低压保护电器的概念、结构与动作原理等内容，为以后的正确使用与维护打下基础。

4.1.1　低压电器的基本知识

1. 低压电器的定义及分类

凡是对电能的生产、输送、分配和使用起控制、调节、检测、转换及保护作用的电工器械均可称为电器。用于交流 50Hz 或 60Hz，额定电压 1200V 以下，直流额定电压 1500V 以下的电路内起接通、断开、保护、控制或调节作用的电器称为低压电器。常用的低压电器有刀开关、转换开关、自动开关、熔断器、接触器、继电器、主令电器等。

低压电器的种类较多，分类方法也有多种，就其在电气线路中所处的地位、作用以及所控制的对象，可分为低压配电电器、低压控制电器两大类。

（1）低压配电电器

低压配电电器主要用于低压配电系统中。对这类电器的要求是，系统发生故障时，配电电器要动作准确、工作可靠；在规定的时间，通过允许的短路电流时，其电动力和热效应不会损坏电器。常用的低压配电电器有刀开关、断路器和熔断器等。

（2）低压控制电器

低压控制电器主要用于电气传动系统中。对这类电器的要求是，需要其有相应的转换能力，操作频率高，电寿命和机械寿命长，工作可靠。常用的低压控制电器有接触器、继电器、主令电器等。

2. 电磁式电器

电磁式电器在低压电器中占有十分重要的地位，在电气控制系统中应用最为普遍，常用的有接触器、自动空气开关、电磁式继电器等，它们的工作原理也基本上相同。就结构而言，电磁式电器主要由电磁机构和执行机构组成，电磁机构按其电源种类可分为交流和直流两种，执行机构则可分为触头系统和灭弧装置两部分。

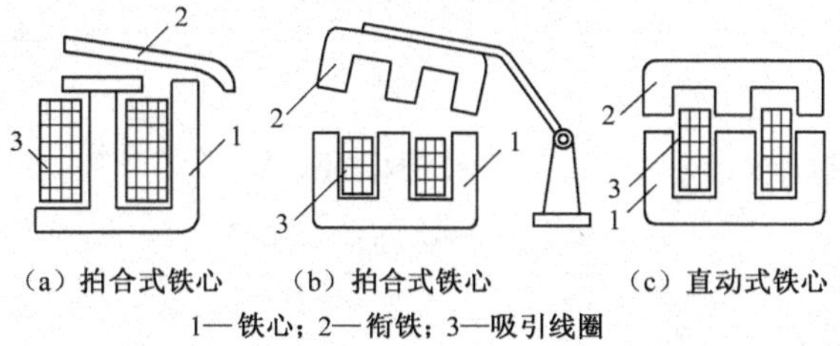

图 4.1　电磁机构的结构形式

电磁机构由线圈、铁心（静铁心）和衔铁（动铁心）等几部分组成。从常用铁心的衔铁运动形式上看，其结构形式大致可分为拍合式和直动式两大类，如图 4.1 所示。图 4.1（a）为衔铁沿棱角转动的拍合式铁心，铁心材料由电工软铁制成，它广泛用于直流电器中；图 4.1（b）为衔铁沿轴转动的拍合式铁心，铁心形状有 E 形和 U 形两种，铁心材料由电工硅钢片叠制而成，它多用于触头容量较大的交流电器中；图 4.1（c）为衔铁作直线运动的双 E 形直动式铁心，它也是由硅钢片叠制而成，也分为交、直流两大类。

电磁机构的作用原理是：当线圈中有工作电流通过时，电磁吸力克服弹簧的反作用力，使得衔铁与铁心闭合，由连接机构带动相应的触头动作。在交流电流产生的交变磁场中，为避免因磁通过零点造成衔铁的抖动，需在交流电器铁心的端部开槽，嵌入一个铜短路环，使环内感应电流产生的磁通与环外磁通不同时过零，保证电磁吸力 F 总是大于弹簧的反作用力，从而消除交流铁心的抖动。

需要指出的是，对电磁式电器而言，电磁机构的作用是使触头实现自动化操作，但电磁机构实质上就是电磁铁的一种。而电磁铁还有很多用途，例如牵引电磁铁，有拉动式和推动式两种，可以用于远距离控制和操作各种机构；阀用电磁铁，可以远距离控制各种气动阀、液压阀，以实现机械自动控制；制动电磁铁则用来控制自动抱闸装置，实现快速停车；起重电磁铁用于起重搬运磁性货物工件等。

3. 电器的触头系统

在工作过程中可以分开与闭合的电接触称为可分合接触，又称为触头，触头是成对的，一为动触头，一为静触头。触头有时又包含主触头、副触头。

触头的作用是接通或分断电路，因此要求触头要具有良好的接触性能。电流容量较小的电器（如接触器、继电器）常采用银质材料作触头，这是因为银的氧化膜电阻率与纯银相似，可以避免表面氧化膜电阻率增大而造成接触不良。

触头的结构有桥式和指式两类。图 4.2（a）所示为两个点接触的桥式触头，图 4.2（b）是两个面接触的桥式触头，两个触头串于同一电路中，电路的接通与断开由两个触点共同完成。点接触形式适用于电流不强，且触头压力小的场合；面接触形式适用于电流较强的场合。图 4.2（c）所示为指式触头，其接触区为一直线，触头接通或分断时产生滚动摩擦，以利于去掉氧化膜，故其触头可以用紫铜制造，它特别适合于触头分合次数多、电流大的场合。

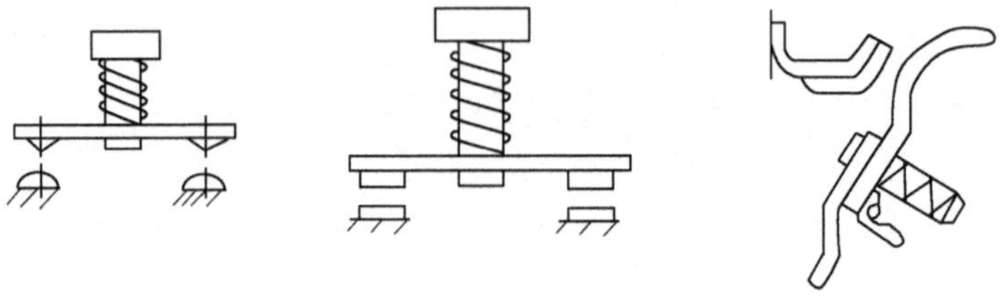

（a）点接触桥式触头　（b）面接触桥式触头　（c）指式触头

图 4.2　触头的结构形式

4．低压电器的主要技术参数

电器要可靠地接通和分断被控电路，而不同的被控电路工作在不同的电压或电流等级、不同的通断频繁程度及不同性质负载的情况下，因此对电器提出了各种技术要求。如触点在分断状态时要有一定的耐压能力，防止漏电或击穿介质，因而电器有额定工作电压这一基本参数；触头闭合时，总有一定的接触电阻，负载电流在接触电阻产生的压降和热量不应过大，所以对电器触点规定了额定电流值。被控负载的工作情况对电器的要求也有着重要的影响，如笼型异步电动机反接制动及反向时的电流峰值约比正常工作时大两倍，所以电动机频繁反向时，控制电器的工作条件较差。于是，有些控制电器被制成能适用在较恶劣的条件下，而有些不能，这就使电器有不同的使用类别。配电电器担负着接通和分断短路电流的任务，相应地规定了极限通、断能力；电器在分断电流时，出现的电弧要烧损触点甚至产生熔焊，因此，电器都有一定的使用寿命。

下面就控制电器的主要技术参数作一些介绍，供选用电器时参考。

（1）使用类别

根据国标 GB 2455—85 的规定，控制电器主触点和辅助触点的标准使用类别如表 4.1 所示。

表 4.1　控制电器触点的标准使用类别

触　点	电流种类	使用类别	典型用途举例
主触点	交流	AC-1	无感或微感负载、电阻炉
		AC-2	绕线转子异步电动机的启动、分断
		AC-3	笼型异步电动机的启动、运转中分断
		AC-4	笼型异步电动机的启动、反接制动、反向、点动
	直流	DC-1	无感或微感负载、电阻炉
		DC-3	并励电动机的启动、点动与反接制动
		DC-5	串励电动机的启动、点动与反接制动
辅助触点	交流	AC-11	控制交流电磁铁
		AC-14	控制小容量（≤72VA）电磁铁负载
		AC-15	控制容量大于 72VA 的电磁铁负载
	直流	DC-11	控制直流电磁铁
		DC-13	控制直流电磁铁，即电感与电阻的混合负载
		DC-14	控制电路中有经济电阻的直流电磁铁负载

（2）主参数——额定工作电压和额定工作电流

额定工作电压是指在规定条件下，能保证电器正常工作的电压值，通常是指触点的额定电压值。有电磁机构的控制电器还规定了电磁线圈的额定工作电压。

额定工作电流是指根据电器的具体使用条件确定的电流值，它和额定电压、电网频率、额定工作制、使用类别、触点寿命及防护等级等因素有关，同一开关电器可以对应不同的使用条件以规定不同的工作电流值。CJX2 系列小容量交流接触器的额定工作电流等技术数据参见表 4.2。

表 4.2　CJX2 系列小容量交流接触器技术数据

型号	操作频率次/h		通电持续率（%）	AC-3 使用类别						辅助触点		吸引线圈		
				额定工作电流（I_N/A）		可控制三相异步电动机的功率（P/kW）				控制功率		功率（P/W）		额定控制电压 U_N/V
	AC-3	AC-4		380（V）	660（V）	220（V）	380（V）	500（V）	660（V）	AC（VA）	DC（W）	启动	吸持	
CJX2-9	1200	300	40	9	7	2.2	4	5.5	5.5	300	30	80	8	24、36
CJX2-12	1200	300		12	9	3	5.5	5.5	7.5			80	8	48、110
CJX2-16	600	120		16	12	4	7.5	9	9			100	9	127、220
CJX2-25	600	120		25	18.5	5	11	11	15			100	9	380、660

（3）通断能力

通断能力以表 4.3 中"非正常负载"时能接通和断开的电流值来衡量。接通能力是指开关闭合时不会造成触点熔焊的能力；断开能力是指开关断开时能可靠灭弧的能力。

表 4.3　相应于使用类别的接通与分断条件

类别	正常负载						非正常负载					
	接通			分断			接通			分断		
	I/I_N	U/U_N	$\cos\varphi$	I/I_N	U/U_N	$\cos\varphi$	I/I_N	U/U_N	$\cos\varphi$	I/I_N	U/U_N	$\cos\varphi$
AC-1	1	1	0.95	1	1	0.95	1.5	1.1	0.95	1.5	1.1	0.95
AC-2	2.5	1	0.65	1	0.4	0.65	4	1.1	0.65	4	1.1	0.65
AC-3	6	1	0.35	1	0.17	0.35	10	1.1	0.35	8	1.1	0.35
AC-4	6	1	0.35	6	1	0.35	10	1.1	0.35	8	1.1	0.35

（4）寿命

控制电器的寿命包括机械寿命和电寿命。机械寿命是指电器在无电流的情况下能操作的次数；电寿命是指按规定使用条件不需要修理或更换零件的负载操作次数。

4.1.2　低压控制电器

低压控制电器主要指用于低压电力拖动系统中，对电动机的运行进行控制、调节和保护的电器，常用的低压控制电器有刀开关、组合开关、按钮、位置开关、接触器和继电器等。

1．刀开关

刀开关是一种手动配电电器，主要用来手动接通与断开交、直流电路，通常只作隔离开关使用，也可用于不频繁地接通与分断额定电流以下的负载，如小型电动机、电阻炉等。

刀开关按极数划分有单极、双极与三极几种，其结构由操作手柄、刀片、触点座和底板等组成。

刀开关常用的产品有：HD11～HD14 和 HS11～HS13 系列刀开关；HK1、HK2 系列开启式负荷开关；HH3、HH4 系列封闭式负荷开关；HR3 系列熔断器刀开关等。

刀开关在安装时，手柄应向上，不得倒装或平装。只有安装正确，作用在电弧上的电动力和热空气的上升方向一致，才能促使电弧迅速拉长而熄灭；反之，两者方向相反电弧就不易熄灭，严重时会使触点及刀片烧伤，甚至造成极间短路。此外，如果倒装，手柄可能因自动下落而误操作造成合闸，将可能产生人身和设备的安全事故。

在安装使用铁壳开关时应注意安全，既不允许随意放在地上操作，也不允许面对着开关操作，以免万一发生故障，而开关又分断不了时铁壳爆炸飞出伤人。正确的方法是应按规定把开关垂直安装在一定高度处，开关的外壳应妥善地接地，并严格禁止在开关上方搁置金属零件，以防它们掉入开关内部酿成短路事故。

刀开关的图形符号及文字符号见图 4.3 所示。

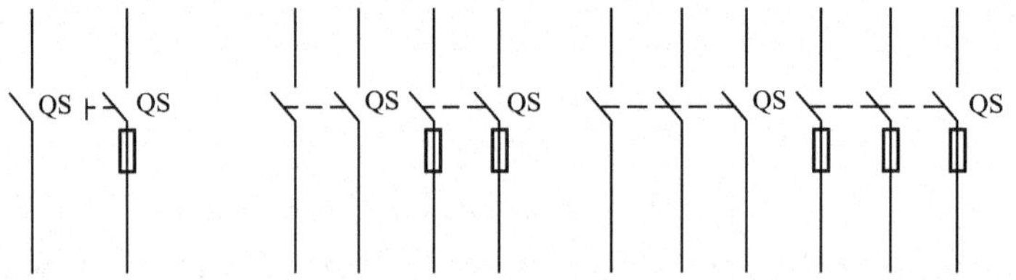

（a）单极　（b）双极　（c）三极

图 4.3　刀开关的图形、文字符号

2．按钮

按钮是用人力操作，并具有储能（弹簧）复位的主令电器。它的结构虽然简单，却是应用很广泛的一种电器，它主要用于远距离操作接触器、继电器等电磁装置中，以切换自动控制电路。

按钮的一般结构示意图及图形、文字符号如图 4.4 所示。操作时，当按钮帽的动触头向下运动时，先与动断静触头分开，再与动合静触头闭合；当操作人员将手指放开后，在复位弹簧的作用下，动触头向上运动，恢复初始位置。在复位的过程中，先是动合触头分断，然后是动断触头闭合。

为了标明各个按钮的作用，避免误操作，通常将按钮帽做成不同的颜色，以示区别。按钮的颜色有红、绿、黑、黄、蓝以及白、灰等若干种，供不同场合选用。国标 GB5226—85 中对按钮的颜色做了如下规定：“停止”和“急停”按钮必须是红色。当按下红色按钮时，必须使设备停止工作或断电；“启动”按钮的颜色是绿色；“启动”与“停止”交替动作的按钮必须是黑色、白色或灰色，不得用红色和绿色；“点动”按钮必须是黑色；复位按钮

（如保护继电器的复位按钮）必须是蓝色，当复位按钮还有“停止”的作用时，则必须是红色。

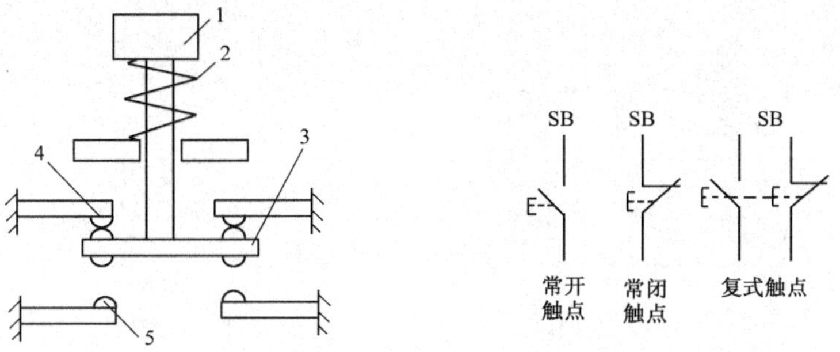

（a）结构示意图　　（b）图形、文字符号

1—按钮帽；2—复位弹簧；3—动触点；4—常闭静触点；5—常开静触点

图 4.4　按钮结构示意图和图形、文字符号

全国统一设计的按钮型号为 LA25 系列，除符合国内有关标准外，还符合国际电工委员会的有关标准，其技术参数见表 4.4 所示。其他常用的按钮还有 LA2、LA10、LA18、LA19、LA20 等系列。

表 4.4　LA25 系列控制按钮技术参数

额定绝缘电压 U_i /V	AC　380				DC　220	
额定工作电压 U_N /V	220	380	220	380	110	220
额定发热电流 I_{th} /A	5		10		5、10	
额定工作电流 I_N /A	1.4	0.8	4.5	2.6	0.6	0.3
通断能力	8.7（418V，$\cos\varphi$=0.7）50 次		46A（418V，$\cos\varphi$=0.7）50 次		0.8A（242V，$T_{0.95}$=300ms）20 次	
按钮形式	平钮	蘑菇钮	带灯钮		旋钮	钥匙钮
操作频率（次/h）	120				12	
电寿命（万次）	AC：50；DC：25				AC：10；DC：10	
机械寿命（万次）	100				10	
工作制	断续周期工作制，TD=40%					
额定极限短路电流	1.1U_N、$\cos\varphi$=0.5~0.7、1000A、3 次					
触头对数	1~6（根据需要可以加接）					

3．行程开关

行程开关又称位置开关（也称位置传感器），主要用于检测工作机械的位置，发出命令以控制其运动方向或行程长短。

行程开关主要由传动头、传动机构及触头系统组成。触头的结构示意图及图形、文字符号如图 4.5 所示，工作中，工作机械碰撞传动头，经传动机构使顶杆向下移动，到达一定行程后，改变弹簧力的方向，其垂直方向力由向下变为向上，则动触头向上跳动，使动断触头分断，动合触头闭合。当外力去掉后，在复位弹簧的作用下顶杆上升，动触头又向下跳动，恢复初始状态。

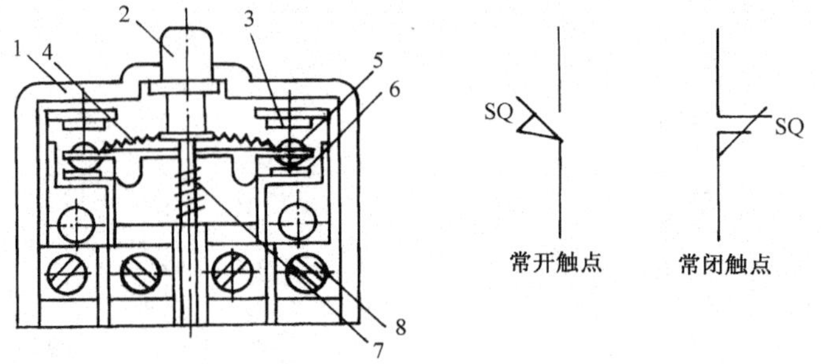

（a）结构示意图　　（b）图形、文字符号

1—外壳；2—顶杆；3—常开静触点；4—触点弹簧；5—动触头；6—常闭静触点；7—恢复弹簧；8—螺钉

图 4.5　行程开关触头结构示意图和图形、文字符号

行程开关的种类很多，按运动形式可划分为直动式和转动式；按触点性质可划分为有触点式和无触点式。目前生产的产品有 LX19、LX22、LX32 及 LX33，还有 JLXK1 系列。表 4.5 为常用的 LX19 和 JLXK1 系列行程开关的技术参数。

表 4.5　LX19、JLXK1 系列行程开关的技术参数

型号	额定电压 额定电流	结构特点	触点对数		工作行程	超行程	触点转换时间（s）
			常开	常闭			
LX19	380V 5A	元件	1	1	3mm	1mm	≤0.04
LX19-111		单轮，滚轮装在传动杆内侧，能自动复位	1	1	~30°	~20°	
LX19-121		单轮，滚轮装在传动杆外侧，能自动复位	1	1	~30°	~20°	
LX19-131		单轮，滚轮装在传动杆凹槽内，能自动复位	1	1	~30°	~15°	
LX19-212		双轮，滚轮装在 U 形传动杆内侧，不能自动复位	1	1	~30°	~15°	
LX19-222		双轮，滚轮装在 U 形传动杆外侧，不能自动复位	1	1	~30°	~15°	
LX19-232		双轮，滚轮装在 U 形传动杆外侧，不能自动复位	1	1	~30°	~15°	
LX19-001		无滚轮，仅径向传动杆能自动复位	1	1	＜4mm	3mm	
JLXK-111	500V 5A	单轮防护式	1	1	12~15°	≤30°	≤0.04
JLXK-211		双轮防护式	1	1	~45°	≤45°	
JLXK-311		直动防护式	1	1	1~3mm	2~4mm	
JLXK-411		直动滚轮防护式	1	1	1~3mm	2~4mm	

4．接触器

接触器是用来频繁接通和切断电动机或其他负载电路的一种自动切换电器，它由触头系统、电磁机构、弹簧、灭弧装置和支架底座等组成，通常分为交流接触器和直流接触器两类。

（1）交流接触器

交流接触器是用于远距离控制电压至 380V、电流至 600A 的交流电路，以及频繁启动和控制交流电动机的控制电器。它主要由电磁机构、触头系统、灭弧装置等部分组成。交流接触器的结构示意图和图形、文字符号如图 4.6 所示。

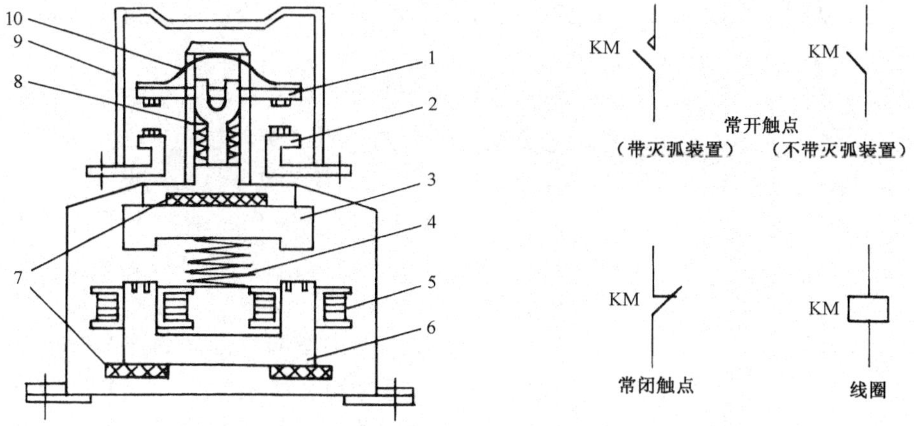

（a）结构示意图　　（b）图形、文字符号

1—动触点；2—静触点；3—衔铁；4—缓冲弹簧；5—电磁线圈；
6—铁心；7—垫毡；8—触点弹簧；9—灭弧罩；10—触点压力弹簧

图 4.6　CJ20 系列交流接触器的结构示意图和图形、文字符号

- 电磁机构：电磁机构由铁心、线圈、衔铁等组成，其作用是产生电磁力，通过传动机构来通断主、辅触头。当操作线圈断电或电压显著下降时，衔铁在重力和弹簧力的作用下跳闸，主触点切断主电路；当操作线圈通电时，接触器动作，衔铁吸合，主触头及常开辅助触点闭合。交流接触器的电磁铁常采用单 U 形转动式、双 E 形直动式和双 U 形直动式等。
- 触头系统：触头系统是接触器的执行元件，起分断和闭合电路的作用，有双断点桥式触头和单断点指式触头两类。其优、缺点在前面已作分析，从提高接触器的机械寿命和电寿命出发，采用双断点触头比单断点触头有利，对交流接触器更是如此。目前交流接触器的触头形式趋向于双断点触头，但在额定电流大的接触器中，常采用单断点触头。
- 灭弧装置：触头在分断电流的瞬间，在触头间的气隙中会产生电弧，电弧的温度很高，能将触头烧损，并可能造成其他事故，因此，应采用适当的措施迅速熄灭电弧。

熄灭电弧的主要措施有：迅速增加电弧长度（拉长电弧），使得单位长度内维持电弧燃烧的电场强度不够而使电弧熄灭；使电弧与流体介质或固体介质相接触，加强冷却和去游离

作用，使电弧加快熄灭。电弧有直流电弧和交流电弧两类，交流电流有自然过零点，故其电弧较容易熄灭。

灭弧装置因电流等级而异，有绝缘材料灭弧罩、多纵缝灭弧室、栅片灭弧室、串联磁吹灭弧器、并联 RC 灭弧器（数控机床配盘中常用）和真空灭弧室等。

常用的灭弧方法有以下几种：

① 速拉灭弧法：通过机械装置将电弧迅速拉长，从而加快电弧的熄灭。这种灭弧方法是开关电器中普遍采用的最基本的一种灭弧方法。

② 冷却灭弧法：降低电弧的温度，可使电弧中的热游离减弱，正、负离子的复合增加，有助于电弧迅速熄灭。

③ 磁吹灭弧法：利用永久磁铁或电磁铁产生的磁场对电流的作用力来拉长电弧；或者利用气流使电弧拉长并冷却从而被熄灭。

④ 窄缝灭弧法：这种灭弧方法是利用灭弧罩的窄缝来实现的。灭弧罩内有一条纵缝，缝的下部宽上部窄，当触头断开时，电弧在电动力的作用下进入缝内，窄缝可将电弧弧柱直径压缩，使电弧同缝壁紧密接触，加强冷却和去游离作用，使电弧加快熄灭。

⑤ 金属栅片灭弧法：利用栅片对电弧的吸引作用及磁吹线圈的作用将电弧引入栅片中，栅片将电弧分割成许多串联的短弧，这样每两片灭弧栅片可以看做一对电极，使整个灭弧栅的绝缘强度大大加强。而每个栅片间的电压不足以达到电弧的燃烧电压，同时栅片又吸收电弧热量，使电弧迅速冷却，所以电弧进入灭弧栅片后很快就熄灭。栅片灭弧示意图如图 4.7 所示。

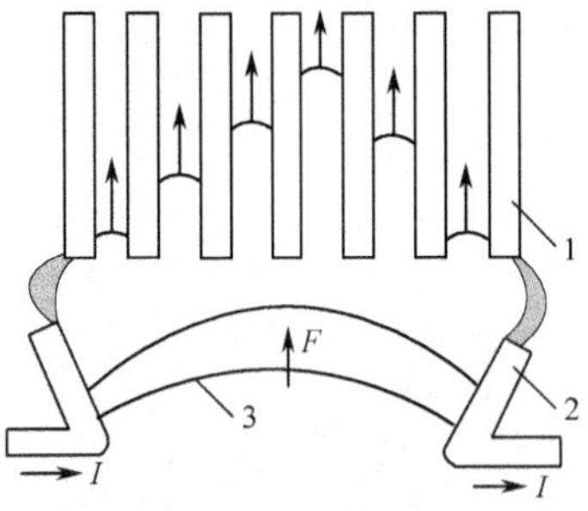

1—灭弧栅片；2—触头；3—电弧

图 4.7 栅片灭弧示意图

交流接触器常用的型号有 CJ10、CJ12 系列，其新产品有 CJ20 系列，引进生产的交流接触器有德国西门子的 3TB 系列、法国 TE 公司的 LC1、LC2 系列、德国 BBC 的 B 系列等，这些引进产品大多采用积木式结构，可以根据需要加装附件。

CJ20 系列交流接触器的主要技术参数见表 4.6 所示。

表 4.6 CJ20 系列交流接触器的主要技术参数

<table>
<tr><th>型号</th><th>频率（Hz）</th><th>辅助触头额定电流（A）</th><th>吸引线圈电压（V）</th><th>主触头额定电流（A）</th><th>额定电压（V）</th><th>可控制电动机最大功率（kW）</th></tr>
<tr><td>CJ20-10</td><td rowspan="9">50</td><td rowspan="9">5</td><td rowspan="9">~36、127
220、380</td><td>10</td><td>380/220</td><td>4/2.2</td></tr>
<tr><td>CJ20-16</td><td>16</td><td>380/220</td><td>7.5/4.5</td></tr>
<tr><td>CJ20-25</td><td>25</td><td>380/220</td><td>11/5.5</td></tr>
<tr><td>CJ20-40</td><td>40</td><td>380/220</td><td>22/11</td></tr>
<tr><td>CJ20-63</td><td>63</td><td>380/220</td><td>30/18</td></tr>
<tr><td>CJ20-100</td><td>100</td><td>380/220</td><td>50/28</td></tr>
<tr><td>CJ20-160</td><td>160</td><td>380/220</td><td>85/48</td></tr>
<tr><td>CJ20-250</td><td>250</td><td>380/220</td><td>132/80</td></tr>
<tr><td>CJ20-400</td><td>400</td><td>380/220</td><td>220/115</td></tr>
</table>

接触器除了电磁机构、触头系统、灭弧装置外，还有一些辅助零件和部件，如传动结构、外壳、接线端子等。

（2）直流接触器

直流接触器用于控制直流供电负载和各种直流电动机，其额定电压为直流 400V 及以下，额定电流 40~600A，分为六个电流等级。直流接触器主要由电磁机构、触头及灭弧系统组成。电磁机构中的电磁铁采用拍合式电磁铁，电磁线圈为电压线圈，用细漆包线绕制成长而薄的圆筒状。直流接触器的主触头一般为单极或双极，有动合触头也有动断触头，其触点下方均装有串联的磁吹灭弧线圈。在使用时要注意，磁吹线圈在轻载时不能保证可靠的灭弧，只有在电流大于额定电流的 20%时磁吹线圈才起作用。

5．继电器

电磁式继电器是一种自动电器，它的功能是根据外界输入的信号，在电气输出电路中，控制电路接通或断开。它主要用来反映各种控制信号，其触点一般接在控制电路中。电磁式继电器是应用最早、最多的一种形式，其结构及工作原理与接触器大体相同，主要由电磁机构和触头系统等组成。但接触器只有在一定的电压信号下才动作，而电磁式继电器可以对各种输入量变化作出反应，如电流、电压、时间、速度等；另外，继电器是用于切断小电流的控制和保护回路的，而接触器是用来控制大电流电路的，因此接触器有灭弧装置，电磁式继电器则没有灭弧装置。以上是接触器与电磁式继电器的区别。

电磁式继电器按所反映的参数可分为电流继电器、电压继电器、中间继电器等。

（1）电磁式电流继电器

根据输入（线圈）电流的大小而动作的继电器称为电流继电器。电流继电器的线圈串接于被测电路中，反映电路电流的变化，对电路实施过电流与欠电流保护。为了使串入电流继电器后不影响电路的工作情况，电流继电器的线圈要求阻抗小、导线粗、匝数尽量少。根据实际应用的要求，电流继电器又有过电流继电器和欠电流继电器之分。过电流继电器在正常工作时衔铁不动作，当电路过载或短路，电流超过某一整定值时，衔铁动作，于是常开触头闭合，常闭触头断开；欠电流继电器的吸引电流为线圈额定电流的 30%~65%，释放电流为额定电流的 10%~20%。因此，交流过电流继电器的铁心和衔铁上可以不安放短路环。

（2）电磁式电压继电器

电压继电器是根据输入电压的大小而动作的继电器。电压继电器的线圈与被测电路并联，反映电路电压的变化，可作为电路的过电压和欠电压保护。为了不影响电路的工作状态，要求其线圈的匝数要多，导线截面要小，线圈阻抗要大。电压继电器根据动作电压值的不同分为过电压、欠电压、零电压继电器，一般欠电压继电器用得较多。过电压继电器在电路电压为（110%~115%）U_N 时吸合，欠电压继电器在电路电压为（40%~70%）U_N 时释放，零电压继电器在电路电压降至（5%~25%）U_N 时释放。交流励磁的过电压继电器在电路正常时不动作，只有在电路电压超过额定电压，达到整定值时才动作，且一动作就将电路切断。因此，铁心和衔铁上也可以不安放短路环。

（3）电磁式中间继电器

中间继电器与电压继电器在电路中的接法和结构特征基本上相同，所不同的是中间继电器触点对数多，容量较大（5~10A），在电路中起到扩大触点数量和容量的中间放大与转换作用。图 4.8 为 JZ7-44 型中间继电器的结构示意图和图形、文字符号。

通常，电磁式继电器的图形、文字符号是相同的，电流继电器、电压继电器、中间继电器的文字符号都为 KA，其图形、文字符号均参见图 4.8（b）。

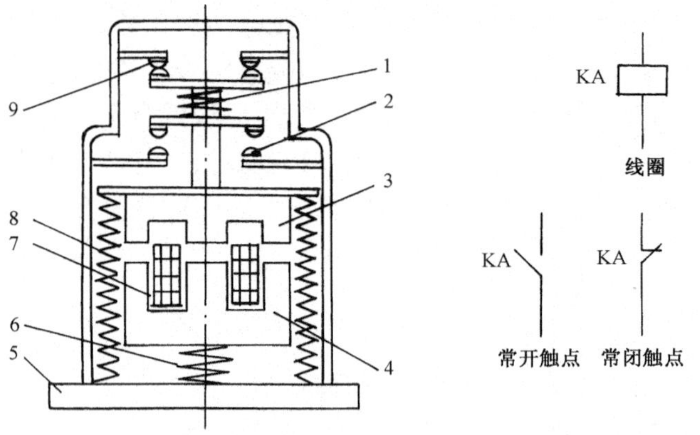

（a）结构示意图　　（b）图形、文字符号

1—触点弹簧；2—常开触点；3—衔铁；4—铁心；
5—底座；6—缓冲弹簧；7—线圈；8—释放弹簧；9—常闭触点

图 4.8　JZ7-44 型中间继电器结构示意图和图形、文字符号

6．时间继电器

时间继电器是在电路中起控制动作时间的继电器，当它的感测系统接收输入信号以后，需经过一定时间，它的执行系统才会动作并输出信号，进而操作控制电路。时间继电器被广泛用来控制生产过程中按时间原则制定的工艺程序，如笼型电动机的自动△/Y 降压启动控制等。

时间继电器的种类很多，常用的主要有电磁式时间继电器、空气阻尼式时间继电器、晶体管式时间继电器、电动式时间继电器等几种。

（1）空气阻尼式时间继电器

空气阻尼式时间继电器由电磁系统、延时机构和触点系统三部分组成。它是利用空气阻尼原理获得延时的，其结构示意图与动作原理见图 4.9 所示。其中，电磁机构为双 E 直动式电磁铁，触头系统借用 LX5 微动开关，延时机构采用气囊式阻尼器。该时间继电器可以做成通电延时型，也可做成断电延时型；电磁机构可以是直流的，也可以是交流的。

下面以通电延时型时间继电器为例，介绍其工作原理（见图 4.9（a））。当通电延时型时间继电器电磁铁线圈 1 通电后，将衔铁吸下，于是顶杆 6 与衔铁间出现一个空隙，当与顶杆相连的活塞在弹簧 7 的作用下由上向下移动时，在橡皮膜上方气室的空气逐渐稀薄，形成负压，因此活塞杆只能缓慢地向下移动，在降到一定位置时，杠杆 15 使触头 14 动作（常开触点闭合，常闭触点断开）。线圈断电时，弹簧使衔铁和活塞等复位，空气经橡皮膜与顶杆 6 之间推开的气隙迅速排出，触点瞬时复位。

断电延时型时间继电器与通电延时型时间继电器的原理和结构均相同，只是将电磁机构翻转 180° 安装，即为断电延时型（见图 4.9（b））。其图形、文字符号见图 4.9（c）所示。

空气阻尼式时间继电器的延时时间有 0.4~180s 和 0.4~60s 两种，具有延时范围宽、结构简单、工作可靠、价格低廉、寿命长等优点，其缺点是延时误差大（±10%~±20%）、无调整刻度指示、难以精确地整定延时值。然而，空气阻尼式时间继电器仍然是机床交流控制线路

中常用的时间继电器。

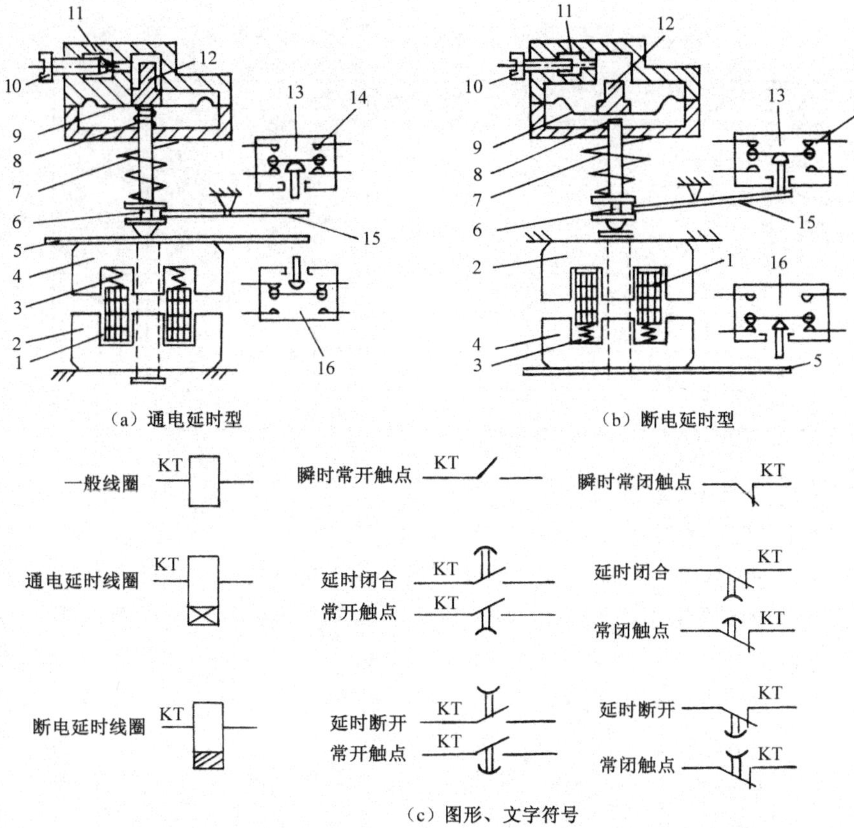

1—线圈；2—静铁心；3、7—弹簧；4—衔铁；5—推板；6—顶杆；8—弹簧；9—橡皮膜；10—螺钉；11—进气孔；12—活塞；13、16—微动开关；14—延时触头；15—杠杆

图 4.9　空气阻尼式 JS7-A 型时间继电器的结构与动作原理图

（2）晶体管式时间继电器

晶体管式时间继电器是近年发展起来的一种新型时间继电器，它具有延时范围广、调节方便、延时精度高、体积小、寿命长等诸多优点，所以发展很快，使用也日益广泛。但它具有延时受环境温度变化及电源波动的影响等缺点。

晶体管式时间继电器的种类较多，如 JSJ、JSB、JS5、JS8、JS14、JS15 和 JS20 等系列。图 4.10 为 JSJ 型晶体管式时间继电器的原理图。

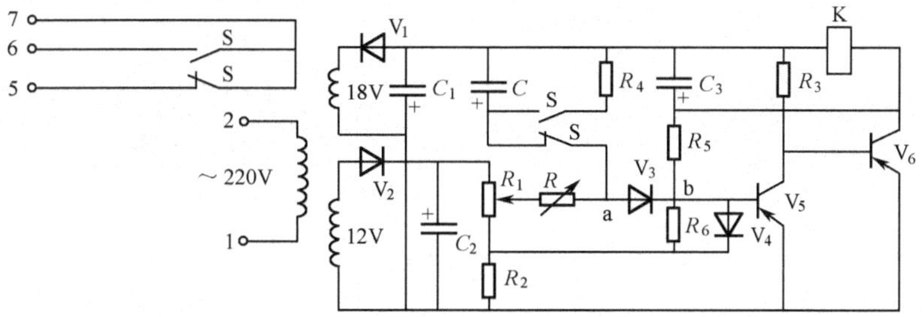

图 4.10　JSJ 型晶体管式时间继电器的原理图

常用的JS7-A型空气阻尼式时间继电器的基本技术参数见表4.7所示。

表4.7 JS7-A型空气阻尼式时间继电器技术参数

型号	线圈额定电压（V）	触点参数								延时范围（s）	延时重复误差	最大操作频率（次/h）
		数量						0V、cosφ=0.3~0.4时的通断电流（A）				
		通电延时		断电延时		瞬动						
		常开	常闭	常开	常闭	常开	常闭	接通	分断			
JS7-1A	交流24、36、110、127、220、380、420	1	1					3	0.3	分为0.4~60、0.4~180两级	≤15%	TD40时为600
JS7-2A		1	1			1	1					
JS7-3A				1	1							
JS7-4A				1	1	1	1					

7. 速度继电器

速度继电器也称为反接线制动继电器，它是用来反映电动机转速和转向变化的继电器，目前国内生产的有JY1型和JFZ0型等产品。速度继电器主要由转子、定子和触点三部分组成，其结构原理示意图及图形、文字符号如图4.11所示。转子的轴与被控电动机的轴相连接，定子空套在转子上，当电动机运行时，速度继电器的转子随电动机轴转动。此时，定子内的短路导体切割磁力线而产生感应电动势，并产生感应电流，该电流与旋转的转子磁场作用产生转矩，于是速度继电器的定子也开始转动。当定子转过一定角度时，装在定子上的摆锤推动簧片（动触点）动作，使常闭触点分断，常开触点闭合，发出控制信号作用于控制电路，电动机迅速减速。当电动机转速低于某一值时，速度继电器定子产生的转矩减小，触点在簧片作用下复位，又作用于控制电路，从而迅速切断电源，使电动机停止运转。

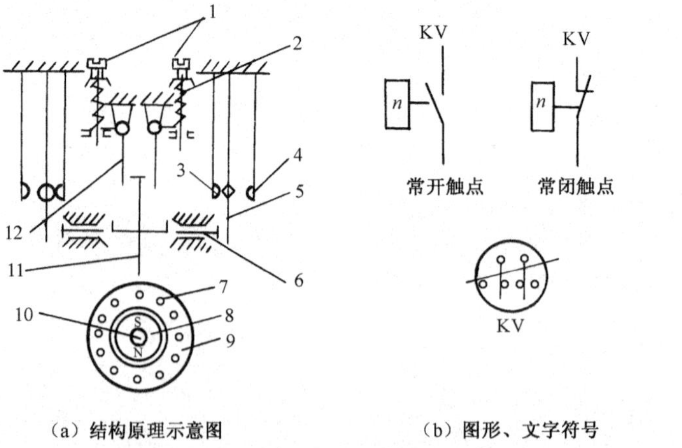

（a）结构原理示意图　　（b）图形、文字符号

1—调节螺钉；2—反力弹簧；3—常闭触点；4—常开触点；5—动触点；6—推杆；7—笼型导条；8—转子；9—圆环；10—转轴；11—摆杆；12—返回杠杆

图4.11 速度继电器结构原理示意图和图形、文字符号

速度继电器JY1型能在3 000r/min以下可靠地工作；JFZ0-1型适用于300~3 000r/min；JFZ0-2型适用于1 000~3 600r/min；JFZ0型有两对常开、两对常闭触点，触点额定电压为

380V，额定电流为 2A。通常，速度继电器转轴在 120r/min 左右即能动作，100r/min 触头即能恢复正常位置，可以通过螺钉的调节来改变继电器动作的转速，以适应控制电路的要求。

4.1.3　低压保护电器

低压保护电器主要用于对线路和设备进行保护等方面。电路中常见的故障如过载和短路，如不及时地切断，就会烧毁设备和线路，造成很大的损失。因此，线路中必须装设低压保护电器。常用的低压保护电器有熔断器、热继电器和低压断路器（自动空气开关）。

1. 熔断器

熔断器广泛用于低压配电线路和电气设备中，主要起短路保护和严重过载保护的作用。它具有结构简单、使用维护方便、价格低廉、可靠性高等特点，是低压配电线路中的重要保护元件之一。熔断器的种类较多，常用的有瓷插式、螺旋式等，其结构示意图和图形、文字符号如图 4.12 所示。熔断器接入电路时，熔体与被保护电路串联连接，当该电路中发生短路或严重过载故障时，通过熔体的电流达到或超过其允许的正常发热电流，熔体上产生的热量使熔体温度急剧上升，当达到熔体金属的熔点时熔体自行熔断，分断电路切断故障电流，从而保护电气设备。

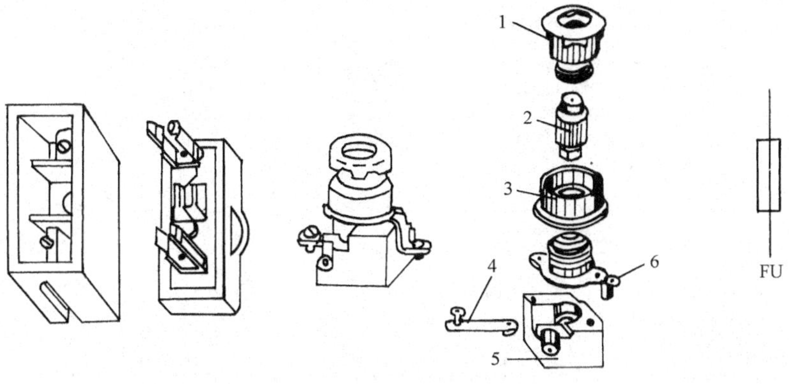

（a）瓷插式熔断器　（b）螺旋式熔断器　（c）图形、文字符号

1—瓷帽；2—熔断管；3—瓷套；4—上接线端子；5—座子；6—下接线端子

图 4.12　熔断器结构示意图和图形、文字符号

（1）熔断器的主要参数

- 额定电压：熔断器熔断时，可使电弧及时熄灭，是所在电路工作电压的最高限制。
- 额定电流：熔断器长期通过的、不超过允许温升的最大工作电流。
- 熔体的额定电流：长期通过熔体而不会使熔体熔断的电流。
- 极限分断能力：熔断器所能分断的最大短路电流值。

（2）熔断器的使用及维护

应正确选用熔体和熔断器。分支电路的熔体额定电流应比前一级小 2~3 级；对不同性质的负载，如照明电路、电动机主电路、控制电路等，应尽量分别保护，装设单独的熔断器。更换熔体时，应切断电源，并换上相同额定电流的熔体。瓷插式熔断器安装熔丝时，熔丝要避免划伤、绷紧，并应顺着螺钉旋转方向绕接。安装螺旋式熔断器时，必须将电源线接到瓷底座的下接线端，以保证安全。

2．热继电器

热继电器是利用电流的热效应来切断电路的保护电器，主要对电动机或其他负载进行过载保护以及三相电动机的断相保护。电动机在实际运行中，由于过载时间过长，绕组温升超过了允许值时，将会加剧绕组绝缘的老化，缩短电动机的使用寿命，严重时会使电动机绕组烧毁。因此，在电动机的电路中应设置有过载保护。

热继电器主要由热组件、触点系统、动作机构、复位按钮、整定电流装置和温升补偿装置等部分组成，其结构示意图和图形、文字符号如图 4.13 所示。

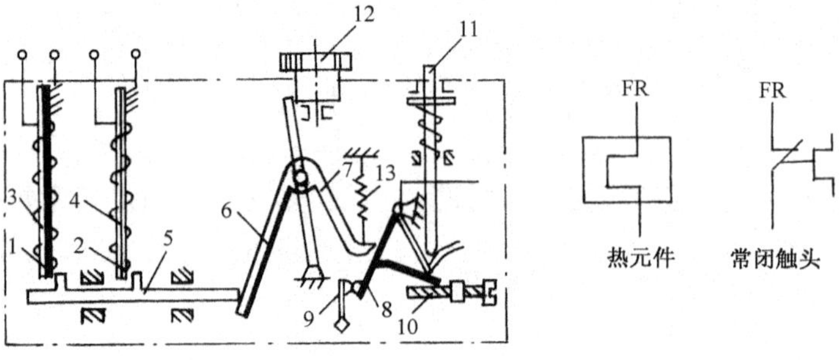

（a）结构示意图　（b）图形、文字符号

1、2—主双金属片；3、4—热元件；5—导板；6—温度补偿双金属片；7—推杆；8—动触点；9—静触点；10—螺钉；11—复位按钮；12—调节凸轮；13—弹簧

图 4.13　热继电器结构示意图和图形、文字符号

热组件由主双金属片 1、2 及围绕其外面的热元件 3、4 组成，双金属片作为测量组件，由两种线膨胀系数不同的金属压焊而成。热组件串接于电动机的定子绕组电路中，在电动机正常运行时，热组件产生的热量虽能使双金属片产生弯曲变形，但还不足以使热继电器的触点系统动作。当电动机过载时，工作电流增大，热组件产生的热量也增多，温度升高，使双金属片弯曲位移增大，推动导板 5 使继电器的触点动作，从而切断电动机控制电路，起到过载保护的作用。故障排除后，按手动复位按钮，热继电器触点复位，可以重新接通控制电路。若要对缺相运行的电动机实现过载保护，需采用带断相保护的热继电器。

3．断路器（自动空气开关）

断路器是一种既有手动开关作用又能自动进行欠压、失压、过流、过载和短路保护的电器。断路器是低压配电中一种重要的保护电器，它还可用于不频繁的接通和分断电路中，或者用于控制电动机。断路器由触头装置、灭弧装置、脱扣装置、传动装置和保护装置五部分组成，它的工作原理如图 4.14 所示。在正常情况下，断路器的主触点是通过操作机构手动或电动合闸的。主触点闭合后，自由脱扣机构将锁在合闸位置上，电路接通正常工作。若要正常切断电路时，应操作分励脱扣器，使自由脱扣机构动作，并自动脱扣，主触点断开，分断电路。

断路器中过电流脱扣器的线圈和热元件与主电路串联，失压脱扣器的线圈与电路并联。当电路发生短路或严重过载时，过电流脱扣器的衔铁被吸合，使自由脱扣机构动作。当电路发生过载时，热脱扣器的热元件产生的热量增加，温度上升，使双金属片向上弯曲变形，从而推动自由脱扣机构动作。当电路出现失压时，失压脱扣器的衔铁释放，也使自由脱扣机构动作。自由脱扣机构动作时，断路器自由脱扣，使开关自动跳闸，主触点断开，分断电路，达到非正常工作情况下保护电路和电气设备的目的。

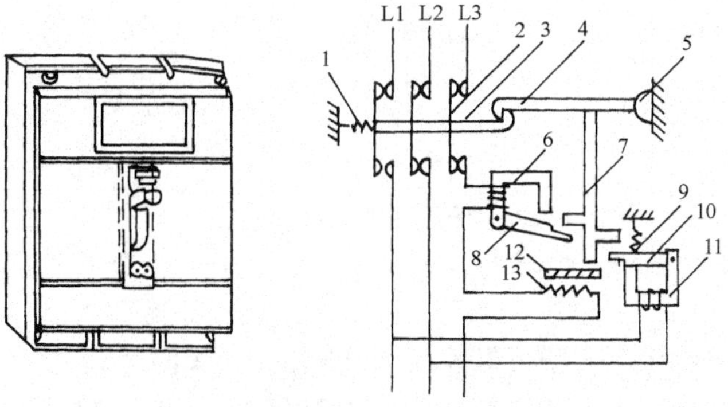

1、9—弹簧；2—触点；3—锁键；4—搭钩；5—轴；6—过电流脱扣器；
7—杠杆；8、10—衔铁；11—欠电压脱扣器；12—双金属片；13—热元件

图 4.14　断路器的工作原理示意图

断路器的主要技术参数如下：

➢ 额定工作电压 U_N。
➢ 壳架等级额定电流 I_{mN} 和额定工作电流 I_N。
➢ 额定短路通断能力和一次极限分断能力。
➢ 保护特性和动作时间。
➢ 电寿命和机械寿命。
➢ 热稳定性和电动稳定性。

目前，我国生产的断路器有 DW10、DW15、DW16 系列万能式断路器和 DZ5、DZ10、DZ12、DZ15、DZ20 等系列塑壳式断路器，以及近年来从联邦德国 AEG 公司引进的 ME 系列万能式断路器，日本三菱公司引进的 AE 系列万能式断路器，日本寺崎公司引进的 AH 系列万能式断路器和德国西门子公司引进的 3WE 系列万能式断路器。

技能训练 14　常用低压电器的认识与拆装

训练目的

（1）使学生认识常用低压电器的外形、型号、规格、结构和使用方法；

（2）使学生了解并掌握常用低压电器在接线板上的安装固定，相互之间的连接，能单独动手操作。

训练要求

（1）熟悉常用低压配电电器、控制电器的外形、型号、规格、结构和使用方法；

（2）掌握常用低压电器在接线板上的安装方法和接线方法。

训练内容

（1）常用低压配电电器：各种常用型号负荷开关（刀开关）、组合开关、熔断器、断路器（自动空气开关）等的认识和拆装；

（2）常用低压开关电器：各种常用型号接触器、继电器、按钮、行程开关（位置开关）、接近开关、热继电器、空气阻尼式时间继电器、万能转换开关、电磁铁等的认识和拆装。

分析与思考

（1）低压开关电器动断、动合为什么采用桥式触头？

（2）交流电磁式继电器的铁心上为什么要有分磁环？

4.2 三相笼型异步电动机控制电路与调速简介

任何复杂的继电器、接触器控制电路或系统，都是由一些比较简单的基本控制电路（基本环节）根据不同的要求组合、重复和派生而成的，因此，掌握这些基本的控制环节是学习数控机床电气控制电路的基础。

4.2.1 三相笼型异步电动机电气控制电路基本知识

1. 电气控制系统图基本知识

电气控制系统是由许多电气元件按一定的要求连接而成的。为了表达生产机械电气控制系统的结构、原理等设计意图，同时也为了便于电气系统的安装、调整、使用和维修，需要将电气控制系统中各电气元件的连接用一定的图形表示出来，这种图形就是电气控制系统图。

电气控制系统图一般有三种：电路图（又称电气原理图）、电气元件布置图、电气安装接线图。我们将在图上用不同的图形符号表示各种电气元器件，用不同的文字符号表示设备及线路的功能、状况和特征，各种图纸有其不同的用途和规定的画法。国家标准局参照国际电工委员会（IEC）颁布的有关文件，制定了我国电气设备的相关国家标准。

（1）图形符号

图形符号通常用于图样或其他文件中，是用以表示一个设备或概念的图形、标记或字符。

电气控制系统图中的图形符号必须按国家标准绘制。图形符号包含符号要素、一般符号和限定符号。

- 符号要素：一种具有确定意义的简单图形，必须同其他图形组合才能构成一个设备或概念的完整符号。如接触器常开主触点的符号就由接触器触点功能符号和常开触点符号组合而成。
- 一般符号：用以表示一类产品和此类产品特征的一种简单的符号。如电动机可用一个圆圈表示。

➢ 限定符号：用于提供附加信息的一种加在其他符号上的符号。

使用图形符号绘制电气系统图时应注意以下几个方面：

① 符号的尺寸大小、线条粗细依国家标准可放大或缩小，但在同一张图样中，同一符号的尺寸应保持一致，各符号间及符号本身各要素的比例应保持不变。

② 标准中示出的符号方位，在不改变符号含义的前提下，可根据图面布置的需要旋转或成镜像位置，但文字和指示方向不得倒置。

③ 大多数符号都可以加上补充说明标记。

④ 有些具体器件的符号可由设计者根据国家标准中的符号要素、一般符号和限定符号组合而成。

⑤ 国家标准未规定的图形符号，可根据实际需要，按突出特征、结构简单、便于识别的原则进行设计，但需要报国家标准局备案。当采用其他来源的符号或代号时必须在图解和文件上说明其含义。

（2）文字符号

文字符号适用于电气技术领域中技术文件的编制，用以标明电气设备、装置和元器件的名称及电路的功能、状态和特征。

文字符号应按国家标准《电气技术中的文字符号制定通则》（GB7159—87）所规定的精神编制。

文字符号分为基本文字符号和辅助文字符号。

➢ 基本文字符号：基本文字符号有单字母符号与双字母符号两种。单字母符号按拉丁字母顺序将各种电气设备、装置和元器件划分为 23 大类，每一类用一个专用单字母符号表示，如“C”表示电容器类，“R”表示电阻器类等。双字母符号由一个表示种类的单字母符号与另一个字母组成，且以单字母符号在前，另一个字母在后的次序列出，如“F”表示保护器件类，“FU”则表示为熔断器，“FR”表示为热继电器。

➢ 辅助文字符号：辅助文字符号是用来表示电气设备、装置和元器件以及电路的功能、状态和特征的。如“RD”表示红色，“SP”表示压力传感器，“YB”表示电磁制动器等。辅助文字符号还可以单独使用，如“ON”表示接通，“N”表示中间线等。

当规定的基本文字符号和辅助文字符号不够使用时，可按国家标准中文字符号的组成规律和下述原则予以补充。

① 在不违背国家标准文字符号编制原则的条件下，可采用国家标准中规定的电气技术文字符号。

② 在优先采用基本和辅助文字符号的前提下，可补充国家标准中未列出的双字母文字符号和辅助文字符号。

③ 使用文字符号时，应按电气名词术语国家标准或专业技术标准中规定的英文术语缩写而成。

④ 基本文字符号不得超过两位字母，辅助文字符号一般不超过三位字母。文字符号采用拉丁字母大写正体字，且拉丁字母中“I”和“O”不允许单独作为文字符号使用。

（3）主电路各结点标记

三相交流电源引入线采用 L1、L2、L3 标记。

电源开关之后的三相交流电源主电路分别按 U、V、W 顺序标记。

分级三相交流电源主电路采用三相文字代号 U、V、W 的前边加上阿拉伯数字 1、2、3 等来标记，如 1U、1V、1W，2U、2V、2W 等。

各电动机分支电路的结点标记采用三相文字代号后面加数字来表示，数字中的个位数表示电动机的代号，十位上的数字表示该支路各结点的代号，从上到下按数值大小顺序标记。如 U11 表示 M1 电动机的第一相的第一个结点代号，U21 表示第一相的第二个结点代号，以此类推。

电动机绕组首端分别用 U、V、W 标记，尾端分别用 U'、V'、W'标记，双绕组的中点则用 U"、V"、W"标记。

控制电路采用阿拉伯数字编号，一般由三位或三位以下的数字组成。标注方法按“等电位”原则进行，在垂直绘制的电路图中，标号顺序一般由上而下编号，凡是被线圈、绕组、触点或电阻、电容等元件所间隔的线段，都应标以不同的电路标号。

2. 电路图

电路图用于表示电路、设备电气控制系统的组成部分和连接关系。通过电路图，可详细地了解电路、设备电气控制系统的组成和工作原理，并可在测试和故障寻找时提供足够的信息，同时电路图也是编制接线图的重要依据，电路图习惯上也称为电气原理图。

电气原理图是根据电路的工作原理绘制的，如图 4.15 所示为 CW6132 型车床电气原理图。在绘制原理图时，一般应遵循下列规则：

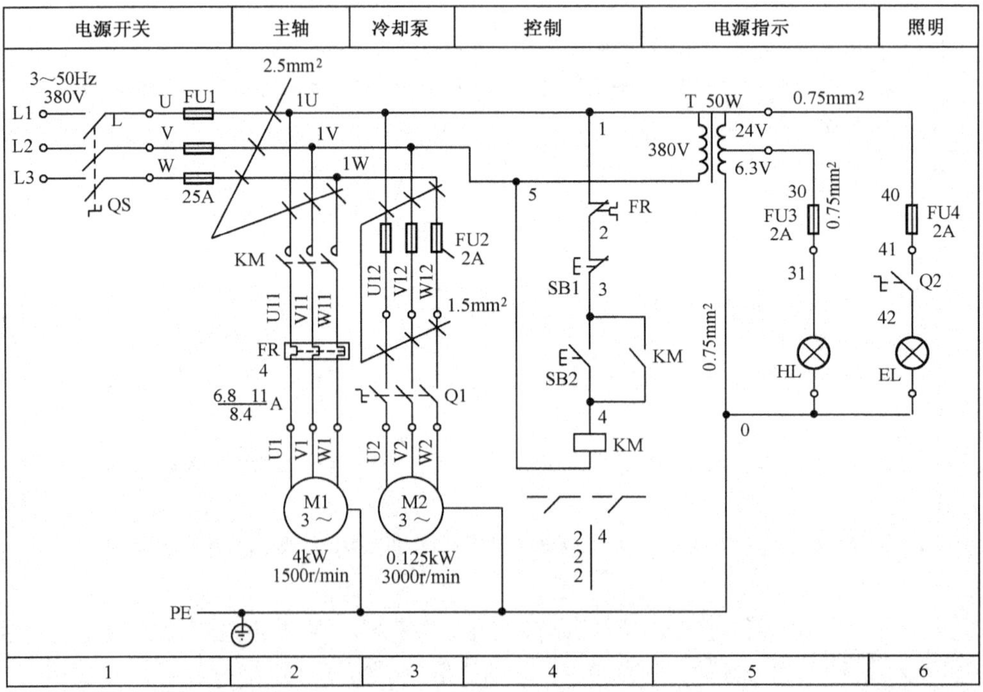

图 4.15 CW6132 型车床电气原理图

① 电气控制的电路原理图应按所规定的图形符号、文字符号和回路标号进行绘制。

② 动力电路的电源电路一般绘制成水平线；受电的动力装置电动机主电路用垂直线绘制在图面的左侧，控制电路用垂直线绘制在图面的右侧，主电路与控制电路应分开绘制。各电路元件采用平行展开画法，但同一电器的各元件采用同一文字符号标明。

③ 所有电路元件的图形符号，均按电器未接通电源和没有受外力作用时的状态绘制。促使触点动作的外力方向必须是：当图形垂直放置时为从左向右，即在垂线左侧的触点为常开触点，在垂线右侧的触点为常闭触点；当图形水平放置时为从上向下，即在水平线下方的触点为常开触点，在水平线上方的触点为常闭触点。

④ 在原理图中的导线连接点均用小圆圈或黑圆点表示。

⑤ 在原理图上方将图分成若干图区，并标明该区电路的用途与作用；在继电器、接触器线圈下方列有触点表以说明线圈和触点的从属关系。

⑥ 电气控制电路原理图的全部电机、电气元件的型号、文字符号、用途、数量、额定技术数据，均应填写在元器件明细表内。

3. 电气元件布置图

电气元件布置图用来详细地绘制出电气设备零件的安装位置。如图 4.16 所示为 CW6132 型车床的电气元件布置图。图中各电器代号应与相关电路图和电器清单上所有的元器件代号相同；在图中往往留有 10%以上的备用面积及导线管（槽）的位置，以供改进设计时用；图中不需标注尺寸；图中 FU1~FU4 为熔断器，KM 为接触器，FR 为热继电器，TC 为变压器，XT 为接线端子板。

4. 电气安装接线图

用规定的图形符号，按各电气元件相对位置绘制的实际接线图叫安装接线图。安装接线图是实际接线安装的依据和准则，它清楚地表示了各电气元件的相对位置和它们之间的电气连接关系，所以安装接线图不仅要把同一个电器的各个部件画在一起，而且各个部件的布置还要尽可能符合这个电器的实际情况，但它对尺寸和比例没有严格要求。安装接线图中，各电气元件的图形符号、文字符号和回路标记均应以原理图为准，并与其保持一致，以便查对。

还有，不在同一控制箱内和不是同一块配电屏上的各电气元件之间的导线连接，必须通过接线端子进行；而同一控制箱内各电气元件之间的接线可以直接相连。

在安装接线图中，分支导线应在各电气元件接线端上引出，而不允许在导线两端以外的地方连接，且接线端上只允许引出两根导线。安装接线图上所表示的电气连接，一般并不表示实际的走线途径，施工时由操作者根据经验选择最佳走线方式。

安装接线图上应详细地标明导线及所连接管子的型号、规格等。

安装接线图要求准确、清晰，以便于施工和维护。图 4.17 所示为 CW6132 型车床电气控制系统的接线图。

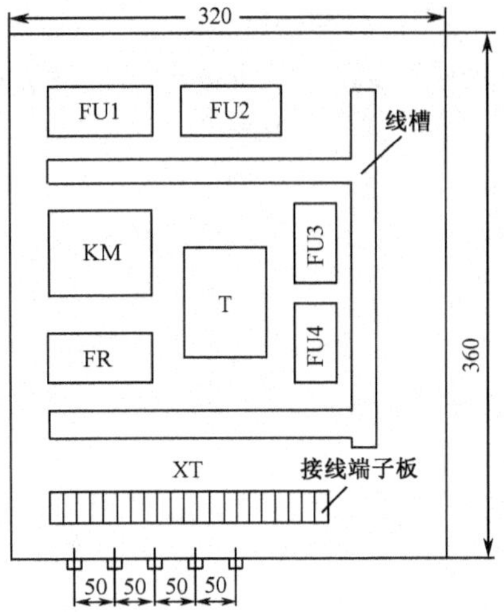

图 4.16 CW6132 型车床电气元件布置图

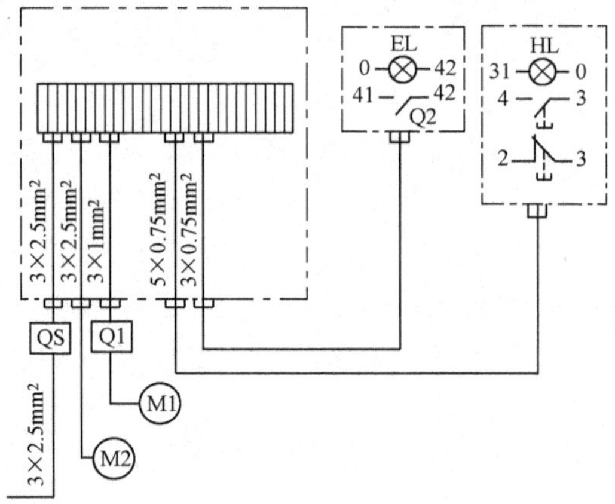

图 4.17 CW6132 型车床电气控制系统接线图

4.2.2 三相笼型异步电动机的启动控制电路

三相笼型异步电动机由于结构简单、价格便宜、坚固耐用等一系列优点，因而在生产现场得到广泛应用。对它的控制线路大都由继电器、接触器、按钮等有触点电器组成，电动机的启动控制有全压启动和降压启动两种方式。

1．三相笼型异步电动机直接启动控制电路

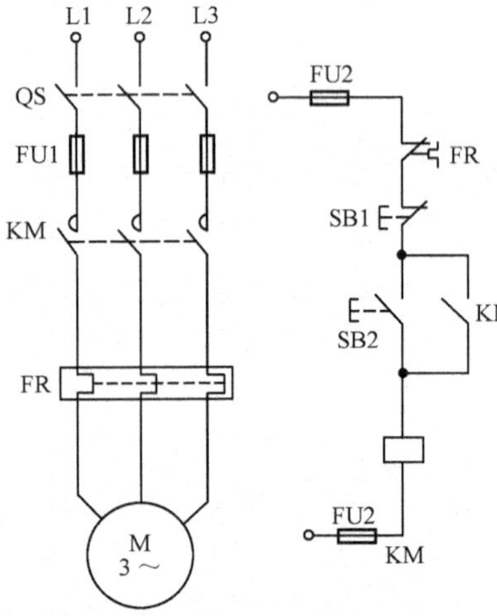

图 4.18 单向全压启动控制线路

图 4.18 所示为三相笼型异步电动机单向全压启动控制线路。它是一个常用的最简单的控制线路，由刀开关 QS、熔断器 FU1、接触器 KM 的主触头、热继电器 FR 的热元件与电动机 M 构成主电路。

由图中可知，启动按钮 SB2、停止按钮 SB1、接触器 KM 的线圈及其常开辅助触头、热继电器 FR 的常闭触头和熔断器 FU2 构成控制回路。

线路的工作情况如下：启动时，合上 QS，引入三相电源。按下 SB2，交流接触器 KM 的吸引线圈通电，接触器主触头闭合，电动机接通电源直接启动运转，同时与启动按钮并联的接触器常开辅助触头闭合。当松开 SB2 时，KM 线圈通过本身的辅助触点继续保持通电，从而保证了电动机的连续运转。这种依靠接触器自身辅助触点保持线圈通电的电路，称为自锁或自保电路，辅助常开触点称为自锁触点。

当需要电动机停止运转时，可按下停止按钮 SB1，切断 KM 线圈电路，KM 常开主触头与辅助触头均断开，切断电动机电源电路和控制电路，电动机停止运转。

电路的保护环节有以下几个方面：

① 短路保护：由熔断器 FU2、FU1 分别实现主电路和控制电路的短路保护。为扩大保

护范围，在电路中熔断器应安装在靠近电源端，通常安装在电源开关下边。

② 过载保护：由于熔断器具有反时限保护特性和分散性，难以实现电动机的长期过载保护，因此采用热继电器 FR 实现电动机的长期过载保护。当电动机出现长期过载时，串接在电动机定子电路中的双金属片因过热变形，致使其串接在控制电路中的常闭触头打开，切断 KM 线圈电路，使电动机停止运转，实现过载保护。

③ 欠压和失压保护：当电源电压由于某种原因严重欠压和失压时，接触器电磁吸力急剧下降或消失，衔铁被释放，常开主触点与自锁触点断开，电动机停止运转。而当电源电压恢复正常时，电动机不会自行启动运转，可以避免事故发生。因此具有自锁功能的控制电路也具有欠压与失压保护功能。

2．三相笼型异步电动机正反转控制电路

在生产加工过程中，往往要求电动机能够实现可逆运行，如机床工作台的前进与后退、主轴的正转与反转、起重机吊钩的上升与下降等。这就要求电动机可以正反转，由电动机原理可知，改变电动机三相电源的相序，就能改变电动机的转向。常用的可逆旋转控制电路有以下几种：

（1）倒顺开关控制的可逆旋转控制电路

倒顺开关是组合开关的一种，也称为可逆旋转开关，图 4.19 所示为 HZ3-132 型倒顺开关控制电气图。倒顺开关有六个固定触点，其中 L1、L2、W 为一组，而 U、V、L3 为另一组。当开关手柄置于“顺转”位置时，动触片Ⅰ1、Ⅰ2、Ⅰ3 分别将 U—L1、V—L2、L3—W 相连接，使电动机实现正转；当开关手柄置于“逆转”位置时，动触片Ⅱ1、Ⅱ2、Ⅱ3 分别将 U—L1、V—W、L3—L2 接通，使电动机实现反转；当开关手柄置于中间位置时，两组动触片均不与固定触点连接，电动机停止旋转。

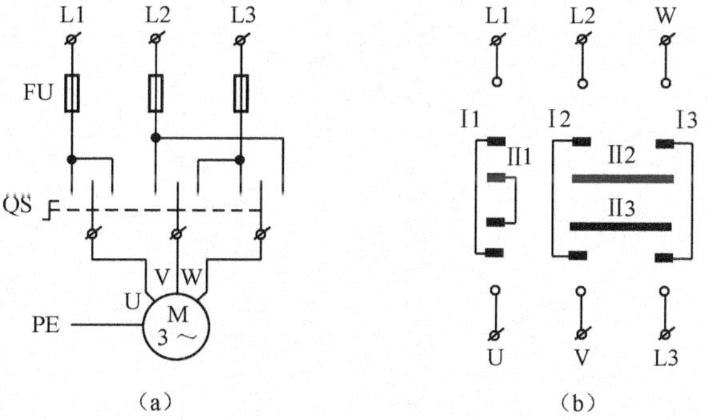

图 4.19 倒顺开关正反转控制电气示意图

图 4.20 为用倒顺开关控制的可逆运行电路。图 4.20（a）为直接操作倒顺开关实现电动机正反转的电路，因转换开关无灭弧装置，所以仅适用于电动机容量为 5.5kW 以下的控制电路。在操作中，使电动机由正转到反转，或由反转到正转时，应将手柄扳至“停止”位置，并稍加停留，这样可以避免电动机由于突然反接造成很大的冲击电流，防止电动机过热而烧坏。对于容量大于 5.5kW 的电动机，可用图 4.20（b）所示的控制电路进行控制。它是利用倒顺开关来改变电动机相序，预选电动机旋转方向，而由接触器 KM 来接通与断开电源，控制电动机启动与停止的。由于采用接触器通断负载电路，因此可实现过载保护和失压、欠压保护。

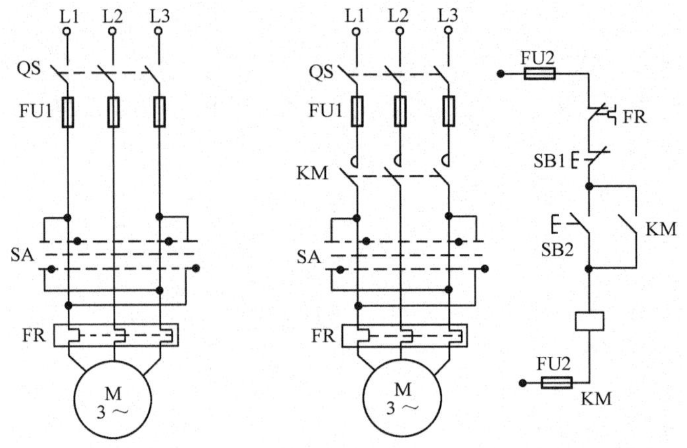

（a）（b）

图 4.20 用倒顺开关控制的电动机正反转控制电路

（2）按钮控制的可逆旋转控制电路

① 电动机“正—停—反”控制线路。图 4.21 为电动机正反转控制电路，该图中，利用两个接触器的常闭触头 KM1、KM2 达到相互控制作用，即利用一个接触器通电时，其常闭辅助触头的断开来锁住对方线圈的电路。这种利用两个接触器的常闭辅助触头互相控制的方法叫作互锁，两对起互锁作用的触头叫互锁触头。

主电路中，接触器 KM1 和 KM2 构成正反转相序接线，如图 4.21（a）所示，按下正向启动按钮 SB2，正向控制接触器 KM1 线圈通电动作，其主触点闭合，电动机正向转动，按下停止按钮 SB1，电动机停转。按下反向启动按钮 SB3，反向接触器 KM2 线圈通电动作，其主触点闭合，主电路定子绕组变正相序为反相序，电动机反转。

图 4.21（a）的控制线路作正反向操作控制时，必须首先按下停止按钮 SB1，然后再反向启动，因此它是“正—停—反”控制线路。

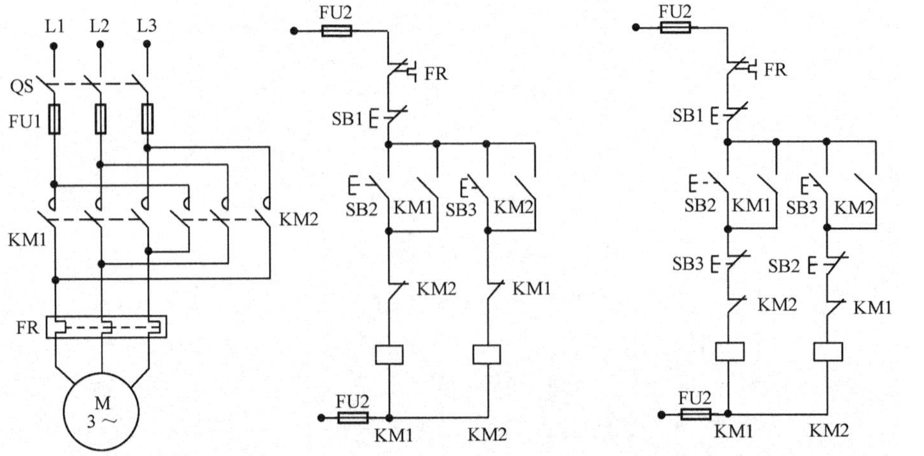

（a）（b）

图 4.21 用按钮控制的电动机正反转控制电路

② 电动机“正—反—停”控制线路。在实际生产中，为了提高劳动生产率，减少辅助工时，要求直接实现正反转变换控制。由于电动机正转的时候，按下反转按钮时首先应断开正转接触器线圈线路，待正转接触器释放后再接通反转接触器，于是在图 4.21（a）所示电路的基础上，将正转启动按钮 SB2 与反转启动按钮 SB3 的常闭触点串接到对方的常开触点电路中，如图 4.21（b）所示。这种利用按钮的常开、常闭触点的机械连接，在电路中互相制约的接法，称为机械互锁。具有电气、机械双重互锁的控制电路是常用的、可靠的电动机可逆旋转控制电路，它既可实现“正转—停止—反转—停止”的控制，又可实现“正转—反转—停止”的控制。

3. 三相绕线转子异步电动机的启动控制电路

三相异步电动机的转子绕组，除了笼型以外还有绕线转子式，故称绕线转子异步电动机。三相绕线转子异步电动机的优点是：可以通过滑环在转子绕组中串接外加电阻和频敏变阻器，以此来达到减小启动电流、提高转子电路的功率因数及增加启动转矩的目的。在一般要求启动转矩较高的场合，绕线式异步电动机得到了广泛的应用。

串接在三相转子绕组中的启动电阻，一般都接成星形接线。在启动前，启动电阻全部接入电路，在启动过程中，启动电阻被逐步地短接。短接的方式有三相电阻平衡短接法和三相电阻不平衡短接法两种，本节只分析接触器控制的平衡短接法启动控制电路。

（1）时间原则控制绕线型电动机转子串电阻的启动控制电路

图 4.22 所示为按时间原则控制的绕线型电动机转子串电阻启动控制电路。图中，KM1~KM3 为短接转子电阻接触器，KM4 为电源接触器，KT1~KT3 为时间继电器。

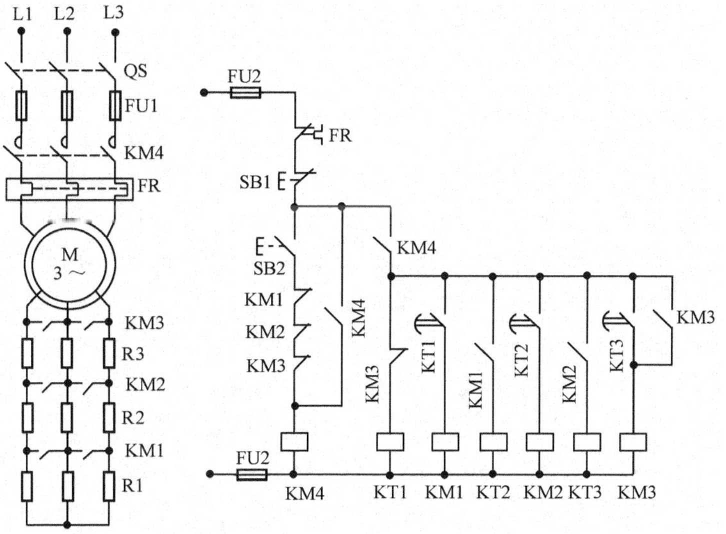

图 4.22　时间原则控制的绕线型电动机转子串电阻启动控制电路

电路工作情况如下：合上电源开关 QS，按下启动按钮 SB2，接触器 KM4 线圈通电并自锁，KT1 同时通电，KT1 常开触头延时闭合，接触器 KM1 通电动作，使转子回路中 KM1 常开触头闭合，切除第一级启动电阻 R1，同时使 KT2 通电，KT2 常开触头延时闭合，KM2 通电动作，切除第二级启动电阻 R2，同时使 KT3 通电，KT3 常开触头延时闭合，KM3 通电并自锁，切除第三级启动电阻 R3，KM3 的另一副常闭触点断开，使 KT1 线圈失电，进而 KT1 的常开触头瞬时断开，使 KM1、KT2、KM2、KT3 依次断电释放，恢复原位，只有接触器 KM3 保持工作状态，电动机的启动过程结束，进入正常运转。

（2）电流原则控制的绕线型电动机转子串电阻启动控制电路

图 4.23 所示为按电流原则控制的绕线型电动机转子串电阻启动控制电路。图中，KM1~KM3 为短接转子电阻接触器，R1~R3 为转子电阻，KA1~KA3 为电流继电器，KM4 为电源接触器，KA4 为中间继电器。

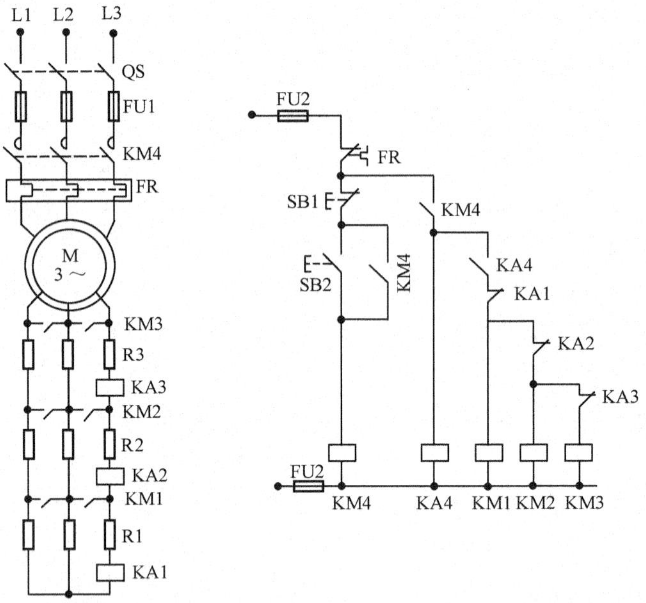

图 4.23 电流原则控制的绕线型电动机转子串电阻启动控制电路

电路工作情况如下：合上电源开关 QS，按下启动按钮 SB2，KM4 线圈通电并自锁，电动机定子绕组接通三相电源，转子串入全部电阻并启动，同时 KA4 通电，为 KM1~KM3 通电作好准备。由于刚启动时电流很大，KA1~KA3 吸合电流相同，故同时进行吸合动作，其常闭触点都断开，使 KM1~KM3 处于断电状态，转子电阻全部串入，达到限流和提高的目的。在启动过程中，随着电动机转速的升高，启动电流逐渐减小，而 KA1~KA3 释放电流调节得不同，其中 KA1 释放电流最大，KA2 次之，KA3 为最小，所以当启动电流减小到 KA1 释放电流整定值时，KA1 首先释放，其常闭触点返回闭合，KM1 通电，短接一段转子电阻 R1，由于电阻短接，转子电流增加，启动转矩增大，致使转速又加快上升，这又使电流下降，当降低到 KA2 释放电流时，KA2 常闭触点返回，使 KM2 通电，切断第二段转子电阻 R2，如此继续，直至转子电阻全部短接，电动机启动过程结束。

为了保证电动机转子串入全部电阻再启动，设置了中间继电器 KA4，若无 KA4，当启动电流由零上升在尚未到达吸合值时，KA1~KA3 未吸合，将使 KM1~KM3 同时通电，将转子电阻全部短接，电动机进行直接启动。而设置了 KA4 后，在 KM4 通电后才使 KA4 通电，再使 KA4 常开触点闭合，在这之前启动电流已到达电流继电器吸合值并已动作，其常闭触点已将 KM1~KM3 电路断开，确保转子电阻串入，避免电动机直接启动。

4．三相笼型异步电动机降压启动控制电路

三相笼型异步电动机采用全电压直接启动时，控制线路简单，维修工作量较少。但是，并不是所有的异步电动机在任何情况下都可以采用全压启动，这是因为在电源变压器容量没有足够大的情况下，由于异步电动机启动电流一般可达其额定电流的 4~7 倍，致使变压器二次侧电压大幅度下降，这样不但会减小电动机本身的启动转矩，甚至使电动机无法启动，而且还要影响同一供电网路中其他设备的正常工作。

一般电动机容量较小时常用直接启动，或满足本教材 56 页的经验公式时，可以用全压启动，若不满足经验公式，则必须采用降压启动。有时为了减小和限制启动时对机械设备的冲击，即使允许直接启动的电动机，也往往采用降压启动。三相笼型异步电动机降压启动的方法有：定子绕组串电阻（或电抗器），Y—△连接，延边三角形和使用自耦变压器启动等。这些启动方法的实质，都是在电源电压不变的情况下，启动时减小加在电动机定子绕组上的电压，以限制启动电流，而在启动以后再将电压恢复至额定值，使电动机进入正常运行。

（1）定子串电阻降压启动控制线路

图 4.24 所示是定子串电阻降压启动的控制线路。电动机启动时在三相定子电路中串接电阻，使电动机定子绕组电压降低，启动结束后再将电阻短接，保持电动机在额定电压下正常运行，这种启动方式由于不受电动机接线方式的限制，设备简单，因而在中、小型机床中也有应用。图中，KM1 为接通电源接触器，KM2 为短接电阻接触器，KT 为启动时间继电器，R 为降压启动电阻。

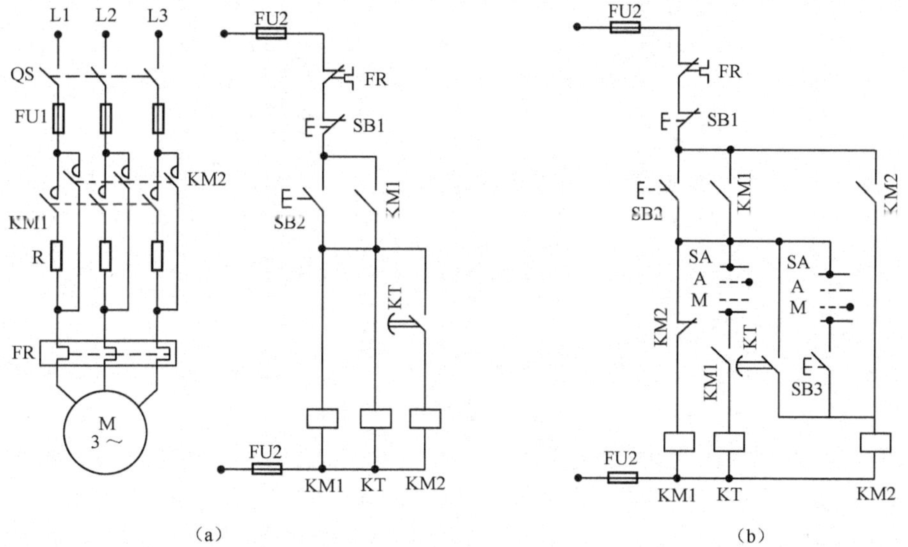

图 4.24　定子串电阻降压启动控制线路

图 4.24（a）所示的控制线路工作情况如下：合上电源开关 QS，按启动按钮 SB2，KM1 通电并自锁，同时 KT 通电，电动机定子串入电阻 R 进行降压启动，经时间继电器 KT 延时，其常开延时闭合触头闭合，KM2 通电，将启动电阻短接，电动机进入全电压正常运行。

电动机进入正常运行后，KM1、KT 始终通电工作，不但消耗了电能，而且增加了出现故障的几率。若发生时间继电器触点不动作的故障，将使电动机长期在降压下运行，造成电动机无法正常工作，甚至烧毁电动机。

图 4.24（b）所示为具有手动和自动控制的串电阻降压启动电路，它是在图 4.24（a）的电路基础上增设了一个选择开关 SA。其手柄有两个位置，当手柄置于 M 位时为手动控制；当手柄置于 A 位时为自动控制。一旦出现 KT 触点闭合不上，可将 SA 扳至 M 位置，按下升压按钮 SB3，KM2 通电，电动机便可进入全压下工作，保证电路更加安全可靠。

（2）星形—三角形降压启动控制线路

正常运行时定子绕组接成三角形的笼型异步电动机，可采用星形—三角形（Y—△）的降压启动方法来达到限制启动电流的目的。

启动时，定子绕组首先接成星形，待转速上升到接近额定转速时，将定子绕组的接线由星形换接成三角形，电动机便进入全电压正常运行状态。因功率在 4kW 以上的三相笼型异步电动机均为三角形接法，故都可以采用星形—三角形启动方法。

①按钮切换 Y—△降压启动控制线路。图 4.25 所示为按钮切换 Y—△降压启动控制电路。

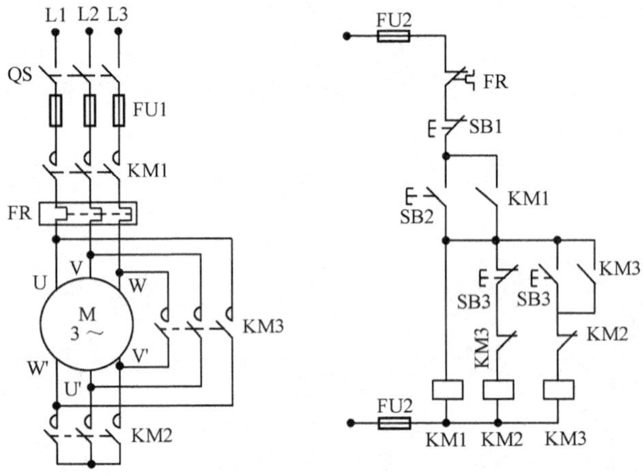

图 4.25 按钮切换 Y—△降压启动控制电路

电路工作情况如下：

- 电动机 Y 接法启动：先合上电源开关 QS，按下 SB2，接触器 KM1 线圈通电，KM1 自锁触点闭合，同时 KM2 线圈通电，KM2 主触点闭合，电动机 Y 接法启动；此时，KM2 常闭互锁触点断开，使得 KM3 线圈不能得电，实现电气互锁。
- 电动机△接法运行：当电动机转速升高到一定值时，按下 SB3，KM2 线圈断电，KM2 主触点断开，电动机暂时失电，KM2 常闭互锁触点恢复闭合，使得 KM3 线圈通电，KM3 自锁触点闭合，同时 KM3 主触点闭合，电动机△接法运行；此时，KM3 常闭互锁触点断开，使得 KM2 线圈不能得电，实现电气互锁。

这种启动电路由启动到全压运行，需要两次按动按钮，不太方便，并且，切换时间也不易掌握。为了克服上述缺点，也可采用时间继电器自动切换控制电路。

② 时间继电器自动切换 Y—△降压启动控制电路。图 4.26 是采用时间控制环节的 Y—△

降压启动控制电路，合上 QS，按下 SB2，接触器 KM1 线圈通电，KM1 常开主触点闭合，KM1 辅助触点闭合并自锁。同时 Y 形控制接触器 KM2 和时间继电器 KT 的线圈通电，KM2 主触点闭合，电动机做 Y 连接启动。同时 KM2 常闭互锁触点断开，使△形控制接触器 KM3 线圈不能得电，实现电气互锁。

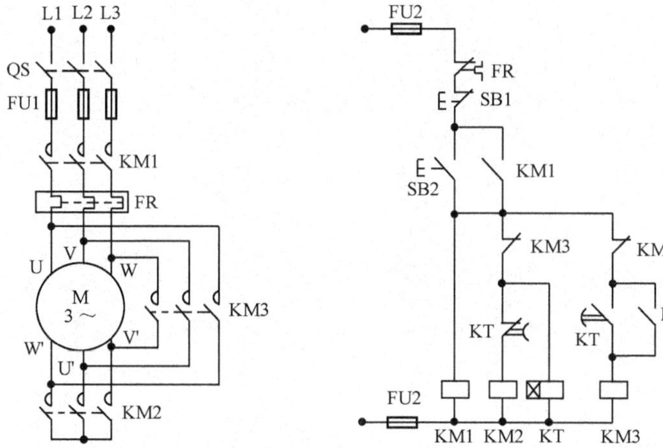

图 4.26　时间继电器自动切换 Y—△降压启动控制电路

经过一定时间后，时间继电器的常闭延时触点打开，常开延时触点闭合，使 KM2 线圈断电，其常开主触点断开，常闭互锁触点闭合，使 KM3 线圈通电，KM3 常开触点闭合并自锁，电动机恢复△连接全压运行。同时 KM3 的常闭互锁触点分断，切断 KT 线圈电路，并使 KM2 不能得电，实现电气互锁。

SB1 为停止按钮，必须指出，KM2 和 KM3 实行电气互锁的目的，是为了避免 KM2 和 KM3 同时通电吸合而造成严重的短路事故。

三相笼型异步电动机采用 Y—△降压启动时，定子绕组星形连接状态下启动电压为△形连接直接启动电压的 $1/\sqrt{3}$ 。启动转矩为△形连接直接启动转矩的 1/3，启动电流也为△形连接直接启动电流的 1/3。与其他降压启动相比，Y—△降压启动投资少，线路简单，但启动转矩小。因此，这种启动方法，适用于空载或轻载状态下的启动，同时，这种降压启动方法，只能用于正常运转时定子绕组接成△形的笼型异步电动机。

4.2.3　三相笼型异步电动机的制动控制电路

在生产过程中，由于设备具有惯性，停机后不能立即停下来，导致了不够准确，为了缩短辅助工作时间，提高生产效率，获得准确位置，必须采取制动措施。

停机制动有两种形式，一种是电磁铁操纵机械进行制动的电磁机械制动；另一种是电气制动，它使电动机产生一个与转子原来的转动方向相反的力矩，以此来进行制动。常用的电气制动有反接制动和能耗制动两种。

1. 电磁机械制动

（1）电磁抱闸的结构

如图 4.27 所示，电磁抱闸主要由两部分组成：制动电磁铁和闸瓦制动器。制动电磁铁由铁心、衔铁和线圈三部分组成，有单相和三相之分；闸瓦制动器包括闸轮、闸瓦、杠杆和弹簧等，闸轮与电动机装在同一根转轴上。制动强度可通过调整机械结构来改变。

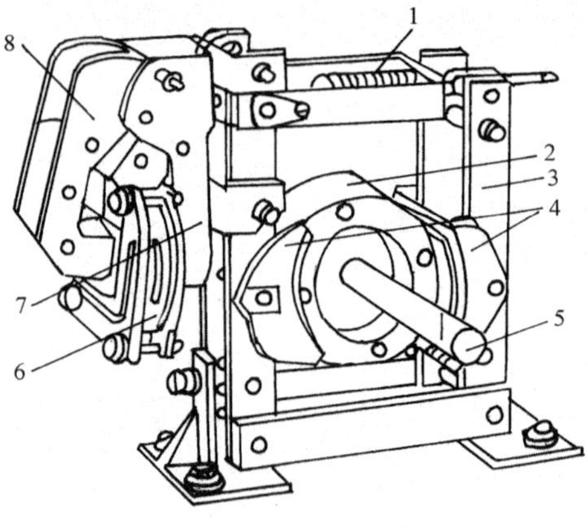

1—弹簧；2—闸轮；3—杠杆；4—闸瓦；5—轴；6—线圈；7—铁心；8—衔铁

图 4.27　电磁抱闸的结构

（2）电磁抱闸断电制动控制线路

图 4.28 所示为电磁抱闸断电制动控制线路。该制动线路属于断电制动，即主电路通电时，抱闸线圈有电，使闸瓦和闸轮分开；主电路断电时，闸瓦与闸轮抱住。

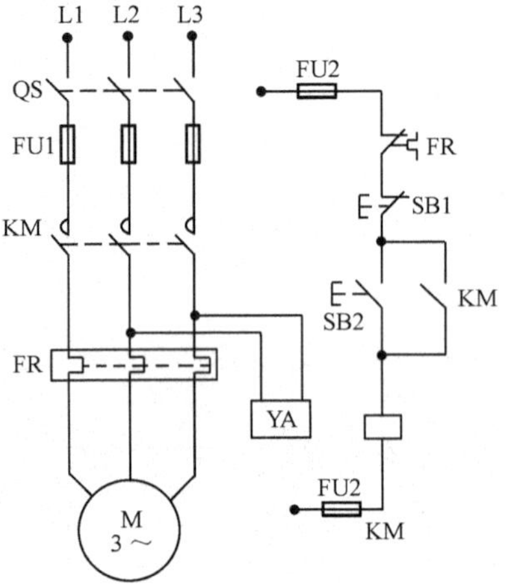

图 4.28　电磁抱闸断电制动控制线路

线路动作情况如下：合上电源开关 QS，按下启动按钮 SB2，接触器 KM 线圈获电动作，其常开辅助触点闭合自锁，主要触头闭合，电动机通电启动，同时电磁抱闸线圈 YA 获电，吸引衔铁，使它与铁心闭合，衔铁克服弹簧拉力，迫使制动杠杆向上移动，从而使制动器的闸瓦与闸轮分开，电动机正常运行；当需要制动时，按下停止按钮 SB1，KM 断电释放，使电动机的电源被切断，与此同时，电磁抱闸线圈也断电，使抱闸衔铁与铁心分开，在弹簧拉力的作用下，闸瓦与闸轮紧紧抱住，电动机被迅速制动而停转。

这种制动在起重机械上被广泛采用，电动机在工作时，如果线路发生故障断电，电磁抱闸将迅速使电动机制动，从而防止重物下落和电动机反转的事故出现，比较安全可靠。但缺点是线圈的通电时间与电动机的工作时间相同，因此不够经济。

（3）电磁抱闸通电制动控制线路

图 4.29 所示为电磁抱闸通电制动控制线路，它与断电制动控制线路相反，即主电路有电流流过时电磁抱闸线圈无电，此时闸瓦与闸轮松开；当主电路断电，通过复合按钮 SB1 常开触头的闭合使电磁抱闸线圈获电时，闸瓦与闸轮抱紧呈制动状态。在电动机不转动的正常状态下，电磁抱闸线圈无电，闸瓦与闸轮也处于松开状态。这样，在电动机未通电时，可以用手扳动主轴供调整、对刀、检测之用。有关该控制线路的动作原理，读者可自行分析，需要提醒一点，在图 4.29 所示的控制线路中，只有将停止按钮 SB1 按到底才有制动作用。

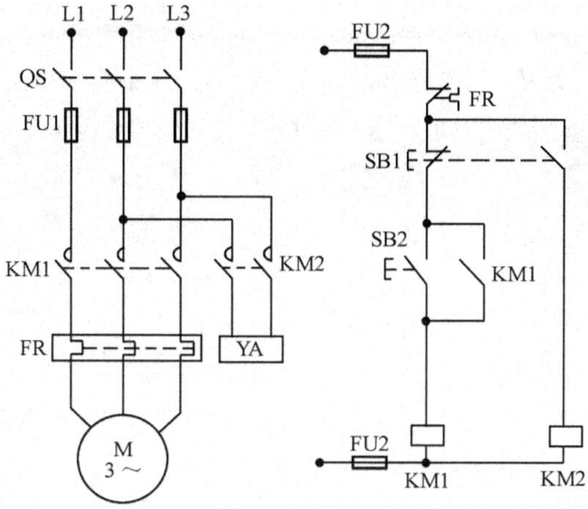

图 4.29　电磁抱闸通电制动控制线路

2．电气制动控制电路

（1）反接制动控制电路

异步电动机反接制动有两种情况：一种是在负载转矩的作用下使电动机反转的倒拉反接制动；另一种是改变三相异步电动机电源相序进行的反接制动。下面只介绍改变电源相序进行的反接制动。

① 反接制动的基本原理。将电动机三根电源线中的任意两根对调称为反接。若在停车前把电动机反接，则其定子旋转磁场反方向旋转，在转子上产生的电磁转矩亦随之反方向，成为制动转矩，在制动转矩作用下电动机的转速很快降到零，称为反接制动。必须指出，当电动机的转速接近零时，应立即切断电源，否则电动机将反转。在控制电路中，常用速度继电器来实现这个要求。为此采用速度继电器来检测电动机速度的变化，在 120~3 000r/min 的范围内，速度继电器触头动作，当转速低于 100r/min 时，其触头恢复原位。

② 单方向启动的反接制动控制电路。图 4.30 所示为单方向反接制动控制电路，图中，KM1 为单方向旋转接触器，KM2 为反接制动接触器，KV 为速度继电器，R 为反接制动电阻。

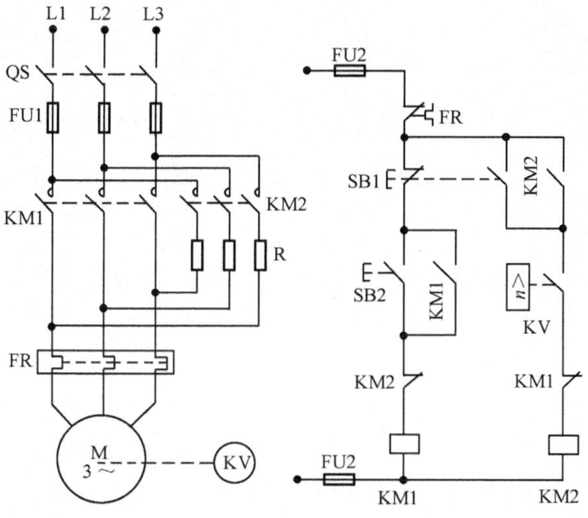

图 4.30　单方向反接制动控制电路

电路工作情况如下：合上电源开关 QS，按下启动按钮 SB2，接触器 KM1 通电并自锁，电动机 M 通电旋转。在电动机正常运行时，速度继电器 KV 的常开触点闭合，为反接制动做准备。当按下停止按钮 SB1 时，KM1 断电，电动机定子绕组脱离三相电源，但电动机因惯性仍以很高的速度旋转，KV 原闭合的常开触点仍保持闭合。当 SB1 按到底时，使 SB1 常开触点闭合，KM2 通电并自锁，电动机定子串接电阻接上反序电源，电动机进入反接制动状态。

此时电动机转速迅速下降，当速度接近 100r/min 时，KV 常开触点复位，KM2 断电，电动机及时脱离电源，以后自然停车至零，反接制动结束。

由于反接制动时，转子与旋转磁场的相对速度接近于两倍的同步转速，所以定子绕组中流过的反接制动电流相当于全电压直接启动电流的两倍，因此反接制动的特点之一是制动迅速、效果好、冲击力大，通常只适用于 10kW 以下的小容量电动机。为了减小冲击电流，通常要求在电动机主电路中串接一定的电阻以限制反接制动电流，这个电阻称为反接制动电阻。反接制动的制动力矩较大，冲击强烈，易损坏传动零件，而且频繁的反接制动可能使电动机过热，使用时必须引起注意。

③ 电动机可逆运行反接制动控制电路。图 4.31 所示为可逆运行反接制动控制电路，图中，KM1、KM2 为正、反转接触器，KM3 为短接电阻接触器，KA1～KA3 为中间继电器，KV 为速度继电器，其中 KV1 为正转闭合触点，KV2 为反转闭合触点，R 为启动与制动电阻。

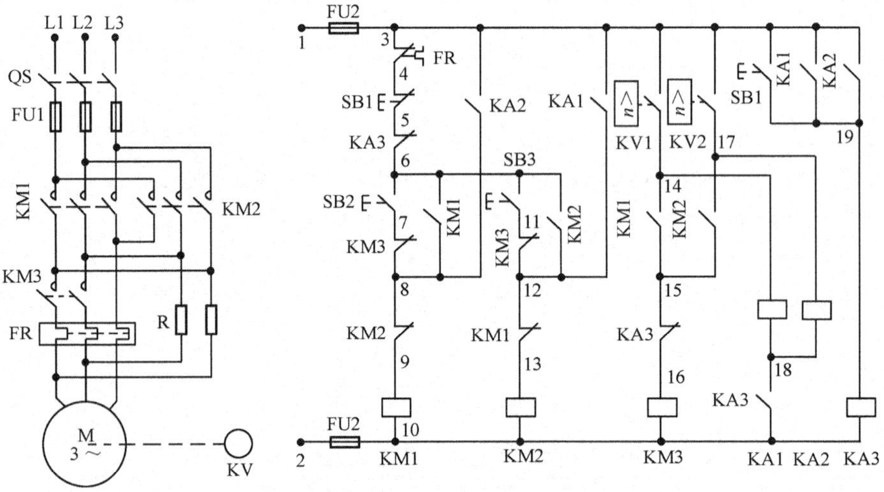

图 4.31 可逆运行反接制动控制电路

电路工作情况如下：合上电源开关 QS，按下正转启动按钮 SB2，KM1 通电并自锁，电动机串入电阻接入，正序电源启动，当转速升高到一定值时 KV1 触点闭合，KM3 通电，短接电阻，电动机在全压下启动并进入正常运行状态。

需要停车时，按下停止按钮 SB1，KM1、KM3 相继断电，电动机脱离正序电源并串入电阻，同时 KA3 通电，其常闭触点又再次切断 KM3 电路，使 KM3 无法通电，保证电阻 R 串接在定子电路中。电动机由于惯性仍以很高的速度旋转，KV1 仍保持闭合使 KA1 通电，触点 KA1（3—12）闭合使 KM2 通电，电动机串接电阻接上反序电源，实现反接制动；另一触点 KA1（3—19）闭合，使 KA3 仍通电，确保 KM3 始终处于断电状态，R 始终串入。当电动机转速下降到 100r/min 时，KV1 断开，KA1、KM2、KA3 同时断电，反接制动结束，电动机停止运行。

电动机反向启动和停车反接制动过程与上述工作过程相同，读者可自行分析。

（2）能耗制动控制电路

所谓能耗制动，就是在电动机脱离三相交流电源之后，在定子绕组上加一个直流电压，即通入直流电流，以产生静止磁场，利用转子的机械能产生的感应电流与静止磁场的作用以达到制动的目的。根据能耗制动的时间原则，可用时间继电器进行控制，也可根据能耗制动的速度原则，用速度继电器进行控制。下面分别进行介绍。

① 按时间原则控制的单向运行的能耗制动控制线路。图 4.32 为按时间原则进行能耗制动控制的电路，图中，KM1 为单向运行接触器，KM2 为能耗制动接触器，KT 为时间继电器，T 为整流变压器，VC 为桥式整流电路。

电路工作情况如下：合上电源开关 QS，按下正转启动按钮 SB2，KM1 通电并自锁，电动机正常运行。若要停机，按下停止按钮 SB1，KM1 断电，电动机定子脱离三相电源，同时 KM2 通电并自锁，将二相定子接入直流电源进行能耗制动，在 KM2 通电的同时 KT 也通电。电动机在能耗制动作用下转速迅速下降，当接近零时，KT 延时时间到，其延时触点动作，使 KM2、KT 相继断电，制动过程结束。

在该电路中，将 KT 瞬动触点与 KM2 自锁触点串接，是考虑到若时间继电器断线、松脱或机械卡住致使触点不动作时，不至于使 KM2 长期通电，造成电动机定子长期通入直流电源。

② 按速度原则控制的可逆运行的能耗制动控制线路。图 4.33 为按速度原则控制的可逆运行的能耗制动控制线路，图中，KM1、KM2 为正、反转接触器，KM3 为制动接触器，KV 为速度继电器。

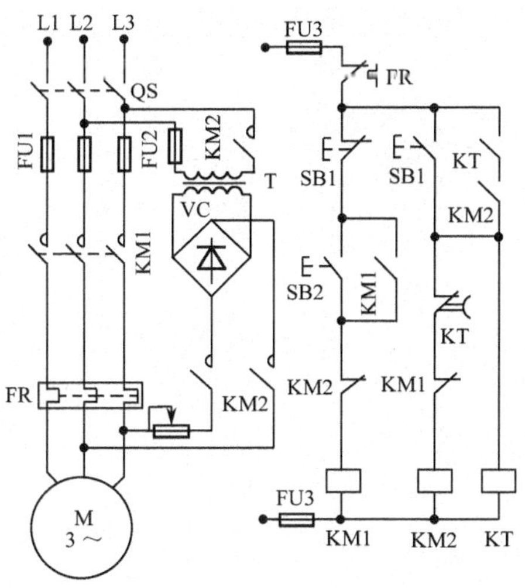

图 4.32　按时间原则控制的能耗制动控制电路

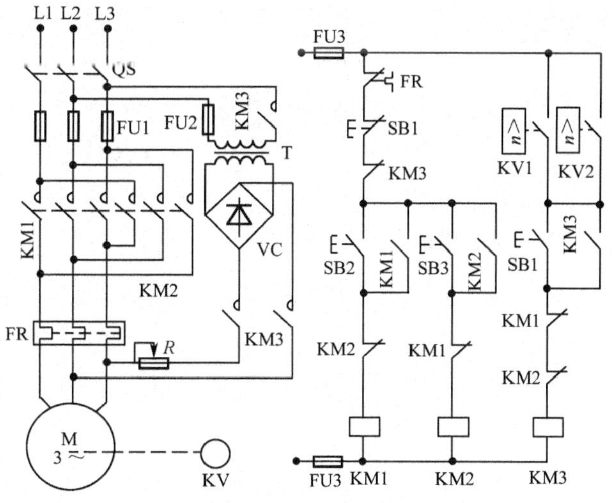

图 4.33　按速度原则控制的可逆运行能耗制动控制电路

电路工作情况如下：合上电源开关 QS，根据需要可按下正转或反转启动按钮 SB2 或

SB3，相应的接触器 KM1 或 KM2 通电并自锁，电动机正常运转。此时速度继电器相应触点 KV1 或 KV2 闭合，为停车时接通 KM3、实现能耗制动做准备。

停车时，按下停止按钮 SB1，电动机定子绕组脱离三相交流电源，同时 KM3 通电，电动机接入直流电源进行能耗制动。转速迅速下降到 100r/min 时，速度继电器 KV1 或 KV2 触点断开，此时 KM3 断电，能耗制动结束，以后电动机自然停车。

4.2.4 三相笼型异步电动机的转速控制电路

为了使生产机械获得更大的调速范围，除了采用机械变速外，还可采用电气控制的方法实现电动机的变极调速、变频调速。下面分别对改变磁极对数和改变频率的调速控制进行介绍。

1. 双速电动机定子绕组的联接

图 4.34 所示为 4/2 极的双速异步电动机定子绕组接线示意图，图（a）中，将电动机定子绕组的 U1、V1、W1 三个接线端接三相交流电源，而将电动机定子绕组的 U2、V2、W2 三个接线端悬空，三相定子绕组接成三角形，这样每相绕组中的①、②线圈串联，电流方向如图 4.34（a）中虚线箭头所示，电动机以四极运行，为低速。若将电动机定子绕组的 U2、V2、W2 三个接线端接三相交流电源，而将另外三个接线端 U1、V1、W1 连在一起，则原来三相定子绕组中的三角形接线立即变为双星形接线，如图 4.34（b）所示，此时每相绕组中的①、②线圈相互并联，电动机以两极启动高速运行。

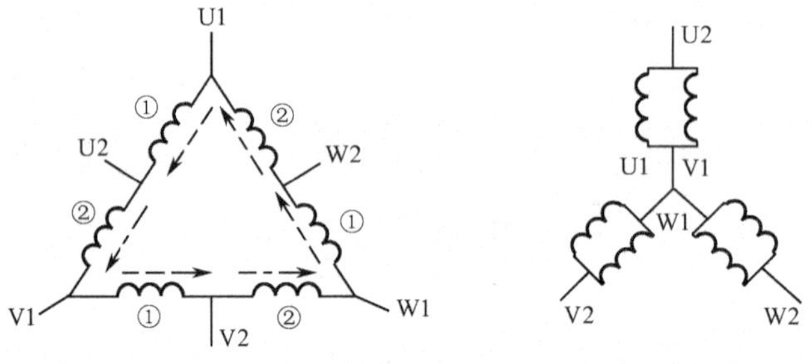

（a）三角形接线（△）　　（b）双星形接线（Y）

图 4.34　双速异步电动机定子绕组接线示意图

2. 双速感应电动机按钮控制的调速电路

图 4.35 所示为双速电动机按钮控制电路。图中，KM1 为△连接接触器，KM2、KM3 为双 Y 连接接触器，SB2 为低速按钮，SB3 为高速按钮，HL1、HL2 分别为低、高速指示灯。

电路工作情况如下：合上电源开关 QS，按下启动按钮 SB2，KM1 通电并自锁，电动机作△连接，实现低速运行，HL1 亮；需要高速运行时，按下 SB3，KM2、KM3 通电并自锁，电动机接成双 Y 连接，实现高速运行，HL2 亮。

由于电路采用了 SB2、SB3 的机械互锁和接触器的电气互锁，因此能够实现低速运行直接转换为高速运行，或由高速直接转换为低速，而无须再操作停止按钮。

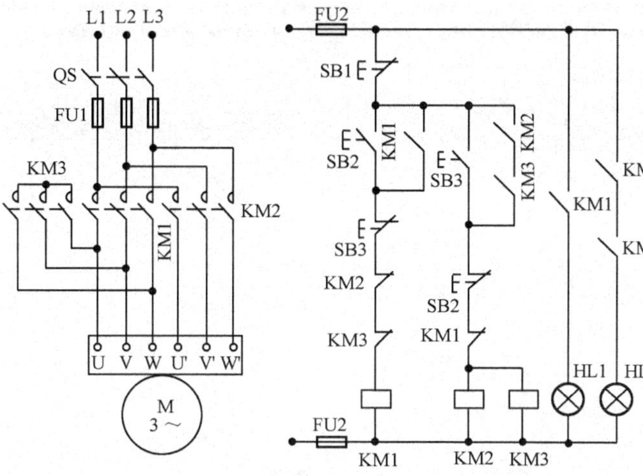

图 4.35　双速电动机按钮控制电路

4.2.5　三相笼型异步电动机的其他基本控制电路

1．点动与长动控制电路

（1）点动控制电路

电动机的点动控制电路可以控制机械设备的步进和步退，电动机只作短时动作，不连续供电旋转。机械设备由手动控制间断工作，即按下启动按钮，电动机转动，松开按钮，电动机停转，这样的控制称为点动。其控制电路如图 4.36（a）所示。

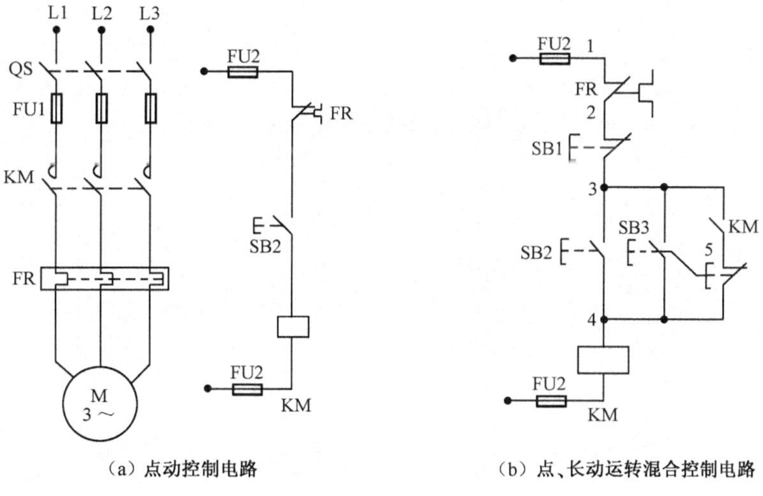

（a）点动控制电路　　（b）点、长动运转混合控制电路

图 4.36　点动及点、长动运转混合控制电路

（2）点动与长动运转混合控制电路

机械设备长时间运转，即电动机连续工作，称为长动。既有点动又有长动的控制电路为点、长动运转混合控制电路，电路图如图 4.36（b）所示。动作过程情况为：闭合电源开关 QS，按下启动按钮 SB2，接触器 KM 线圈通电吸合并自锁，电动机启动运转；如按下启

动按钮 SB3，其常闭触点（动断触点）断开接触器 KM 的自锁回路，可实现电动机的点动控制。

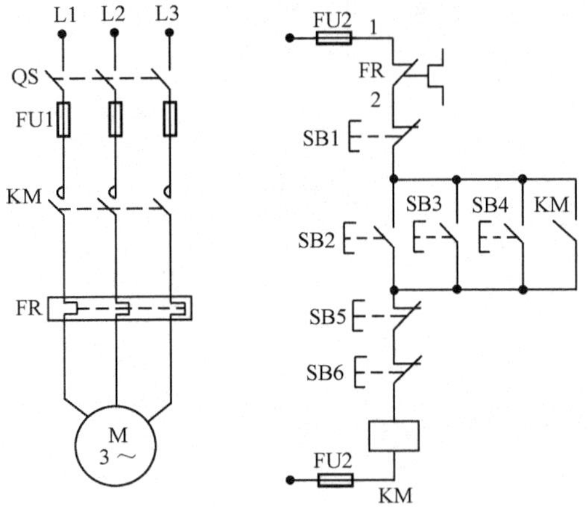

图 4.37 多地点操作控制电路

2. 多地点操作控制电路

在有些设备中，为了操作方便，常要求能在多个地点进行控制操作。图 4.37 所示为多地点操作控制电路，KM 线圈的通电条件为按钮 SB2、SB3、SB4 的动合触点任一闭合，KM 辅助动合触点构成自锁，接通电路；KM 线圈电路的切断条件为按钮 SB1、SB5、SB6 的动断触点任一打开，即可切断电路。

3. 自动循环控制电路

可以利用机械设备运动部件的行程位置控制电动机正、反转，从而使生产机械自动往复循环运动，其控制原理如图 4.38 所示。图 4.38（a）为机床工作台往复运动示意图，行程开关 SQ1、SQ2、SQ3、SQ4 分别固定安装在床身上，SQ1、SQ2 反映加工起点、终点位置；SQ3、SQ4 限制工作台往复运动的极限位

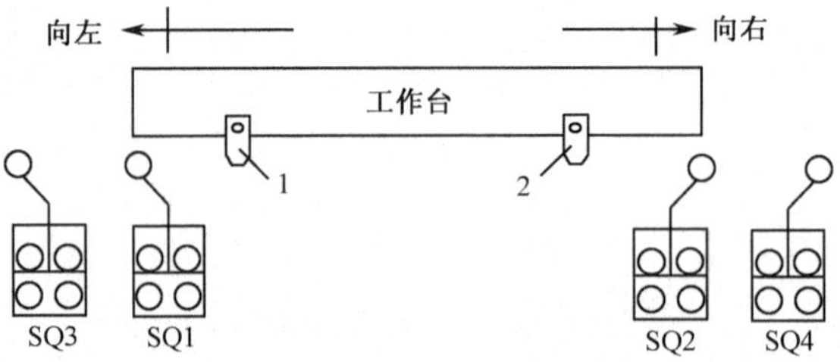

（a）机床工作台往复运动示意图

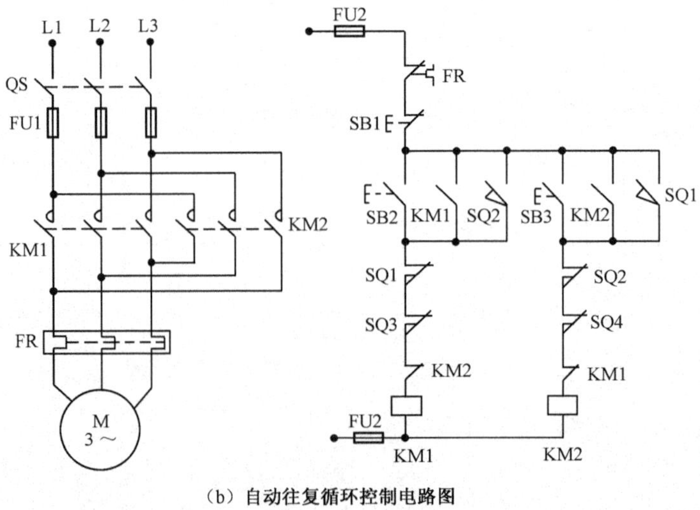

（b）自动往复循环控制电路图

图 4.38 自动循环控制

置，防止行程开关 SQ1、SQ2 失灵，工作台运动超出行程而造成事故。挡铁 1、2 安装在工作台移动部件上。图 4.38（b）为自动往复循环控制电路图，合上电源开关 QS，按下正向启动按钮 SB2，接触器 KM1 通电自锁，电动机正向旋转，拖动工作台向左移动；当运动加工到位时，挡铁 1 压下行程开关 SQ1，使 SQ1 常闭触点断开，接触器 KM1 线圈断电释放，电动机 M 停转。与此同时，SQ1 常开触点闭合，又使接触器 KM2 线圈通电吸合，电动机反转，拖动工作台向右移动；当向右移到位时，挡铁 2 压下行程开关 SQ2，使接触器 KM2 线圈断电释放，而同时接触器 KM1 又通电，电动机由反转变为正转，拖动运动部件变后退为前进，如此周而复始地自动往复工作。

技能训练 15　三相笼型异步电动机直接启动控制线路接线训练

训练目的

（1）通过对三相异步电动机直接启动控制线路的安装接线，掌握由电气原理图到安装接线的方法；

（2）加深理解电动机直接启动的控制过程。

训练器材

训练中用到的仪器设备如表 4.8 所示。

表 4.8　元件明细表

代号	名　称	型　号	规　格	数量
M	三相异步电动机	Y-112M-4	4kW，380V，三角形接法，8.8A，1 440r/min	1
QS	组合开关	HZ10-25/3	三极，25A	1
FU1	熔断器	RL1-60/25	500V，60A，配熔体 25A	3
FU2	熔断器	RL1-15/2	500V，15A，配熔体 2A	2
KM	交流接触器	CJ10-20	20A，线圈电压 380V	1
FR	热继电器	JR16-20/3	三极，20A，整定电流 8.8A	1
SB	按钮	LA4-3H	保护式，500V，5A，按钮数 2	2
XT	端子板	JX2-1015	500V，10A，15 节	1

训练内容

按图 4.18 所示的电气原理图接线，经指导教师检查无误后通电进行实验训练。

（1）合上电流开关 QS；

（2）按下按钮 SB2，观察实验情况；

（3）断开 FR 常闭触点，再按下 SB2，观察实验情况。

分析与思考

（1）KM 自锁的作用是什么？

（2）FR 常闭触头断开，由训练内容说明了一个什么问题？

（3）写出过载保护实验控制的工作过程。

技能训练 16　三相笼型异步电动机“正—停—反”控制线路接线训练

训练目的

（1）通过对三相异步电动机正、反控制线路的安装接线，掌握由电气原理图到安装接线实际操作的方法；

（2）掌握三相异步电动机电气互锁的正、反转控制原理。

训练器材

训练中用到的仪器设备如表 4.9 所示。

表 4.9　元件明细表

代号	名　称	型　号	规　格	数量
M	三相异步电动机	Y-112M-4	4kW，380V，三角形接法，8.8A，1 440r/min	1
QS	组合开关	HZ10-25/3	三极，25A	1
FU1	熔断器	RL1-60/25	500V，60A，配熔体 25A	3
FU2	熔断器	RL1-15/2	500V，15A，配熔体 2A	2
KM	交流接触器	CJ10-20	20A，线圈电压 380V	2
FR	热继电器	JR16-20/3	三极，20A，整定电流 8.8A	1
SB	按钮	LA4-3H	保护式，500V，5A，按钮数 3	3
XT	端子板	JX2-1015	500V，10A，15 节	1

训练内容

按图 4.21（a）所示的电气原理图接线，经指导教师检查无误后通电进行实验训练。

（1）合上电源开关 QS，记录结果；

（2）按下 SB2，观察并记录结果；

（3）按下 SB3，观察并记录结果；

（4）按下 SB2，观察并记录结果；

（5）断开 QS，在 KM1 的动合触头中插入纸片，再合上 QS，按下 SB2，观察并记录结果；

（6）拉开 QS，抽出纸片，再合上 QS，按下 SB3，观察并记录结果；

（7）按下 SB2，观察并记录结果。

实验步骤表

内容 步骤	电机转向	KM1 动断触头	KM1 动合触头	KM2 动合触头	KM2 动断触头
1					
2					
3					
4					
5					
6					
7					

分析与思考

（1）填写“实验步骤表”，必须按步骤填写，并认真分析每一步的训练内容。

（2）动断触头的功能是什么？不用动断触头会造成什么后果？

4.3　数控机床常用电动机的控制与调速简介

4.3.1　步进电动机的控制

步进电动机是将电脉冲信号转换为角位移的电磁机械装置，其转子的转角与输入的电脉冲数成正比，速度与单位时间内输入的脉冲数成正比。在步进电动机负载能力允许的情况下，这种线性关系不会因负载变化等因素而变化，所以可以在较宽的范围内，通过对脉冲的频率和数量的控制，实现对机械运动速度和位置的控制。

步进电动机属于同步电动机一类的控制电动机。电动机的位移量与输入脉冲严格成比例，输入一个脉冲信号，电动机就旋转一个规定的角度（称步距角），只要控制输入脉冲的数量、频率、各绕组接通电源的次序，就可以得到所控制电动机的转角或位移量、速度以及运动方向。与直流伺服及交流伺服电动机不同，步进电动机在使用时，无须通过位移传感器的反馈信号来控制其运动位置，因此步进电动机特别适合于各种开环控制的场合。由于控制简单、运动可靠、价格较低，步进电动机被广泛应用于各种机电控制装置中。另外，由于对应一个输入脉冲信号，步进电动机就转动一个步距角，而每分钟步进电动机的步距角是一定的，因此步进电动机的位置控制精度受限于步距角的大小，其位置控制精度低于直流伺服系统与交流伺服系统，一般用于经济型数控机床中。

1．步进电动机的工作方式

由前述可知，步进电动机的工作方式和一般电动机不同，是采用脉冲控制方式工作的，只有按一定规律对各相绕组轮流通电，步进电动机才能实现转动。数控机床中常用的有三相、四相、五相及六相步进电动机等，工作方式有单 m 拍，双 m 拍，三 m 拍及 $2\times m$ 拍等。m 是电动机的相数，所谓单 m 拍是指每拍只有一相通电，循环拍数为 m；双 m 拍是指每拍同时有两相通电，循环拍数为 m；三 m 拍是指每拍有三相通电，循环拍数为 m；$2\times m$ 拍是指各拍既有单相通电，也有两相通电或三相通电，通常为 1～2 相通电或 2～3 相通电，循环拍数为 $2\times m$，具体如表 4.10 所示。一般电机的相数越多，工作方式也越多。若按与表 4.8 中相反的顺序通电，则电动机反转。

表 4.10　步进电动机工作方式

相数	循环拍数	通 电 规 律
三相	单三拍	A→B→C→A
	双三拍	AB→BC→CA→AB
	六拍	A→AB→B→BC→C→CA→A

续表

相数	循环拍数	通电规律
四相	单四拍	A→B→C→D→A
	双四拍	AB→BC→CD→DA→AB
	八拍	A→AB→B→BC→C→CD→D→DA→A
		AB→ABC→BC→BCD→CD→CDA→DA→DAB→AB
五相	单五拍	A→B→C→D→E→A
	双五拍	AB→BC→CD→DE→EA→AB
	十拍	A→AB→B→BC→C→CD→D→DE→E→EA→A
		AB→ABC→BC→BCD→CD→CDE→DE→DEA→EA→EAB→AB
六相	单六拍	A→B→C→D→E→F→A
	双六拍	AB→BC→CD→DE→EF→FA→AB
	三六拍	ABC→BCD→CDE→DEF→EFA→FAB→ABC
	十二拍	AB→ABC→BC→BCD→CD→CDE→DE→DEF→EF→EFA→FA→FAB→AB

由步距角计算公式可知，循环拍数越多，步距角越小，因此，定位精度越高。另外，通电循环拍数和每拍通电相数对步进电动机的矩频特性、稳定性等都有很大的影响，步进电动机的相数也对步进电动机的运行性能有很大的影响。为提高步进电动机的输出转矩、工作频率和稳定性，可选用多相步进电动机，并采用 $2\times m$ 拍工作方式。但双 m 拍和 $2\times m$ 拍工作方式的功耗都比单 m 拍大。

2．步进电动机的控制系统

步进电动机由于采用脉冲方式工作，且各相需按一定规律分配脉冲，因此，在步进电动机控制系统中，需要脉冲分配逻辑和脉冲产生逻辑。而脉冲的多少需要根据控制对象的运动轨迹计算得到，因此还需要插补运算器。数控机床所用的功率步进电动机要求控制驱动系统必须有足够的驱动功率，所以还要求有功率驱动部分。驱动控制电路由环形分配器和功率放大器组成。环形分配器用于控制步进电动机的通电方式，其作用是将数控装置送来的一系列指令脉冲按照一定的顺序和分配方式加到功率放大器上，控制各相绕组的通电、断电。环形分配器的功能可由硬件或软件产生，硬件环形分配器是根据步进电动机的相数和控制方式设计的，目前已经有很多可靠性高、尺寸小、使用方便的集成电路环形分配器供选择。按其结构又可分为 TTL 集成电路和 CMOS 集成电路，TTL 集成电路环形分配器有三相、四相、五相和六相，均为 18 个管脚的直插式封装；CMOS 也有不同型号，封装形式为 16 脚直插式。上述两种形式的环形分配器工作方式基本相同，即各个引脚连接好之后，主要通过一个脉冲输入端控制步进电动机的速度；一个输入端控制步进电动机的转向；并由与步进电动机相数同数目的输出端分别控制电动机的各相。这些硬件环形分配器通常直接包含在步进电动机功率放大器内。软件环形分配器的实现更为简单、方便，计算机控制步进电动机驱动系统中，使用软件实现脉冲分配，常用的是查表法。为了保证步进电动机不失步地起、停，要求控制系统具有升、降速控制环节。除了上述各环节之外，还有和键盘、显示器等输入、输出设备相连的接口电路、通信接口电路及其附属环节。在闭环控制系统中，还有检测元件的接口电路。

3. 步进电动机驱动装置应用实例介绍

本节通过对步进电动机产品实例的介绍，使读者了解和掌握步进电动机在实际使用时的接线方式及控制方法。生产步进电动机及驱动装置的厂家众多，本书以上海开通数控有限公司 KT350 系列混合式步进电动机驱动装置为例，介绍步进电动机驱动装置的使用方法，该步进电动机为五相混合式步进电动机。在实现步进电动机的控制中，用户需要了解接线端子排、连接器 CN1 及 4 位拨动开关的使用方法。图 4.39 为步进电动机驱动器的外形，其中接线端子排的意义如表 4.11 所示。

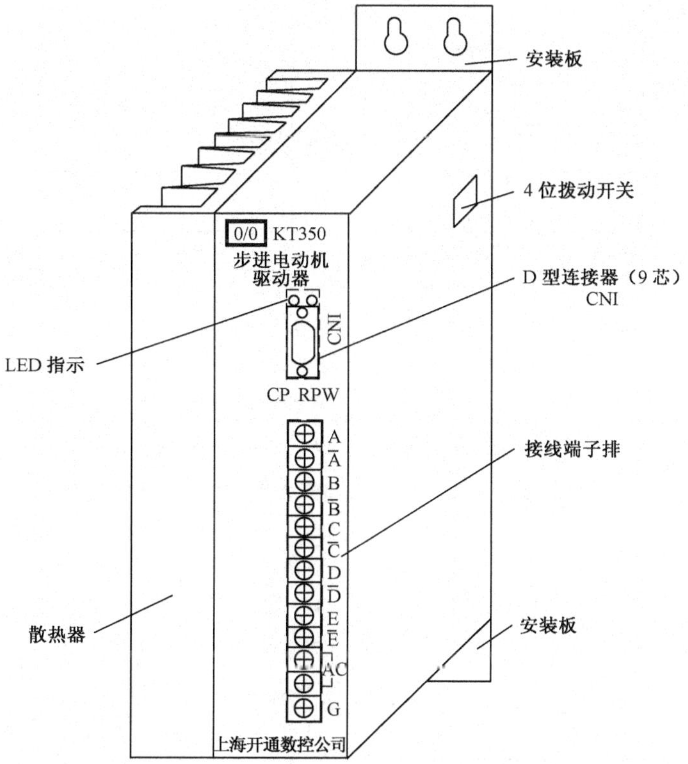

图 4.39　步进电动机驱动器外形

表 4.11　步进电动机驱动器接线端子排的意义

端子记号	名　称	意　义	线　径
A、$\overline{A}$、B、$\overline{B}$、C、$\overline{C}$、D、$\overline{D}$、E、$\overline{E}$	电动机接线端子	接至电动机 A、$\overline{A}$、B、$\overline{B}$、C、$\overline{C}$、D、$\overline{D}$、E、$\overline{E}$ 各相	≥1mm²
AC	电源进线	交流电源 80V±15%，50Hz	≥1mm²
G	接地	接大地	≥0.75mm²

图 4.43 中，连接器 CN1 为一个 9 芯连接器，其各脚号的意义如表 4.12 所示。

表 4.12　连接器 CN1 各脚号的意义

脚 号	记　号	名　称	意　义	线　径
CN1-1 CN1-2	F/H $\overline{\text{F/H}}$	整步/半步控制端 （输入信号）	F/H 与$\overline{\text{F/H}}$间电压为 4～5V 时：整步，步距角 0.72° /P F/H 与$\overline{\text{F/H}}$间电压为 0～0.5V 时：半步，步距角 0.36° /P	0.15mm² 以上
CN1-3 CN1-4	(CW) $\overline{\text{CP}}$($\overline{\text{CW}}$)	正、反转运动脉冲信号 正转运动脉冲信号 （输入信号）	单脉冲方式时，正、反转运行脉冲（CP、$\overline{\text{CP}}$）信号 双脉冲方式时，正转脉冲（CW、$\overline{\text{CW}}$）信号	0.15mm² 以上
CN1-5 CN1-6	DIR(CCW) $\overline{\text{DIR}}$($\overline{\text{CCW}}$)	正、反转运动方向信号 反转运动脉冲信号 （输入信号）	单脉冲方式时，正、反转运行方向（DIR、$\overline{\text{DIR}}$）信号 双脉冲方式时，反转脉冲（CCW、$\overline{\text{CCW}}$）信号	0.15mm² 以上
CN1-7	RDY	控制回路正常 （输出信号）	当控制电源、回路正常时，输出低电平信号	0.15mm² 以上
CN1-8	COM	输出信号公共点	RDY、ZERO 输出信号的公共点	0.15mm² 以上
CN1-9	ZERO	电气循环原点 （输出信号）	半步运行时，每二十拍送出一电气循环原点 整步运行时，每十拍送出一电气循环原点 原点信号为低电平信号	0.15mm² 以上

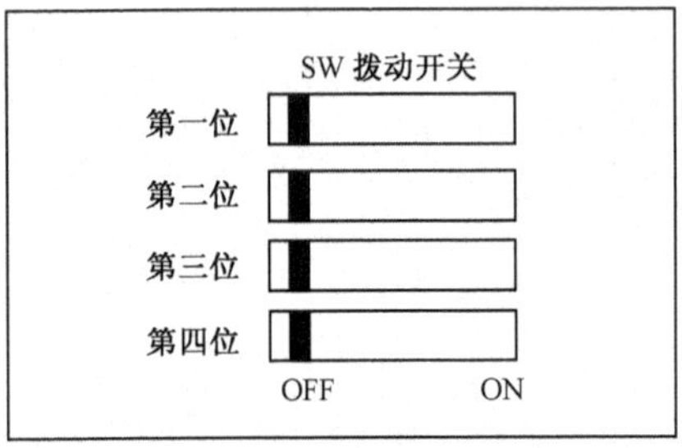

图 4.40　设定用拨动开关

图 4.43 中，拨动开关 SW 是一个设定用的 4 位开关，如图 4.40 所示。通过此开关可设置步进电动机的控制方式，其各位的意义如下。

➢ 第一位：脉冲控制模式的选择。

OFF 位置为单脉冲控制方式，ON 位置为双脉冲控制方式。在单脉冲控制方式下，CP、$\overline{\text{CP}}$ 端子输入正、反转运动脉冲信号，而 DIR、$\overline{\text{DIR}}$ 端子输入正、反转运动方向信号；在双脉冲控制方式下，CW、$\overline{\text{CW}}$ 端子输入正转运动脉冲信号，而 CCW、$\overline{\text{CCW}}$ 端子输入反转运动脉冲信号。

➢ 第二位：运动方向的选择（仅在单脉冲方式时有效）。

OFF 位置为标准设定，ON 位置为单方向运转，与 OFF 状态转向相反，不受正、反转方向信号的影响。

➢ 第三位：整/半步运行模式选择。

OFF 位置时电动机以半步方式运行，ON 位置时电动机以整步方式运行。

➢ 第四位：自动试机运行。

OFF 位置时驱动器接受外部脉冲控制运行，ON 位置时自动试机运行，此时电动机以 50r/min（半步控制）的速度自动运行，或以 100 r/min（整步控制）的速度自动运行，而不需要外部脉冲输入。

此外，在驱动器的面板上还有两个 LED 指示灯，其意义如下。

PWR——驱动器工作电源指示灯，驱动器通电时灯亮。

CP——驱动器通电情况下，电动机运行时闪烁，其闪烁的频率等于电气循环原点信号的频率。

由上述可知，该步进电动机驱动装置实现对步进电动机的控制方式，主要是通过拨动开关 SW 来设置，而控制步进电动机的信号主要是通过连接器 CN1 来施加的。

在早期的数控系统中，上述各环节都是由硬件完成的。但目前的机床数控系统，由于采用了小型和微型计算机控制，上述很多控制环节，如升降速控制、脉冲分配、脉冲产生、插补运算等都可以由计算机完成，从而使步进电机控制系统的硬件电路大为简化。图 4.41 为用微型计算机控制步进电动机的控制系统框图。

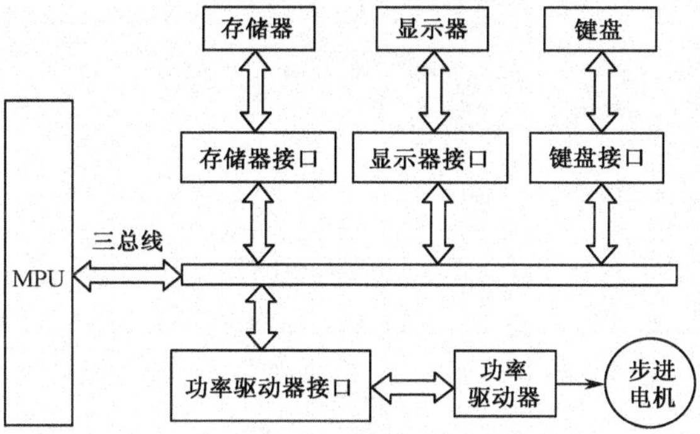

图 4.41　步进电动机的 CNC 系统框图

4.3.2　直流伺服电动机的控制与调速

直流（DC）伺服系统在 20 世纪七八十年代的数控机床中占据着主导地位。大惯量直流伺服电动机具有良好的调速性能，其输出转矩大、过载能力强；小惯量直流伺服电动机具有可频繁启动、制动和快速定位与切削的优点。它们的主要缺点是结构较复杂，电刷和转向器需经常维护。因此，交流（AC）伺服电动机逐渐有取代直流伺服电动机的趋势。

1. 直流伺服电动机的速度控制方法

对于直流电动机而言，控制速度的方法可以从直流电动机的原理入手来进行分析。现以他励直流电动机为例予以说明，其电路原理图如图 4.46 所示。

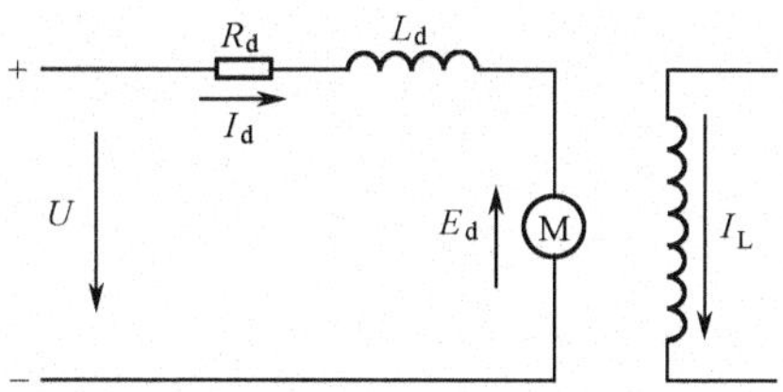

图 4.42　他励直流电动机电路原理图

他励直流电动机电枢电路的电动势平衡方程式为

$$U = E_d + I_d R_d$$

感应电动势为

$$E_d = C_e \Phi \cdot n \qquad n = \frac{U - I_d R_d}{C_e \Phi}$$

从式中可以看出，对于已经给定的直流电动机，要改变它的转速，有以下三种方法。

（1）改变电动机电枢回路外加电压 U，即改变电枢电压。此方法可得到调速范围较宽的恒转矩特性，适用于进给驱动及主轴驱动的低速段。

（2）改变气隙磁通量 Φ。此方法可得到恒功率特性，适用于主轴电机的高速段。

（3）改变电枢电路的电阻 R_d。此方法得到的机械特性较软，因此在数控机床中较少采用。

若采用调压与调磁两种方法互相配合，则既可以获得很宽的调速范围，又可充分利用电动机的容量。在数控机床驱动装置中，直流电动机的速度控制多采用晶闸管（可控硅）调速系统和晶体管脉宽调制（PWM）调速系统。

2. 电力电子调速装置

电力电子（可控硅 Semiconductor Control Rectifier, SCR）又称晶闸管，是一种大功率半导体器件，由阳极 A、阴极 K 和控制极 G（又称门极）组成。当阳极与阴极间施加正电压且控制极出现触发脉冲时，可控硅导通。通常称触发脉冲出现的时刻为触发角α，控制触发角α 即可控制电力电子的导通时间，从而达到控制电压的目的。

只通过改变晶闸管触发角，对电动机进行调速的范围较小。为了满足数控机床调速的范围需求，可采用带有速度反馈的闭环控制系统；为了增加调速特性的硬度，需再加一个电流反馈环节，从而实现双环调速。图 4.43 所示为一典型的双环调速系统框图。

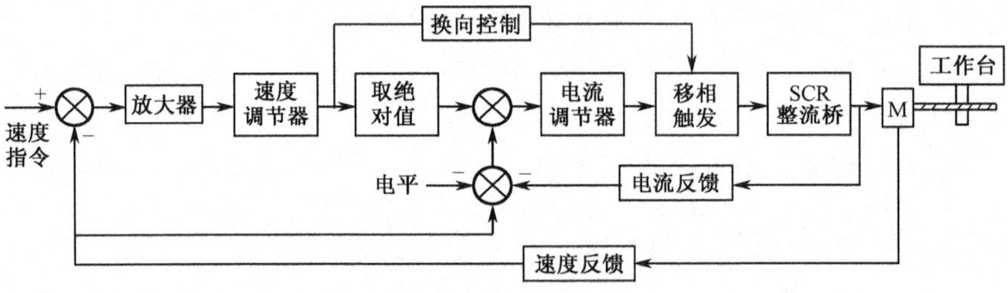

图 4.43 双环调速系统框图

当给定的速度指令信号增大时，调节器输入端会有较大的偏差信号，放大器的输出信号也随之加大，触发脉冲前移，整流器输出电压提高，电动机转速相应上升；同时，测速发电机输出电压增加，反馈到输入端使偏差信号减小，电动机转速上升减慢，直到速度反馈值等于或接近于给定值时，系统达到新的平衡。

双环调速系统的缺点在于低速轻载时，电枢电流出现断续，机械特性变软，总放大倍数下降，动态品质变坏。

3. 直流脉宽调速系统

脉宽调速是利用脉宽调制器对大功率晶体管开关放大器的开关时间进行控制，将直流电压转换成某一频率的矩形波电压，然后加到直流电动机的电枢两端，通过对矩形波脉冲宽度的控制，来改变电枢两端的平均电压，达到调节电动机转速的目的。直流脉宽调速系统主要采用了电流闭环的系统结构，如图 4.44 所示。它的优点是频带宽、电流脉动小、电源功率因数高等。

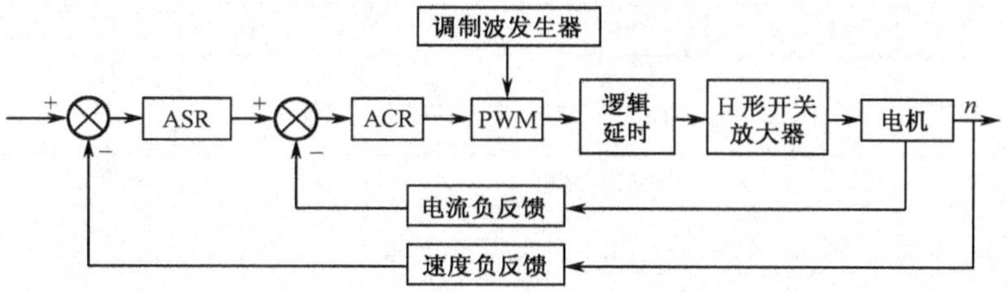

图 4.44　直流脉宽调速系统结构框图

4.3.3　交流伺服电动机的控制与调速

由于直流电动机具有优良的调速性能，所以长期以来，应用比较广泛。但直流电动机存在一些缺点，如它的电刷和换向器易磨损，需要经常维护，另外换向器换向时会产生火花，使电动机的最高转速受到限制。因此，人们一直在寻找用交流电动机调速来代替直流电动机调速的方案。随着微型计算机技术的发展，交流伺服系统有了大幅提升，目前，交流调速已进入逐步替代直流调速的时代。

在交流伺服系统中，按电动机的种类可分为同步型和异步型（感应电动机）两种。在进给伺服系统中，越来越多地采用交流同步电动机，同步电动机的转速是由供电频率所决定的，即在电源电压和频率固定不变时，它的转速是稳定不变的。由变频电源供电给同步电动机时，能方便地获得与频率成正比的可变速度，可以得到非常硬的机械特性及较宽的调速范围。近年来，由于永磁材料的性能不断提高，价格不断下降，数控机床进给伺服系统中多采用永磁式同步电动机。

数控机床主轴电动机多采用交流异步电动机，很少采用永磁式同步电动机，主要因为永磁式同步电动机的容量做得不够大，且电动机成本较高。另外主轴驱动系统不像进给系统那样要求很高的性能，调速范围也不需要太大。因此，采用异步电动机完全可以满足数控机床主轴的要求，笼型异步电动机多用在主轴驱动系统中。

1. 交流伺服电动机驱动系统

本节以上海开通数控有限公司 KT220 系列交流伺服驱动系统为例，介绍交流伺服电动机驱动装置的使用方法。KT220 系列交流伺服驱动系统为双轴驱动，即在一个驱动模块内含有两个驱动器，可以同时驱动两个伺服电动机。为了使读者了解交流伺服电动机及其驱动装置的功能和性能指标，表 4.13 和表 4.14 分别给出了交流伺服电动机部分驱动模块及电动机的规格。

由表 4.13 和表 4.14 可以看出，交流伺服电动机本身已附装了增量式光电编码器，供电动机控制速度及位置反馈使用。目前许多数控机床均采用这种半闭环的控制方式，而无须在机床导轨上安装传感器。若需全闭环控制，则需在机床上安装光栅等传感器。

此外，由表 4.13 还可以看出，在交流伺服电动机驱动模块中还具有转矩监测和转速监测两个输出信号，供用户对电动机的转矩和转速进行监测。

表 4.13　交流伺服电动机驱动模块的规格

驱动模块规格	1515		3015		3030		5030		5050	
轴号	I	II	I	II	I	II	I	II	I	II
适配电动机型号	19	19	30	19	30	30	40	30	40	40
电流规格（A）	15	15	25	15	25	25	50	20	50	50
控制方式	矢量控制 IPM 正弦波 PWM									
速度控制范围	1∶10000									
转矩限制	0~220%额定力矩									
转矩监测	连接 DC，1mA 表头									
转速监测	连接 DC，1mA 表头									
反馈信号	增量式编码器 2045P/R（标准）									
位置输出信号	相位差为 90°的 A、$\overline{A}$、B、$\overline{B}$ 及 Z、$\overline{Z}$									
报警功能	过流，短路，过速，过热，过压，欠压									

表 4.14　交流伺服电动机的规格

类　别	交流伺服电动机					
型　号	19		30		40	
额定输出（kW）	0.39	0.53	1.1	1.6	3.0	4.4
额定转矩（Nm）	1.8	2.6	5.3	7.6	14.3	21.0
零速转矩（Nm）	2.1	3.3	6.8	10.0	21.0	30.0
最大转矩（Nm）	5.9		19.6		45.0	
转动惯量（kgcm/s）	0.0042		0.021		0.135	
额定转速（r/min）	2000					
最高转速（r/min）	2000					
内装件	增量式光电编码器、冷却风扇（风冷）、温度传感器					
选择件	机械式制动器					

交流伺服电动机驱动器的外形如图 4.45 所示，其面板由四部分组成，即左侧的接线端子排、I 轴信号连接器、II 轴信号连接器以及工作状态显示部分。下面我们重点介绍这几部分的含义及电动机的连接方式。

表 4.15 给出了驱动器接线端子排中各端子的意义。其中，再生放电电阻的作用是通过释放能量来达到限制电压的目的。KT220 伺服驱动器需外接再生放电电阻。机械负载惯量折算到电动机轴端为电动机惯量的 4 倍以下时，一般都能正常运行。当惯量太大时，在电动机减速或制动时将出现过电压报警，即面板上的 ALM（Ⅰ）、ALM（Ⅱ）灯亮。表 4.15 中，其他接线端子接线的方式可参考有关标准接线图。图 4.49 中，Ⅰ轴信号连接器 CN2 与Ⅱ轴信号连接器 CN2 相同，其各脚号的意义如表 4.16 所示；CN3 为编码器连接端子，其各

脚号的意义如表 4.17 所示。

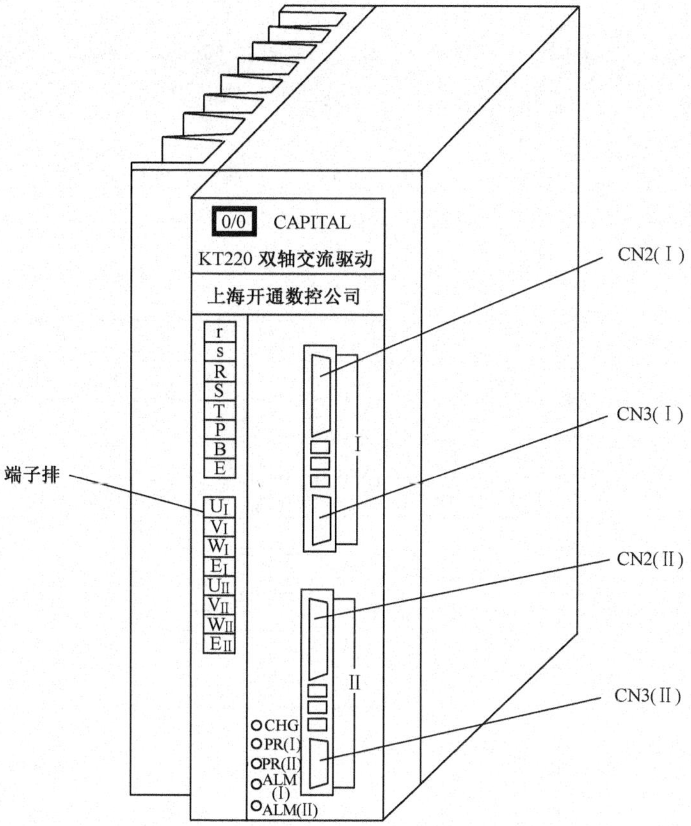

图 4.45　交流伺服电动机驱动器外形图

表 4.15　驱动器接线端子排的意义

项　目	端子记号	名　称	意　义
TB1 输入侧	r，s	控制电源端子	1 Φ交流电源 220V（−15%～+10%），50Hz
	R，S，T	主回路电源端子	3 Φ交流电源 220V（−15%～+10%），50Hz
	P，B	再生放电电阻端子	接线外部放电电阻
	E	接地端子	接大地
TB2 输出侧	U_I，V_I，W_I，E_I	电动机接线端子	接至电动机 I 的三相进线及接地
	U_{II}，V_{II}，W_{II}，E_{II}	电动机接线端子	接至电动机 II 的三相进线及接地

表 4.14 中一些信号的说明如下。

- 速度指令信号±DIFF（CN2-7、CN2-19）。速度指令信号范围为 0～±10V，对应电动机转速 0～±2000r/min 最大转速，当+ DIFF 处输入电压相对于−DIFF 为正电压时，电动机正转（从负载侧看为反时针方向）；为负电压时，电动机反转。
- 驱动使能信号 PR（CN2-24）。驱动使能信号与+24V 接通，速度指令电压有效，若在电动机运转时断开，电动机将自由运转直至停止。
- 正使能信号+ENABLE（CN2-11）。正使能信号与+24V 接通后允许电动机正转，又可做正向限位开关的常闭触点，一旦被断开，则正转转矩指令即为零，此时电动机立即停止转动。

➢ 负使能信号–ENABLE（CN2-23）。负使能信号与+24V 接通后允许电动机反转，又可做负向限位开关的常闭触点，一旦被断开，则反转转矩指令即为零，此时电动机立即停止转动。

➢ 伺服准备好信号 READY（CN2-12）。当开机正常时，驱动器输出伺服准备好信号。

此外，应注意：CN2 中编码器脉冲的输出信号是供控制器进行位置监测使用的信号。

表 4.16 信号连接器各脚号的意义（Ⅰ、Ⅱ轴相同）

脚 号	记 号	名 称	意 义
CN2-1	–5V	–5V 电源	调试用，用户不能使用
CN2-2	GND	信号公共端	—
CN2-7	+DIFF	速度指令（+差动）	0～±10V 对应于 0～±2000r/min
CN2-19	–DIFF	速度指令（–差动）	
CN2-22	BCOM	0V（+24V）	+24V 的参考点
CN2-23	–ENABLE	负使能（输入）	接入+24V，允许反转
CN2-11	+ENABLE	正使能（输入）	接入+24V，允许正转
CN2-8	TORMO	转矩监测（输出）	输出与电动机转矩成比例的电压（±2V 对应于最大转矩）
CN2-20	VOMO	转速监测（输出）	输出与电动机转速成比例的电压（±2V 对应于最大转速）
CN2-21	GND	监测公共点	—
CN2-18	$\overline{Z}$	$\overline{Z}$ 相信号（输出）	编码器脉冲输出（线驱动方式）
CN2-5	Z	Z 相信号（输出）	
CN2-17	$\overline{B}$	$\overline{B}$ 相信号（输出）	
CN2-4	B	B 相信号（输出）	
CN2-16	$\overline{A}$	$\overline{A}$ 相信号（输出）	
CN2-3	A	A 相信号（输出）	
CN2-6	GND	信号公共端	—
CN2-14	E	接地端子	用于屏蔽线接地
CN2-24	PR	驱动使能（输入）	接+24V，允许电动机运行
CN2-13	RCOM	伺服准备好公共端	集电极开路输出
CN2-12	READY	伺服准备好（输出）	正常时，输出三极管射极、集电极导通
CN2-15	+5V	+5V 电源	调试用，用户不能使用

表 4.17 编码器连接端子各脚号的意义

脚 号	记 号	名 称	编码器侧连接器端子
CN3-1	Z	Z 相信号	C
CN3-2	$\overline{B}$	$\overline{B}$ 相信号	I
CN3-3	B	B 相信号	B
CN3-4	$\overline{A}$	$\overline{A}$ 相信号	H

续表

脚　号	记　号	名　称	编码器侧连接器端子
CN3-5	A	A 相信号	A
CN3-6	$\overline{Z}$	$\overline{Z}$ 相信号	J
CN3-7	GND	信号公共端	F
CN3-8	+5V	+5V 电源	D
CN3-9	E	接线端子、接屏蔽线 G	—

一些厂家的交流伺服驱动器（如 Panasonic 的全数字式交流伺服驱动器）还带有 RS-232C 串行接口，通过该接口可将计算机与交流伺服驱动器相连，并且由计算机对交流伺服驱动器进行控制和操作。用户可以通过计算机对所连的交流伺服驱动器进行参数设置和修改，也可以通过计算机的 CRT 来监视交流伺服驱动器的工作状况。交流伺服电动机计算机控制系统的构成如图 4.46 所示。

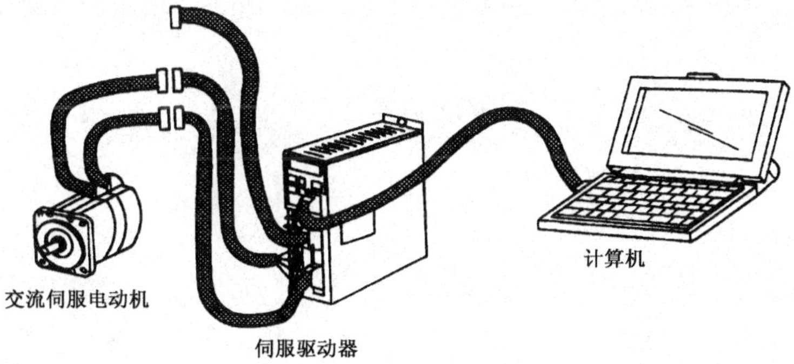

图 4.46　交流伺服电动机计算机控制系统

2. 交流伺服电动机调速原理

交流伺服电动机不能用调节转差率 s 的方法来调速，也不能用调节磁极对数 p 来调速，而只能用改变频率 f 的方法来调速，才能满足数控机床的要求，实现无级调速。

3. 交流变频调速技术

变频技术，简单地说就是把直流电逆变成不同频率的交流电，或是把交流电变成直流电再逆变成不同频率的交流电，或是把直流电变成交流电再把交流电变成直流电。总之，这一切都是电能不发生变化，而只有频率在变化。

（1）通用变频器

在数控机床主轴交流电动机驱动中，广泛使用通用变频器进行驱动。所谓“通用”包含两方面的含义：一是可以和通用的异步电动机配套使用；二是具有多种可供选择的功能，可适应各种不同性质的负载。

目前生产中应用的通用变频器，根据功率的大小，从外形看有书本形结构（0.75～37kW）和装柜形结构（45～1500kW）两种。图 4.47 所示为书本形通用变频器的外形和结构。

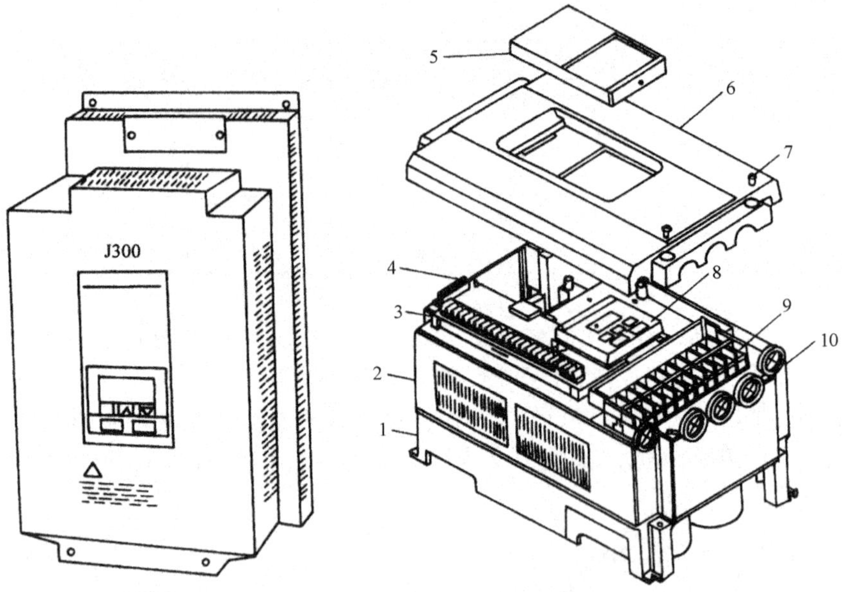

（a）外形　　（b）结构

1—底座；2—外壳；3—控制电路接线端子；4—充电指示灯；5—防护盖板；
6—前盖；7—螺钉；8—数字操作面板；9—主电路接线端子；10—接线孔

图4.47　书本形通用变频器的外形和结构

通过变频器控制正弦波的产生是以恒电压频率比（U/f）保持磁通不变为基础的，再经SPWM调制驱动主电路，以产生U、V、W三相交流电。图4.48所示为通用变频器的原理框图。

从图中可知变频器的各组成部分，以便于接线和维修。图4.49所示为三菱FR-A500变频器标准接线图，卸下表面盖板就可以看见接线端子。

接线时应注意以下几点，以防接错：

① 输入电源必须接到端子R、S、T上，输出电源必须接到端子U、V、W上，若接错，会损坏变频器。

② 为了防止触电、火灾等灾害和降低噪声，必须连接接地端子。

③ 端子和导线的连接应牢固，要使用接触性好的压接端子。

④ 配完线后，要再次检查接线是否正确，有无漏接现象，端子和导线间是否短路或接地。

⑤ 通电后，需要改接线时，即使已经关断电源，也应等充电指示灯熄灭后，用万用表确认直流电压降到安全电压（DC25V）后再操作。若还残留有电压就进行操作，会产生火花，这时需先放完电后再进行操作。

该变频器既可通过2、5端，用CNC输出的模拟速度控制信号来控制电动机的转速，也可通过拨码开关的编码输出（BCD码或格雷码）或CNC的数字信号输出至RH、RM和RL端，通过变频器的参数设置，实现从最低速到最高速的调速控制。

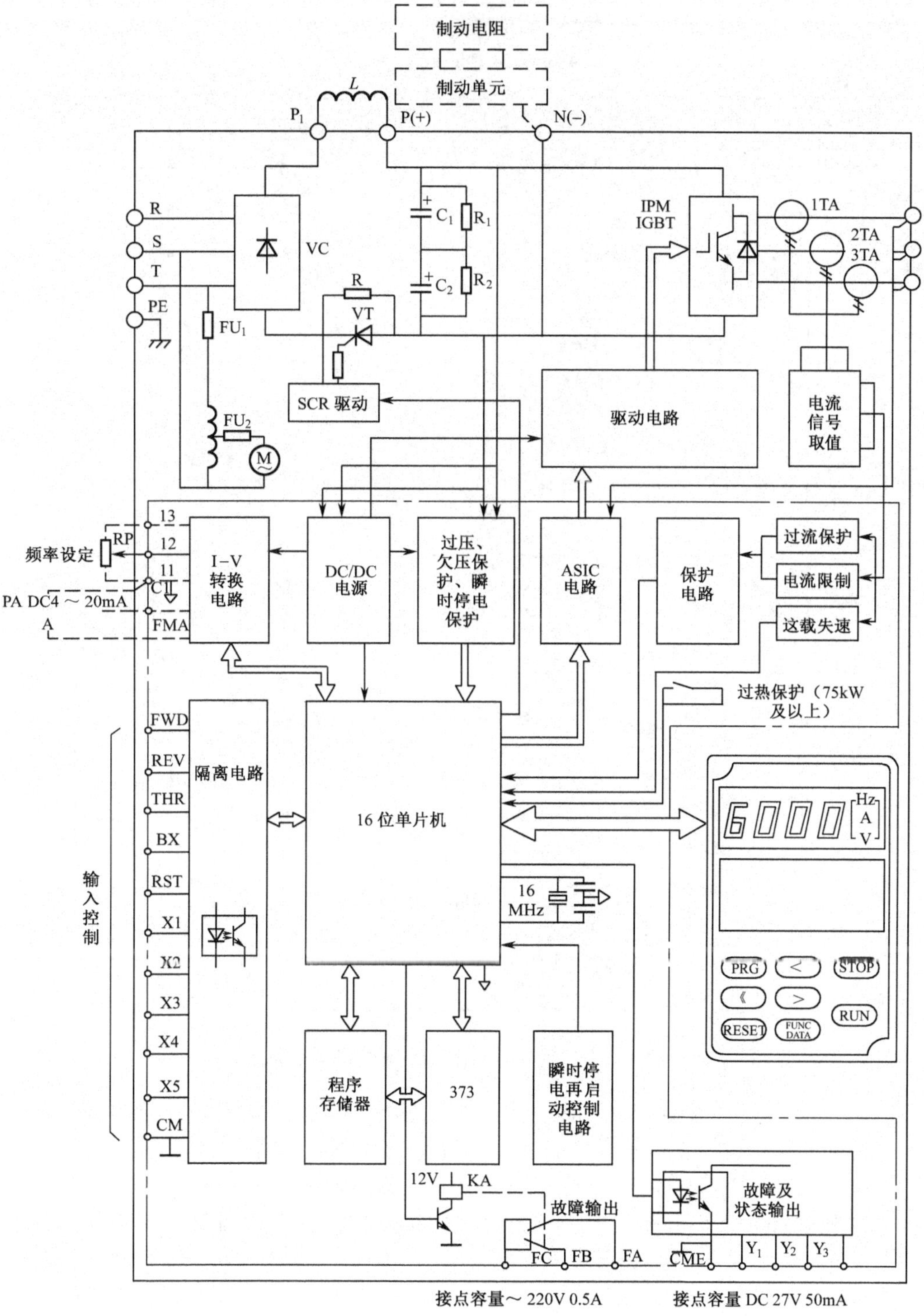

图 4.48　通用变频器原理框图

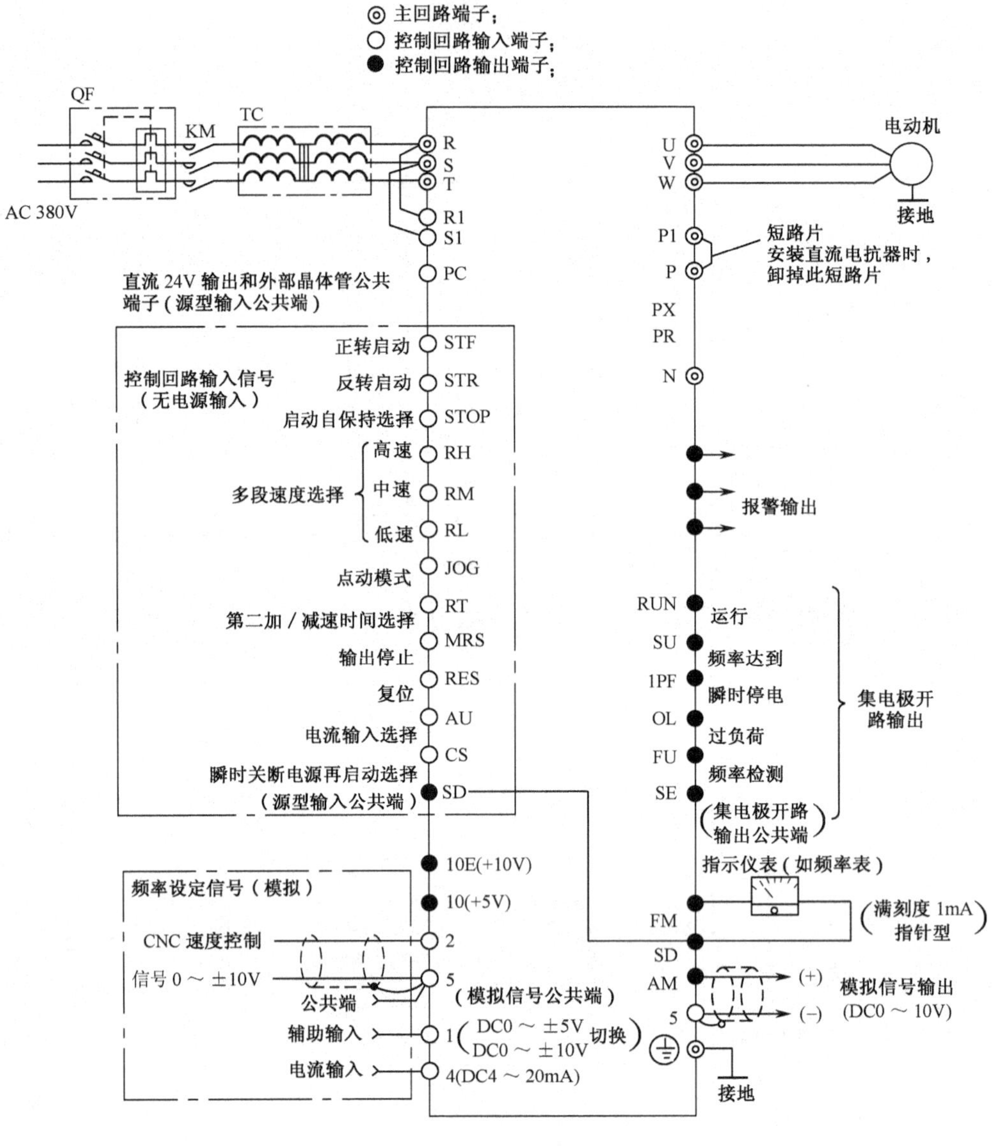

图 4.49　三菱 FR-A500 变频器标准接线图

图 4.50 所示为三菱 FR-A500 系列变频器的配置。图中，电源侧电流电抗器的作用是减小输入电流的高次谐波，直流电抗器的作用是校正功率因数。为防止变频器对周围控制设备的干扰，必要时需在电源侧选用无线电干扰（RFI）抑制电抗器。

通过变频器控制异步电动机调速时，最大转矩随着定子电流频率的降低而减小，低频时，若最大转矩太小，将限制调速系统的带载能力。如果对驱动的动、静态调速性能要求较高，则必须采用矢量控制变频调速的方法。

（2）变频调速器在数控机床中的应用

机床大体上分为两类：以车床为代表的工件旋转型和以钻床、铣床、磨床为代表的刀具或磨具旋转型。表 4.18 为典型机床所要求的主轴规格和适用变频器的种类。

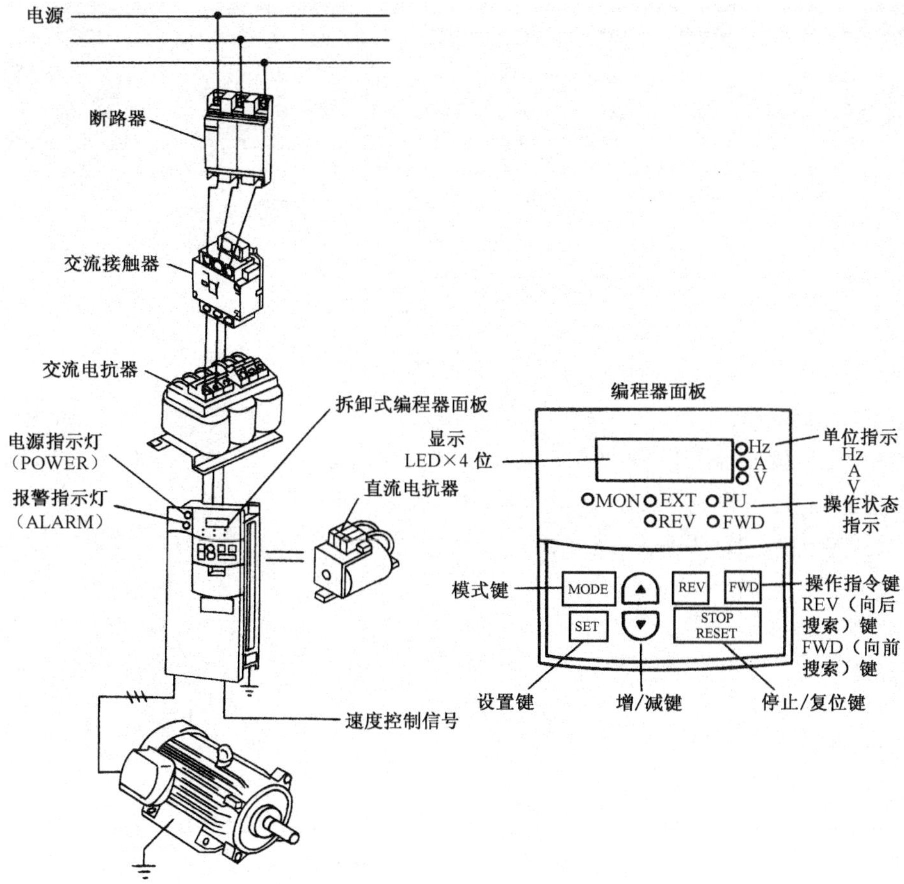

图 4.50　三菱 FR-A500 系列变频器的配置

表 4.18　典型机床主轴的规格及适用变频器种类

项　目	车　床	加工中心	铣床、钻床	磨　床
调速范围	1∶100~200	1∶100~200	1∶100	1∶2
速度精度（%）	0.2	0.2	5	5
	矢量控制	矢量控制	V/F 控制	V/F 控制
加、减速性能	有要求（2~4s）	有要求（1~3s）	无特别要求	无特别要求
4 象限运转	需要	需要	不需要	不需要
特殊功能	定向	定向	不需要	不需要
适用变频器的种类	部分为通用变频器，部分为专用变频器	专用变频器	一般为通用变频器，高级机床为专用变频器	通用变频器

铣床、钻床要求调速范围比较大，一般需要同机械变速机构配合，在进行切削螺纹等特殊加工时速度精度要求较高。磨床是最早采用变频器的机床设备，磨床采用的电动机主轴对额定运行频率要求一般从 200Hz 到 2000Hz。另外，对于最新的高级磨床，采用变频调速电动机转矩脉动的降低是一个研究课题，但随着开关器件的发展，开关频率的提高，通过变频器的控制性能大大提高，采用通用 V/F 型变频器已经能够满足铣床、钻床、磨床及一般

要求的机床主轴等对于驱动的要求。

① 主回路接线图。主回路接线图如图 4.51 所示，图中，QF 为输入空气开关，R、S、T 为变频器三相交流输入端子，U、V、W 为变频器输出端子。

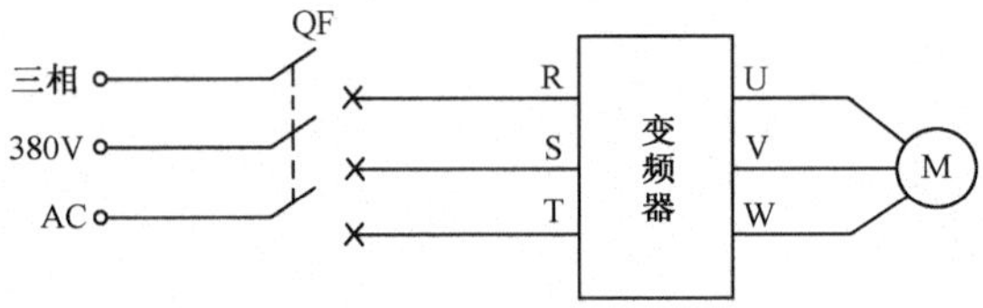

图 4.51 主回路接线图

② 控制回路接线图。对于不同厂家的变频器，根据用户的要求，其控制回路一般有以下三种接线方式可供选择，以方便实现启动、正反转、点动、急停及故障复位等运行控制功能。需要注意的是，控制端子的名称，不同的厂家略有不同。

a. 两线控制方式 1。两线控制方式 1 接线如图 4.52 所示，图中，FWD 为正转运行端子，REV 为反转运行端子，JOG 为点动运行端子，RESET 为故障复位端子，FRS 为自由停车或者外部故障输入端子，COM 为输入端子公共地。外部 S_1、S_2 为带自锁功能的常开开关，AN_1、AN_2 为不带自锁功能的常开按钮开关，S_3 为不带自锁功能的常闭按钮开关。S_1 闭合，S_2 断开，变频器正转运行；K_1 断开，S_2 闭合，变频器反转运行；S_1、S_2 断开或 S_1、S_2 闭合，变频器均停机。

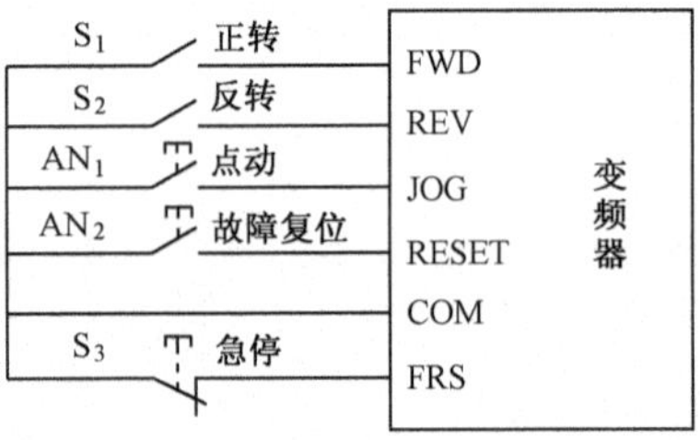

图 4.52 两线控制方式 1

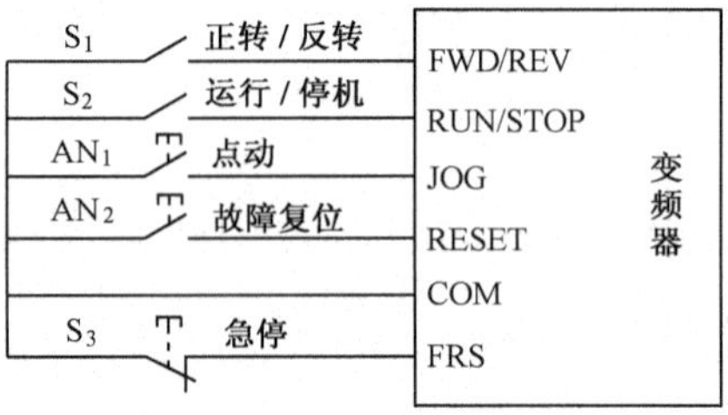

图 4.53 两线控制方式 2

b. 两线控制方式 2。两线控制方式 2 如图 4.53 所示，图中，FWD/REV 为正转/反转方向切换端子，RUN/STOP 为启动/停止命令端子。S_2 闭合，S_1 断开，变频器反转运行；S_2 闭合，S_1 闭合，变频器正转运行；S_2 断开，S_1 断开或者闭合，变频器均停机。

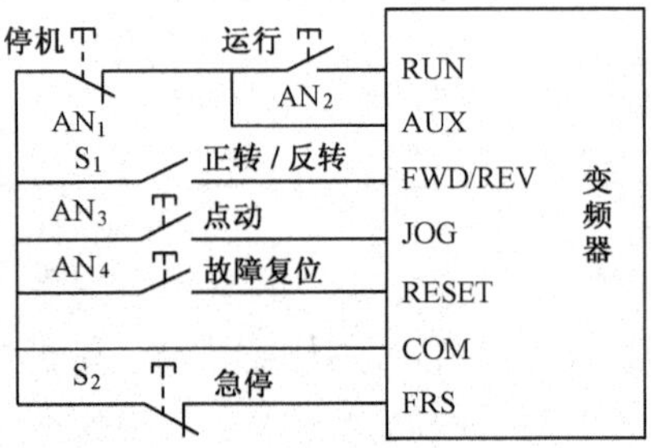

图 4.54 三线控制方式

c. 三线控制方式。三线控制方式如图 4.54 所示，图中，FWD/REV 为正转/反转方向切换端子，RUN 为启动运行端子，AUX 为停止命令（辅助命令）端子。在常闭按钮 AN_1 处于常态时，常开按钮 AN_2 闭合一次，变频器将进入运行状态。运行方向由 S_1 的状态决定，S_1 断开时，变频器反转运行；S_1 闭合时，变频器正转运行。在运行过程中，如果常闭按钮 AN_1 断开一次，则变频器停机。

（3）交流变频调速技术

交流电动机的调速种类很多，数控机床中应用最多的是变频调速。变频调速的主要环节是能为交流电动机提供变频电源的变频器。变频器的作用是，将频率固定（电网频率为50Hz）的交流电变换成频率连续可调（0~400Hz）的交流电。变频器可分为交—直—交变频器和交—交变频器两大类，其结构对比如图 4.55 所示，性能对比如表 4.19 所示。

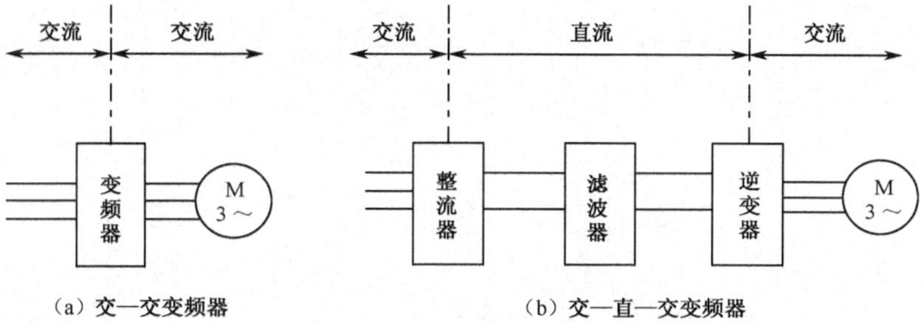

图 4.55　两种类型的变频器结构对比

表 4.19　交—交变频器与交—直—交变频器的性能对比

项　　目	交—交变频器	交—直—交变频器
换能方式	一次换能，效率较高	二次换能，效率略低
换流方式	电网电压换流	强迫换流或负载换流
装置元件数量	较多	较少
元件利用率	较低	较高
调频范围	输出最高频率为电网频率	频率调节范围宽
电网功率因数	较低	如用可控整流桥调压，则低频低压时功率因数低；如用斩波器或 PWM 方式调压，则功率因数高
适用场合	低速大功率拖动	可用于各种拖动装置，稳频、稳压电源和不停电电源

由图 4.55 可知，交—交变频器不经过中间环节，直接把频率固定的交流电变换成频率连续可调的交流电，因此只需一次电能的转换，效率高，工作可靠，但是频率的变化范围有限。交—直—交变频器是先将频率固定的交流电整流成直流电，再把直流电逆变成频率可变的交流电。交—直—交变频器虽需两次电能的变换，但频率变化范围不受限制。在数控机床中，一般采用交—直—交型的正弦波脉宽调制（SPWM）变频器和矢量变换控制的 SPWM 调速系统。

在图 4.56 中，R_0 的作用是限制启动时的大电流。合上电源后，R_0 接入，以限制启动电流。经延时，触点 KA 闭合或晶闸管 VT 导通（图中虚线部分），将 R_0 短路，避免造成附加损耗。R_b 为能耗制动电阻，制动时，异步电动机进入发电状态，通过逆变器的续流二极管向电容 C 反向充电，当中间直流回路电压（P、N 点之间的电压，通称泵升电压）升高到一定限制值时，通过泵升限制电路使开关器件 V_b 导通，电容 C 向 R_b 放电，这样将电动机释放的动能消耗在制动电阻 R_b 上。为便于散热，制动电阻常作为附件单独装在变频器外。变频器中的定子电流和直流回路电流检测一方面用于补偿在不同频率下的定子电压，另一方面用于过载保护。

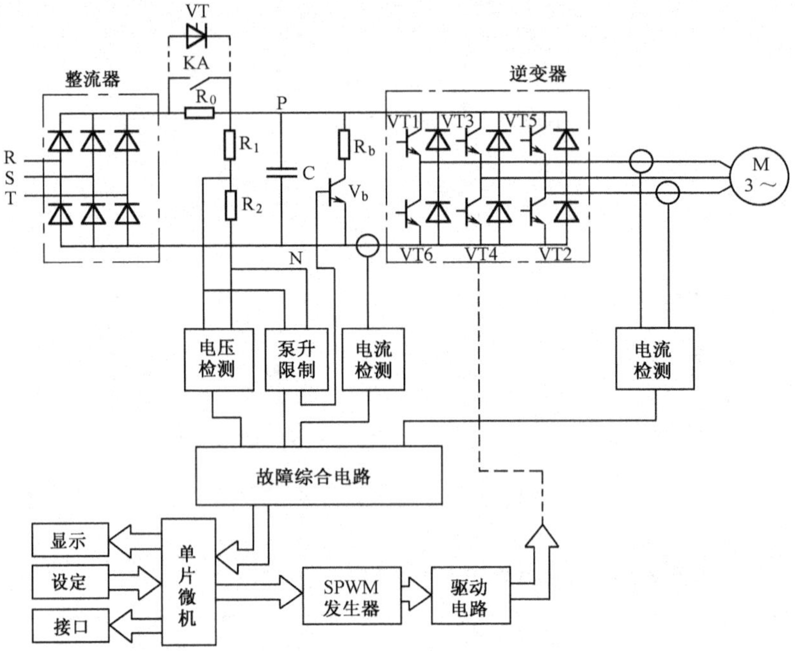

图 4.56　通用变频器的组成框图

控制电路中的单片微机，一方面根据设定的数据，经运算输出控制正弦波信号，经 SPWM 调制，由驱动电路驱动 6 个大功率晶体管的基极，产生三相交流电压 U、V、W 驱动三相交流电动机运转，SPWM 的调制和驱动电路可采用 PWM 大规模集成电路和集成化驱动模块；另一方面，单片微机通过对各种信号进行处理，在显示器中显示变频器的运行状态，必要时可通过接口将信号取出做进一步处理。

采用正弦波脉宽调制（SPWM）变频器是使用最广泛的 PWM 调制方法，属于交—直—交静止变频装置，它将 50Hz 交流电由整流变压器变压到所需电压，经二极管整流和电容滤波，形成定直流电压，再送入 6 个大功率晶体管构成的逆变器主电路，输出三相频率和电压均可调整的正弦波脉宽调制波（SPWM 波）。SPWM 逆变器可产生正弦波脉宽调制波即 SPWM 波，主要是通过一个正弦波得到 $2N$ 个等高而不等宽的脉冲序列，它与正弦波等效，如图 4.57 所示。SPWM 波的产生原理如图 4.58 所示，即将正弦波作为调制波对等腰三角波进行调制，经倒相后得到 6 路 SPWM 信号。

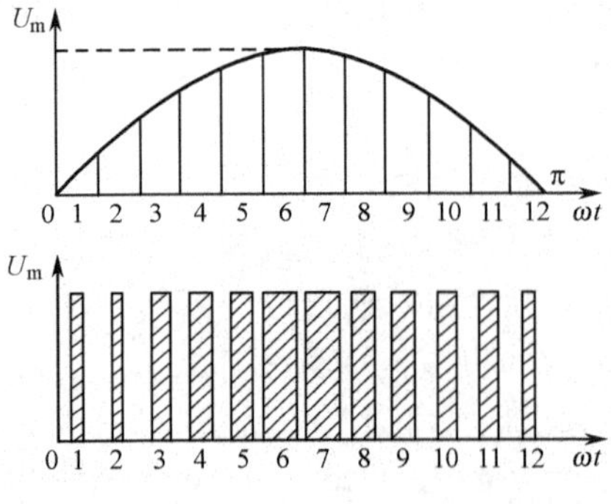

图 4.57　与正弦波等效的矩形脉冲序列

在图 4.56 中，VT1~VT6 为 6 个大功率晶体管，并各有一个二极管与之反并联，用作续流。来自控制电路的 SPWM 波形作为驱动信号加在各功率管的基极上，控制 6 个大功率管的通断。当逆变器输出需要升高电压时，只要增大正弦波相对三角波的幅值，这时逆变器输出的矩形脉冲幅值不变而宽度相应增大，即可达到调压的目的。当逆变器的输出需要变频时，只要改变正弦波的频率就可以了。

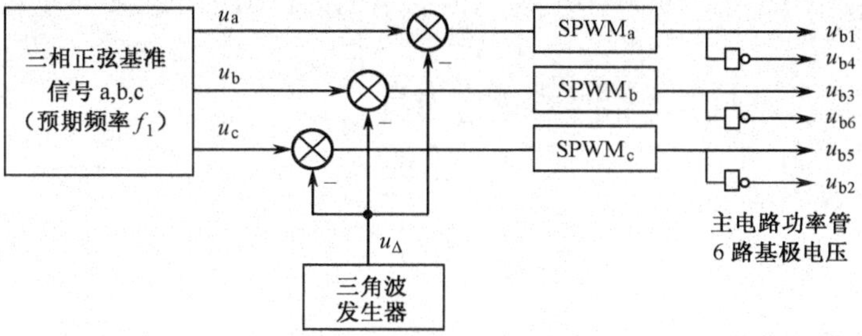

图 4.58　三相 SPWM 控制电路原理框图

SPWM 变频器结构简单，电网功率因数接近于 1，且不受逆变器负载大小的影响，系统动态响应快，输出波形好，使电动机可在近似于正弦波的交变电压下运行，脉动转矩小，从而扩展了调速范围，提高了调速性能，因此在数控机床的交流驱动中被广泛应用。

（4）矢量变换控制的 SPWM 调速系统

矢量控制是一种新型控制技术，应用这种技术，可以使交流调速系统的静、动态性能接近或达到直流电动机的高性能。在数控机床的主轴与进给驱动中，矢量控制应用日益广泛，并有取代直流驱动之势。

直流电动机能够获得优异的调速性能，其根本原因是与电动机电磁转矩相关的是两个互相独立的变量Φ和 I_d。然而，交流电动机却不一样，它的定子与转子间存在着强烈的电磁耦合关系，不能形成像直流电动机那样的独立变量，而是一个高阶、非线性、强耦合的多变量控制系统。矢量变换控制调速系统应用了适于处理多变量系统的现代控制理论及坐标变换和反变换等数学工具，能够建立起一个与交流电动机等效的直流电动机模型，通过对该模型的控制，即可实现对交流电动机的控制，从而得到与直流电动机相同的优异控制性能。

如果利用“等效”的概念，将三相交流电动机的输入电流变换为等效的直流电动机中彼此独立的电枢电流和励磁电流，然后和直流电动机一样，通过对这两个量的反馈控制，实现对电动机的转矩控制；再通过相反的变换，将被控制的等效直流电动机还原为三相交流电机，那么三相电动机的调速性能就完全体现了直流电动机的调速性能。这就是矢量控制的基本构思。

矢量变换控制的 SPWM 调速系统，是将通过矢量变换得到的交流电动机的三相电压控制信号，作为 SPWM 系统的给定基准正弦波，从而实现对交流电动机的调速。该系统实现了转矩与磁通的独立控制，控制方式与直流电动机相同，可获得与直流电动机相同的调速控制特性，满足了数控机床进给驱动的恒转矩、宽调速的要求，也可以满足主轴驱动中恒功率调速的要求，在数控机床中得到了广泛的应用。

矢量变换调速系统的主要特性如下：

① 速度控制精度和过渡过程响应时间与直流电动机大致相同，调速精度可达±0.1%。

② 自动弱磁控制与直流电动机调速系统相同，弱磁调速范围为 4:1。

③ 过载能力强，能承受冲击负载、突然加减速和突然可逆运行；能实现 4 象限运行。

④ 性能良好的矢量控制的交流调速系统比直流调速系统效率高约 2%，不存在直流电

动机的换向火花问题。

目前，矢量控制系统已能适用于恒转矩、恒功率或速度平方如风机、泵等负载特性的生产机械，适用于大、中、小容量异步电动机拖动系统，也适用于同步电动机电力拖动系统。

4.4 电气控制技术综合技能训练

训练目的

- 进行基本技能的训练；
- 巩固、加深并扩大所学的基本理论知识，培养解决实际问题的能力；
- 培养实事求是、严肃认真、细致踏实的科学作风和良好的实验习惯，为将来从事生产和科学实验打下必要的基础。

训练任务

① 观察常用电器的结构，了解其规格和用途，学会正确选择电器的方法。

② 掌握继电器、接触器控制线路的基本环节。

③ 能独立操作一般生产机械电力装备，分析其工作原理。

④ 掌握典型电气线路安装、调试、分析与排除故障等的基本技能。

⑤ 初步掌握控制线路的接线、安全用电及其基本操作方法。

操作方法

做一个技能训练大致可分为三个阶段，即训练前的准备工作，进行技能训练操作，训练后的数据处理、分析工作及完成技能训练报告。

（1）训练前的准备工作

实际操作训练前应认真阅读实训指导书，明确训练目的、要求、内容、步骤等，并要复习相关的理论知识。

进入实验室后，不要急于连接安装线路，应先检查实训所用的电器、仪表，即查看设备是否良好，了解各种电器的结构、工作原理、型号规格，熟悉仪器设备的技术性能和使用方法，并合理选用仪表及其量程。发现设备有故障时，应立即请指导老师检查处理，以保证实验能顺利进行。

（2）连接安装电路

连接电路前需合理安排电器、仪表的位置，通常以便于操作为原则，各电器相互间距离应适中，以接线整齐美观并便于检查为准。主令控制器应安装在便于操作的位置；连接导线截面积应按回路电流的大小合理选用，其长度适中；每个接点连线不得多于两根；电器接点上为“瓦片式”时，连接导线只需去掉绝缘层，导体部分直接插入即可；当垫片为圆形时，导体部分需要顺时针方向打圆圈，然后将螺钉拧紧，不允许有松脱或接触不良的情况，以免通电后产生火花或断路现象；连接导线裸露部分不宜过长，以免相邻两相间造成短路，产生不必要的故障。

在接线中，要掌握一般的控制规律，如先串联后并联，先主电路后控制电路，先控制接点后保护接点，最后接控制线圈。

连接电路完成后，应全面检查，认为无误后请指导老师检查，确认无误方可通电进行空载试验。

观察与记录：观察技能训练中各种现象和记录数据是整个实训过程中最主要的步骤，必须认真对待。进行控制电路实训时，应有目的地操作主令电器，观察电器的动作情况，从而进一步理解电路的工作原理。若出现不正常的现象时，应立即断开电源，检查分析，排除故障后继续进行实验。

注意

使用万用表检查线路故障时，一般在断电情况下，采用电阻挡检测故障点；需要在通电情况下检测故障点时，应用电压挡（注意电压的性质和量程）；此外还要注意，被检测点之间有无其他寄生电路现象以及对测量仪表的阻抗要求，以免造成判断不准确。

(3) 训练结束工作

技能训练结束后应先断开电源，认真检查结果，确认无其他问题，经指导老师检查同意后，方可拆除线路，然后清理设备、导线、工具并报告指导老师，最后离开实验室。

训练器材

① 电工常用工具。测电笔、电工钳、尖嘴钳、斜口钳、螺钉旋具（一字形与十字形）、电工刀、校验灯等。

② 万用表。

③ 自制控制板一块（650×500×50mm）。

④ 导线规格：根据 GB5226—85 机床电气设备通用技术条件标准规定，导线截面积在 0.5mm^2 以下可以采用软线，在不小于 0.5mm^2 时必须采用硬线。但在本部分实训及其他实训中，根据实际条件和从基本训练角度考虑，在控制线路布线时，初级阶段仍采用硬线进行板前明线敷设训练。因此，本控制线路中主电路采用 BV1.5mm^2（黑色），控制电路采用 BV1mm^2（红色），按钮线采用 BV0.75mm^2（红色），接地线采用 BVR1.5mm^2（绿/黄双色线）。数量可以按实际情况由教师确定，导线颜色在训练阶段除接地线外，可不必强求，但应使主电路与控制电路有明显区别。

⑤ 紧固体及编线号管按需发给。

⑥ 电器元件：见元件明细表表 4.20。

表 4.20 元件明细表

代 号	名 称	型 号	规 格	数 量
M	三相异步电动机	Y-112M-4	4kW，380V，三角形接法，8.8A，1440r/min	1~2
QS	组合开关	HZ10-25/3	三极，25A	1
QF	断路器	DZ5-20/25	三极 1 只，两极 1 只，单极 3 只	5~8
KA	中间继电器	JZ15-44	380V，10A，1200 次/小时	8~10
FU1	熔断器	RL1-60/25	500V，60A，配熔体 25A	3
FU2	熔断器	RL1-15/2	500V，15A，配熔体 2A	2
KM	交流接触器	CJ10-20	20A，线圈电压 380V	1
FR	热继电器	JR16-20/3	三极，20A，整定电流 8.8A	1
KT	时间继电器	JS7-2A	线圈电压 380V	1
SB	按钮	LA4-3H	保护式，500V，5A，按钮数 3	3
—	导线	—	单芯硬铜线：2.5 mm^2，1.5 mm^2，0.75mm^2	若干
XT	端子板	JX2-1015	500V，10A，15 节	1

操作步骤和工艺要求

（1）操作步骤

① 按元件明细表将所需器材配齐并校验元件质量；

② 按电路图进行板前布线并套管；

③ 自检控制板布线的正确性；

④ 进行控制板外部布线；

⑤ 经指导教师初检后，通电校验。

（2）工艺要求

① 检验元件质量。应在不通电的情况下，用万用表、蜂鸣器等检查各触点的分、合情况是否良好。检验接触器时，应拆卸灭弧罩，用手同时按下三副主触点并用力均匀；若不拆卸灭弧罩检验时，切忌将旋具用力过猛，以防触点变形。同时应检查接触器线圈电压与电源电压是否相等。

② 板前明线布线。布线时，应符合平直、整齐、紧贴敷设面、走线合理及接点不得松动等要求。其原则如下。

a. 走线通道应尽可能少，同一通道中的沉底导线，按主、控电路分类集中，单层平行密排，并紧贴敷设面。

b. 同一平面的导线应高低一致或前后一致，不能交叉。当必须交叉时，该根导线应在接线端子引出时，水平架空跨越，但必须走线合理。

c. 布线应横平竖直，变换走向要垂直。

d. 导线与接线端子或接线桩连接时，应不压绝缘层、不反圈及不露铜过长。并做到同一元件、同一回路的不同接点的导线间距离保持一致。

e. 一个电器元件接线端子上的连接导线不得超过两根，每节接线端子板上的连接导线一般只允许连接一根。

f. 布线时，严禁损伤线芯和导线绝缘。

g. 如果线路简单，可以不套编码套管。

③ 自检。用万用表检查时，应选用电阻挡的适当挡位，并进行校零，以防出现错漏短路故障。

检查控制电路，可以将表笔分别搭在 U1、V1 接线端子上，读数应在无穷大，按下 SB1 时，读数应为接触器线圈的直流电阻阻值。

检查主电路时，可以手动代替受电线圈励磁吸合时的情况进行检查。

④ 通电试车。接电前必须征得教师同意，并由教师接通电源 L1、L2、L3 和做现场监护。

学生合上电源开关 QS 后，允许用万用表或测电笔检查主、控电路的熔体是否完好，但不得对线路接线是否正确进行带电检查。

第一次按下按钮时，应短时点动，以观察线路和电动机有无异常现象。

试车成功率以通电后第一次按下按钮时计算。

出现故障后，学生应独立进行检修，若需要带电检查时，必须有教师在现场监护。检修完毕再次试车，也应有教师监护，并做好实习时间记录。

实训内容应在规定时间内完成。

（3）注意事项

① 电动机必须安放平稳，电动机及按钮金属外壳必须可靠接地。接至电动机的导线必须穿在导线通道内加以保护，或采取坚韧的四芯橡皮护套线进行临时通电校验。

② 电源进线应接在螺旋式熔断器底座中心端上，出线应接在螺纹外壳上。

③ 按钮内接线时，用力不能过猛，以防止螺钉打滑。

训练内容

① 三相笼型异步电动机点、长动控制线路的组装与运行。

② 三相笼型异步电动机正、反转控制线路的组装与运行。

③ 三相笼型异步电动机 Y—△降压启动控制线路的组装与运行。

④ 数控车床、数控铣床电气控制线路配盘组装。

习题 4

1. 三相交流电磁铁需不需要装设短路环？为什么？
2. 常用的灭弧方法有哪些？
3. 为什么交流电弧比直流电弧容易熄灭？
4. 两个 110V 的交流接触器同时工作时，能否将其两个线圈串联接到 220V 电路上？为什么？
5. 中间继电器与交流接触器有什么差异？在什么条件下中间继电器也可以用来启动电动机？
6. 接触器的主要结构由哪几部分组成？从接触器的结构特征上如何区分是交流还是直流接触器？
7. 接触器是如何分类的？它在电路中起什么作用？
8. 中间继电器与电压继电器在结构上有哪些异同点？在电路中各起什么作用？
9. 画出时间继电器的线圈及触点的图形符号，并标注其含义。
10. 热继电器由哪些部分组成？各组成部件有什么作用？
11. 分别叙述热继电器与熔断器的工作原理和在电路中的作用。它们之间能否相互替代？为什么？
12. 熔断器的额定电流、熔体的额定电流和熔断器的极限分断电流，这三者之间有什么区别？
13. 断路器主要由哪些部分组成？简述各脱扣器机构的工作原理。
14. 简述控制按钮与行程开关的结构，它们在电路中各起什么作用？
15. 在电动机主电路中装有熔断器和热继电器，它们各有什么作用？
16. 电气互锁和机械互锁各有什么特点？试举例说明自锁和互锁分别是如何实现的？
17. 三相笼型异步电动机的降压启动有几种方法？什么情况下采用降压启动？
18. 定子绕组为星形接法的笼型异步电动机能否用 Y—△降压启动方法？为什么？
19. 画出按钮和接触器双重互锁的正、反转控制电路。
20. 伺服系统的组成包括哪些部分？对伺服系统的基本要求是什么？
21. 伺服系统的分类有哪些？
22. 直流伺服电动机的速度控制原理是什么？
23. 交流电动机的调速原理是什么？有几种调速方法？

第 5 章　数控机床常见电气故障诊断与分析常识

5.1　数控机床常见电气故障诊断的基本常识

5.1.1　数控机床故障诊断的内容与故障分类

1．故障的基本概念

数控系统全部或部分丧失了系统规定的功能就称为故障。

数控机床是高度机电一体化的技术装备，它的故障与传统的机械装备相比，内容上虽然也包括机械、电气、液压与气动方面的故障，但就其维修和诊断方面的重要性来说，则是侧重于电子系统、机械、液压、气动乃至光学等方面装置的交节点上。由于数控系统种类繁多、结构各异、形式多变，因此给测试和监控带来了许多困难。

系统故障诊断技术，是在系统运行中或基本不拆卸的情况下，即可掌握系统现行状态的信息，查明产生故障的部位和原因，或预知系统的异常和故障的动向，采取必要的措施和对策的技术。诊断的目的就是要确定故障的原因和部位，以便维修人员或操作人员尽快修复。

2．故障的分类

数控设备的故障是多种多样的，可以从不同角度对其进行分类。

从故障的起因上看，数控系统故障分为关联性和非关联性故障。与数控系统本身的结构和制造无关，由运输、安装、撞击等外部因素人为造成的故障为非关联性故障；由于数控系统设计、结构或性能等缺陷造成的故障为关联性故障。

从故障出现的时间上看，数控系统故障又分为随机故障和有规则故障。随机故障的发生时间是随机的；有规则故障的发生则有一定的规律性。

从故障发生的过程来看，数控系统故障又分为突发故障和渐变故障。

从故障的影响程度来看，数控系统故障分为完全失效和部分失效故障。发生故障后，不能再进行正常加工工件，只有等到故障排除后，才能让数控机床恢复正常工作的称为完全失效故障；数控机床丧失了某种或部分系统功能，而数控机床在不使用该部分功能的情况下，仍然能够正常加工工件，这类故障就是部分失效故障。

从故障出现的严重程度上看，数控系统故障又分为危险性故障和安全性故障。

从故障发生的性质上看，数控系统故障又分为软件故障、硬件故障和干扰故障三种。其中，软件故障是指由程序编制错误、机床操作失误、参数设定不正确等引起的故障。软件故障可通过认真消化、理解随机资料、掌握正确的操作方法和编程方法，进行避免和消除；硬件故障是指由 CNC 电子元器件、润滑系统、换刀系统、限位机构、机床本体等硬件因素造成的故障；干扰故障则表现为内部干扰和外部干扰，是指由于系统工艺、线路设计、电源地线配置不当等，以及工作环境的恶劣变化而产生的故障。

3．数控系统的可靠性

数控机床除了具有高精度、高效率和高技术的要求之外，还应该具有高可靠性。衡量可靠性的标准为平均无故障时间 MTBF（Mean Time Between Failures），即可修复产品的相邻两次故障间系统能正常工作的时间的平均值。我国《机床数字控制系统通用技术条件》中规定，用 MTBF 衡量数控产品的可靠性，要求数控系统的 MTBF 不低于 3000h。

MTBF=总工作时间/总故障次数

有些国家采用其他指标作为衡量数控系统可靠性的指标，如日本 FANUC 公司的 CNC 系统采用月平均故障率作为可靠性的主要指标。

平均修复时间 MTTR（Mean Time To Restore）是指数控系统从出现故障到能正常工作所用的修复时间的平均值。

MTTR=总故障停机时间/总故障次数

5.1.2　现代数控系统的自诊断技术

1．什么是自诊断技术

自诊断是指向被诊断的部件或装置写入一串称为测试码的数据，然后观察系统相应的输出数据（校验码），根据事先已知的测试码、校验码与故障的对应关系，通过对观察结果的分析来确定故障。系统自诊断的运行机制是：一般系统开机后，自动诊断整个硬件系统，为系统的正常工作做好准备；另外就是在运行或输入加工程序的过程中，一旦发现错误，则数控系统自动进入自诊断状态，通过故障检测，定位并发出故障报警信息。

故障自诊断技术是当今数控系统中一项十分重要的技术，它的强弱是评价数控系统性能的一个重要指标。多功能和智能化是数控系统自诊断功能的发展方向，许多公司的数控系统均有硬件、操作、NC 报警、PLC 报警等多种类别的自诊断故障报警系统。数控系统一旦发生故障，借助系统的自诊断功能，可迅速、准确地查明原因并确定故障部位。因此，对维修人员来说，熟悉和运用系统的自诊断功能是十分重要的。

2．自诊断技术的实际应用

故障自诊断是数控系统中运行的自我诊断功能，诊断程序融合于系统程序各功能模块之中。主控程序中的诊断任务主要是检查输入零件程序中的非法字符、非法编程格式和非法操作指令；而实时控制程序中的诊断程序则随时检测存储器、位置伺服、计数接口电路等各种硬件是否有故障存在。实时诊断程序在每次定时中断中都运行一次。

CNC 系统自诊断技术应用情况主要有三种方式，即启动诊断、在线诊断和离线诊断。

（1）启动诊断

启动诊断是指 CNC 系统每次从通电开始进入到正常的运行准备状态为止，系统内部诊断程序自动执行的诊断。利用启动诊断，可以测出系统的大部分硬件故障，因此，它是提高系统可靠性的有力措施。每当数控系统上电时，系统内部自诊断软件对系统中的关键硬件和控制软件进行检测，并将检测结果在 CRT 上显示出来。一旦检测通不过，便在 CRT 上显示出报警信息或报警号，指出哪个部分发生了故障。只有当全部开机诊断项目都正常通过后，系统才能进入正常运行准备状态。启动诊断通常在一分钟内结束，有些采用硬盘驱动器的数控系统因要调用硬盘中的文件，时间要略长一些。启动诊断可将有些故障的原因定位到电路板或模块上，甚至可定位到芯片上，如指出哪块 EPROM 出现了故障，但在很多情况下只将故障原因定位在某一范围内，维修人员需要通过维修手册中所提供的多种可能的故障原因及相应排除方法中找到真正的故障原因并加以排除。

启动诊断技术几乎在所有的现代数控系统中得到了广泛应用和发展，如德国 SIEMENS 公司、美国 A-B 公司、日本 FANUC 公司 20 世纪 70 年代以后推出的 CNC 系统，在自诊断技术的实现上，大都采用了启动诊断方式。启动诊断为数控系统的正常运行提供了可靠的保证。

（2）在线诊断

CNC 机床的在线诊断是指 CNC 系统通过系统的内装程序，在系统处于正常运行状态时，对 CNC 系统本身以及与 CNC 装置相连的各个进给伺服单元、伺服电机、主轴伺服单元和主轴电动机以及外部设备等进行自动诊断检查。在线诊断包括 CNC 系统内部设置的自诊断功能和用户单独设计的对加工过程状态的监测与诊断系统，在机床正常运行过程中，监视其运行状态。除监视 CNC 系统内部的各种状态外，还监视与 CNC 系统相连接的机床各执行部件，如主轴和进给伺服系统、坐标位置、接口信号、ATC、APC、外部设备等。只要系统不断电，在线诊断就一直进行而不停止。

一旦监视的信息超限，诊断系统就通过显示器或指示灯等发出报警信号，提供报警号，配以适当注释，并显示在屏幕上。维修人员根据这些故障信息，经过分析处理，确诊故障点并及时排除故障。CNC 机床自诊断系统功能的强弱是评价一个 CNC 系统性能高低的一项重要指标。

然而，实际诊断并非易事，因为诊断系统所提供的报警信息并非是惟一准确的，而仅仅是故障可能原因的诸因素（2～5个），即仅仅提供了一些查找故障原因的线索。维修人员应结合机床结构，查阅机床维修手册，凭借自己的实践经验，逐一排除故障假象，找出真正的故障所在。另外，故障现象与故障原因并非一一对应关系，而往往是一种故障所引发出的现象是由几种原因引起的，或一种原因引起几种故障，即大部分故障以综合故障的形式出现。

各种 CNC 机床的自诊断功能中，报警编号不尽完全相同，只能根据具体机床的使用说明书和维修手册进行分析、诊断。不过报警编号的分类方法大同小异，一般按机床上各元器件的功能分类并分别进行编号。

此外，还有与可编程控制器故障、连接方面的故障、温度、压力、液位等不正常，行程开关（或接近开关）状态不正常等对应的编号。在每一类报警范围内，又按故障分类报警，如过热报警类、系统故障报警类、存储器故障报警类、伺服系统报警类、行程开关报警类、印制线路板间的连接故障报警类、编程/设定错误报警类、误操作报警类等。

机床自诊断功能的故障报警显示给维修带来了极大的方便，因此在使用和维修过程中，一定要充分重视，并利用故障报警显示的状态信息，经分析或加一些必要的测试，最后找出真正的故障原因。

为此，要特别重视并注意保护系统软件及系统数据，特别是 CNC 与 PLC 机床数据、PLC 用户程序、报警文本等随机所带的 CNC 系统的关键技术资料，它们是用电池保存于 RAM 存储器中的。

在线诊断使 CNC 系统在系统处于正常运行状态下，能实时自动对数控装置、伺服系统、外部的 I/O 及与数控装置相连的其他外部装置进行自动测试、检查，并显示有关状态信息和故障。系统不仅能在屏幕上显示报警号及报警内容，而且还能实时显示 NC 内部关键标志寄存器及 PLC 内操作单元的状态，为故障诊断提供极大的方便。

（3）离线诊断

离线诊断是判断 CNC 系统是否有故障或出现故障后，在系统处于停机状态时进行故障检查的诊断方法。其主要目的和任务是最终查明故障并进行故障定位，力求把故障定位在尽可能小的范围内，如缩小到某一模块上、某个线路板上或板上的某部分电路，甚至某个芯片或元器件上。这种诊断方法属于高层次诊断，其诊断程序的存储及使用方法一般不相同，如美国 A-B 公司 8200 系统在离线诊断时，才把专用的诊断程序读入 CNC 系统运行中进行故障检查。而有的将这些诊断程序与 CNC 控制程序一同存入 CNC 系统中，维修人员可随时用键盘调用这些程序并运行，在 CRT 上观察诊断结果。离线诊断可以在现场、维修中心或 NC 系统制造厂进行操作和控制。

具体做法是：将运行控制计算机和与之相连的外部设备断开，启动运行各控制部分的自诊断程序（与系统运行控制程序分开的程序），有时还需要专门设计一些检测线路。诊断时，把整个系统划分为若干个诊断区（基本上按功能划分，有时也根据线路插件板划分），由诊断计算机向诊断区发送测试码，然后观测被诊断对象的响应，并与标准比较，判断有无故障及进行故障定位。离线诊断所用的仪器、软硬件有：①专用诊断纸带（早期的 NC 装置），它主要提供诊断所需要的数据。诊断时，将纸带内容输入 NC 系统的随机存取存储器（RAM）中，系统中的微处理器则根据相应的输出数据，分析判断得出有无故障和故障位置的结论。专用诊断纸带可以诊断读入装置、CPU、RAM、I/O 接口等。例如，德国 MAHO 公司的 CNC432 系统离线专用程序内容包括对显示单元，控制面板上各键及旋钮功能，CPU 插件内部各电路、接口电路、RAM 功能，存储器插件功能，X、Y、Z、B 轴伺服电动机的插件功能，主轴伺服电动机插件功能，输入/输出插件功能，辅助输入/输出插件功能，调用受过专门训练的维修专家诊断功能等；②工程师面板；③改装过的 CNC 系统通过专用测试装置进行测试。

5.1.3　数控系统的故障诊断方法简介

1．装置自诊断法

大型的 CNC、PLC 装置都配有故障诊断系统，可以由各种开关、传感器等将油位、温度、油压、电流、速度等状态信息设置成数百个报警提示，诊断故障发生的部位。所以，要首先利用诊断程序进行自诊断，并按其提示进行故障处理。诊断程序就是对数控机床各部分包括 CNC 系统本身进行状态或故障监测的软件，当机床出现故障时，可利用该诊断程序诊断出故障源范围及其具体位置。

2. 常规检查法

常规检查是指依靠人的感觉器官并借助一些简单的仪器来寻找机床故障的原因。这是在维修工作中，实行"先外后内"维修原则的第一步，要求维修人员在遇到故障时应先采取看、闻、嗅、摸等方法，由外向内逐一进行检查。有些故障采用这种方法可迅速找到故障原因。常规检查法的主要步聚如下。

（1）问

机床开机时出现异常。比较故障前后工件的精度和传动系统、走刀系统是否正常；出力均匀性、切深和走刀量的变化情况；润滑油牌号、用量；机床何时进行过保养检修等。

（2）看

就是用肉眼仔细检查有无保险丝烧断、元器件烧焦、烟熏、开裂现象，有无异物断路现象，以此判断板内有无过流、过电压、短路等问题；看转速，观察主传动速度快慢的变化；主传动齿轮、飞轮是否跳、摆，传动轴是否弯曲、晃动等。

（3）听

利用人体的听觉功能可查询到数控机床因故障而产生的各种异常声响的声源。电气部分常见的异常声响有：电源变压器、阻抗变换器与电抗器等因为铁心松动、锈蚀等原因引起的铁片振动的吱吱声；继电器、接触器等的磁回路间隙过大，短路环断裂、动静铁心或镶铁轴线偏差，线圈欠压运行等原因引起的电磁嗡嗡声或者触点接触不良的嗡嗡声，以及元器件因为过电流或过电压运行失常引起的击穿爆裂声；伺服电机、气控器件或液控器件等发生的异常声响基本上和机械故障方面的异常声响相同，主要表现在机械的摩擦声、振动声与撞击声等。

【例 5.1】 某立式加工中心，Z 轴电动机忽然出现异常振动声，马上停机，将电动机与丝杠分开，试车时仍然振动，可见振动不是由机械传动机构的原因造成的。为区分是伺服单元故障还是电动机故障，采用 Y 轴伺服单元控制 Z 轴电动机，仍然振动，所以判断为电动机故障。将该电动机修复后，故障排除。

（4）触

当 CNC 系统出现时有时无的故障现象时，宜采用此方法。CNC 系统是由多块线路板组成的，板上有许多焊点，板与板之间或模块与模块之间又通过插件或电缆相连。所以，任何一处的虚焊或接触不良，都会成为产生故障的主要原因。检查时，用绝缘物轻轻敲打可疑部位（即虚焊、接触不良处），如确是因虚焊或接触不良而引起的故障，该故障会重复出现。

（5）嗅

在电气设备诊断或有各种易挥发物体的器件检查中采用此方法效果较好。如出现一些烧烤的烟气、焦糊味等异味；因剧烈摩擦，电气元件绝缘处破损短路，使附着的油脂或其他可燃物质发生氧化蒸发或燃烧而产生的烟气、焦糊气等。

利用外观检查，有针对性地检查怀疑部分的元器件，判断明显的故障，如热继电器脱扣、熔丝断，线路板损坏、断裂、过热等，连接线路、接插件松动等；从 CRT 上查看油液面高度；若有人动过线路板，还得检查开关位置、电位器设定、短路选择、更改的线路是否与原线路相符，并注意获取故障发生时的振动、声音、焦糊味、异常发热、冷却风扇运行是否正常等。这种检查很简单，但非常必要。

常规检查法特别适用于以下场合：利用人体的视觉功能可观察到设备内部器件或外部连接的形状变化，如电气方面可观察线路元器件的连接是否松动、断线或铜箔断裂，继电器、接触器与各类开关的触点是否烧蚀或压力失常，发热元器件的表面是否过热变色，电解电容的表面是否膨胀变形，保护器件是否脱扣，耐压元器件是否有明显的电击点以及炭刷接触表面与接触压力是否正常等。另外，对开机发生的火花、亮点等异常现象更应重点检查。机械故障方面，主要可观察传动链中组件是否存在间隙过大，固定锁紧装置是否松动，工作台导轨面、滚珠丝杠、齿轮及传动轴等表面的润滑状况是否正常，以及是否有其他明显的碰撞、磨损与变形现象等。

现场维修中，利用人的嗅觉功能和触觉功能可查询因过流、过载或超温引起的故障，可以通过改变参数设置或 PLC 程序来实现。

【例 5.2】　龙门式加工中心在安装调试后不久，Z 轴运动时偶尔出现报警，指示实际位置与指令不一致。采用直观法发现 Z 轴编码器外壳因被撞而变形，故怀疑该编码器已损坏，调换一个新编码器后上述故障排除。

3. 机、液、电综合分析法

数控机床是一种高度机、电、液一体化的产品，它应用了精密机械、液压技术、电气技术、微电子技术等，因此对数控机床的故障分析也要从机、液、电不同的角度进行。对同一故障进行不同切入点的分析诊断，可以避免片面性，少走弯路。最后再确认是机、液、电中的哪一个系统有问题，以便在该系统中做进一步的诊断并排除故障。

【例 5.3】　某数控机床的换刀系统在执行换刀指令时无动作，机械臂停在行程中间位置上，CRT 显示报警号，查阅手册得知该报警号表示：换刀系统机械臂位置检测开关信号为“0”及“刀库换刀位置错误”。

根据报警内容，可诊断故障发生在换刀装置和刀库两部分，由于相应的位置检测开关无信号送至 PLC 的输入接口，从而导致机床中断换刀。造成开关无信号输出的原因有二：其一是因液压或机械上的原因造成动作不到位而使开关得不到感应；其二是电感式接近开关失灵。

首先用一薄铁片去感应刀库中的接近开关，以排除刀库部分接近开关失灵的可能性；接着检查换刀装置机械臂中的两个接近开关，即“臂移出”开关 SQ21 和“臂缩回”开关 SQ22，由于机械臂停在行程中间位置上，这两个开关输出信号均为“0”，与测试结果一致，因此，两个开关均正常。然后进行机械装置检查：“臂缩回”的动作由电磁阀 YV21 控制，手动电磁阀 YV21 把机械臂退回至“臂缩回”位置，机床恢复正常，这说明手控电磁阀能使换刀装置定位，从而排除了液压或机械上阻滞造成换刀系统不到位的可能性。

由以上分析可知，PLC 的输入信号正常，输出动作执行无误，问题在 PLC 内部或操作不当。经操作观察，两次换刀时间的间隔小于 PLC 所规定的要求，从而造成 PLC 程序执行错误引起故障。

对于只有报警号而无报警信息的报警，必须检查数据位，并与正常情况下的数据相比较，明确该数据位所表示的含义，以采取相应的措施。

【例 5.4】 故障现象为机床不能启动，但无报警信息。这种情况大多由于机床侧的准备工作没有完成，如润滑准备、冷却液准备等。查阅 PLC 的输入/输出接口表，发现 I3.1 为“1”，其余均正常，从接口表看，正常状态是 I3.1 为 “0”。检查压力继电器 SP92 闭合，故障为滤油阀脏堵造成主轴油压增高，更换后工作正常。

4．备件替换法

现代数控系统大都采用模块化设计，按功能不同划分为不同的模块，随着现代数控技术的发展，电路的集成规模越来越大，技术也越来越复杂，按照常规的方法，很难把故障定位在一个很小的区域内。因此一旦系统发生故障，可利用备件替换法缩短停机时间，快速找到故障板。

将具有相同功能的两块板互相交换（一块好的，一块被怀疑是坏的），观察故障现象是随之转移，还是故障依旧，以此来判断被怀疑板。这些板是指印制线路板、模块、集成电路芯片或元器件。若没有备用电路板或组件，可把故障区与无故障区相同的电路板或组件互相交换，然后观察故障排除及转移情况，由此也可得到确诊。注意：①必须断电后才能更换电路板或组件；②有些电路板，如 PLC 的 I/O 板上有地址号，交换时要相应地改变设置值；③有些电路板上有跳线及桥接调整电阻、电容，也应与原板相同，方可交换；④模块的输入/输出必须相同。以驱动器为例，型号要相同，若不同，则要考虑接口、功率的影响，避免故障扩大。

“替换”是电气修理中常用的一种方法，其主要优点是简单和方便。在查找故障的过程中，如果对某部分有怀疑，只要有相同的替换件，换上后故障范围大都能分辨出来，所以在电气维修中经常采用。但是如果使用不当，也会带来许多麻烦，以致造成人为故障。因此，正确认识和掌握“替换”的使用范围和操作方法，是提高维修工作效率和避免人为故障发生的最好方法。

5．电路板参数测试对比法

当系统发生故障后，采用常规电工检测仪器、工具，按系统电路图及机床电路图，对故障部分的电压、电源、脉冲信号等进行实测，在各电路板的测试端子上进行电压值及波形的测试，与正常值和正常波形进行比较。若无原始记录，也可与对应无故障区的相同的电路板比较，从而确诊故障电路板是否发生故障。如电源的输入电压超限，应对电源监控，以排除其他原因。如发生位置控制环故障，可用示波器检查测量回路的信号状态，或用示波器观察其信号输出是否缺相，有无干扰。

【例 5.5】 某厂的数控系统发生报警，位置环硬件出现故障。用示波器检查发现有一干扰信号，维修人员在电路中用接一个电容的方法将其滤掉使系统正常工作。如果出现系统无法回到基准点的情况，可用示波器检查是否有零标志脉冲，若没有，可考虑是测量系统损坏。

6．重新建立法

当 CNC 或 PLC 装置由于电网干扰，或其他偶然原因发生异常情况或死机时，应清除有关内存区，重新进行冷启动或热启动。并对 CNC 参数进行重新设置，便可排除故障。

7．升温、降温法

当设备运行时间比较长或者环境温度比较高时，机床容易出现软件故障。这时可用电热风或红外灯直接照射可疑的电路板或组件，人为通过采用升温法加速一些高温参数差的元器件恶化（要注意元器件的温度参数），产生出“症状”来，从而确定有问题的组件或元器件。

【例 5.6】 某 FANUC-6M 系统的加工中心机床经长时间工作后，转动的主轴电机出现间歇性的响声，后来逐渐变成强烈振动声，转速骤升、骤降，维修人员怀疑是伺服控制板上的整形电路有故障。采用局部升温法使可疑点的几块组件升温，当试验到 555 时钟集成电路时，H28 时钟输出脚波形出现异常，调换此定时电路后，故障消失。

8．拉偏电源法

有些不定期出现的软故障与外界电网电压波动有关。当机床出现此类故障时，可把电源电压人为地调高或调低，模拟恶劣的条件让故障容易暴露。

9．分段优选法

电缆断路或短路故障的查找有时非常困难，特别是大型数控机床各轴的行程都很长，有时电枢到机床去的电缆要分几段，每段有几十米长，这时应用优选法从中间部分分段校线查找故障点，可以加快速度。有时 PLC 的+24V 端子对地短路，此端子上接有上百个输入开关，单个检查太慢，也可用优选法，一半、一半地检查短路点在哪一半中，然后把有问题的一半再一分为二进行查找……，从而大大加快检查速度。

10．功能程序测试法

功能程序测试法是将所维修数控系统 G、M、S、T、F 功能的全部使用指令编写出一个试验程序，并存储在软盘上。在故障诊断时运行这个程序，可快速判定哪个功能不良或丧失。

在下述情况下使用此方法较好：当机床加工造成废品而一时无法确定是编程、操作不当，还是数控系统故障；数控系统出现随机性故障，一时难以区别是外来干扰，还是系统稳定性不好；闲置时间较长的数控机床在投入使用时或数控机床进行定期检修时。

11．参数检查法

数控机床的参数是经过一系列试验、调整而获得的重要数据，如工作范围、轴动态参数等，数据需要根据具体的控制对象而修改。这种可读写的存储器有 RAM、EPROM、FlashROM、硬盘等。

对于电池保持的 RAM 存储器，一旦电池电压不足（一般电池 2～3 年需更换）、机床长期闲置或外部干扰都会使参数丢失或混乱，从而使系统不能正常工作。EPROM、FlashROM 不需要电池，在数控系统中得到普遍应用。当机床长期闲置或无缘无故出现不正常现象或有故障而无应答时，就要根据故障特征检查和校对有关参数。在排除某些故障时，对一些参数还需进行调整。因为有些参数（如各轴的漂移补偿值、丝杠间隙值、KV 系数、夹紧允差等）虽在机床安装时调整过，但由于机床使用时间较长，控制对象的参数会发生变化。参数调整、修改前，通常应输入口令，只有拥有修改权限的用户才能修改关键参数。

12. 隔离法

隔离法是指将控制回路断开，从而达到缩小查找故障区域的目的。在机床维修时为了防止故障扩大，经常采用切断某些部件电源的方法，但是在反馈复杂的数控机床中，切断某些控制回路时必须考虑到后果，并采取必要措施，禁止断开保护回路。

13. 接口状态显示诊断法

接口是连接 CNC 系统、PLC、机床本体的节点，节点是信息传递和控制的要道，通过接口的状态信息（通“1”、断“0”），若系统带有分立的 PLC 时，系统产生故障后，首先应判断故障是出现在 CNC 系统内部，还是在 PLC 或机床（MT）侧。这就要求熟悉 CNC 与 PLC 之间信息交换的内容，必须熟悉各测量反馈元件的位置、作用及发生故障时的现象与后果。搞清楚某一个动作不执行是由于 CNC 没有给 PLC 指令，还是由于 CNC 给了 PLC 指令而 PLC 未执行，或是由于 PLC 无准备好应答信号，CNC 不可能提供该指令等。

【例 5.7】 某数控机床，故障现象为分度台旋转不停，但无报警号。查阅输出接口，发现输出 Q0.4 为“1”，Q0.7 为 “1”，从接口表看，Q0.4 为 “1”表明分度台无制动，Q0.7 为“1”表明分度台处于旋转状态。再检查输入接口，发现 I15.7 为 “0”，其余正常，分析得知故障原因是限位开关 SQl2 损坏。更换后，PLC 输入/输出均恢复正常，故障排除。

14. 测量比较法

测量比较法是利用印制线路板上预先设置的检查用端子，确定该部分电路工作是否正常，通过实测这些端子的电压值或波形与正常时的电压值及波形比较，来分析故障原因和部位。甚至可在正常线路板上人为地制造一些故障（如断开连线或将其短路，拔去插组件等），以判断真正的故障原因。

为此，要求维修人员必须在平时注意积累印制板上的关键部位或易出故障部位，以及正常时的电压值和波形。

15. 逻辑线路追踪法（原理分析法）

逻辑线路追踪法就是通过追踪与故障相关联的信号，从中找到故障单元，根据 CNC 系统原理图（即组成原理），从前往后或从后往前地检查有关信号的有无、性质、大小及不同运行方式的状态，并与正常情况比较，看有何种差异或是否符合逻辑关系。对于“串联”线路，发生故障时，所有的元件或连接线都值得怀疑。对比较长的“串联”回路，可从中间开始向两个方向追踪，直到找到故障单元为止。对于两个相同的线路，可以对它们进行部分的交换试验。这种方法类似于把一个电动机从其电源上拆下，接到另一个电源上试验。同样的，可以在这个电源上另接一个电动机试验电源，这样可以判断出是电动机有问题还是电源有问题。但是对数控机床来说，问题就没有这么简单，交换一个单元，一定要保证该单元所处大环节（即位置控制环）的完整性。否则可能闭环受到破坏，保护环节失效使积分调节器输入得不到平衡。

对于硬接线系统（继电器—接触器系统），它具有可见接线、接线端子、测试点。当出现故障时，可用试电笔、万用表、示波器等简单测试工具测量电压、电流信号的大小、性质、变化状态，电路的短路、断路、电阻值变化等，从而判断出故障的原因。

因此，要求维修人员必须对整个系统或每个电路的工作原理都有清楚的了解。

5.2 控制电气常见故障与维修技术常识

电气故障发生后，应按"先外后内"的原则进行检查。查出故障，应立即进行快速而有效的维修。本节对于一般元器件故障的诊断与元器件的替代方法作简要的介绍。

1. 元器件的故障

（1）电容器的故障

固定电容器的故障通常为断路、短路、漏电、接触不良和电容量变化等。电容器由于引线受力或来回摇动造成断路和接触不良，一般多发生在极片引线连接处。电容器短路通常是因为工作电压过高而造成介质击穿或通过过量电流所致。特别是电解电容器，更容易发生短路故障。固定电容器发生击穿与短路故障时，一般只能更换新的电容器。而受潮漏电的电容器，可利用日光照射或烘箱烘烤以驱除潮气（注意：不要使电容器过热而损坏）。

可变电容器的常见故障有碰片、片距不均匀、旋转失灵及松动等。碰片可通过直观法看出来或用万用表检查，修理时可用钳口无齿的小鸭嘴钳轻轻拨片，使之不再相碰。如果转轴失灵，多数是由于轴承积有污秽堵塞所致。这时，可用汽油、酒精等进行清洗，去除油污。可变电容器的转轴有无松动，一般可用手的感觉来判断。如果松动，可通过调节末端的锁止螺丝进行调整（注意：切勿碰撞极片，以免造成片间距离不均匀）。

（2）电感线圈的故障

电感线圈在使用中，应注意接线正确。特别是不要误接到高压电路，以免烧断线圈及其他电路元件。对于带有屏蔽罩的线圈，还可能因线圈或引线和金属相碰造成短路，检查时应多加注意。

（3）电源变压器的故障

电源变压器的损坏主要有线圈短路、断路以及绝缘不良产生漏电等。当变压器线圈发生短路时，所产生的现象是变压器温度升高，有焦臭味、冒烟、输出电压低。短路严重时，这种现象更加明显。判断是否由变压器线圈短路引起发热，可测量它的空载损耗。如果空载损耗很小，则故障发生在负载电路中；如果空载损耗大于变压器额定功率的 10%～15%，则表明变压器有短路现象。确定线圈有短路现象之后，可进一步判断是哪一组线圈出现短路。判断方法是：测量次级线圈电压。如果次级线圈电压都升高，则表明初级线圈有局部短路；如果次级线圈的某个线圈电压偏低或为零，则可能是静电隔离短路。在确定了故障部位后，就可以对症下药，恢复损坏的部分。

线圈断路时，无输出电压，产生的原因有：外部引线断线、引线焊片脱焊、线包经碰撞断线和受潮后内部霉断等。检查是否断路的方法是用万用表测量各线圈的通断。

当线圈与铁心相碰短路时，若是初级线圈与铁心相撞，这时机器的底板会带电，很不安全；若是次极线圈与铁心之间漏电或短路，则往往造成工作电压偏低或为零，这时变压器将严重发热。上述故障可用万用表高阻挡来测量线圈之间与铁心之间的绝缘情况，从而确定故障部位。

线圈与铁心之间短路，常常是由于骨架或线圈因绝缘纸损坏而造成。有的是由于线圈边缘松脱，造成碰芯，发生短路。修复的办法是将铁心拆出，找出伤口，在伤口处涂上绝缘漆，并衬垫上绝缘纸，同时在装配铁心时，注意不要让硅钢片划破骨架和线圈。

【例 5.8】 某数控机床出现防护门关不上，自动加工不能进行的故障，而且无故障显示。该防护门由气缸来完成开关动作，关闭防护门由 PLC 输出 Q2.0 控制电磁阀 YV2.0 来实现。检查 Q2.0 的状态，其状态为“1”，但电磁阀 YV2.0 却没有得电，由于 PLC 输出 Q2.0 是通过中间继电器 KA2.0 来控制电磁阀 YV2.0 的，经检查发现，中间继电器损坏引起故障。更换继电器，故障被排除。

2. 元器件的替代

在数控硬件系统的维修中，如果已经判断出某一元器件已损坏，但手头上一时找不到同样的器件，则可以考虑替代，这样可减少数控机床的待机时间。因此，维修人员应该熟练掌握元器件的替代知识。

（1）电阻器的替代

在数字电路中，除振荡、定时、分压等对电阻阻值的范围要求较高的电路外，一般情况下对电阻阻值的要求范围并不高，可以采用金属膜电阻替代，只要满足额定功率的要求即可。

在线性电路中，一般多采用精密电阻，替代时应注意采用相同精度、阻值的电阻。

（2）电容的替代

在数控设备中，特殊电容用得较少。一般来说，电容介质材料并不重要，只要考虑其标称容量和耐压即可。

在振荡、定时、带通滤波等电路中，对容量要求较高，应采用相同容量的电容替代；在其余电路中，对容量要求不高，可用相近容量的电容替代；作为滤波电容，则对容量的要求要宽一些；在进行电解电容的替代时应注意耐压和极性。

（3）半导体器件的替代

半导体器件不如电容、电阻等元件那样耐焊、易拆卸，在拆卸中人为损坏较多。确认元器件已经损坏，并记录下各电极的位置，再将器件取下，并再次确认是否损坏。如果已经损坏，则记录下该器件的型号、制造厂家，最好的替代是使用同一制造厂家、同一型号的产品。

如果不具备这一条件，应通过器件手册查找元器件的主要参数，然后选择替代品。替代品应满足下述几个条件：材料相同；极性相同；种类相同；主要性能相同。

一般来说，满足以上四个条件即可替代。但在某些场合，如低噪声放大时，还应考虑开关参数，有的要考虑直流电流放大系数。对于大功率器件，应考虑安装尺寸及散热片安装的问题等。

（4）数字集成电路的替代

集成电路在替代之前应确认原器件已经损坏，以免造成人为拆卸损坏。数字集成电路已经形成标准化，因此只要系列、序号相同，可不论制造厂家而直接替代。

（5）模拟集成电路

模拟集成电路最好用同一个厂家同一型号的器件予以替换。一般来说，不同厂商制造的器件，在型号字头相同、序号相同时可以替代，有些器件虽然型号字头不同，但序号相同的也可以替代。在寻找替代器件时，应根据器件手册提供的特性参数查找同类品或类似品。

5.3　伺服系统的故障特点及诊断分析方法简介

5.3.1　伺服系统概述

伺服系统是一种反馈控制系统，它以指令脉冲为输入给定值将其与输出被调量进行比较，利用比较后产生的偏差值对系统进行自动调节，以消除偏差，使被调量跟踪给定值。所以伺服系统的运动来源于偏差信号，要求其必须具有负反馈回路，始终处于过渡过程状态，并且在运动过程中实现了力的放大。位置伺服系统主要由驱动系统与 CNC 位置控制部分构成，它如果离开了高精度的位置检测装置，就满足不了数控机床的要求。数控机床的驱动系统主要有两种：进给驱动系统和主轴驱动系统。前者控制机床各坐标的进给运动，后者控制机床主轴旋转运动。数控机床的最大移动速度、定位精度等指标主要取决于驱动系统及 CNC 位置控制部分的动态和静态性能。因此，驱动系统的性能，在较大程度上决定了现代数控机床的性能。在某些加工中心，刀库驱动可认为是数控机床的某一伺服轴，用以控制刀库中刀具的定位。所以，伺服系统的高性能和高可靠性决定了整台数控机床的性能和可靠性。无论是进给驱动系统还是主轴驱动系统，从电气控制原理上都可分为直流驱动和交流驱动。

5.3.2　主轴伺服系统的故障及诊断

数控机床对主轴的要求是：在很宽范围内转速连续可调，恒功率范围宽。当要求机床有螺纹加工功能、准停功能和恒线速加工等功能时，就要对主轴提出相应的进给控制和位置控制要求。此时，主轴驱动系统也可称为主轴伺服系统，相应地主轴电动机装配有编码器用作主轴位置检测；另一种方法就是在主轴上直接安装外置式编码器，这在机床改造和经济型数控车床中用得较多。

主轴驱动变速目前主要有两种形式：一是主轴电动机带齿轮换挡，目的在于降低主轴转速，增大传动比，放大主轴功率以适应切削的需要；二是主轴电动机通过同步齿形带或皮带驱动主轴，该类主轴电动机又称宽域电动机或强切削电动机，具有恒功率宽的特点。由于无须机械变速，主轴箱内省去了齿轮和离合器，主轴箱实际上成为主轴支架，简化了主传动系统，从而提高了传动链的可靠性。

1. 常用主轴驱动系统介绍

（1）FANUC 公司主轴驱动系统

从 20 世纪 80 年代开始，FANUC 公司使用了交流主轴驱动系统，直流驱动系统已被交流驱动系统所取代。目前三个系列交流主轴电动机为：S 系列电动机，额定输出功率范围为 1.5～37kW；H 系列电动机，额定输出功率范围为 1.5～22kW；P 系列电动机，额定输出功率范围为 3.7～37kW。该公司交流主轴驱动系统的特点为：①采用微处理器控制技术，进行矢量计算，从而实现最佳控制；②主回路采用晶体管 PWM 逆变器，使电动机电流非常接近正弦波形；③具有主轴定向控制、数字和模拟输入接口等功能。

（2）SIEMENS 公司主轴驱动系统

SIEMENS 公司生产的直流主轴电动机有 lGG5、lGF5、lGL5 和 lGH5 四个系列，与这四个系列电动机配套的 6RA24、6RA27 系列驱动装置采用晶闸管控制。

20 世纪 80 年代初期，该公司又推出了 1PH5 和 1PH6 两个系列的交流主轴电动机，功率范围为 3～100kW。驱动装置为 6SC650 系列交流主轴驱动装置或 6SC611A（SIMODRIVE611A）主轴驱动模块，主回路采用晶体管 SPWM 变频控制的方式，具有能量再生制动功能。另外，采用微处理器 80186 可进行闭环转速、转矩控制及磁场计算，从而完成矢量控制。

2．主轴伺服系统的故障形式

主轴伺服系统的故障通常有三种表现形式：一是在 CRT 或操作面板上显示报警内容或报警信息；二是在主轴驱动装置上用报警灯或数码管显示主轴驱动装置的故障；三是主轴工作不正常，但无任何报警信息。主轴伺服系统的常见故障有下面几种。

（1）外界干扰

由于屏蔽和接地等措施不良，主轴转速指令信号或反馈信号受到电磁干扰，使主轴驱动出现随机和无规律性的波动。判别有无干扰的方法是：当主轴转速指令为零时，主轴仍往复转动，调整零速平衡和漂移补偿也不能消除故障。

（2）过载

切削用量过大，频繁正、反转等均可引起过载报警。具体表现为主轴电动机过热、主轴驱动装置显示过电流报警等。

【例 5.9】 GPM900B-2 型数控曲轴铣床一次出现自动运行中工件主轴一启动就发生过负荷报警。不装工件实验，工件主轴运行正常，装上工件后即便不进行切削，工件一回转就报警停机。经检验发现机床上两个夹头不同心，造成装夹应力，工件主轴回转时阻力太大。检验发现工件过长，大于两夹头间的装夹距离，工件一旦夹紧即造成两夹头不同心情况，使工件一旋转就出现过负荷的现象。

（3）主轴定位抖动

主轴准停用于刀具交换、精镗退刀及齿轮换挡等场合，其实现方式主要有以下三种。

① 机械准停控制。由带 V 形槽的定位盘和定位用的液压缸配合动作。

② 磁性传感器的电气准停控制。发磁体安装在主轴后端，磁传感器安装在主轴箱上，其安装位置决定了主轴的准停点，发磁体和磁传感器之间的间隙为（1.5±0.5）mm。

③ 编码器型的准停控制。通过主轴电动机内置安装或在机床主轴上直接安装一个光电编码器来实现准停控制，准停角度可任意设定。

上述准停均要有减速过程，如减速或增益等参数设置不当，都会引起定位抖动。另外，准停方式①中，定位液压缸活塞移动的限位开关失灵，准停方式②中，发磁体和磁传感器之间的间隙发生变化或磁传感器失灵，均可引起定位抖动。

（4）主轴转速与进给不匹配

当进行螺纹切削或用每转进给指令切削时，会出现停止进给主轴仍继续运转的故障。

要执行每转进给的指令，主轴必须有每转一个脉冲反馈信号，一般情况下是主轴编码器有问题。可用以下方法来确定：①CRT画面有报警显示；②通过CRT 调用机床数据或 I/O 状态，观察编码器的信号状态；③用每分钟进给指令代替每转进给指令来执行程序，观察故障是否消失。

（5）转速偏离指令值

当主轴转速超过技术要求所规定的范围时，可从以下几方面考虑：①电动机过载；②CNC 系统输出的主轴转速模拟量（通常为 0～±10V）没有达到与转速指令对应的值；③测速装置有故障或速度反馈信号断线；④主轴驱动装置有故障。

（6）主轴异常噪声及振动

首先要区别异常噪声及振动发生在主轴机械部分还是在电气驱动部分。判断方法如下：①在减速过程中发生，一般是由驱动装置造成的，如交流驱动中的再生回路有故障；②在恒转速时产生，可通过观察主轴电动机自由停车过程中是否有噪声和振动来区别，如果有，则主轴机械部分有问题；③检查振动周期是否与转速有关，如无关，一般是主轴驱动装置未调整好；如有关，应检查主轴机械部分是否良好，测速装置是否不良。

（7）主轴电动机不转

CNC 系统至主轴驱动装置除了转速模拟量控制信号外，还有使能控制信号，一般为 DC+24V 继电器线圈电压。故障诊断顺序为：①检查 CNC 系统是否有速度控制信号输出；②检查使能信号是否接通；③通过CRT 观察 I/O 状态，分析机床 PLC 梯形图（或流程图），以确定主轴的启动条件，如润滑、冷却等是否满足；④主轴驱动装置有无故障；⑤主轴电动机有无故障。

【例 5.10】　一台 TSUGAMICORPRATION 数控车床，配置 F-0TB 系统正常工作时，突然不工作，并在主轴伺服单元出现 AL-02 报警。经仔细观察发现，主轴在 100r/min 时，电动机开始振动，在 500r/min 时出现 AL-02 报警。根据 AL-02 报警可能原因的提示，逐项进行分析、检测，发现交流主轴电动机的速度检测器（脉冲发生器）异常，其中有一路信号的阻值偏大。更换脉冲发生器之后，故障排除，机床工作恢复正常。

3. 直流主轴驱动的故障诊断方法

由于直流调速性能的优越性，直流主轴电动机在数控机床的主轴驱动中得到广泛应用，主轴电动机驱动多采用晶闸管调速的方式。

（1）控制回路

控制回路采用电流反馈和速度反馈的双闭环调速系统，其中内环是电流环，外环是速度环。主轴电动机为他励式直流电动机，励磁绕组与电枢绕组无连接关系，由另一路直流电源供电。

双闭环调速系统的特点是，速度调节器的输出作为电流调节器的给定信号来控制电动机的电流和转矩。它的优点在于：可以根据速度指令的模拟电压信号与实际转速反馈电压的差值及时控制电动机的转矩，在速度差值大时，电动机转矩大，速度变化快，以便尽快地使电动机的转速达到给定值；而当转速接近给定值时，又能使电动机的转矩自动地减小，这样可以避免过大的超调，使转速很快达到给定值，保证转速稳态无静差。电流环的作用是，当系统受到外来干扰时，能迅速地做出抑制干扰的响应，保证系统具有最佳的加、减速和制动的时间特性。另外，双闭环调速系统以速度调节器的输出作为电流调节器的输入给定值，速度调节器的输出限幅值就限定了电流环中的电流。在电动机启动或制动过程中，电动机转矩和电枢电流急剧增加，电枢电流达到限定值，使电动机以最大转矩加速，转速直线上升。当电动机的转速达到甚至超过了给定值时，速度反馈电压大于速度给定电压，速度调节器的输出从限幅值降下来，它作为电流调节器的输入给定值将使电枢电流下降，随之电动机的转矩也将下降，开始减速。当电动机的转矩小于负载转矩时，电动机又会加速直到重新回到速度给定值，因此，双闭环直流调速系统对主轴的快速起停、保持稳定运行等功能有着重要的作用。

磁场控制回路由励磁电流设定回路、电枢电压反馈回路及励磁电流反馈回路组成，后两者的输出信号经比较后控制励磁电流。

直流主轴驱动装置一般具有速度到达、零速检测等辅助信号输出，同时还具有速度反馈消失、速度偏差过大、过载及失磁等多项报警保护措施，以确保系统安全可靠地工作。

（2）主电路

数控机床直流主轴电动机由于功率较大，且要求正、反转及停止迅速，故驱动装置往往采用三相桥式反并联逻辑无环流可逆调速系统，这样在制动时，除了可以缩短制动时间外，还能将主轴旋转的机械能转换成电能送回电网。

逻辑无环流可逆系统是利用逻辑电路，使一组晶闸管在工作时，另一组晶闸管的触发脉冲被封锁，从而切断正、反两组晶闸管之间流通的电流（简称环流）。

命令级电路的作用是防止正、反向两组晶闸管同时导通，它需要检测电枢电路的电流是否到达零值，判别旋转方向命令，向逻辑电路提供正组或反组晶闸管允许开通的信号，这两个信号是互斥的，由逻辑电路保证不同时出现。

逻辑电路必须保证系统满足的条件如下：①只允许向一组晶闸管提供触发脉冲；②只有当工作的那一组晶闸管断流后才能撤销其触发脉冲，以防止晶闸管处于逆变状态时，未断流就撤销触发脉冲，以致出现逆变颠覆现象，造成故障；③只有当原先工作的那一组晶闸管完全关断后，才能向另一组晶闸管提供触发脉冲，以防止出现过大的电流；④任何一组晶闸管导通时，要防止晶闸管输出电压与电动机电动势方向一致，导致电压相加，使瞬时电流过大。

逻辑无环流可逆调速系统除了用于数控机床直流主轴电动机的驱动外，还可用在功率较大的直流进给伺服电动机上。

【例 5.11】 某加工中心主轴在运转时抖动，主轴箱噪声增大，影响加工质量。经检查，主轴箱和直流主轴电动机均正常，因此对主轴电动机的控制系统进行测试。

经测试，速度指令信号正常，而速度反馈信号出现不应有的脉冲信号，问题出在速度检测元件即测速发电机上。当主轴电动机运转时，带动测速发电机转子一起运转，这样测速发电机输出正比于主轴电动机转速的直流反馈电压。经检查，测速发电机炭刷完好，但换向器因炭粉堵塞，造成一绕组断路，使得测速反馈信号出现规律性的脉冲，导致速度调节系统调节不平稳，使驱动系统输出的电流忽大忽小，从而造成电动机轴的抖动。用酒精清洗换向器，彻底消除炭粉，即可排除故障。

4．交流主轴驱动的故障诊断方法

随着交流调速技术的发展，目前数控机床的主轴驱动多采用交流主轴电动机配变频器控制的方式。变频器的控制方式从最初的电压空间矢量控制（磁通转迹法）到矢量控制（磁场定向控制），发展至直接转矩控制，从而能方便地实现无速度传感器化；脉宽调制（PWM）技术从 SPWM 发展至优化 SPWM 技术和随机 SPWM 技术，以实现电流谐波畸变小、电压利用率最高、效率最优、转矩脉冲最小及噪声强度大幅度削弱的目标；功率器件由 GTO、GTR、IGBT 发展到智能模块 IPM，使开关速度快、驱动电流小、控制驱动简单、故障率降低、干扰得到有效控制及保护功能进一步完善。

5. 主轴通用变频器

随着数字控制的 SPWM 变频调速系统的发展，数控机床主轴驱动采用通用变频器控制也越来越多。所谓“通用”包含着两方面的含义：一是可以和通用的笼型异步电动机配套应用；二是具有多种可供选择的功能，可应用于各种不同性质的负载。

三菱 FR—A500 系列变频器既可通过 2、5 端，用 CNC 系统输出的模拟信号来控制电动机的转速，也可通过拨码开关的编码输出，或 CNC 系统的数字信号输出至 RH、RM 和 RL 端，通过变频器的参数设置，实现多段运行速度选择或从最低速到最高速的变速。

（1）变频器的电源显示

变频器的电源显示也称充电显示，它除了表明是否已经接上电源外，还显示了直流高压部分滤波电容器上的充、放电状况。在切断电源后，高压滤波器的放电速度较慢，由于电压较高，故对人体有危险。因此，在调试和维修时，每次关机后，必须等电源显示完全熄灭后，方可触摸接线部分。

（2）变频器的故障显示

各种变频器对故障原因的显示有以下三种方式。

① 发光二极管显示。不同的故障原因由各自的发光二极管来显示，如 AC200S 交流主轴驱动装置上的 LED1 灭，说明欠电压、过电压及贯通性过电流；LED2 灭，说明过热；LED3 灭，说明过电流等。

② 代码显示。不同的故障原因由不同的代码来显示。

③ 字符显示。针对各种故障原因，用缩写的英文字符来显示，如过电流为 OC，过电压为 OV，欠电压为 LV，过载为 OL，过热为 OH 等；又如三菱 FR—A500 系列变频器，E.OC1 表示加速时过电流报警，E.OV3 表示减速时再生过电压报警等。

（3）变频器的预置设定

变频器和主轴电动机配用时，需根据主轴加工的特性和要求，预先进行一系列的设定，如加、减速时间等。设定的方法是通过编程器上的键盘和数码管显示将参数输入或修改，根据对应型号的使用说明书进行，大体步骤如下。

① 首先按下模式转换开关，使变频器进入编程模式。

② 按数字键或数字增、减键（△键和▽键），选择需进行预置的功能码。

③ 按读出键或设定键，读出该功能的原设定数据（或数据码）。

④ 如需修改，则通过数字键或数字增、减键来修改设定数据。

⑤ 按写入键或设定键，将修改后的数据写入。

⑥ 如预置尚未结束，则转入第二步，对其他功能进行设定；如预置已经结束，则按模式选择键，使变频器进入运行模式，电动机即可以启动。

（4）变频控制的故障诊断

① 过电压。主要有两种情况：一是电源电压过高。变频器一般允许电源电压向上波动的范围是+10%，超过此范围时，就进行保护；二是降速过快。如果将减速时间设定得太短，在再生制动过程中制动电阻来不及将能量放掉，致使直流回路电压过高，形成高电压。

② 欠电压。

- 电源方面：一是电源电压低于额定值电压的10%；二是电源缺相。
- 主电路方面：一是整流器件损坏。如果六个整流二极管中有部分损坏，整流后的电压将下降；二是限流电阻未“切出”电路。如果延时触点未动作、触点接触不良或晶闸管未导通，使电阻长时间接入电路，则均会导致直流侧欠电压。

③ 过电流。

- 非短路性过电流：一是电动机严重过载；二是电动机加速过快。
- 短路性过电流：一是负载侧短路；二是负载侧接地；三是变频器逆变桥同一桥臂的上、下两晶体管同时导通，形成“直通”。因为变频器在运行时，同一桥臂的上、下两晶体管总是处于交替导通状态，在交替导通的过程中，必须保证只有在一个晶体管完全截止后，另一个晶体管才开始导通。如果由于某种原因，如环境温度过高等，使器件参数发生漂移，就可能导致直通。

（5）变频器的测量

① 测绝缘。将接至电源和电机的连线断开，然后将所有的输入端和输出端都连接起来，再用兆欧表测量绝缘电阻。

② 测电流。变频器的输入和输出电流都含有各种高次谐波，应选用电磁式仪表，因为电磁式仪表所指示的是电流的有效值。

③ 测电压。变频器输入侧的电压是电网的正弦波电压，可用任意类型的仪表测量；输出侧的电压是方波脉冲序列，含有许多高次谐波成份，由于电动机的转矩主要和电压的基波有关，故应选用整流式仪表进行测量。有些数字式万用表、钳形表的交流电压挡内含滤波环节，如DM—6015、DM—815型，可直接用于测量。

④ 测波形。用示波器测主电路的电压和电流波形时，必须使用高压探头。如使用低压探头，需用互感器或其他隔离器件进行隔离。

⑤ 变频器运行环境判断。

变频器都采用风扇强迫冷却。如果通风不良，器件的温度将会升高，有时即使变频器并没有跳闸，但器件的使用寿命已经下降。因此，应注意冷却风扇的运行状况是否正常，要经常清洁擦拭滤网和散热器的风道，以保证变频器的正常运行。

5.3.3 进给伺服系统的故障及诊断

进给伺服系统由各坐标轴的进给驱动装置、位置检测装置及机床进给传动链等组成，进给驱动系统由直流或交流驱动装置及直流或交流伺服电动机组成。

1. 常见进给驱动系统介绍

（1）直流进给驱动系统

① FANUC 公司直流进给驱动系统。从 1980 年开始，FANUC 公司陆续推出了小惯量

L 系列、中惯量 M 系列和大惯量 H 系列的直流伺服电动机。其中，中、小惯量伺服电动机采用 PWM 速度控制单元，大惯量伺服电动机采用晶闸管速度控制单元。驱动装置具有多种保护功能，如过速、过电流、过电压和过载保护等。

② SIEMENS 公司直流进给驱动系统。SIEMENS 公司在 20 世纪 70 年代中期推出了 1HU 系列永磁式直流伺服电动机，与伺服电动机配套的速度控制单元有 6RA20 和 6RA26 两个系列，前者采用晶体管 PWM 控制，后者采用晶闸管控制。驱动系统除了各种保护功能外，另具有 I^2t 热效应监控等功能。

③ MITSUBISHI 公司直流进给驱动系统。MITSUBISHI 公司拥有 HD 系列永磁式直流伺服电动机，如 HD301 等。配套的 6R 系列伺服驱动单元，采用晶体管 PWM 控制技术，具有过载、过电流、过电压和过速保护，以及电流监控等功能。

（2）交流进给驱动系统

① FANUC 公司交流进给驱动系统。FANUC 公司在 20 世纪 80 年代中期推出了晶体管 PWM 控制的交流驱动单元和永磁式三相交流同步电动机，电动机有 S 系列、L 系列、SP 系列和 T 系列，驱动装置有 α 系列交流驱动单元等。

② SIEMENS 公司交流进给驱动系统。SIEMENS 公司于 1983 年推出了交流驱动系统，由 6SC610 系列进给驱动装置和 6SC611A（SIMODRIVE611A）系列进给驱动模块、lFT5 和 lFT6 系列永磁式交流同步电动机组成。驱动采用晶体管 PWM 控制技术，带有 I^2t 热效应监控等功能。另外，SIEMENS 公司还有用于数字伺服系统的 SIMODRIVE611D 系列进给驱动模块。

③ MITSUBISHI 公司交流进给驱动系统。MITSUBISHI 公司的交流驱动单元有通用型的 MR-J2 系列，采用 PWM 控制技术，交流伺服电动机有 HC-MF 系列、HA-FF 系列、HC-SF 系列和 HC-RF 系列。另外，MITSUBISHI 公司还有用于数字伺服系统的 MDS-SVJ2 系列交流驱动单元。

（3）步进驱动系统

在步进电动机驱动的开环控制系统中，典型的产品有 KT400 数控系统及 KT300 步进驱动装置，SINUMERIK802S 数控系统配 STEPDRIVE 步进驱动装置及 IMP5 五相步进电动机等。

2．进给伺服系统的故障形式

进给伺服系统出现的故障，通常有三种表现形式：一是在 CRT 或操作面板上显示报警内容或报警信息；二是在进给伺服驱动单元上用报警灯或数码管显示驱动单元的故障；三是进给运动不正常，但无任何报警信息。进给伺服系统常见的故障如下。

（1）超程

当进给运动超过由软件设定的软限位或由限位开关决定的硬限位时，就会发生超程报警，一般会在 CRT 上显示报警内容，根据数控系统说明书，即可排除故障，解除报警。

（2）过载

当进给运动的负载过大，频繁正、反向运动以及进给传动链润滑状态不良时，均会引起过载报警。一般会在 CRT 上显示伺服电动机过载、过热或过流等报警信息。同时，在强电柜中的进给驱动单元上，用指示灯或数码管提示驱动单元过载、过电流等信息。

【例 5.12】 GPM900B-2 型数控曲轴铣床多次出现程序中断故障，显示 W 轴伺服报警。经检查是由于滑板放松指令的执行元件电磁阀卡死，造成前一程序段中断指令执行不够彻底，而后一程序段中又指令 W 轴移动，使 W 轴电动机伺服电源过负荷，致使程序中断。

（3）窜动

在进给时出现窜动现象，其原因有：测速信号不稳定（如测速装置故障、测速反馈信号干扰等）；速度控制信号不稳定或受到干扰；接线端子接触不良（如螺钉松动等）。如果窜动发生在由正向运动向反向运动的瞬间，一般是由于进给传动链的反向间隙或伺服系统增益过大所致。

（4）爬行

爬行发生在启动加速段或低速进给时，一般是由于进给传动链的润滑状态不良、伺服系统增益过低及外加负载过大等因素所致。由于伺服电动机和滚珠丝杠使用联轴器连接，连接松动或联轴器本身的缺陷如裂纹等，造成滚珠丝杠转动和伺服电动机的转动不同步，从而使进给运动忽快忽慢，产生爬行现象。

（5）振动

发生振动时需分析机床振动周期是否与进给速度有关。如与进给速度有关，振动一般与该轴的速度环增益太高或速度反馈故障有关；若与进给速度无关，振动一般与位置环增益太高或位置反馈故障有关；如振动在加、减速过程中产生，往往是系统加、减速时间设定过小造成的。

（6）伺服电动机不转

前面我们在主轴伺服系统的故障形式中介绍了主轴电动机不转的故障及诊断方法，此处进给伺服电动机不转的故障及诊断方法同其类似，不再赘述。

（7）位置误差

当伺服轴运动超过位置允差范围时，数控系统就会产生位置误差过大的报警，包括跟随误差、轮廓误差和定位误差等。主要原因有：系统设定的允差范围过小；伺服系统增益设置不当；位置检测装置有污染；进给传动链累积误差过大；主轴箱垂直运动时平衡装置（如平衡油缸等）不稳。

（8）漂移

当指令值为零时，坐标轴仍有移动，从而造成位置误差。漂移可通过漂移补偿和驱动单元上的零速调整来消除。

（9）回参考点故障

常见的回参考点的故障可参见下面两道例题。

【例 5.13】 一台采用西门子 SIN3M 数控系统的数控磨床，开机后出现 y 轴回不到参考点的情况。观察故障现象，发现当 x 轴回到参考点后，y 轴开始运动，但减速后一直运动，直到压上限位开关，很明显是零点脉冲出现了问题。数控系统是通过测量板接收零点脉冲和位置反馈信号的，由于位置反馈采用的是光栅尺，所以测量板上 x、y 轴各加一块脉冲整形及放大电路 EXE 板。由于 x 轴没有问题，可能是 y 轴的 EXE 板出现问题，将 x 轴与 y 轴的 EXE 板对换，开机测试，故障转移到 x 轴上，说明确实是 y 轴的 EXE 板出现了问题，更换新的 EXE 板后故障排除。这个故障是由于数控系统的测量板出现了问题而导致 y 轴回不了参考点。

【例 5.14】　一台采用西门子 SIN3M 数控系统的数控磨床，开机后出现 y 轴回不到参考点的情况。观察故障发生的过程，当 y 轴正向运动时，没有问题，但在反向运动时，出现 113 号报警（轮廓监控）和 222 号报警。检查机床参数、数控系统和伺服系统都没有问题，将编码器拆下检查时，发现编码器与伺服电动机轴的联轴器在直径方向上有一斜裂纹。这个裂纹是故障的根本原因，因为正向运动时裂纹不受力，编码器不丢转，机床不出故障；而反向运动时，裂纹受力张开，致使编码器丢转，产生 113 号报警。更换新的联轴器，故障排除。

3．故障定位及诊断方法

当伺服系统出现故障时，快速定位故障部位的方法主要有以下两种。

（1）模块交换法

数控机床有些进给轴的驱动单元具有相同的当量，如立式加工中心，x 轴和 y 轴的驱动单元往往是一致的，当其中的某一轴发生故障时，可以用另一轴来替代，观察故障的转移情况，快速确定故障的部位。

（2）外接参考电压法

当某轴进给发生故障时，为了确定是否为驱动单元和伺服电动机故障，可以脱开位置环，检查速度环以进行判断。

5.4　电动机常见故障诊断与分析方法简介

5.4.1　三相异步电动机的常见故障与检修

目前，数控机床中使用的三相电动机大多采用变频器控制，其故障主要有：由于电源接触器触点损坏、电机过载、变频器内部元器件损坏、引线受力或来回摇动，而造成断路和接触不良、缺相等原因所引起的极间短路、断路、击穿（扎间短路）、搭铁等故障。

异步电动机的修理比较简单，只是在修理中应注意到电动机工作在变频状态下，对电动机的绝缘等级要求较高。

5.4.2　交、直流伺服电动机及步进电动机的常见故障分析与维护

1．伺服电动机的维护

（1）直流伺服电动机的维护

直流伺服电动机带有数对电刷，电动机旋转时，电刷与换向器摩擦而逐渐磨损。电刷异常或过度磨损，都会影响电动机的工作性能，所以对直流伺服电动机进行定期检查和维护是相当必要的。数控车床、铣床和加工中心中的直流伺服电动机应每年检查一次，频繁加、减速的机床（如冲床等）中的直流伺服电动机应每两个月检查一次，检查步骤如下。

① 在数控系统处于断电状态且电动机已经完全冷却的情况下进行检查。

② 取下橡胶刷帽，用螺钉旋具刀拧下刷盖并取出电刷。

③ 测量电刷长度，如 FANUC 直流伺服电动机的电刷由 10mm 磨损到小于 5mm 时，必须更换同型号的新电刷。

④ 仔细检查电刷的弧形接触面是否有深沟或裂痕，以及电刷弹簧上有无打火痕迹。如有上述现象，则要考虑电动机的工作条件是否过分恶劣或电动机本身是否有问题。

⑤ 用不含金属粉末及水分的压缩空气导入装电刷的刷握孔，吹净粘在刷孔壁上的电刷粉末。如果难以吹净，可用螺钉旋具尖轻轻清理，直至孔壁全部干净为止，注意不要碰到换向器表面。

⑥ 重新装上电刷，拧紧刷盖。如果更换了新电刷，应使电动机空运行磨合一段时间，以使电刷表面和换向器表面相吻合。

（2）交流伺服电动机的维护

应用于进给驱动的交流伺服电动机多采用交流永磁同步电动机，其特点是磁极是转子，定子的电枢绕组与三相交流电动机电枢绕组一样，但它由三相逆变器供电，通过电动机转子位置检测器产生的信号去控制定子绕组的开关器件，使其有序轮流导通，实现换流作用，从而使转子连续不断地旋转。转子位置检测器与电动机转子同轴安装，用于转子的位置检测，检测装置一般为霍尔开关或具有相位检测的光电脉冲编码器。

2．伺服电动机常见的故障

（1）接线故障

由于接线不当，伺服电动机在使用一段时间后就可能出现插座脱焊、端子接线松动等引起的接触不良的故障。

（2）转子位置检测装置故障

当霍尔开关或光电脉冲编码器发生故障时，会造成电动机失控、进给有振动等故障。

（3）电磁制动故障

带电磁制动的伺服电动机，当电磁制动器出现故障时，会出现得电不松开、失电不制动的现象。

3．交流伺服电动机故障诊断的方法

① 用万用表或电桥测量电枢绕组的直流电阻，检查是否断路，并用兆欧表检测绝缘是否良好。

② 将电动机与机械装置分离，用手转动电动机转子，正常情况下感觉有阻力，转一个角度后手放开，转子有返回现象；如果用手转动转子时能连续转几圈并自由停下，该电动机已损坏；如果用手转不动或转动后无返回，电动机本身机械部分可能有故障。

由交流伺服电动机故障引起的机床故障，主要表现为机床振动和紧急制动等。

【例 5.15】 配有 FANUC-7CM 系统的 XK715F 型数控立式铣床，其旋转工作台（B轴）低速时转动正常，中、高速时出现抖动。用隔离法将电动机从转盘上拆下后再运转，仍有抖动现象。再将位置环脱开，外加 VCMD 给定信号给速度单元，然后运转，还是抖动。可见故障在电动机或速度单元上。先打开电动机，发现大量冷却油进入内部，经洗刷电动机内部后再装好，运转时电动机不再抖动。有些故障，如轴抖动、爬行，一时难以区分是数控部分，还是伺服系统或机械部分造成的，常可采用隔离法，将机械、电气分离，数控与伺服分离，或将位置闭环分离做开环处理，这样，复杂的问题就化为简单，能较快地找到故障原因。

5.5 接口常见故障诊断与分析

接口是连接 CNC 系统、PLC、机床本体的节点，节点是信息传递和控制的要道，通过接口的状态信息（通“1”、断“0”），在系统产生故障后，可由此判断故障出现的位置、故障现象与后果。接口的故障主要为元器件损坏引起的节点无法通信，节点通信接口之间松动、锈蚀、接触不良造成的不能通信等，此时可采用替代法查找故障。

维护人员需注意积累印制电路板上关键的部位或易出故障的部位及其故障现象，提高诊断速度与维修水平。

5.6 数控系统的电气故障维修与保养技术常识

数控系统的电气部分也是由硬件控制系统和软件控制系统两大部分组成的，其中硬件控制系统以微处理器为核心，采用大规模集成电路芯片、可编程控制器、伺服驱动单元、伺服电动机、各种输入/输出设备（包括显示器、控制面板、输入/输出接口）等可见部件组合而成。软件控制系统即数控软件，包括数据输入/输出、插补控制、刀具补偿控制、加减速控制、位置控制、伺服控制、键盘控制、显示控制、接口控制等控制软件及各种机床参数、PLC 参数、报警文本等。数控系统出现故障以后，要分别对软、硬件部分进行分析、判断，定位故障并进行维修。作为一个好的数控设备维修人员，必须具备电子线路、元器件、计算机软硬件、接口技术、测量技术等方面的知识。

本节主要介绍数控系统电气部分软硬件维护、维修的基本技术方法、维修工作所要求的基本技能和知识。

5.6.1 数控系统电气维修的基础

1．维修人员的要求

维修人员应有高度的责任心和良好的职业道德，具备计算机技术、模拟与数字电路技术基础、自动控制技术、检测技术以及机械加工工艺、刀具等方面的知识；掌握有关数控、驱动及 PLC 的工作原理，了解 CNC 编程和编程语言；熟悉各种机床的基本结构，掌握各种常用检测仪器、仪表和各种维修工具的使用。

2．应具备的维修手段

平时需准备好常用备件、配件，保证随时可以得到微电子元器件的供应、必要的维修工具（仪器、仪表、接线等），最好有小型编程机或编程器等完整的技术资料、手册、线路图、维修说明书（包括 CNC 操作说明书）、接口、调整与诊断、驱动说明书、PLC 说明书（包括 PLC 用户程序单）、元器件表格等。

3．维修前的准备工作

接到用户的维修要求之后，应尽快与用户直接取得联系，以详尽地了解现场的情况，获取到现场的各种信息，如数控机床的进给与主轴驱动型号、报警指示或故障现象，用户现场有无备件等。然后，根据以上情况，预先分析可能出现的故障原因与部位，准备好有关的技术资料与维修服务工具、仪器、备件等。

5.6.2 数控系统维修的过程

1. 维修档案的建立

维修档案包括技术档案和故障档案。

（1）技术档案

技术档案是指数控设备的技术资料。维修人员应在认真消化、吸收这些资料的基础上，充分理解和掌握数控系统的构成和功能，还要将各种参数（特别是系统参数、PLC 参数）作为机床重要的技术资料加以保存，以备维修之用。这些参数随机床的不同而不同，一般数控机床出厂时都随机带有参数表或参数纸带。但数控机床在安装调整时，应根据现场状况调整一些参数，一旦参数调整好后，用户不能随意修改。当数控系统与机床相连时，在数控系统和可编程控制器的执行中，这些数据可使机床具有最佳的工作性能。

（2）故障档案

数控设备一旦出现故障，应保护好现场，除非出现影响设备或人身安全的紧急情况。不要立即关断电源，而应先记录下故障出现时的机床工作状态、工作方式、故障位置、报警号及 CRT 的位置显示等。这些记录往往是分析故障原因、查找故障源的重要依据。另外还应记录排除故障的分析过程，包括误判、排除方法、维修时间等，建立起相应的故障维修档案，从中总结经验、教训。提高重复维修的速度，有利于提高维修的技术水平。

2. 设备的测绘

设备的测绘包括设备各部件的物理位置、功能、控制系统的原理线路测绘（控制系统框图、部件线路原理图、可供测试点的状态、输入/输出信号、检测元件、执行元件的物理位置及编号、设备间的连接图表）。维修人员最好能熟悉系统的软硬件原理，对设备的运行过程了如指掌，这样才能在维修过程中得心应手。

5.6.3 技术资料的种类

技术资料是分析故障的依据，是解决问题的前提条件。因此，一定要重视数控设备技术资料的收集及日常管理工作。

数控设备所涉及的技术领域较多，资料涉及的面也广，就电气维修而言，主要有以下几类。

1. 设备的安装调试资料

设备的安装调试资料主要有安装基础图、搬运吊装图、精度检验表、合格证、装箱单，以及购买合同中技术协议所规定的功能表等。

2. 设备的使用操作资料

设备的使用操作资料包括如设备制造厂编制的使用说明书、维修保养手册、设备所配数控系统的编程手册、操作手册等。

3. 设备的维修保养资料

设备的维修保养资料主要包括以下几种。

① 设备厂商编制的维修保养手册。

② 数控系统生产厂提供的有关资料，主要有数控系统维修手册、诊断手册、参数手册、固定循环手册、伺服放大器及伺服电动机的参数手册和维护调整手册，以及一些特殊功能的说明书、数控系统的安装使用手册等。

③ 设备的电气图纸资料，如设备的电气原理图、电气接线图、电器元件位置图，可编程控制器部分的梯形图或语句表，PLC 输入/输出点的定义表，梯形图中的计时器、计数器、保持继电器的定义及详细说明，所用的各种电器的规格、型号、数量、生产厂家等明细表。

④ 气动部分的维修调整资料，主要有气动原理图、气动管路图、气动元件明细表，有关过滤、调压、油化雾化三点组合的调整资料，使用的雾化油的牌号等。

⑤ 冷却部分的维修保养资料，数控设备冷却部分有：切削液循环系统、电气柜空调冷却器、有关精密部件的恒温装置等，这些部分的主要资料是安装调整维修说明书。

⑥ 有关安全生产的资料，如安全警示图、保护接地图、设备安全事项、操作安全事项等。

⑦ 设备使用过程中的维修保养资料，如维修记录、周期保养记录、设备定期调试记录等。

5.6.4 故障发生时应采取的处理方法

当数控系统发生故障时，操作人员应采取紧急措施，停止运行，保护现场。如果操作人员不能及时排除故障，除应及时通知维修人员之外，还应对故障做如下详细的记录。

（1）故障的种类

要了解机床在出现故障时，机床处于何种运行方式，如纸带输入方式、手动数据输入方式（MDI）、存储器方式、编辑、手轮操作方式、点动操作方式，以及 NC 系统的状态显示，CRT 有无报警显示，刀具的轨迹、速度、定位误差等。

（2）故障的频繁程度

包括故障发生的时间、发生的次数、发生故障时的外界情况；故障是否在特定条件及环境下发生；是否与进给速度、换刀方式、螺纹切削等有关；出现故障的程序段（指当时机床运行到哪一段）等。

（3）故障的重复性

将引起故障的程序段重复执行几次，观察故障的重复性，即再现故障（以不发生任何危险为原则）；将该程序段的编程值与系统内的实际数值比较，有无差别，是否程序输入有误；重复故障是否与外界因素有关等。

（4）外界状态

外界状态包括环境温度、是否有强烈振动以及其他干扰源（如吊车、高频机械、焊机或电加工机床、电压不稳等）。

（5）操作状况

操作状况包括这些方面：切削液、冷却油是否溅进数控系统；系统是否受水浸渍；数控系统是否有阳光直射；输入电压值是否稳定；现场是否存在大电流装置；附近是否有正在维修或正在调试的机床。要注意在维修或调试前附近的机床是否发生过同样的故障或维修等。

（6）运转情况

运转情况有：机床在运转中是否改变过或调整过运转方式；机床是否处于报警状态；是否做好了运转准备，保险丝是否正常；机床是否处于锁住状态；系统是否处于急停状态；机床操作面板上的速度倍率开关是否设定为“0”，进给保持按钮是否被按下，处于进给保持状态等。

（7）机床情况

机床情况有：机床的调整状况，机床在运行过程中是否发生振动；刀尖是否正常，更换刀具时是否设置了偏移量，间隙补偿是否合适；机械零件是否局部发热、变形及机床测量系统是否受到了污染等。

（8）机床与数控系统之间的接线及接口情况

主要包括信号屏蔽线接地是否正确；电缆线是否正常、完整无损，特别是在拐弯处是否有破裂或损伤，信号线与电源线是否分开走线；交流电源线和系统内部电缆的安装是否有未分开处；继电器、电机、电磁铁等电磁部件是否装有噪声抑制器。

（9）数控装置的外观检查及程序检查

此外，还要看有无其他偶然或突发因素，如突然停电、外线电压波动较大、雷击、部件进水等。

5.6.5 数控机床电气的日常维护

数控机床的故障停机与日常维护的好坏有很大的关系，如果维护及时得力，故障就会减少，从而可最大限度地减小停机损失。下面就电气、数控驱动电机、检测反馈等方面对数控机床的保养部位、装置及保养周期等进行简要介绍。

1. 电气部分的维护保养

电气部分包括动力电源输入线路、继电器、接触器、控制电路等几部分，具体检查内容如下。

① 检查三相电源的电压值是否正常，有无偏相及缺相，如果输入的电压超出允许范围则要进行相应调整。

② 检查所有电气连接是否良好。

③ 检查各类开关是否有效，可借助于数控系统CRT显示的诊断画面及可编程机床控制器（PMC）、输入/输出模块上的LED指示灯检查确认，若有不良反应及时更换。

④ 检查各继电器、接触器是否工作正常，触点是否完好，可利用数控编程语言编辑一个功能试验程序，通过运行该程序确认各控制器件是否完好有效。

⑤ 检验热继电器、电弧抑制器等保护器件是否有效。

以上电气保养应由车间电工实施，每年至少检查调整一次。

电气控制柜及操作面板显示器的箱门应密封，不能用打开柜门使用外部风扇冷却的方式降温。操作者应每月清扫一次电气控制柜防尘滤网，每天检查一次电气控制柜冷却风扇或空调运行是否正常。

2．数控系统中模块化硬件控制部分的检查调整

数控系统中模块化硬件控制部分包括数控单元模块、电源模块、伺服放大器、主轴放大器、人机通信单元、操作单元面板、显示器等部分。

每年需让有经验的维修电工检查一次。检测有关的参考电压是否在规定范围内，如电源模块的各路输出电压、数控单元参考电压等，若不正常应按要求调整；检查系统内各电气元件连接是否松动；检查各功能模块使用的风扇是否运转正常并清除灰尘；检查伺服放大器和主轴放大器使用的外接式再生放电单元的连接是否可靠，清除灰尘；检测各功能模块使用的存储器后备电池的电压是否正常，一般应根据厂家的要求定期更换。对于长期停用的机床，每月应开机运行 4 小时以上，这样可以延长数控系统的使用寿命。

3．伺服电机和主轴电机的检查

维修电工应每年检查一次伺服电动机和主轴电动机。重点检查其运行噪声、温升，若噪声过大，应查明原因，是轴承等机械问题还是与其相配的放大器的参数设置问题，采取相应措施加以解决。对于直流电动机，应对其电刷、换向器等进行检查、调整、维修或更换，使其工作状态良好。电刷的异常或过度磨损，会影响电动机性能甚至使其损坏。检查电刷时要在数控系统断电的状态且电动机完全冷却后进行。如果电刷已磨损到新电刷长度的一半时，就应更换同型号的新电刷。并在更换前将电刷架及换向器表面的电刷粉末清理干净，处理换向器表面的点蚀。检查电动机各连接插头是否松动，电动机端部的冷却风扇运转是否正常并清扫其灰尘。

4．测量元件的检查

目前的数控机床均采用了闭环或半闭环控制方式，检测元件以采用编码器、光栅尺的较多，也有使用感应同步尺、磁尺、旋转变压器的等。维修电工每年应检查一次检测元件的连接是否松动，是否被油液或灰尘污染。

维护保养光栅尺时，应注意观察防护系统是否完好，防护得越好，其寿命就越长，控制精度就越能得到保证。如果发现光栅有问题，切不可盲目拆卸，搞清楚后再动手。标尺光栅或指示光栅上有污物时应小心清除，清除前必须确认尺面及周围有无切屑等硬质杂物，如有应清理干净，用脱脂棉和高纯度酒精进行擦洗，不能用手或一般布料擦拭，造成人为故障。

总之，认真做好数控机床及加工中心的维护工作，可大大降低其故障率，减少停机时间，节约维修费用，提高经济效益。

习题 5

1．什么是数控系统的故障？

2．什么是数控系统故障诊断技术？

3．我国《机床数字控制系统通用技术条件》中规定，用什么指标衡量数控产品的可靠性？

4．什么是自诊断技术？

5．什么是在线诊断？

6．简述伺服系统的组成和工作原理。

7．变频控制的故障主要表现为哪三类？

8．简述变频器中对电压、电流、绝缘电阻的测量方法。

9．进给伺服系统的常见故障形式有哪九种？

10．伺服电动机常见的故障有哪三类？

11．数控系统电气设备的维修保养资料主要有哪些？

12．简述数控系统故障发生时的处理方法。

第 6 章 PLC 与接口技术

可编程控制器是以微处理器为核心，综合计算机技术、自动控制技术和通信技术发展起来的一种新型工业自动控制装置。经过三十多年的发展，在工业生产中获得了极其广泛的应用。目前，可编程控制器已成为工业自动化领域中最重要的控制装置，居工业自动化生产三大支柱（可编程控制器、机器人、计算机辅助设计与制造）的首位，其生产与应用的水平如何也成为衡量一个国家工业自动化程度高低的重要标志。

世界上第一台 PLC 生产于 1969 年，由美国数字设备公司（DEC）根据通用汽车公司（GM）的要求研制，取代传统的“继电器－接触器”控制系统，成功应用于通用汽车公司的自动装配线上。随后，这种新型的工业自动控制装置迅速推广应用于其他领域。目前，世界上有上百家企业生产可编程控制器，品种、规格非常丰富，更新换代也非常快。

在数控机床上，PLC 也已成为一种应用最多的、基本的控制装置，对于车削中心、加工中心、FMC、FMS 等机械运动复杂、自动化程度高的加工设备和生产制造系统，PLC 更是一种不可或缺的控制装置。本章主要介绍 PLC 的功能、特点、原理、编程以及在数控机床中的应用。

6.1 PLC 概述

本节主要介绍 PLC 的特点、功能、定义、结构及工作原理等基本概念，使大家对 PLC 有一个整体的概念，为后续内容的学习打下基础。

6.1.1 PLC 的特点和主要功能

1. PLC 的特点

作为应用最为广泛的自动控制装置之一，PLC 具有十分突出的特点及优势，主要表现在以下几个方面。

（1）可靠性高，抗干扰能力强

传统“继电器－接触器”控制系统中使用了大量的中间继电器、时间继电器、接触器等机电设备元件，由于触点接触不良，容易出现故障。可编程控制器用软元件代替实际的继电器与接触器，仅有与输入、输出有关的少量硬件，接线只有“继电器－接触器”控制的十分之一到百分之一，故障几率也就大为减少。

另外，可编程控制器本身采取了一系列抗干扰措施，可以直接用于有强电磁干扰的工业现场，平均无故障运行时间达数万小时，因此，被广大用户公认为是最可靠的工业设备之一。

（2）编程简单易学

梯形图是使用得最多的可编程控制器编程语言，其电路符号和表达方式与继电器电路原理图基本相似。梯形图语言形象直观，易学易懂，熟悉继电器电路图的电气技术人员无须专门培训就可以熟悉梯形图语言，并用来编制用户程序。

梯形图语言实际上是一种面向用户的高级语言，可编程控制器在执行梯形图程序时，用解释程序将它“翻译”成汇编语言后再执行。

（3）功能完善，适应性强

可编程控制器产品已经标准化、系列化、模块化，配备有品种齐全的各种硬件装置供用户选用，用户能灵活方便地进行系统配置，组成不同功能、不同规模的系统。可编程控制器的安装接线也很方便，一般用接线端子连接外部电路。可编程控制器有较强的带负载能力、可以直接驱动一般的电磁阀和交流接触器。硬件配置完成后，可以通过修改用户程序，方便快速地适应工艺条件的变化。

针对不同的工业现场信号，如交流与直流、开关量与模拟量、电流与电压、脉冲与电位等，PLC 都有相应的 I/O 接口模块与工业现场设备直接连接，用户可根据需要，非常方便地进行配置，组成实用、紧凑的控制系统。

（4）使用简单，调试维修方便

可编程控制器用软件功能取代了继电器控制系统中大量的中间继电器、时间继电器、计数器等器件，使控制柜的设计、安装、接线工作量大大减少。

可编程控制器的梯形图程序一般采用顺序设计法，这种编程方法很有规律，很容易掌握。对于复杂的控制系统，梯形图的设计时间比设计继电器系统电路图的时间要少得多。可编程控制器的用户程序可以在实验室模拟调试，输入信号用小开关来模拟，通过可编程控制器上的发光二极管可观察输出信号的状态。完成了系统的安装和接线后，在现场的统调过程中发现的问题一般通过修改程序就可以解决，系统的调试时间大为减少。

可编程控制器的故障率很低，且有完善的自诊断和显示功能。可编序控制器或外部的输入装置和执行机构发生故障时，可以根据可编程控制器上的发光二极管或编程器提供的信息，迅速地查明故障的原因，用更换模块的方法迅速地排除故障。

（5）体积小，重量轻，功耗低

对于复杂的控制系统，使用可编程控制器后，可以减少大量的中间继电器和时间继电器，小型可编程控制器的体积仅相当于几个继电器的大小，因此可将开关柜的体积缩小到原来的二分之一到十分之一，重量也大为降低。

可编程控制器的配线比继电器控制系统的配线少得多，故可以省下大量的配线和附件，减少大量的安装接线工时，加上开关柜体积的缩小，可以节省大量的费用。

2. PLC 的主要功能

PLC 的应用范围极其广阔，经过三十多年的发展，已广泛用于机械制造、汽车、冶金等各行各业，甚至可以说，只要有控制系统的地方，就一定有 PLC 存在。概括起来，PLC 的应用主要表现在以下几个方面。

（1）开关量控制

可编程控制器具有“与”、“或”、“非”等逻辑功能，可以实现触点和电路的串、并联，代替继电器进行组合逻辑控制、定时控制与顺序逻辑控制。数字量逻辑控制可以用于单台设备，也可以用于自动生产线，其应用领域已遍及各行各业，甚至深入到家庭。

（2）模拟量控制

很多 PLC 都具有模拟量处理功能，通过模拟量 I/O 模块可对温度、压力、速度、流量等连续变化的信号进行控制。某些 PLC 还具有 PID 闭环控制功能，这一功能可以用 PID 子程序或专用的 PID 模块来实现。PID 闭环控制功能已经广泛地应用于轻工、化工、机械、冶金、电力、建材等行业，自动焊机控制、锅炉运行控制、连轧机的速度控制等都是典型的闭环过程控制应用的实例。

（3）运动控制

可编程控制器使用专用的运动控制模块，对直线运动或圆周运动的位置、速度和加速度进行控制，可实现单轴、双轴、三轴和多轴位置控制，使运动控制与顺序控制功能有机地结合在一起。可编程控制器的运动控制功能广泛地用于各种机械，如金属切削机床、金属成型机械、装配机械、机器人、电梯等场合。

（4）数据处理

现代的可编程控制器具有数学运算（包括四则运算、矩阵运算、函数运算、逻辑运算等）、数据传送、比较、转换、排序、查表等功能，可以完成数据的采集、分析和处理。这些数据可以与储存在存储器中的参考值比较，也可以用通信功能传送到别的智能装置，或者将它们打印制表。数据处理一般用于大型控制系统，如无人柔性制造系统，也可以用于过程控制系统。

（5）通信联网

可编程控制器的通信包括主机与远程 I/0 设备之间的通信、多台可编程控制器之间的通信、可编程控制器和其他智能控制设备（如计算机、变频器、数控装置）之间的通信。可编程控制器与其他智能控制设备一起，可以组成“集中管理、分散控制”的多级分布式控制系统，形成工厂的自动化控制网络。

6.1.2　PLC 的定义、结构和组成

1. PLC 的定义

早期的可编程控制器主要是用来替代“继电器-接触器”控制系统的，因此功能较为简单，只进行简单的开关量逻辑控制，称为可编程逻辑控制器（Programmable Logic Controller），简称 PLC。

随着微电子技术、计算机技术和通信技术的发展，20 世纪 70 年代后期，微处理器被用做可编程控制器的中央处理单元（Central Processing Unit，即 CPU），从而大大扩展了可编程控制器的功能，除了进行开关量逻辑控制外，还具有模拟量控制、高速计数、PID 回路调节、远程 I/O 和网络通信等许多功能。1980 年，美国电气制造商协会（National Electrical Manufacturers Association，即 NEMA）将其正式命名为可编程控制器（Programmable Controller，简称 PC），其定义为：“PC 是一种数字式的电子装置，它使用可编程序的存储器以及存储指令，能够完成逻辑、顺序、定时、计数及算术运算等功能，并通过数字或模拟的输入、输出接口控制各种机械或生产过程”。

1987 年 2 月，国际电工委员会（International Electrotechnical Commission，即 IEC）在颁布的可编程控制器标准草案的第二稿中将其进一步定义为："可编程控制器是一种数字运算操作的电子系统，专为在工业环境下应用而设计。它采用可编程序的存储器，用来在其内部存储执行逻辑运算、顺序控制、定时、计数和算术运算等操作的指令，并通过数字式、模拟式的输入和输出，控制各种类型的机械或生产过程。可编程控制器及其有关设备，都应按易于与工业控制器系统连成一个整体、易于扩充其功能的原则设计"。

从上述定义可以看出，可编程控制器是一种"专为在工业环境下应用而设计"的"数字运算操作的电子系统"，可以认为其实质是一台工业控制用计算机。为了避免同常用的个人计算机（Personal Computer）的简称 PC 混淆，通常仍习惯性地把可编程控制器称为 PLC，本书也沿用 PLC 这一叫法。

2. PLC 的结构和组成

由于 PLC 实质为一种工业控制用计算机，所以，与一般的微型计算机相同，也是由硬件系统和软件系统两部分组成。

（1）PLC 的硬件结构

从硬件上看，PLC 的结构如图 6-1 所示。

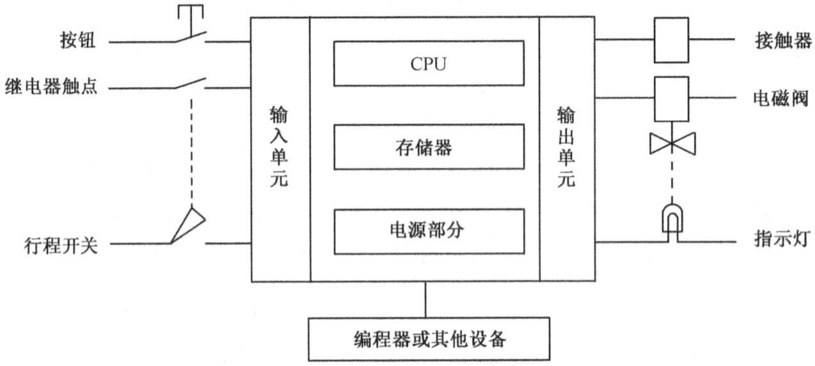

图 6-1 PLC 的硬件结构

从图 6-1 可以看出，PLC 主要由 CPU、存储器、电源、输入单元、输出单元、编程器及其他外部设备组成。

① CPU。与通用计算机一样，CPU 是 PLC 的核心部件，在 PLC 控制系统中的作用类似于人体的神经中枢，整个 PLC 的工作过程都是在 CPU 的统一指挥和协调下进行的。它不断地采集输入信号，执行用户程序，然后刷新系统的输出。PLC 常用的 CPU 有通用微处理器、单片机和位片式微处理器。小型 PLC 大多采用 8 位微处理器或单片机，中型 PLC 大多采用 16 位微处理器或单片机，大型 PLC 大多采用高速位片式处理器。PLC 的档次越高，所用的 CPU 的位数也越多，运算速度也越快，功能也就越强。

② 存储器。PLC 配有两种存储器：系统存储器和用户存储器。系统存储器存放系统程序，用户存储器存放用户编制的控制程序。衡量存储器的容量大小的单位为"步"。因为系统程序用来管理 PLC 系统，不能由用户直接存取，所以，PLC 产品样本或说明书中所列的存储器类型及其容量，是指用户程序存储器。如某 PLC 存储器容量为 4K 步，即是指用户

程序存储器的容量。PLC 所配的用户存储器的容量大小差别很大，通常中小型 PLC 的用户存储器存储容量在 8K 步以下，大型 PLC 的存储容量可超过 256K 步。

③ 电源。PLC 配有开关式稳压电源的电源模块，用来将外部供电电源转换成供 PLC 内部 CPU、存储器和 I/O 接口等电路工作所需的直流电源。PLC 的电源部件有很好的稳压措施，一般允许外部电源电压在额定值的±10%范围内波动。小型 PLC 的电源往往和 CPU 单元合为一体，大中型 PLC 都配有专用电源部件。为防止在外部电源发生故障的情况下，PLC 内部程序和数据等重要信息的丢失，PLC 还配有锂电池作为后备电源。

④ 输入/输出单元。实际生产过程中产生的输入信号多种多样，信号电平也各不相同，而 PLC 所能处理的信号只能是标准电平，因此必须通过输入单元将这些信号转换成 CPU 能够接收和处理的标准信号。同样，外部执行元件如电磁阀、接触器、继电器等所需的控制信号电平也千差万别，也必须通过输出模块将 CPU 输出的标准电平信号转换成这些执行元件所能接收的控制信号。所以，输入/输出单元实际上是 CPU 与现场输入/输出设备之间的连接部件，起着 PLC 与被控对象间传递输入/输出信息的作用。

⑤ 编程器。编程器是 PLC 的最重要的外围设备，它不仅可以写入用户程序，还可以对用户程序进行检查、调试和修改，还可以在线监视 PLC 的工作状态。编程器一般分为简易编程器和图形编程器两类。简易编程器功能较少，一般只能用语句表形式进行编程，需要连机工作。它体积小，重量轻，便于携带，适合小型 PLC 使用。图形编程器既可以用指令语句进行编程，又可以用梯形图编程，操作方便，功能强大，但价格相对较高，通常大中型 PLC 采用图形编程器。应该说明的是，目前很多 PLC 都可利用微型计算机作为编程工具，只要配上相应的硬件接口和软件，就可以用包括梯形图在内的多种编程语言进行编程，同时还具有很强的监控功能。

⑥ I/O 扩展单元。I/O 扩展单元用来扩展输入、输出点数。当用户所需的输入、输出点数超过 PLC 基本单元的输入、输出点数时，就需要加上 I/O 扩展单元来扩展，以适应控制系统的要求。这些单元一般通过专用 I/O 扩展接口或专用 I/O 扩展模板与 PLC 相连接。I/O 扩展单元本身还可具有扩展接口，可具备再扩展能力。

⑦ 数据通信接口。PLC 系统可实现各种标准的数据通信或网络接口，以实现 PLC 与 PLC 之间的连接，或者实现 PLC 与其他具有标准通信接口的设备之间的连接。通过各种专用通信接口，可将 PLC 接入工业以太网、PROFIBUS 总线等各种工业自动控制网络。利用专用的数据通信接口可以减轻 CPU 处理通信的负担，并减少用户对通信功能的编程工作。

（2）PLC 的软件系统

硬件系统和软件系统组成了一个完整的 PLC 系统，它们相辅相成，缺一不可。没有软件的 PLC 系统称为裸机系统，不起任何作用。反之，如果没有硬件系统，软件系统也失去了基本的外部条件，程序根本无法运行。PLC 的软件系统是指 PLC 所使用的各种程序的集合，通常可分为系统程序和用户程序两大部分。

① 系统程序。系统程序是每一个 PLC 成品必须包括的部分，由 PLC 生产厂家提供，用于控制 PLC 本身的运行。系统程序固化在 EPROM 存储器中。

系统程序可分为管理程序、编译程序、标准程序模块和系统调用三部分。管理程序是系统程序中最重要的部分，PLC 整个系统的运行都由它控制。编译程序用来把梯形图、语句表等编程语言翻译成 PLC 能够识别的机器语言。系统程序的第三部分是标准程序模块和系统调用，这部分由许多独立的程序模块组成，每个程序模块完成一种单独的功能，如输入、输出及特殊运算等，PLC根据不同的控制要求，选用这些模块完成相应的工作。

② 用户程序。用户程序就是由用户根据控制要求，用 PLC 的程序语言编制的应用程序，以实现所需的控制目的。用户程序存储在系统程序指定的存储区内。

6.1.3 PLC的工作原理

早期的PLC主要用于代替传统的“继电器-接触器”控制系统，但这两者的运行方式是不相同的。继电器控制装置采用硬逻辑并行运行的方式，即如果这个继电器的线圈通电或断电，该继电器所有的触点无论在继电器控制线路的哪个位置上都会立即同时动作。而 PLC 的 CPU 则采用顺序逻辑扫描用户程序的运行方式，即如果一个输出线圈或逻辑线圈被接通或断开，该线圈的所有触点不会立即动作，必须等扫描到该触点时才会动作。为了消除二者之间由于运行方式不同而造成的差异，考虑到继电器控制装置各类触点的动作时间一般在100ms 以上，而 PLC 扫描用户程序的时间一般均小于 100ms，因此，PLC 采用了一种不同于一般微型计算机的运行方式——“扫描技术”。对于 I/O 响应要求不高的场合，PLC 与继电器控制装置的处理结果就没有什么区别了。

下面介绍PLC的扫描过程。

当 PLC 投入运行后，其工作过程一般分为三个阶段，即输入采样、用户程序执行和输出刷新三个阶段。完成上述三个阶段称做一个扫描周期。在整个运行期间，PLC 的 CPU 以一定的扫描速度重复执行上述三个阶段。

1. 输入采样阶段

在输入采样阶段，PLC 以扫描方式依次地读入所有输入状态和数据，并将它们存入存储器中的相应单元（通常称作 I/O 映像区）内。输入采样结束后，转入用户程序执行和输出刷新阶段。在这两个阶段中，即使输入状态和数据发生变化，I/O 映像区中的相应单元的状态和数据也不会改变。因此，如果输入是脉冲信号，则该脉冲信号的宽度必须大于一个扫描周期，才能保证在任何情况下，该输入均能被读入。

2. 用户程序执行阶段

在用户程序执行阶段，PLC 总是按由上而下的顺序依次地扫描用户程序。在扫描每一条程序时，又总是先扫描梯形图左边的由各触点构成的控制线路，并按先左后右、先上后下的顺序对由触点构成的控制线路进行逻辑运算，然后根据逻辑运算的结果，刷新该线圈在I/O 映像区或系统存储区中对应位的状态。也就是说，在用户程序执行过程中，只有输入点在 I/O 映像区内的状态不会发生变化，而其他输出点以及软设备在 I/O 映像区或系统存储区内的状态和数据都有可能发生变化。而且，排在上面梯形图的执行结果会对排在下面的凡是用到这些线圈或数据的梯形图起作用。相反，排在下面的梯形图，其被刷新的逻辑线圈的状态或数据只能到下一个扫描周期才能对排在其上面的程序起作用。

3. 输出刷新阶段

当扫描用户程序结束后，PLC 就进入输出刷新阶段。在此期间，CPU 按照 I/O 映像区内对应的状态和数据刷新所有的输出线圈，再经输出电路驱动相应的外部设备，即真正意义上的 PLC 输出。

4. 扫描周期的计算

一般来说，PLC 的扫描周期还包括自诊断、通信等，即一个扫描周期等于自诊断、通信、输入采样、用户程序执行和输出刷新等所有时间的总和。

PLC 的自诊断时间与型号有关，可在手册中查到。通信时间的长短与连接的外围设备多少有关，如果没有连接外围设备，则通信时间为零。输入采样与输出刷新时间取决于 I/O 点数，则扫描用户程序所用时间与扫描速度及用户程序的长短有关。对于基本逻辑指令组成的用户程序，扫描速度与步数的乘积即为扫描时间。如果用户程序中包含特殊功能指令，还必须查手册确定执行这些指令的时间。

5. PLC 的 I/O 响应时间

为了增强 PLC 的抗干扰能力，提高其可靠性，PLC 的每个开关量输入端都采用了光电隔离等技术。为了实现类似于继电器控制线路的硬逻辑并行控制，PLC 采用了不同于一般微型计算机运行方式的“扫描技术”。

正是以上两个原因，使得 PLC 的 I/O 响应比一般微型计算机构成的工业控制系统慢得多，其响应时间至少等于一个扫描周期，一般均大于一个扫描周期甚至更长。为提高 I/O 响应速度，现在的 PLC 均采取了一定的措施。在硬件方面，选用了快速响应模块、高速计数模块等新型模块。在软件方面，则采用了中断技术、改变信息刷新方式、调整输入滤波器等措施。

6.2 PLC 的指令系统

本节主要介绍 PLC 的编程语言、基本指令和编程方法，以进行用户程序的编制。PLC 的种类繁多，不同厂家的编程体系也不尽相同，此处以日本三菱公司的 FX 系列 PLC 为例，简要介绍 PLC 的编程方法。

6.2.1 PLC 常用的编程语言

IEC（国际电工委员会）于 1994 年 5 月公布了可编程控制器标准（IEC1131），该标准鼓励不同的可编程控制器制造商提供在外观和操作上相似的指令。它由通用信息、设备与测试要求、编程语言、用户指南和通信等五部分组成，其中的第三部分（IEC1131-3）是可编程控制器的编程语言标准。IEC1131-3 标准使用户在使用新的可编程控制器时，可以减少培训时间。对于厂家来说，使用标准将减少产品开发的时间，从而可以投入更多的精力满足用户的特殊要求。

IEC1131-3 标准提供了五种编程语言，它们分别为 SFC（Sequential Function Chart，即顺序功能图或流程图）、LD（Ladder Diagram，即梯形图）、FBD（Function Block Diagram）、IL（Instruction List，即指令表、语句表或者叫做助记符）、ST（Structured Text，即结构文本）。下面对 FX 系列 PLC 中的常用的 LD、IL、SFC 做一下简单介绍。

1. 梯形图（LD）

梯形图是应用最多的可编程控制器图形编程语言，因为它与继电器控制系统的电路图很相似，具有直观易懂的优点，很容易被熟悉工厂继电器控制系统的电气人员所掌握。图6-2所示为继电器电路图与梯形图的对比。

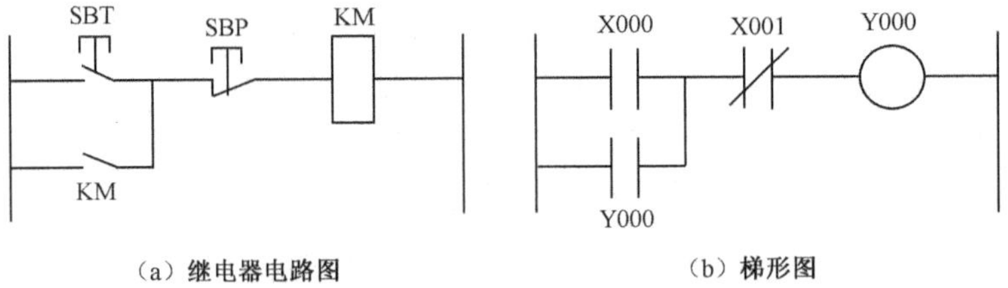

图 6-2　继电器电路图与梯形图的比较

梯形图特别适用于开关量逻辑控制，由触点、线圈和用方框表示的功能块组成。触点代表逻辑输入条件，如外部的开关、按钮及内部触点等，图 6-2 中的 X000 表示常开触点，X001 表示常闭触点。线圈代表逻辑输出结果，用来控制外部的指示灯、交流接触器及内部的输出条件等，图 6-2 中的圆圈 Y000 即代表线圈。功能块用来表示定时器、计数器以及数学运算等附加指令。梯形图的编写规则主要有：

①梯形图按行从上至下编写，每一行从左至右顺序编写。

②每一逻辑行必须从起始母线画起，结束于终止母线。如图 6-2 所示。

③梯形图中的触点可以任意串、并联，而输出线圈只能并联，不能串联。

④梯形图的最右侧必须连接输出元素。如图 6-2 中的线圈 Y000。

2. 指令表（IL）

指令表（又称助记符、语句表）是 PLC 的语句表达式。用梯形图编程虽然直观，但要求配置在的显示器上方可输入图形符号，这在小型 PLC 上很难满足，一般常借助于指令表输入。编程时，先根据系统要求编制梯形图，然后再将其转换成指令表，再利用编程器将其输入到 PLC 中。应该说明的是，不同型号的 PLC，其指令表是不同的，当然其基本原理没有太大的区别。

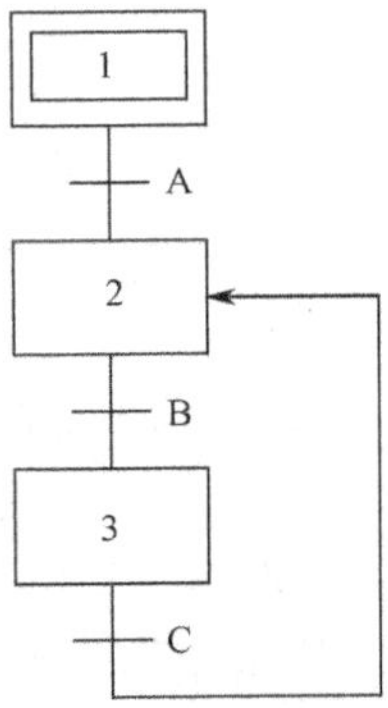

图 6-3　流程图示例

3. 流程图（SFC）

流程图又称顺序功能图，是一种描述顺序控制功能的图形表示法，主要由“步”、“转移”和“有向线段”等元素组成。图 6-3 为最简单的流程图示例。图中，1、2、3 为步，其中 1 为起始步。A、B、C 为转移，表示“步”与“步”之间切换的条件。

适当运用组成元素，可得到控制系统的表态表示方法，再根据转移触发规则进行模拟系统的运行，就可得到控制系统的动态过程，并可以从运动中发现潜在的故障。流程图的编写必须遵循以下规则。

① 步与步不能相连，必须用转移分开。

② 转移与转移不能相连，必须用步分开。

③ 步与转移之间的连接采用有向线段，从上向下画时可以省略箭头。有向线段从下向上画时，必须画上箭头，以表示方向。

④ 一个流程图至少要有一个起始步。

6.2.2 FX 系列 PLC 中使用的各种元器件

PLC 可以看作由继电器、定时器、计数器和其他功能模块构成的，它与继电器控制系统的根本区别在于 PLC 采用软器件，通过程序将各器件联系起来。按习惯，这里仍分别将 PLC 中的软器件称为继电器、定时器、计数器等，但它们并不是实际的物理实体，而是“软继电器”、“软定时器”、“软计数器”等。

PLC 中的元器件在使用时都必须用编号来加以识别，每个编程元件（软器件）的编码由字母和数字两部分组成。其中，字母表示其功能，如字母 X 表示输入继电器、Y 表示输出继电器、M 表示中间继电器（辅助继电器）、S 表示状态继电器、T 表示定时器、C 表示计数器、D 表示数据寄存器；数字则表示该类器件的序号，输入继电器和输出继电器的序号采用八进制，其他器件的序号则采用十进制。

1. 输入继电器（X）

PLC 的输入继电器是从外部设备接收信号的窗口，其常开/常闭触点（软接点）的使用次数不限，这些触点在 PLC 控制程序中可以自由使用。输入继电器的编号与接线端子的编号一致，线圈的吸合与释放只取决于 PLC 输入端子所连外部设备的状态，即由外部信号来驱动，不能用程序驱动。

FX 系列 PLC 输入继电器的编号范围为 X0～X177（八进制，共 128 点）。

2. 输出继电器（Y）

PLC 的输出继电器是向外部负载输出信号的窗口，其输出触点（主触点）接到 PLC 的输出端子上，其常开/常闭触点可供内部 PLC 程序使用，且使用次数不限。如果 PLC 控制系统没有扩展单元，留给扩展口的输出继电器就没有输出端子来外接，其线圈和内部触点可供 PLC 程序使用，用法同中间继电器。PLC 的输出形式主要有继电器接点输出、晶体管输出和晶闸管输出三种形式，以适应不同负载的需要。

FX 系列 PLC 输出继电器的编号范围为 Y0～Y177（八进制，共 128 点）。

3. 辅助继电器（M）

在逻辑运算中经常需要用到中间继电器，这些继电器并不直接驱动外部负载，只起到暂存中间状态的作用。FX 系列 PLC 的辅助继电器共有三种。

（1）通用型辅助继电器

其编号范围为 M0～M499，共计 500 点。

（2）带掉电保护的通用型辅助继电器

编号范围为 M500～M1023，共计 524 点。掉电保护是指在 PLC 外部电源停电后，由机内电池为某些特殊工作单元供电，以记忆它们在掉电前的状态。

（3）特殊辅助继电器

编号范围为 M8000～M8255，共计 256 点。特殊辅助继电器是具有特定功能的辅助继电器，根据使用方式可分为两类。一种是只能利用其触点的特殊辅助继电器，其线圈由 PLC 自行驱动，用户只能利用其触点。这类特殊辅助继电器常用做时基、状态标志，出现在程序中。

例如：

M8000：运行标志（RUN），PLC 运行时间接通。

M8002：初始脉冲，只在 PLC 开始运行的第一个扫描周期接通。

M8012：100ms 时钟脉冲。

另一种是可驱动线圈型特殊辅助继电器，用户驱动线圈后，PLC 做特定动作。例如：

M8033：PLC 停止时，输出保持。

M8034：禁止全部输出。

M8039：定时扫描方式。

4. 状态寄存器（S）

状态寄存器是一个很重要的状态元件，它与步进指令组合使用，可以用于流程图程序的编制。若不与步进指令组合使用，可作为普通辅助继电器使用，且具有掉电保持功能。其常开、常闭触点在 PLC 内部可以自由使用，使用次数不限。

状态寄存器共有 1000 点，用做流程图（SFC）的状态元件时，其定义如下：

初始状态：S0~S9，10 点，用做 SFC 的初始状态。

返回状态：S10~S19，10 点，多种运行模式中，用做返回原点的状态。

一般状态：S20~S499，480 点，用做 SFC 的中间状态。

掉电保持状态：S500~S899，400 点，用于停电恢复后需要保持的场合。

信号报警状态：S900~S999，100 点，做报警元件使用。

5. 定时器（T）

定时器相当于继电器电路中的时间继电器，可在程序中用做延时控制。FX 系列 PLC 定时器共有 256 点，分为普通定时器和积算定时器两种，时钟脉冲有 1ms、10ms、100ms 三种，具体如下：

100ms 定时器：T0～T199，200 点，定时范围为 0.1～3276.7s。

10ms 定时器：T200～T245，46 点，定时范围为 0.01～327.67s。

1ms 积算定时器：T246～T249，4 点，定时范围为 0.001～32.767s。

100ms 积算定时器：T250～T255，6 点，定时范围为 0.1~3276.7s。

6. 计数器（C）

计数器在程序中用做计数控制。FX 系列 PLC 计数器可分为内部计数器及外部计数器，内部计数器对 PLC 内部器件（X、Y、M、S、T 和 C）的信号进行计数，外部计数器对外部信号进行计数。机内信号的频率低于扫描频率，因而是低速计数器，高于机器扫描频率的信号计数需用高速计数器。

计数器也分为普通计数器和掉电保持型计数器两种，按照存储单元的位数，计数器还可分为 16 位和 32 位两种。

（1）16 位增计数器

增计数器的含义为每接到一个脉冲，计数器加 1，到达设定值后动作，其触点状态反转。16 位指其设定值及当前值寄存器为二进制 16 位寄存器，其设定值在 K1～K32767 范围内有效。FX 系列 PLC 有两种 16 位二进制增计数器：

通用型：C0～C99，100 点。

掉电保持型：C100～C199，100 点。

（2）32 位增/减计数器

32 位指其设定值寄存器为 32 位，由于是双向计数，除去一个符号位，设定值的最大绝对值为 31 位二进制数所能表示的数，即−2147483648～+2147483647。计数方向（增计数或减计数）由特殊辅助继电器 M8200～M8234 设定。对于 C×××，当 M8×××接通（置 1）时为减法计数，当 M8×××断开（置 0）时为加法计数。32 位增/减计数器也有两种：

通用型：C200～C219，20 点。

掉电保持型：C220～C234，15 点。

（3）高速计数器

高速计数器共有 21 点，地址编号为 C235～C255。但由于适用高速计数器的 PLC 输入端子只有 X0～X5 等 6 点，最多只能有 6 个高速计数器同时工作。除高速计数功能外，高速计数器还可用于比较、直接输出等高速应用功能。

7. 数据寄存器（D）

在一个复杂的 PLC 控制系统中需要大量的工作参数和数据，这些参数和数据存储在数据寄存器中。寄存器的数量随 PLC 型号的不同而不同，小型的 PLC 中可能没有，而大、中型 PLC 中可能有数千个。

FX 系列 PLC 的数据寄存器均为 16 位，最高位为符号位，当然也可以将两个相邻寄存器合并起来作为 32 位寄存器，最高位仍为符号位。当做 16 位寄存器使用时，其数值范围为−32768～+32767；用作 32 位寄存器时，其数值范围为−2147483648～+2147483647。

FX 系列 PLC 数据寄存器的地址分配如下：

普通数据寄存器：D0～D199，200 点，用于普通数据的存储。

掉电保持寄存器：D200～D511，312 点，具有掉电保持功能。

特殊数据寄存器：D8000～D8255，256 点，用于监控 PLC 的运行状态。

文件数据寄存器：D1000～D2999，2000 点，用于存储大量数据。

8. 变址寄存器（V/Z）

变址寄存器通常用来修改器件的地址编号，存放在它里面的数据为一个增量。能够被变址寄存器修正的元件包括 X、Y、M、S、T、C、D 等。变址寄存器由两个 16 位的数据寄存器 V 和 Z 组成，它们可以像其他数据寄存器一样进行数据的读写。进行 32 位操作时，将 V、Z 合并使用，V 寄存器为高 16 位，Z 寄存器为低 16 位。

变址寄存器的使用方法如下例：

MOV D5V D10Z

其中 MOV 为数据传递指令，用于将某一单元的内容传递到另一单元。上例中，如果 V=8、Z=14，则 D5V 指的是 D13 数据寄存器（5＋8＝13），D10Z 指的是 D24 数据寄存器（10＋14＝24），执行该指令的结果是将数据寄存器 D13 中的内容传送到数据寄存器 D24 中。

6.2.3 FX 系列 PLC 的基本指令及编程方法

掌握了 PLC 的编程语言及 PLC 内部的各种元器件之后，就可以进行 PLC 用户程序的编制了。

FX 系列 PLC 共有基本指令 20 条，步进指令 2 条，应用指令 85 条。基本指令和应用指令可通过增加后缀或前缀进行扩充，若考虑此种情况，则实际基本指令有 27 条，应用指令有 245 条。

下面主要介绍 PLC 的基本指令及编程方法。

（1）逻辑取、输出线圈驱动指令（LD、LDI、OUT）

指令的功能、梯形图见表 6-1。

表 6-1 LD、LDI、OUT 指令

符号名称	功 能	梯 形 图	程序步数
LD 取	运算开始（常开触点）	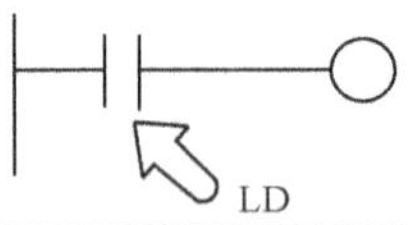	1
LDI 取反	运算开始（常闭触点）	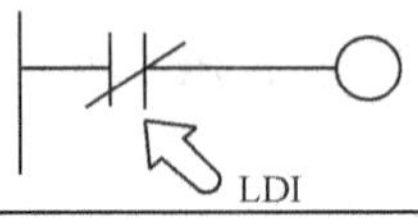	1
OUT 输出	线圈驱动输出	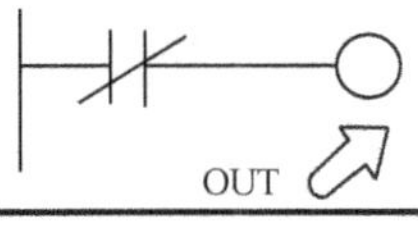	见说明④

几点说明：

① LD、LDI 指令用于将触点连接到母线上，逻辑运算开始，连接触点可以是 X、Y、M、S、T、C 继电器的触点。与 ANB 指令配合，在分支起点处也可使用。

② OUT 指令是对 Y、M、S、T、C 继电器线圈的驱动指令。

③ 并行输出指令可以多次使用。

④ LD、LDI 指令的程序步数为 1 步。OUT 指令的程序步数与输出元件有关，若为输出继电器及通用辅助继电器，其步数为 1；若为特殊辅助继电器，其步数为 2；若为定时器及 16 位计数器，其步数为 3；若为 32 位计数器，其步数为 5。

⑤对定时器的定时线圈和计数器的计数线圈，在 OUT 指令后还必须设定常数 K，其数值范围如表 6-2 所示。

表 6-2　定时器、计数器的设定值

种　类	K 设定范围	实际的设定值	程序步数
1ms 定时器	1～32767	0.001～32.767s	3
10ms 定时器	1～32767	0.01～327.67s	3
100ms 定时器	1～32767	0.1～3276.7s	3
16 位计数器	1～32767	同左	3
32 位计数器	−2147483648～+2147483647	同左	5

下面举一个例子，如图 6-4 所示，说明 LD、LDI、OUT 三个指令的应用。

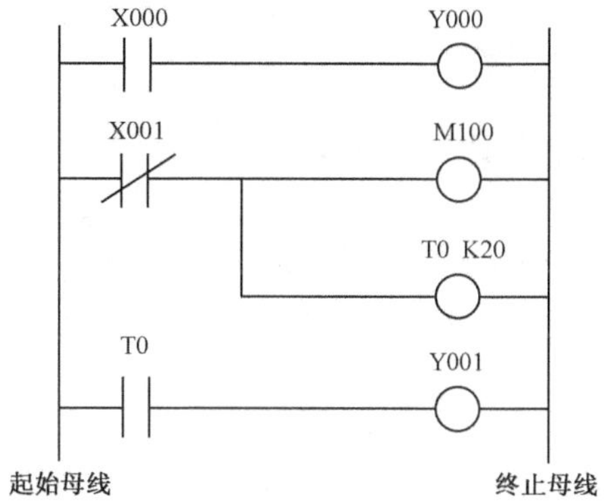

步数	指令	操作对象
0	LD	X000
1	OUT	Y000
2	LDI	X001
3	OUT	M100
4	OUT	T0
		K20
7	LD	T0
8	OUT	Y001

图 6-4　LD、LDI、OUT 指令应用

（2）触点串联指令（AND、ANI）

指令的功能、梯形图见表 6-3。

表 6-3　AND、ANI 指令

符号名称	功　能	梯形图	程序步数
AND 与	串联常开触点	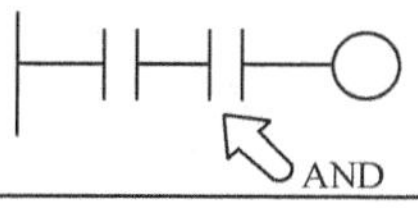	1
ANI 与非	串联常闭触点	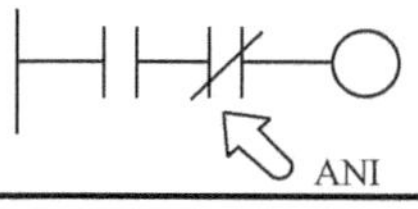	1

几点说明：

① AND、ANI 指令用于触点的串联连接，对串联触点的个数没有限制。

② OUT 指令后可以通过触点对其他线圈驱动输出，称作纵接输出，纵接输出也可以重复使用。

下面举一个例子，如图 6-5 所示，说明 AND、ANI 两个指令的应用。

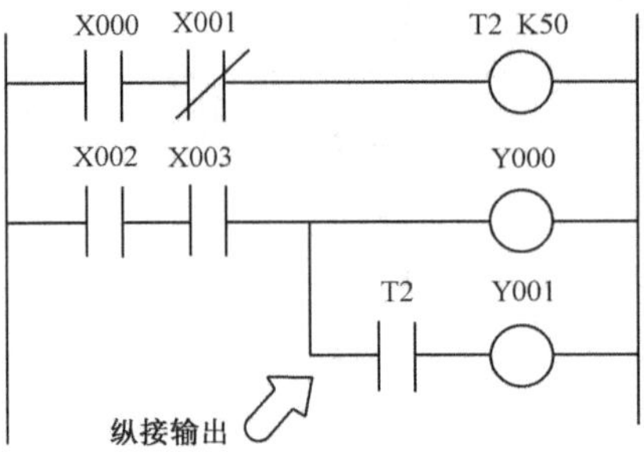

步数	指令	操作对象
0	LD	LX000
1	ANI	X001
2	OUT	T2
		K50
5	LD	X002
6	AND	X003
7	OUT	Y000
8	AND	T2
9	OUT	Y001

图 6-5　AND、ANI 指令应用

（3）触点并联指令（OR、ORI）

指令的功能、梯形图见表 6-4。

表 6-4　OR、ORI 指令

符号名称	功　能	梯形图	程序步数
OR　或	并联常开触点	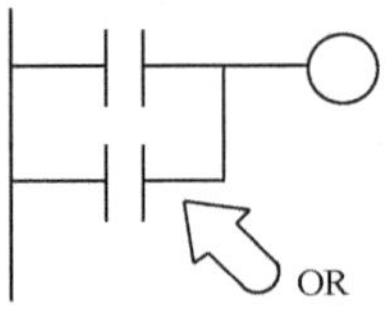	1
ORI　或非	并联常闭触点	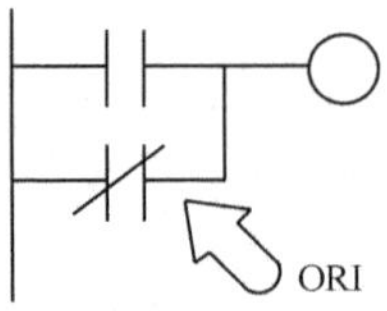	1

几点说明：

① OR、ORI 指令用于 1 个触点的并联连接。当串联两个以上触点，并将这种串联电路块与其他电路并联时，应采用后面讲到的 ORB 指令。

② OR、ORI 指令是从当前步开始，对前面的 LD、LDI 指令并联连接，对并联的次数没有限制。

下面举一个例子，如图 6-6 所示，说明 OR、ORI 两个指令的应用。

（4）电路块串、并联指令（ANB、ORB）。

指令的功能、梯形图见表 6-5。

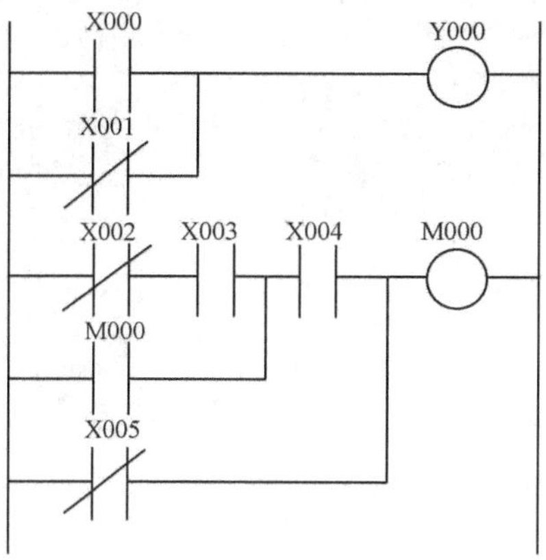

步数	指令	操作对象
0	LD	X000
1	ORI	X001
2	OUT	Y000
3	LDI	X002
4	AND	X003
5	OR	M000
6	AND	X004
7	ORI	X005
8	OUT	M000

图 6-6　OR、ORI 指令应用

表 6-5　ORB、ANB 指令

符号名称	功　能	梯　形　图	程序步数
ORB 电路块或	串联电路块的并联连接	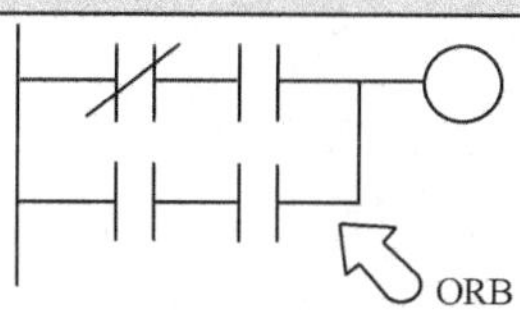	1
ANB 电路块与	并联电路块的串联连接	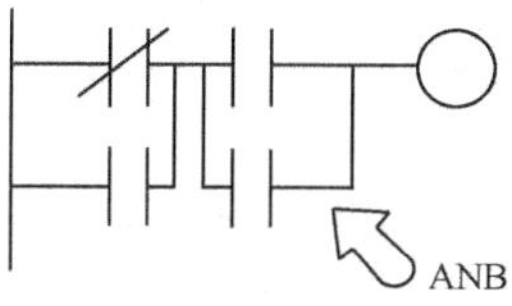	1

几点说明：

① 2 个以上触点串联连接的电路称为串联电路块。串联电路块并联连接时，分支的开始用 LD、LDI 指令，分支的结束用 ORB 指令。

② 2 个以上触点并联连接的电路称为并联电路块。分支电路并联电路块与前面电路串联连接时，使用 ANB 指令。分支的开始用 LD、LDI 指令，并联电路块结束后用 ANB 指令，表示与前面的电路串联。

③ ORB、ANB 均为无操作对象的指令。

④ ORB、ANB 指令可以重复使用，但由于 LD、LDI 指令的重复次数有限制，注意电路块的串、并联应在 8 次以下。

下面举一个例子，如图 6-7 所示，说明 ORB、ANB 两个指令的应用。

（5）多重输出指令（MPS、MRD、MPP）

指令的功能、梯形图见表 6-6。

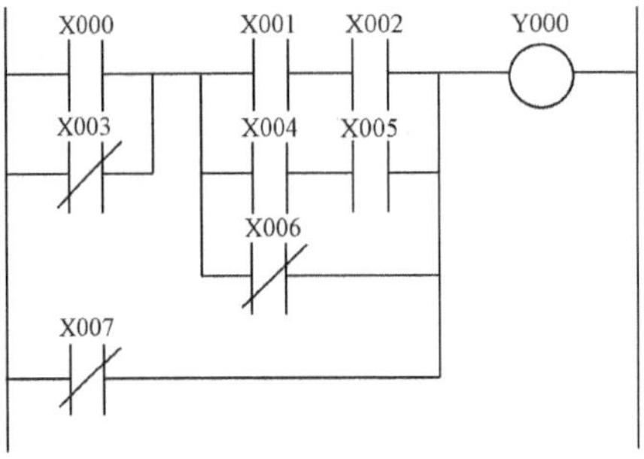

步数	指令	操作对象
0	LD	X000
1	ORI	X003
2	LD	X001
3	AND	X002
4	LD	X004
5	AND	X005
6	ORB	
7	ORI	X006
8	ANB	
9	ORI	X007
10	OUT	Y000

图 6-7　ORB、ANB 指令应用

表 6-6　MPS、MPP、MRD 指令

符号名称	功　能	梯形图	程序步数
MPS　入栈	将结果压入堆栈	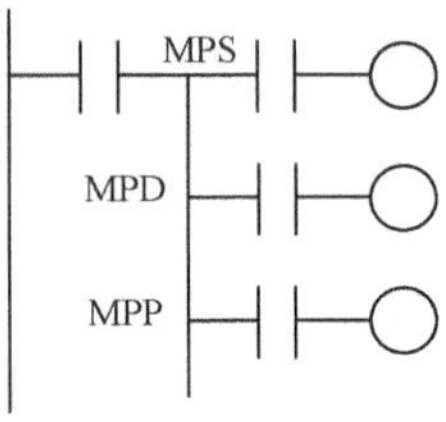	1
MPP　出栈	将结果弹出堆栈		1
MRD　读栈	读出当前堆栈数据		1

几点说明：

① 在 PLC 中有 11 个存储器，用来存储运算的中间结果，称做堆栈存储器。

② 使用一次 MPS 指令，便将此时的运算结果压入堆栈的第一层，同时原来存在第一层的数据被压入第二层，依次类推。

③ 使用一次 MPP 指令，将第一层的数据读出，同时其他层数据依次上移。

④ MRD 指令只是用来读第一层的数据，堆栈内的所有数据均不移动。

⑤ MPS、MPP 必须成对使用，而且连续使用次数应少于 11 次。

⑥ MPS、MPP、MRD 都是不带操作对象的指令。

下面举一个例子，如图 6-8 所示，说明 ORB、ANB 两个指令的应用。

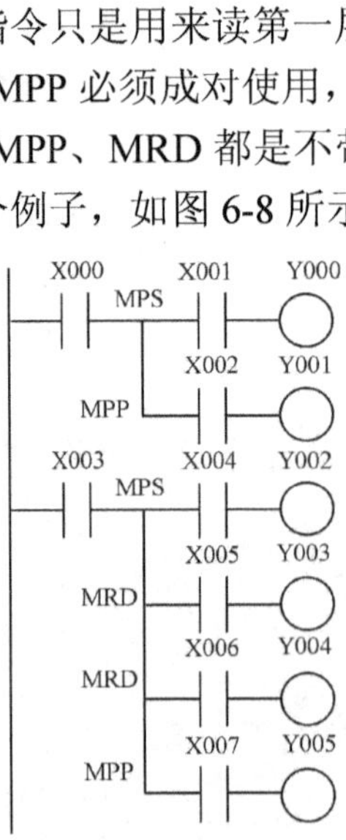

步数	指令	对象	步数	指令	对象
0	LD	X000	10	OUT	Y002
1	MPS		11	MRD	
2	AND	X001	12	AND	X005
3	OUT	Y000	13	OUT	Y003
4	MPP		14	MRD	X006
5	AND	X002	15	AND	X006
6	OUT	Y001	16	OUT	Y004
7	LD	X003	17	MPP	
8	MPS		18	AND	X007
9	AND	X004	19	OUT	Y005

图 6-8　多重输出指令应用

（6）置位与复位指令（SET、RST）

指令的功能、梯形图见表 6-7。

表 6-7　SET、RST 指令

符号名称	功　能	梯　形　图	程序步数
SET　置位	元件置位并保持	SET　XXX	Y、M（通用）：1 S、T、C、M（特殊）：2 D、V、Z：3
RST　复位	元件或寄存器清零	RST　XXX	

几点说明：

① 对同一个元件可多次使用 SET、RST 指令，但最后一次执行的结果才有效。

② SET 指令使元件的结果置位（置“1”），其操作对象可以是 Y、M、S。

③ RST 指令使元件的结果复位（清“0”），其操作对象可以是 Y、M、S、T、C、D、V、Z。

下面举一个例子，如图 6-9 所示，说明 SET、RST 两个指令的应用。

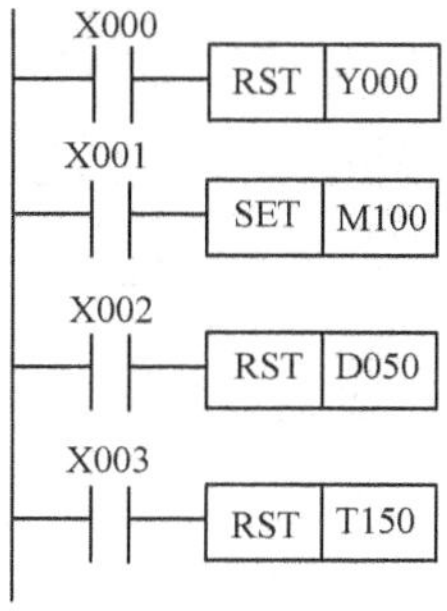

步数	指令	操作对象
0	LD	X000
1	RST	Y000
2	LD	X001
3	SET	M100
4	LD	X002
5	RST	D050
8	LD	X003
9	RST	T150

图 6-9　SET、RST 指令应用

（7）脉冲输出指令（PLS、PLF）

指令的功能、梯形图见表 6-8。

表 6-8　PLS、PLF 指令

符号名称	功　能	梯　形　图	程序步数
PLS　上升沿脉冲	上升沿微分输出	PLS　XXX	2
PLF　下降沿脉冲	下降沿微分输出	PLF　XXX	2

几点说明：

① PLS、PLF 指令的操作元件为输出继电器及通用辅助继电器。

② 使用 PLS 指令，其后的 Y、M 元件仅在驱动输入接通后的一个扫描周期内动作（置1），随后立即清零。

③ 使用 PLF 指令，其后的 Y、M 元件仅在驱动输入断开后的一个扫描周期内动作（置1），随后立即清零。

下面举一个例子，如图 6-10 所示，说明 PLS、PLF 三个指令的应用。

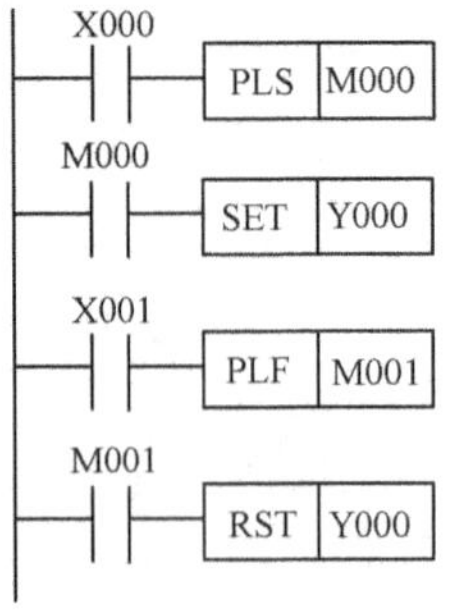

步数	指令	操作对象
0	LD	X000
1	PLS	M000
3	LD	M000
4	SET	Y000
5	LD	X001
6	PLF	M001
8	LD	M001
9	RST	Y000

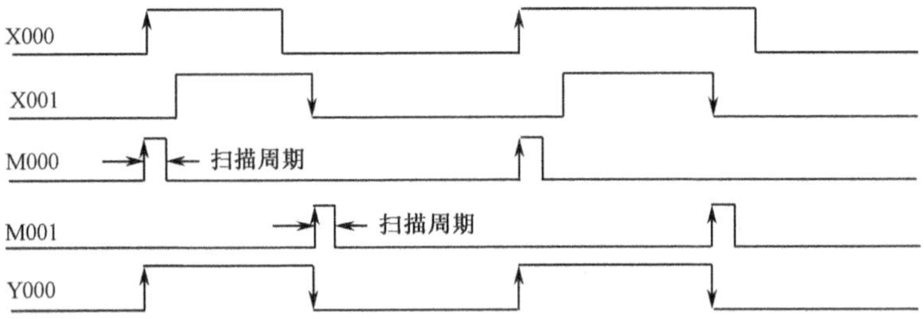

图 6-10　PLS、PLF 指令的应用

（8）NOP 及 END 指令

指令的功能、梯形图见表 6-9。

表 6-9　NOP、END 指令

符号名称	功　能	梯形图	程序步数
NOP　空操作	无动作	无	1
END　结束	程序结束，回到第 0 步	END	1

几点说明：

① NOP 指令主要用于预先插入程序中，在修改或追加程序时可减少步序号的变化。

② 将程序全部清除时，全部指令变为空操作指令。

③ END 指令表示程序的结束。在调试程序时，可分段加入 END 指令，以便进行分段检查。

（9）其他基本指令

除上述比较常用的基本指令外，还有 9 个基本指令，这里不再详细介绍，仅给出其功能简介，具体内容可参考 FX 编程手册。

① 9 个基本指令。

a. MC、MCR 指令：主控及主控复位指令，可用于公共串联触点的连接及清除。

b. INV 指令：反转指令，即对前面的运算结果取反。

c. LDP、LDF、ANDP、ANDF、ORP、ORF 指令：分别由 LD、AND、OR 三个指令加后缀而来，其中 P 表示上升沿（“0” 变为 “1”），F 表示下降沿（“1” 变为 “0”），这几个指令分别表示在前面结果的上升沿或下降沿接通一个扫描周期。

② 步进指令。步进指令只有 STL、RET 两条，用来进行流程图程序的编制。步进阶梯指令（STL）是利用内部软元件 S 在顺控程序上面进行工序步进式控制的指令，STL 指令的意义为激活某状态，有建立子母线的功能。返回指令（RET）表示状态（S）流程的结束，用于返回主母线，状态转移程序的结尾必须使用 RET 指令。

③ 应用指令。应用指令又称功能指令，主要包括程序流向控制指令、传送与比较指令、算术与逻辑运算指令、循环与移位指令、数据处理指令、高速处理指令、方便指令、外部输入输出处理指令、外部设备指令、浮点运算指令等方面。这些功能指令实际上就是一个一个功能不同的子程序，某些复杂运算只需一条功能指令即可完成，大大提高了 PLC 的实用性。

6.3　输入、输出及其通信接口

通过前面的讲述，大家对 CNC 系统有了大概的认识，最后我们对 CNC 系统的输入、输出及通信接口做一个简单介绍，以了解 CNC 系统是如何连接人机界面以及如何构成网络的。

6.3.1　数控系统对输入、输出接口的要求

数控系统的接口是指外部设备与 CNC 之间的连接电路。CNC 与外部设备之间要有输入、输出通道，以便交换信息。CNC 向外部设备送出信息的接口称为输出接口，外部设备向 CNC 传递信息的接口称为输入接口，此外还有双向接口。I/O 接口包括硬件电路和软件两部分，I/O 硬件接口电路主要由地址译码、I/O 读写译码和 I/O 接口芯片（如数据缓冲器和数据锁存器等）组成。在 CNC 系统中，I/O 的扩展为控制对象或外部设备提供输入、输出通道，实现机床的控制和管理功能，如开关量控制、逻辑状态监测、键盘与显示接口等。对接口电路的要求如下。

① 能够可靠地传送控制机床动作的相应控制信息，并能够输入控制机床所需的有关状态信息。信息形式有数字量（以 8 位二进制形式表示的数字信息）、开关量（以 1 位二进制数 “0” 或 “1” 表示的信息）和模拟量三种。

② 能够进行相应的信息转换，以满足 CNC 系统的输入与输出要求。输入时必须将机床的有关状态信息转换成数字形式，以满足计算机的输入信息要求；输出时应满足机床各种相关执行元件的输入要求。信息转换主要包括数字/模拟量转换（D/A）、模拟/数字量转换

（A/D）、并行的数字量转换成脉冲量、电平转换、电量到非电量的转换、弱电到强电的转换以及功率匹配等。

③ 具有较强的抗干扰能力，提高系统的可靠性。工业现场中存在大量的干扰信号，会对 CNC 系统造成一定的影响。因此，要求 I/O 接口具有较强的抗干扰能力，以提高整个系统的可靠性。

6.3.2 CNC 装置的人机接口

CNC 装置的人机接口主要是指 MDI/CRT。MDI 是指手动数据输入设备，也就是键盘输入装置，用于控制机床的状态及输入程序。CRT 是指显示器，用于显示机床的运行参数及状态。早期的数控系统曾使用穿孔纸带作为信息载体，因此需使用纸带阅读机、穿孔机等作为程序输入设备，随着计算机技术的发展，数控系统信息载体不断更新，这种外部设备已经很少见了。

1.MDI 接口

MDI 接口框图如图 6-11 所示。当 CNC 系统的 CPU 扫描到有键按下的信号时，就将数据送入移位寄存器，其输出经过报警检查。若不报警，数据经选择门、移位寄存器、数据总线送入 RAM 中，然后再按程序进行相应的处理。

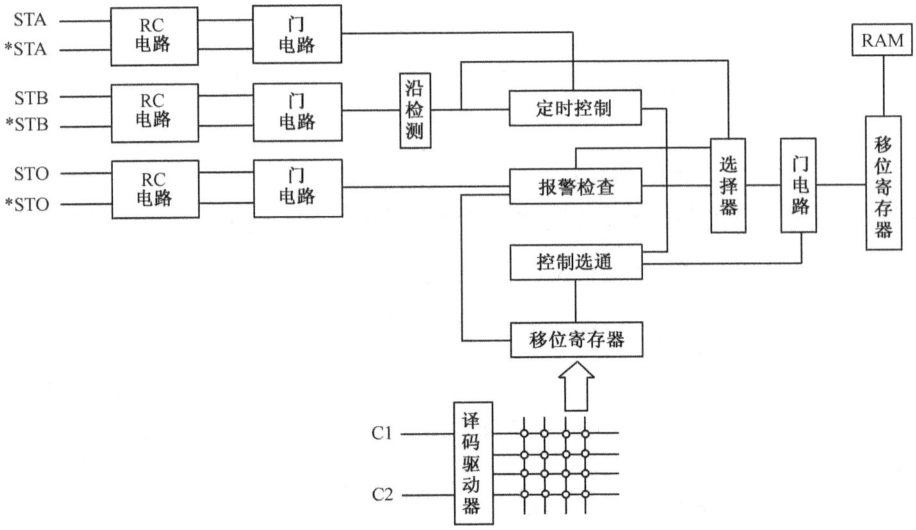

图 6-11 MDI 接口框图

2. CRT 接口

CRT 接口框图如图 6-12 所示。CRT 接口在 CNC 软件的配合下，在单色或彩色显示器上实现字符和图形显示，用于显示程序、参数、各种补偿数据、坐标位置、故障信息、人机对话编程菜单、零件图形（平面或立体）及刀具动态轨迹等。

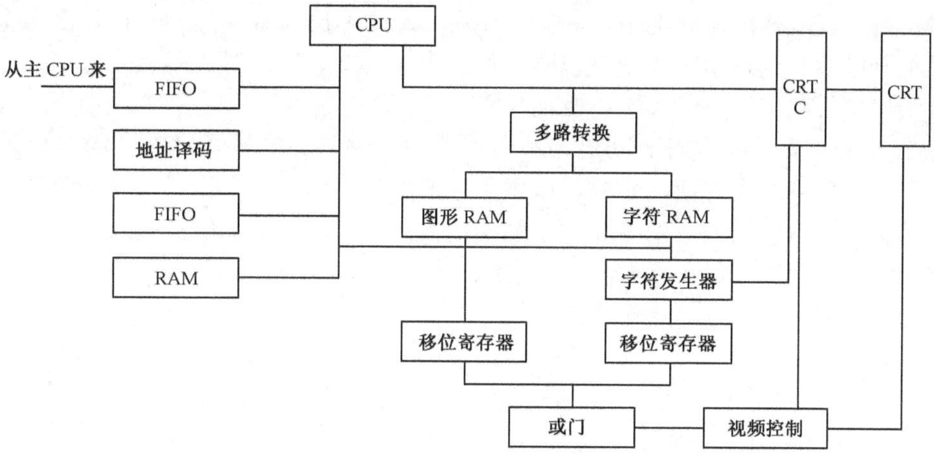

图 6-12 CRT 接口框图

3. 数控系统的 I/O 接口

对 CNC 装置而言，由 MT 侧向 CNC 侧传送的信号称为输入信号，由 CNC 侧向 MT 侧传送的信号称为输出信号。

（1）输入信号

典型的直流输入信号接口如图 6-13（a）所示，图中 RV 表示信号接收器。RV 可以是无隔离的滤波和电平转换电路，也可以是光电耦合转换电路。直流输入信号是机床侧的开关、按钮、继电器触点、检测传感器等采集的闭合/断开状态信号。这些状态信号需经上述接口电路处理，才能变成 PLC 或 CNC 能够接受的信号。

典型输入电路如图 6.13（b）所示。信号工作电压由 CNC 内部提供，当 MT 侧触点闭合时，+24V 电压加到接收器电路上，经滤波和电平转换处理后，输出至 CNC 内部，成为内部电子电路可以接受和处理的信号。

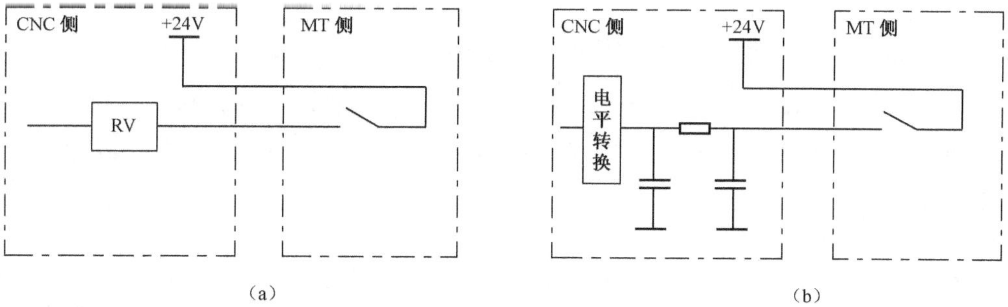

图 6-13 输入接口

（2）输出信号

典型的直流输出信号接口电路如图 6-14（a）所示。图中 DV 为信号驱动器。直流输出信号是来自 CNC 或 PLC，经驱动电路送至 MT 侧以驱动继电器线圈、指示灯等的信号。图 6-14（b）和（c）是负载分别为指示灯和继电器线圈的典型信号输出电路。当 CNC

有信号输出时，DV 基极为高电平，晶体管导通。此时输出信号状态为“1”，电流将流过指示灯或继电器线圈，使指示灯亮或继电器动作。当 CNC 无输出时，基极为低电平，晶体管不导通，输出信号状态为“0”，不能驱动负载。

在输出电路中需要注意对驱动电路和负载器件的保护。当被驱动的负载是电磁开关、电磁离合器、电磁阀线圈等交流负载，或虽是直流负载，但工作电压或工作电流超过输出信号的工作范围时，应先用输出信号驱动小型继电器，然后用它们的触点接通强电线路的继电器或直接驱动这些负载，如图 6-14（d）所示。

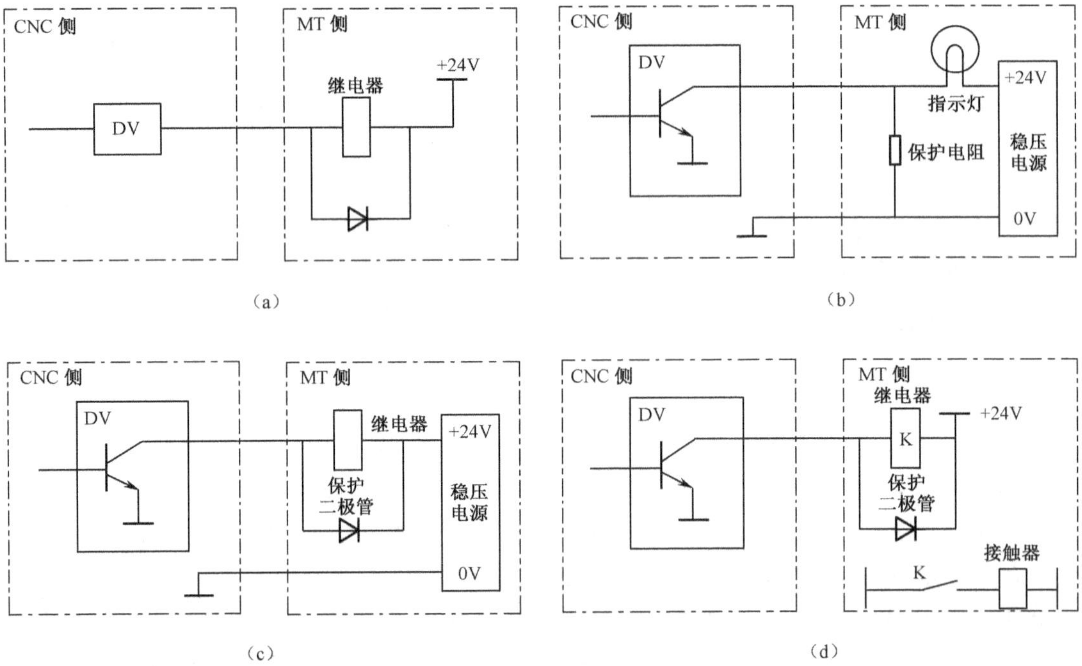

图 6-14　输出接口

4. 数控系统常用的串行通信接口标准

数控系统常用的串行通信接口主要有 RS-232C、RS-422A、RS-485 三种，其中 RS-232C 常用于数控系统与计算机的连接，RS-422A 和 RS-485 则用于数控系统与网络及外围设备的连接。

（1）RS-232C 标准

RS-232C 是 EIA（Electronic Industries Association，即美国电子工业协会）于 1962 年公布的一种标准化接口。其中 RS 为英文 Recommended Standard（推荐标准）的缩写，232 是标识符，C 表示此接口标准的修改次数。RS-232C 既是一种协议标准，又是一种电气标准，它规定了通信设备之间信息交换的方式与功能。

在电气性能上，RS-232C 采用负逻辑，规定逻辑“1”电平在-15V～-5V 范围内，逻辑“0”电平在+5V～+15V 范围内，具有较强的抗干扰能力。在机械性能方面，RS-232C 采用标准的 25 针连接器，也可以简化为 9 针，其外形大家应该在计算机的机箱后面见过。实际使用时，25 个引脚（针）并未全部定义，最简单的通信只需用到 3 个，最多的也只用到 22 个。根据使用情况的不同，连接器有做成 25 针的，也有做成 9 针的。

在通信距离较近，且通信速度要求不高的场合，可以直接采用 RS-232C 接口，既简单又方便，一般的计算机均带有 RS-232C 接口。但由于 RS-232C 接口采用单端发送、单端接收的方式，最大通信距离只有 15m，最高传输速率为 20Kbps（波特率，串行通信速度单位），只能进行一对一通信，所以它也有数据通信速率低、通信距离短、抗共模干扰能力差的缺点。

（2）RS-422A 标准

1977 年，EIA 又制定了串行通信标准 RS-499，对 RS-232C 的电气性能做了改进，RS-422A 就是 RS-499 的子集。它定义了 RS-232C 所没有的 10 种电路功能，规定采用 37 针连接器。它采用差动发送、差动接收的工作方式，发送器与接收器仅使用+5V 电源，在通信速率、通信距离、抗共模干扰等方面均有较大的提高。

RS-422A 的最大传输速率可达 10Mbps，对应的通信距离为 12m；当通信速率降至 100Kbps 时，最大传输距离可达 1200m。在接收方面，1 台发送器可以连接 10 台接收器，克服了一对一通信所带来的设备少、不易构成网络的缺点。

（3）RS-485 标准。

RS-485 接口实际上是 RS-422A 接口的变形。它与 RS-422A 的不同在于：RS-422A 为全双工，而 RS-485 为半双工；RS-422A 采用两对平衡差动信号线，分别用于发送和接收，RS-484 只有一对平衡差动信号线，不能同时发送和接收。正是由于 RS-485 只有一对平衡差动信号线，最少只需两根线就可以完成信号的发送与接收任务。又由于 RS-485 接口的抗干扰性好，在工业现场，用一根双绞线就可进行通信网络的连接，大大简化了布线工艺。

使用 RS-485 通信接口和双绞线可构成串行通信网络，组成分布式系统，系统中最多可有 32 个子站，新的接口器件可允许连接 128 个子站。正因为如此，RS-485 接口在工业现场得到了广泛的应用。

5. DNC 通信接口技术

DNC 计算机群控系统，可以简单理解为用一台大型通用计算机直接控制一个机床群。根据机床群与计算机连接方式的不同，可以分为间接型、直接型和计算机网络三种方式。

（1）间接型 DNC 系统

图 6-15 为间接型 DNC 系统框图。间接型 DNC 系统使用主计算机控制每台数控机床，加工程序全部存放在主计算机内。加工工件时，由主计算机将加工程序分送到每台数控机床的数控装置中，每台数控机床仍保留插补运算等控制功能。

（2）直接型 DNC 系统

如图 6-16 所示为直接型 DNC 系统框图。在直接型 DNC 系统中，机床群中每台数控机床不再安装数控装置，只有一个由伺服驱动电路和操作面板组成的机床控制器。加工过程所需的插补运算等控制功能全部由主计算机完成。这种系统中任何一台数控机床都不能脱离主计算机单独工作。

（3）计算机网络 DNC 系统

如图 6-17 所示为计算机网络 DNC 系统框图。该系统使用计算机网络协调各个数控机床工作，最终可以将该系统与整个工厂的计算机联成网络，构成一个较大的、完整的制造系统。

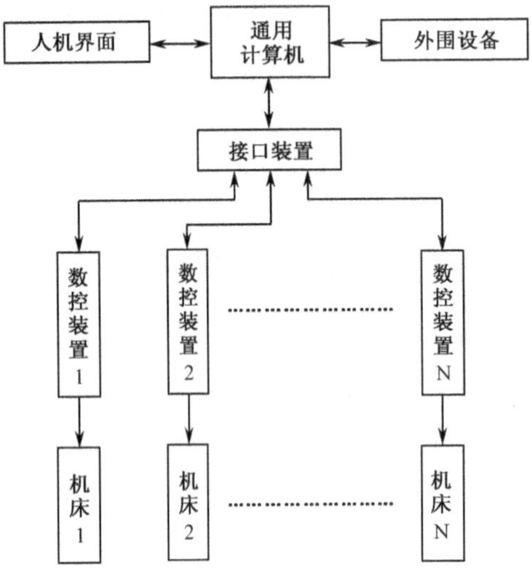

图 6-15　间接型 DNC 系统框图

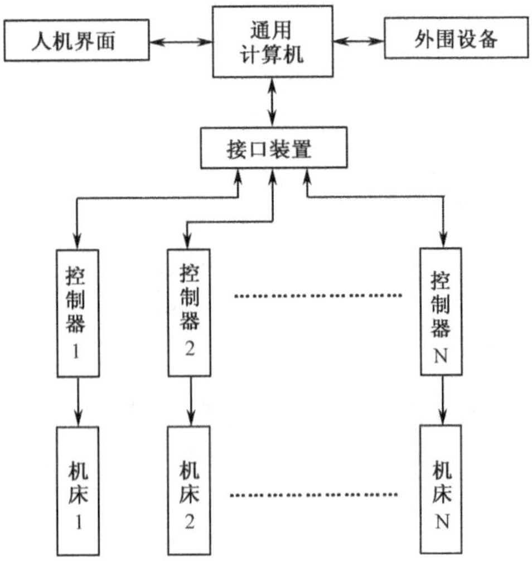

图 6-16　直接型 DNC 系统框图

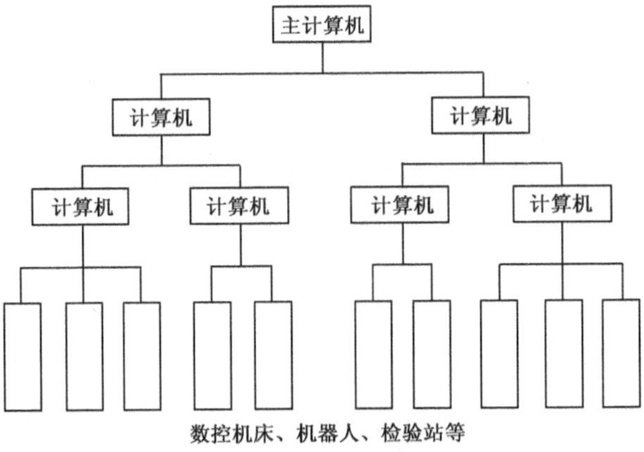

图 6-17　计算机网络 DNC 系统框图

6. 数控系统网络通信接口

当前对生产自动化提出很高的要求：生产要有很高的灵活性并能充分利用制造设备资源。为此，将 CNC 装置和各种系统中的设备通过工业局域网络（LAN）联网以构成 FMS 或 CIMS，联网时应能保证高速和可靠地传送数据和程序。在这种情况下，一般采用同步串行传送方式，在 CNC 装置中设有专用的通信微处理机的通信接口，担负网络通信任务。其通信协议都采用以 ISO 开放式互连系统参考模型的 7 层结构为基础的有关协议，或 IEEE802 局域网络有关协议。近年来制造自动化协议 MAP（Manufacturing Automation Protocol）已很快成为应用于工厂自动化的标准工业局域网的协议。FANUC、Siemens、A-

B 等公司表示支持 MAP，在他们生产的 CNC 装置中可以配置 MAP 网络通信接口。

从计算机网络技术看，计算机网络是通过通信线路并根据一定的通信协议互联的独立自主的计算机的集合。CNC 装置可以看做是一台具有特殊功能的专用计算机。计算机的互联是为了交换信息，共享资源。工厂范围内应用的主要是局域网络，通常它有距离限制（几公里）、较高的传输速率、较低的误码率和可以采用各种传输介质（如电话线、双绞线、同轴电缆和光缆）。ISO 的开放式互联系统参考模型（ISO/RM）是国际标准组织提出的分层结构的计算机通信协议的模型。提出这一模型是为了使世界各国不同厂家生产的设备能够互联，它是网络的基础。ISO/RM 在系统结构上具有 7 个层次，如图 6-18 所示。

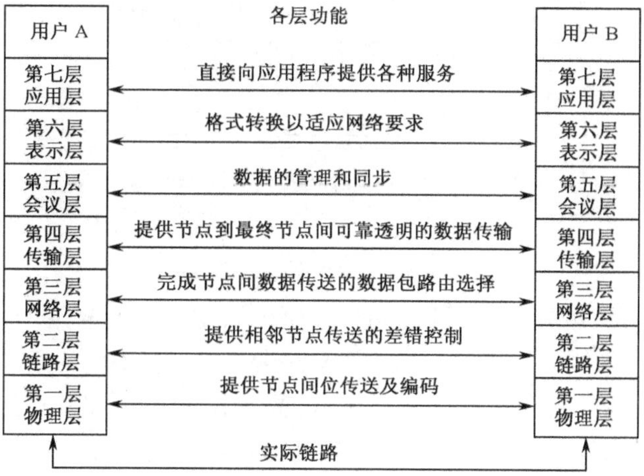

图 6-18　ISO/RM 的 7 层结构

通信一定是在两个系统之间进行的，因此两个系统必须具有相同的层次功能。通信可以在两个系统的对应层次（同等层 Peer）内进行。同等层间通信必须遵循一系列规则或约定，这些规则和约定称为协议。ISO/RM 最大优点在于有效地解决了异种机之间的通信问题。不管两个系统之间的差异有多大，只要具有下述特点就可以相互有效地通信。

① 它们完成一组同样的通信功能。

② 这些功能分成相同的层次，对等层提供相同的功能。

③ 同等层必须共享共同的协议。

局域网络标准由 IEEE802 委员会提出建议，并已被 ISO 采用，它只规定了链路层和物理层的协议，如图 6-19 所示。它将数据链路层分成逻辑链路控制（LLC）和介质存取控制（MAC）两个子层。MAC 中根据采用的 LAN 技术分成 CSMA/CD（IEEE802.3）、令牌总线（Token Bus802.4）和令牌环（Token Ring802.5）。物理层也分成两个子层次，即介质存取单元（MAU）和传输载体（Carrier）。MAU 分基带、载带和宽带传输，传输载体有双绞线、同轴电缆和光缆。

西门子公司开发了总线结构的 SINEC H1 工业局域网络，可以连接成 FMC 和 FMS。SIN-EC H1 是基于以太网技术的，其 MAC 子层采用 CSMA/CD（802.3），协议采用了自行研制的自动化协议 SINEC AP1.0（Automation Protocol）。为了将 Simmerik850 系统连接至 SINEC H1 网络，在 850 系统中插入专用的工厂总线接口板，通过 SINEC H1 网络，850 系统可以与主控计算机交换信息，传送零件程序，接收指令，传送各种状态信息等。

MAP 是美国 GM 公司发起研究和开发的应用于工厂车间环境的通用网络通信标准，目前已成为工厂自动化的通信标准。其特点为：

① 采用适于工业环境的令牌通信网络访问方式，网络采用总线结构。

② 采用适应工业环境的技术措施，提高了工业环境应用的可靠性，如在物理层采用宽带技术及同轴电缆以抗电磁干扰，传输层采用高可靠的传输报务。

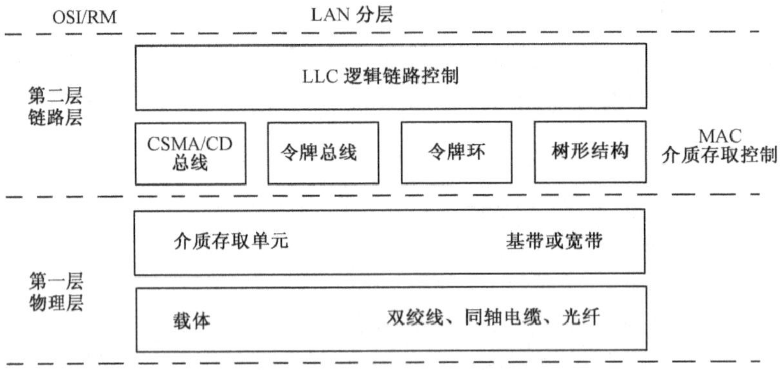

图 6-19　LAN 的分层结构

③ 具有较完善的、明确而针对性强的高层协议以支持工业应用。

④ 具有较完善的体系和互联技术，使网络易于配置和扩展。低层次应用可配 Mini MAP（只配置 DLC 层、物理层以及应用层），高层次应用可配置完整的带 7 层协议的全 MAP。此外还规定了网络段、子网和各类网络互联技术。

6.4 PLC 位置控制

位置控制功能是可编程控制器引人注目的特色，具有和 CNC 相同的位置控制功能，如点位控制、轮廓插补控制等，为此，不少 PLC 开发了与之配套的位置控制单元。现以三菱 PLC 系列为例说明可编程控制器的位置控制。

6.4.1 适用点位控制的脉冲输出单元 F2-30GM

F2-30GM 是一种为 F1、F2 和 FX 系列 PLC 配套的位置控制单元，其输出的脉冲序列不论是脉冲数还是脉冲频率都是可编程的。F2-30GM 可驱动步进电动机，作为开环点位控制，也可驱动伺服电动机实现闭环点位控制。F2-30GM 可以作为一种独立的控制装置使用，也可以用做 F1、F2 和 FX 系列 PLC 的智能扩展单元，进行 1～3 个轴的定位控制。图 6-20 所示为 F2-30GM 位置控制系统框图。

F2-30GM 作为智能化定位控制器按用户编制的定位程序，向驱动器发出定位脉冲、运行方向等信号。驱动器按这些控制信号驱动电动机带动丝杠进行定位。对于步进电动机，只有零位信号反馈给 F2-30GM；对于伺服电动机，则有伺服准备、伺服结束和零位三个信号反馈。

F2-30GM 除了定位控制指令之外还有许多逻辑控制和顺序控制指令，所以对一些不太复杂的，既要求定位控制又要求逻辑控制的应用，用一台 F2-30GM 就可以独立完成；对于多轴或较复杂的控制，F2-30GM 又可通过 PLC 进行 M 代码交换，由 PLC 指定程序段号、传送定位及速度等数据，并能在 PLC 中监视 F2-30GM 的运行或停止状态，成为 PLC 系统中的定位智能控制环节。F2-30GM 可通过用户初始化参数来确定最大速度、最小速度、爬行速度、回零速度、齿隙补偿量、脉冲输出方式、正逻辑、反逻辑等变量，以适应各种不同的运行及使用条件。F2-30GM 允许由程序确定运动参数，也可以数字开关输入运动参数，还可以在运行过程中由 PLC 改变运动参数。

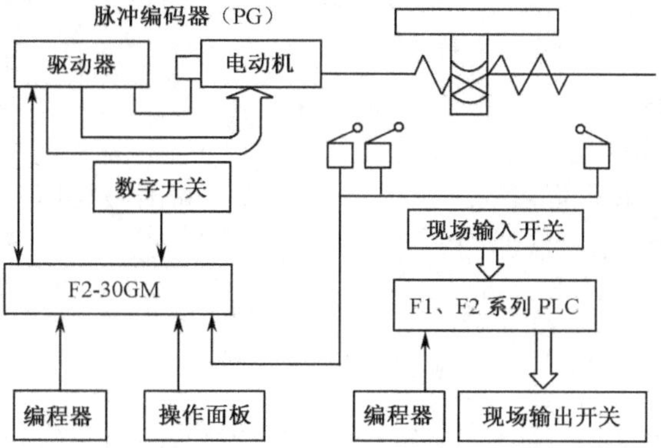

图 6-20　F2-30GM 位置控制系统框图

6.4.2　A 系列 PLC 位置控制功能模块 AD71、AD72

AD71、AD72 是适用于大型可编程控制器 A 系列的位置控制智能模块。它们都是带线性插补功能的二轴定位模块，如图 6-21 所示为 AD72 定位模块位置控制框图。

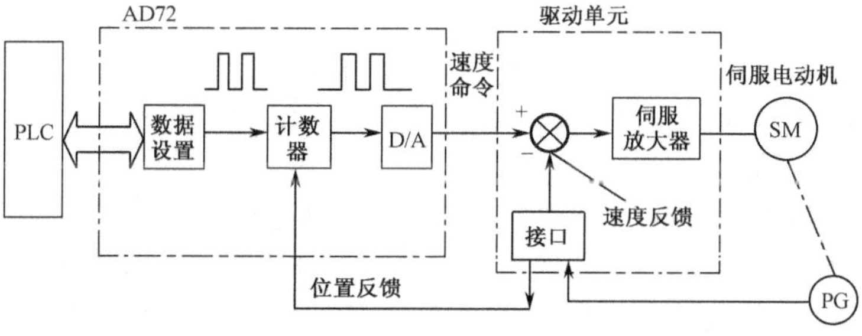

图 6-21　AD72 定位模块位置控制框图

AD71、AD72 能将定位条件、定位速度、暂停时间和定位地址等数据分别存在模块缓冲存储器的各个数据区，模块中的 CPU 解读这些设定数据，并转换成相应的定位控制信号发送给驱动器。模块内部生成的命令脉冲与反馈脉冲的差值由偏差计数器计数，再由 D/A 转换器将此计数值变换为模拟电压作为速度命令，使伺服电动机旋转。伺服电动机上的脉冲编码器 PG 产生的脉冲一方面反馈给驱动单元作为速度控制，另一方面经接口反馈给定位模块作为位置控制。

AD71 与 AD72 的区别主要在于以下几点。

① 输出形式不同。AD71 为脉冲序列输出，AD72 则是模拟电压输出。AD71 与步进电

动机驱动模块连用时，可直接驱动步进电动机。

② 由于 AD71 为脉冲序列输出，因此 AD71 没有偏差计数器和 D/A 转换这两个环节，与 AD71 相配的伺服电动机驱动器必须包括偏差计数器和 D/A 转换等功能。而与 AD72 相配的伺服电动机驱动器则只要能接受模拟电压即可（AD72 的最大输出电压为+3V～+10V）。

6.4.3 实现运动和顺序控制一体化的 A73CPU 模块

A73CPU 模块采用了将可编程控制器与伺服控制结合在一起的设计思想，它本身是 A 系列可编程控制器中一种专门用于位置控制的模块。A73CPU 有 40 多种用于伺服控制的指令，如指定半径的圆弧插补指令、指定圆心的圆弧插补指令、直线插补指令等，最多可独立控制 8 根轴。A73CPU 将位置命令信号通过专用的数字 SB 总线，送到挂在该总线上的三菱 MR-SB 系列全数字伺服驱动装置中去，也可通过通用的伺服接口模块 A70SF 与其他伺服驱动装置相连接。图 6-22 所示为 A73CPU 模块位置控制框图。

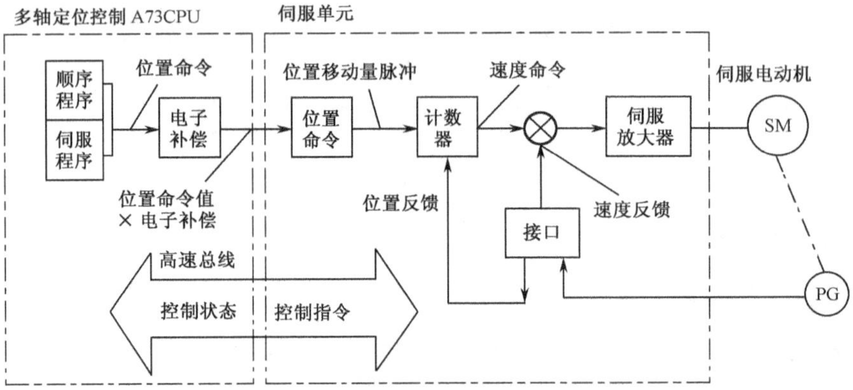

图 6-22　A73CPU 模块位置控制框图

从图中可以看到，A73CPU 的特点是伺服控制与顺序逻辑控制合为一体和高速总线 SB 与伺服驱动装置相连接，作为伺服控制简易方便。

A73CPU 对位置控制的编程采用专用语言，使复杂的位置控制程序直观、清晰、编程容易、可读性强。整个开展程序还可运用顺序功能图 SFC（Sequential Function Chart）被许多伺服程序按工艺要求组合起来进行控制。

总之，定位和运动控制，如 X 轴、Y 轴十字工作台控制、回转工作台控制、进给控制等在机械设备中运用广泛，所有这些控制要求均可以采用不同档次的 PLC 位置控制模块来实现，以求得技术上先进，经济上合理。其他型号 PLC 的位置控制模块还有 OMRON SYSMAC　C200H 的 NC111 和 NC211 等，这些位置控制通过输出串行脉冲经驱动装置来控制步进电动机或伺服电动机，以实现对机械设备的位置控制。

技能训练 17　PLC 认知

实验目的

（1）认识可编程控制器，掌握其基本结构。

（2）掌握 PLC 程序的输入及调试方法。

实验器材与设备

（1）FX_2—48MR 可编程控制器，1 台。

（2）FX—20P 手持编程器，1 台。

（3）PLC 实验台及计算机，1 套。

实验内容

（1）将图 6-23 所示的梯形图转换成助记符语言。

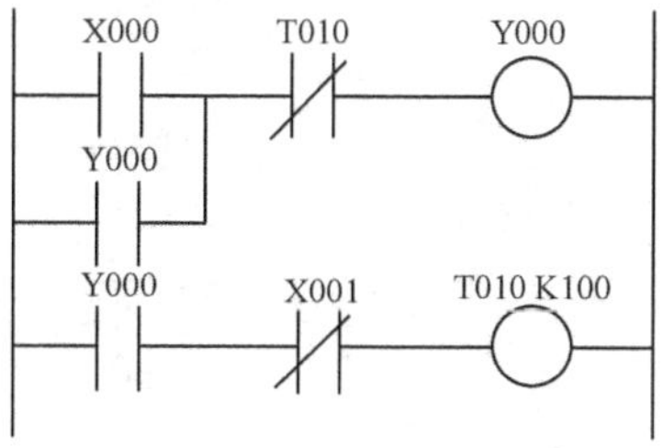

图 6-23　实验 1 梯形图

（2）通过 FX—20P 向 FX_2—48MR 内输入程序。

（3）运行程序。

（4）当接通 X000 后，Y000 立即接通，延时 10 秒后，Y000 断开。

（5）在 10 秒延时期间，如果按下 X001，则 Y000 立即断开。

（6）通过微机向 PLC 内输入程序，重新运行。

技能训练 18　PLC 定时器与计数器

实验目的

（1）掌握 PLC 定时器的编程及使用方法。

（2）掌握 PLC 计数器的编程及使用方法。

实验器材与设备

（1）FX_2—48MR 可编程控制器，1 台。

（2）PLC 实验台及计算机，1 套。

实验内容

（1）通过计算机向 FX_2—48MR 内输入以下程序。

步序	指令	
0	LD	X000
1	OUT	T000
2		K20
3	LD	T000

4	OUT	T001
5		K30
6	LD	T001
7	OUT	Y000

（2）运行程序。

（3）当接通 X000 后，延时 5 秒，Y000 接通。

（4）通过计算机向 FX_2—48MR 内输入以下程序。

步序	指令	
0	LD	X000
1	ANI	T0
2	OUT	T000
3		K50
4	LD	M8000
5	RST	C000
6	LD	T000
7	OUT	C000
8		K3
9	LD	C000
10	OUT	Y000

（5）运行程序。

（6）当接通 X000 后，延时 15 秒，Y000 接通。

技能训练 19　交通信号灯实验

实验目的

（1）掌握 PLC 系统的设计方法。

（2）掌握 PLC 端口的分配及程序设计和调试方法。

实验器材与设备

（1）FX_2—48MR 可编程控制器，1 台。

（2）PLC 实验台及计算机，1 套。

实验内容

（1）根据交通灯系统要求对 PLC 的 I/O 端口进行分配。

（2）编写程序，并通过计算机向 PLC 内输入程序。

（3）用计算机对程序进行模拟调试。

（4）连接 PLC 及实验单元，运行程序。

（5）控制要求如下：

① 按下 X000 时交通灯模拟系统启动，按下 X001 时系统停止运行；

② 先是南北向红灯亮 30 秒，期间东西向绿灯亮 25 秒，然后闪烁 3 秒，之后黄灯亮 2 秒；
③ 接着是东西向红灯亮 30 秒，期间南北向绿灯亮 25 秒，然后闪烁 3 秒，之后黄灯亮 2 秒；
④ 上述②③动作依次循环进行。

技能训练 20　五相步进电机的模拟控制实验

实验目的

（1）用 PLC 构成五相步进电机控制系统。
（2）了解并掌握移位指令在控制中的应用及其编程方法。

实验器材与设备

（1）FX_2—48MR 可编程控制器，1 台。
（2）PLC 实验台及计算机，1 套。

实验内容

（1）控制要求。
要求对五相步进电动机的五个绕组依次自动实现如下方式的通电控制。
第一步：A ~ B ~ C ~ D ~ E；
第二步：A ~ AB ~ BC ~ CD ~ DE ~ EA；
第三步：AB ~ ABC ~ BC ~ BCD ~ CD ~ CDE ~ DE ~ DEA；
第四步：EA ~ ABC ~ BCD ~ CDE ~ DEA。
（2）五相步进电动机的模拟控制的实验面板如图 6-24 所示。

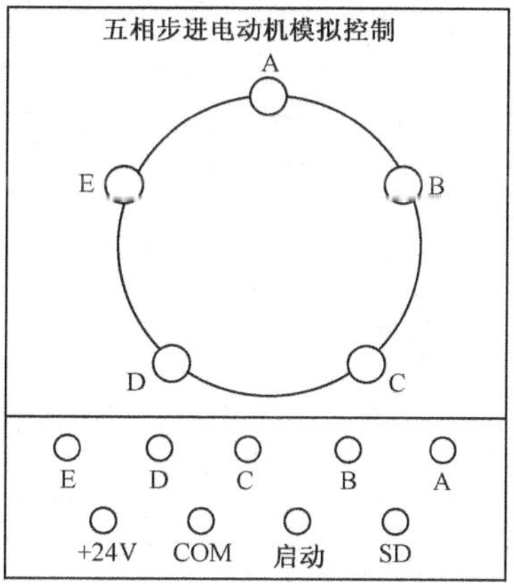

图 6-24　五相步进电动机模拟控制实验面板图

（3）I/O 分配。
输入：起动按钮 XO；停止按钮 X1。
输出：A−Y1；B−Y2；C−Y3；D−Y4；E−Y5。
（4）编制梯形图并写出程序（见表 6-9、图 6-25）。

表 6-9 实验程序

步序	指令	器件号	说 明	步序	指令	器件号	说 明
0	LD	X000	输入	45	OR	M107	
1	ANI	M0		46	OR	M108	
2	OUT	T0	延时 2 秒	47	OR	M112	
3		K20		48	OR	M113	
4	LD	T0		49	OR	M114	
5	OUT	M0		50	OR	M115	
6	LD	X000		51	OR	M206	
7	OUT	T2	延时 3 秒	52	OR	M207	
8		K30		53	OUT	Y002	B 相电机运行
9	ANI	T2		54	LD	M103	
10	OUT	M10		55	OR	M108	
11	LD	M10		56	OR	M109	
12	OR	M2		57	OR	M113	
13	OUT	M100		58	OR	M114	
14	LD	M115		59	OR	M115	
15	OUT	M200		60	OR	M201	
16	LD	M209		61	OR	M202	
17	OUT	T1	延时 2 秒	62	OR	M206	
18		K20		63	OR	M207	
19	ANI	T1		64	OR	M208	
20	OUT	M2		65	OUT	Y003	C 相电机运行
21	LD	M0	移位输入	66	LD	M104	
22	FNC	35	左移位	67	OR	M109	
23		M100	数据输入	68	OR	M110	
24		M101	移位	69	OR	M115	
25		K15	移位段数：15	70	OR	M201	
26		K1	1 位移位	71	OR	M202	
27	LD	M0	移位输入	72	OR	M203	
28	FNC	35	左移位	73	OR	M204	
29		M200	数据输入	74	OR	M207	
30		M201	移位	75	OR	M208	
31		K9	移位段数：9	76	OR	M209	
32		K1	1 位移位	77	OUT	Y004	D 相电机运行
33	LD	M101		78	LD	M105	
34	OR	M106		79	OR	M110	
35	OR	M107		80	OR	M111	
36	OR	M111		81	OR	M202	
37	OR	M112		82	OR	M203	
38	OR	M113		83	OR	M204	
39	OR	M204		84	OR	M205	
40	OR	M205		85	OR	M208	
41	OR	M206		86	OR	M209	
42	OR	M209		87	OUT	Y005	E 相电机运行
43	OUT	Y001	A 相电机运行	88	END		程序结束
44	LD	M102					

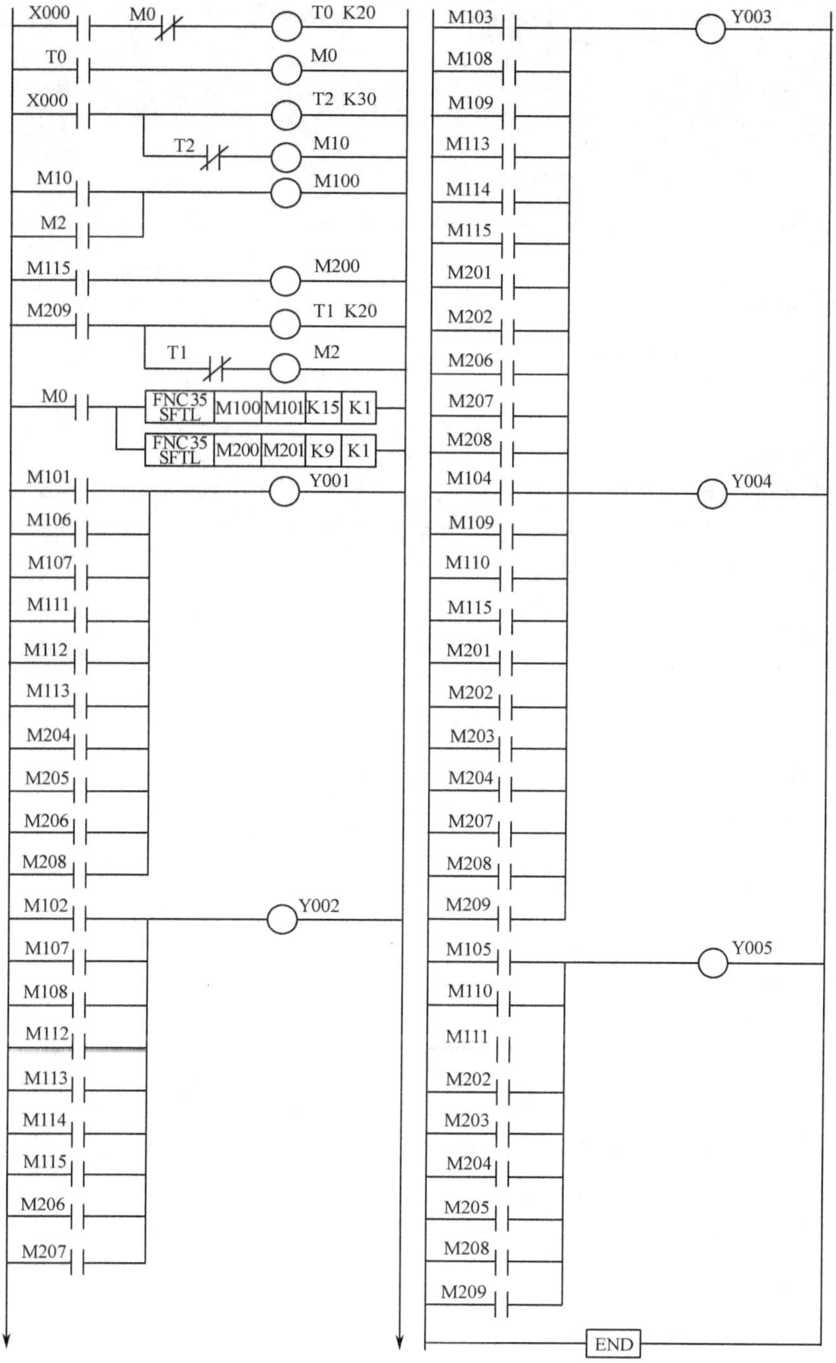

图 6-25　五相步进电动机的模拟控制梯形图

技能训练 21　刀库自动换刀实验

实验目的

（1）掌握 FANUC　PLC 程序的编制方法。

（2）掌握数控机床自动换刀程序的设计和调试方法。

实验器材与设备

（1）FANUC 数控实验系统，1 套。

（2）PLC 实验台及计算机，1 套。

实验内容

（1）根据数控机床刀库（12 把刀）系统要求对 PLC 的 I/O 端口进行分配。

（2）编写程序，并通过计算机向 PLC 内输入程序。

（3）用计算机对程序进行模拟调试。

（4）实际运行程序。

附：参考程序如图 6-26 所示。

习题 6

1. PLC 的特点主要有哪些？
2. PLC 的功能主要有哪些？
3. PLC 是如何定义的？
4. PLC 是由哪几部分组成的？
5. 简述 PLC 的工作原理。
6. PLC 常用的编程语言有哪几种？
7. FX 系列 PLC 中包括哪几种软元件，各自的地址范围为多少？
8. FX 系列 PLC 的基本指令有哪几种？
9. 根据下面给出的助记符语言画出梯形图。

（1）

步序	指令	
0	LD	X010
1	AND	M101
2	OUT	Y010
3	LD	Y010
4	ANI	X020
5	OUT	M101
6	AND	T001
7	OUT	Y011

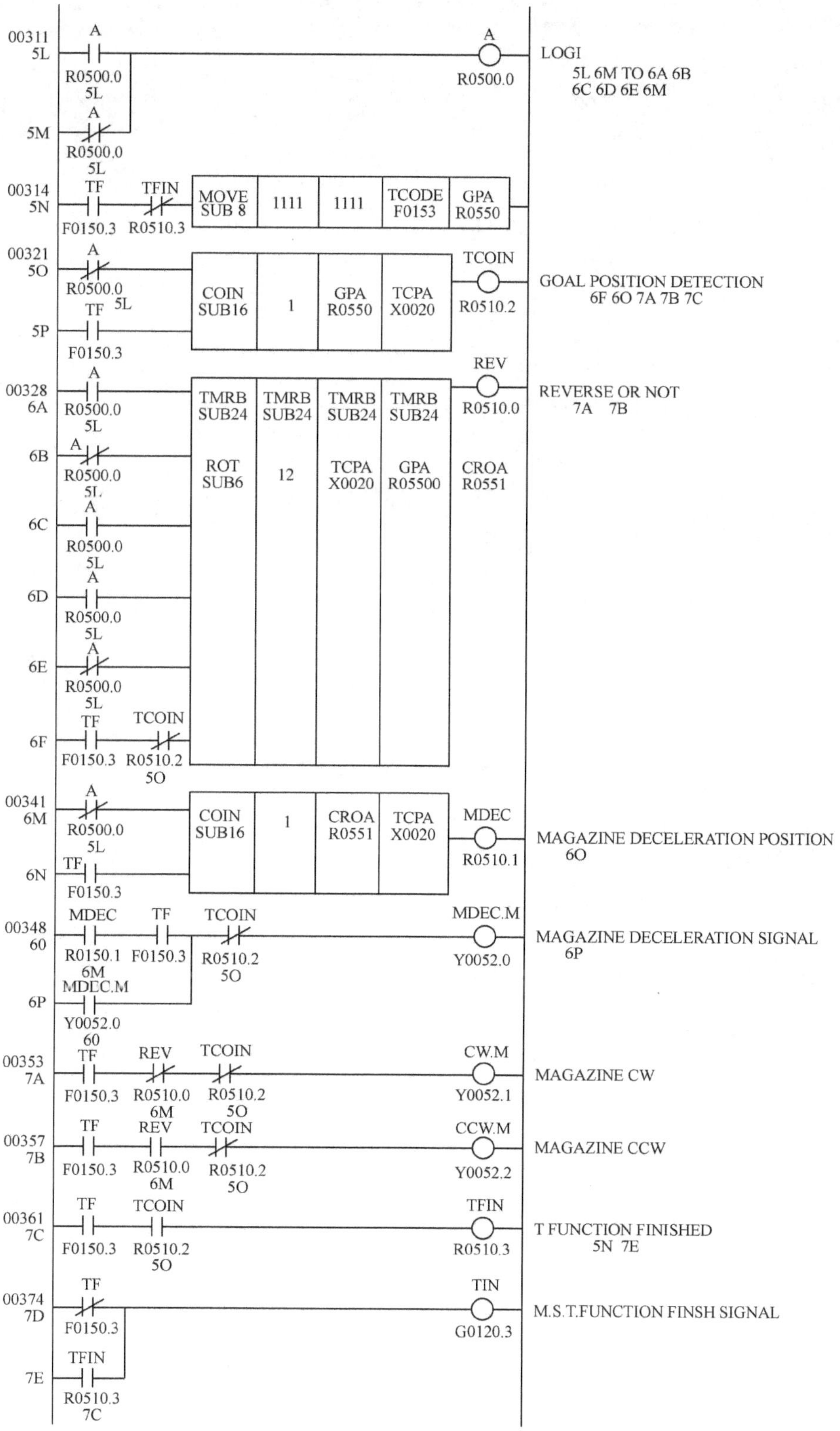

00311 5L
A R0500.0 5L
5M A R0500.0 5L
A R0500.0
LOGI 5L 6M TO 6A 6B 6C 6D 6E 6M
00314 5N
TF F0150.3
TFIN R0510.3
MOVE SUB 8
1111
1111
TCODE F0153
GPA R0550
00321 5O
A R0500.0 5L
5P TF F0150.3
COIN SUB16
1
GPA R0550
TCPA X0020
TCOIN R0510.2
GOAL POSITION DETECTION 6F 6O 7A 7B 7C
00328 6A
A R0500.0 5L
6B A R0500.0 5L
6C A R0500.0 5L
6D A R0500.0 5L
6E A R0500.0 5L
6F TF F0150.3 TCOIN R0510.2 5O
TMRB SUB24
TMRB SUB24
TMRB SUB24
TMRB SUB24
ROT SUB6
12
TCPA X0020
GPA R05500
CROA R0551
REV R0510.0
REVERSE OR NOT 7A 7B
00341 6M
A R0500.0 5L
6N TF F0150.3
COIN SUB16
1
CROA R0551
TCPA X0020
MDEC R0510.1
MAGAZINE DECELERATION POSITION 6O
00348 6O
MDEC R0150.1 6M
TF F0150.3
TCOIN R0510.2 5O
6P MDEC.M Y0052.0 6O
MDEC.M Y0052.0
MAGAZINE DECELERATION SIGNAL 6P
00353 7A
TF F0150.3
REV R0510.0 6M
TCOIN R0510.2 5O
CW.M Y0052.1
MAGAZINE CW
00357 7B
TF F0150.3
REV R0510.0 6M
TCOIN R0510.2 5O
CCW.M Y0052.2
MAGAZINE CCW
00361 7C
TF F0150.3
TCOIN R0510.2 5O
TFIN R0510.3
T FUNCTION FINISHED 5N 7E
00374 7D
TF F0150.3
7E TFIN R0510.3 7C
TIN G0120.3
M.S.T.FUNCTION FINSH SIGNAL

图 6-26　实验与程序

（2）步序 指令

0	LD	X000
1	OR	Y000
2	ANI	T010
3	OUT	Y000
4	LD	Y000
5	ANI	X001
6	OUT	T010
		K100

10．分析第 9 题中第（2）小题程序的功能。

11．根据图 6-27 所示的的梯形图写出助记符语言。

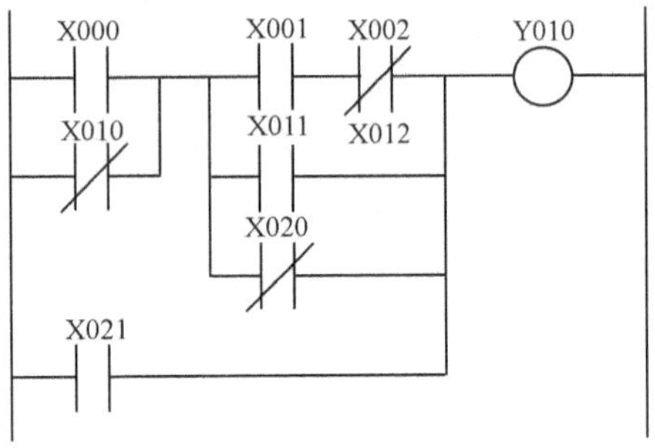

图 6-27 题 11 图

12．数控机床的 PLC 有几种，各自的特点是什么？

13．FANUC-PLC 的基本指令有哪几种？

14．数控系统的 I/O 接口是如何构成的？

15．数控系统中常用的串行接口有哪几种？

16．DNC 系统有哪几种形式，各自的特点是什么？

参考文献

[1] 杨少光. 电工基础. 北京：高等教育出版社，2001.
[2] 丁志洁. 电工基础. 北京：解放军出版社，1988.
[3] 周绍敏. 电工基础. 北京：高等教育出版社，1998.
[4] 王荣华. 电工学. 北京：化学工业出版社，1986.
[5] 宫德福. 维修电工. 北京：化学工业出版社，2001.
[6] 吕瑞福等. 电工基础. 北京：中国林业出版社，1991.
[7] 于长新. 电工基础与电工技术. 济南：山东科学技术出版社，1986.
[8] 马效先，白春章. 维修电工技术. 北京：电子工业出版社，1997.
[9] 李玉琦，耿文英. 电路基础实验. 北京：人民邮电出版社，1985.
[10] 毕萍菁，陈铸声. 电工仪表修理工工艺学. 北京：机械工业出版社，1988.
[11] 董梦琪，尤建伟. 电工技术. 上海：上海科学技术出版社，1987.
[12] 王哲. 电工学教学指导. 北京：高等教育出版社，1987.
[13] 王继森等. 电路信号与系统实验及应用. 北京：科学技术文献出版社，1993.
[14] 杨少光. 电工基础实验. 北京：高等教育出版社，2002.
[15] 吴裕隆. 电机及电力拖动. 北京：冶金工业出版社，2000.
[16] 李发海，朱东起. 电机学. 北京：科学出版社，2001.
[17] 王冠玮等. 电机的结构与维修. 北京：电子工业出版社，1991.
[18] 应崇实. 电机及拖动基础. 北京：机械工业出版社，1987.
[19] 周希章. 电动机的起动、制动和调速. 北京：机械工业出版社，1984.
[20] 付植桐. 电子技术. 北京：高等教育出版社，2003.
[21] 孙义芳，庄摹华. 电子技术基础实验指导. 北京：高等教育出版社，2003.
[22] 陈梓城. 电子技术实训. 北京：机械工业出版社，1999.
[23] 杜德昌，许传清. 电工电子技术及应用. 北京：高等教育出版社，2002.
[24] 康华光. 数字电路基础. 北京：清华大学出版社，2000.
[25] 秦曾煌. 电子技术. 北京：高等教育出版社，1999.
[26] 任为民. 电子技术基础课程设计. 北京：中央广播电视大学出版社，1997.
[27] 迟钦河. 电子技能与实训. 北京：电子工业出版社，2001.
[28] 连赛英. 机床电气控制技术. 北京：机械工业出版社，1996.
[29] 方承远. 电气控制技术. 北京：机械工业出版社，1992.
[30] 赵俊生. 工厂电气控制技术与自动控制系统. 北京：中国物资出版社，1998.
[31] 王凤蕴，张超英. 数控原理与典型数控系统. 北京：高等教育出版社，2003.
[32] 董献坤. 数控机床结构与编程. 北京：机械工业出版社，2001.
[33] 胡占齐，杨莉. 机床数控技术. 北京：机械工业出版社，2002.
[34] 任建平，白恩远，王俊元，赵美虹. 现代数控机床故障诊断及维修. 北京：国防工业出版社，2002.
[35] 李郝林，方键. 机床数控技术. 北京：机械工业出版社，2002.
[36] 吕汀，石红梅. 变频技术原理与应用. 北京：机械工业出版社，2004.

反侵权盗版声明

举报电话：（010）88254396；（010）88258888

传　　真：（010）88254397

E-mail：　dbqq@phei.com.cn

通信地址：北京市万寿路 173 信箱

　　　　　电子工业出版社总编办公室

邮　　编：100036